August Schulz

Entwicklungsgeschichte der Phanerogamen Pflanzendecke Mitteleuropas

nördlich der Alpen

August Schulz

Entwicklungsgeschichte der Phanerogamen Pflanzendecke Mitteleuropas nördlich der Alpen

ISBN/EAN: 9783743378247

Hergestellt in Europa, USA, Kanada, Australien, Japan

Cover: Foto ©ninafisch / pixelio.de

Manufactured and distributed by brebook publishing software (www.brebook.com)

August Schulz

Entwicklungsgeschichte der Phanerogamen Pflanzendecke Mitteleuropas nördlich der Alpen

ENTWICKLUNGSGESCHICHTE

DER

PHANEROGAMEN PFLANZENDECKE

MITTELEUROPAS NÖRDLICH DER ALPEN.

VON

Dr. AUGUST SCHULZ,
PRIVATDOZENTEN DER BOTANIK IN HALLE.

STUTTGART.
VERLAG VON J. ENGELHORN.
1899.

Druck der Union Deutsche Verlagsgesellschaft in Stuttgart.

Inhalt.

Seite

I. Die klimatischen Anpassungsformen-Gruppen der Phanerogamenflora Mitteleuropas nördlich der Alpen. Das Alter der heutigen mitteleuropäischen phanerogamen Pflanzendecke und die zeitliche Folge der Einwanderung der vier Hauptgruppen nach Mitteleuropa im allgemeinen . . . . 233 [5]

II. Die Einwanderung der Formen der vier Hauptgruppen nach Mitteleuropa und deren Schicksale nach ihrer Einwanderung . . . . 240 [12]
    A. Die Formen der ersten Hauptgruppe . . . . 240 [12]
        1. Die Formen der ersten Gruppe . . . . 240 [12]
        2. Die Formen der zweiten Gruppe . . . . 286 [58]
    B. Die Formen der zweiten und die der dritten Hauptgruppe 308 [80]
        1. Die Formen der zweiten Hauptgruppe . . . . 315 [87]
            a) Die Bewohner des trockenen unbeschatteten oder leicht beschatteten Bodens . . . . 315 [87]
            b) Die Bewohner des dauernd nassen und die des stärker beschatteten Bodens . . . . 397 [169]
        2. Die Formen der dritten Hauptgruppe . . . . 408 [180]
    C. Die Formen der vierten Hauptgruppe . . . . 420 [192]

Verbesserungen.

S. 305 [77] Z. 7 v. u. schalte ein hinter Alpen: gewandert ist.
„ 305 [77] „ 1 „ „ „ „ „ 88): vorkommt.
„ 338 [110] „ 18 „ o. „ „ „ können: Auch das Klima dieser Lücker
                                   ist strichweise ungeeignet.
„ 338 [110] „ 15 „ u. „ „ „ Elbe: oder noch weiter.

I. Die klimatischen Anpassungsformen-Gruppen der Phanerogamenflora Mitteleuropas nördlich der Alpen. Das Alter der heutigen mitteleuropäischen phanerogamen Pflanzendecke und die zeitliche Folge der Einwanderung der vier Hauptgruppen nach Mitteleuropa im allgemeinen.

Die meisten Formen [1]) der Phanerogamenflora des nördlich der Alpen gelegenen Teiles Mitteleuropas [2]), welche spontan [3]), d. h. ganz

---

[1]) Als eine Form bezeichne ich die Gesamtmasse derjenigen Individuen, welche in ihren äusseren morphologischen Eigenschaften nicht oder nur unwesentlich voneinander abweichen, oder bei denen Unterschiede wenigstens noch nicht festgestellt worden sind, und welche entweder die gleichen oder fast die gleichen physiologisch-biologischen Eigenschaften besitzen, oder hinsichtlich aller Eigenschaften, in denen keine Uebereinstimmung herrscht, eine kontinuierliche, durch keine weitere Kluft unterbrochene Reihe bilden. Bei jeder Form stellen die Individuen jeder engbegrenzten Oertlichkeit eine physiologisch-biologische Einheit dar, welche sich von den meisten übrigen Individuengruppen der Form mehr oder weniger unterscheidet. Bei manchen Formen weichen diese Komponenten zum Teil so bedeutend voneinander ab, dass man sie ohne Kenntnis der sie verbindenden Glieder für verschiedene Formen ansehen kann. Bei manchen Formen verlieren die Nachkommen von Individuen der einzelnen Komponenten, welche durch Wanderung und darauf folgende Klimaänderung unter von den bisherigen abweichende Verhältnisse gelangt sind, erst sehr langsam ihre besonderen Eigenschaften und nehmen nur sehr langsam diejenigen der diesem Klima angepassten Komponenten an, so dass sie noch lange erkennen lassen, aus welchem Teile des Gebietes der Form ihre Vorfahren stammen und in welche Zeit deren Einwanderung nach ihren heutigen Wohnstätten fällt. Die Gesamtmasse derjenigen Individuen, welche in ihren äusseren morphologischen Eigenschaften nicht oder nur wenig voneinander abweichen, oder hinsichtlich aller Eigenschaften, in denen sie nicht vollständig oder fast vollständig übereinstimmen, eine kontinuierliche, durch keine weitere Kluft unterbrochene Reihe bilden, nebst — wo solche überhaupt vorhanden sind — denjenigen, welche zwar von der Mehrzahl der Individuen mehr oder weniger weit abweichen und mit ihnen nicht durch Zwischenglieder verbunden sind, deren Nachkommen aber sehr bald wieder die Eigenschaften jener annehmen, werde ich im folgenden als eine Art bezeichnen. Eine Art umfasst entweder nur eine Form oder mehrere, zum Teil sogar recht viele, sich mehr oder weniger scharf voneinander abhebende Formen.

[2]) Das von mir als Mitteleuropa nördlich der Alpen bezeichnete Gebiet erstreckt sich von dem Nord- und dem Westrande der Karpatengebirge, sowie dem Nordrande der Alpen und des Juras im Süden bis zum 61. Breitenkreise in Schweden im Norden, von der schwedischen Ostgrenze und der Ostgrenze des Weichselgebietes im Osten bis zur schwedischen Westgrenze, der dänischen,

unabhängig vom Menschen und seiner Kultur, nach Mitteleuropa gelangt sind, lassen sich in vier durch ihre Anpassung an das Klima voneinander abweichende Hauptgruppen zusammenfassen. Es gehören zu der

1. **Hauptgruppe** diejenigen Formen, welche hauptsächlich oder ausschliesslich in Gegenden wachsen, deren Sommer- und Winterklima kühler als dasjenige der niederen Gegenden des mittleren Teiles des Elbegebietes[1]) ist. Zu dieser Hauptgruppe werden am besten auch die aus solchen Formen in Mitteleuropa nach ihrer Einwanderung hervorgegangenen neuen Formen gerechnet, obwohl sie sich zum Teil die klimatische Anpassung von Formen einer der anderen Hauptgruppen erworben haben. Zur

2. **Hauptgruppe** gehören diejenigen Formen, welche hauptsächlich oder ausschliesslich in Gegenden wachsen, deren Sommer, wenigstens in einigen Monaten, heisser und trockener, deren Winter andauernd oder in einzelnen längeren oder kürzeren Perioden kälter und trockener sind als diejenigen der bezeichneten mitteleuropäischen Gegend, sowie die aus solchen Formen in Mitteleuropa hervorgegangenen, hinsichtlich ihrer Anpassung an das Klima von ihnen meist nur wenig abweichenden neuen Formen. Zur

3. **Hauptgruppe** gehören diejenigen Formen, welche hauptsächlich oder ausschliesslich in Gegenden wachsen, deren Winter zum Teil bedeutend gemässigter sind als die der bezeichneten Gegend, und die zu einem sehr grossen oder zum grössten Teile oder sämtlich wärmere oder ebenso warme, aber nicht oder nicht bedeutend trocknere Sommer als jene besitzen; ausserdem gehören zu dieser Hauptgruppe die aus solchen Formen in Mitteleuropa hervorgegangenen Formen. Zur

4. **Hauptgruppe** gehören diejenigen Formen, welche hauptsächlich oder ausschliesslich in Gegenden wachsen, deren Winter gemässigter sind als die der bezeichneten Gegend, und die zu einem sehr grossen oder zum grössten Teile ein kühleres und feuchteres Sommerklima als jene besitzen; ausserdem gehören zu dieser Hauptgruppe auch die aus solchen Formen in Mitteleuropa hervorgegangenen Formen.

Wenn auch die extremen Glieder der vier Hauptgruppen sich scharf voneinander abheben, so wird doch durch andere Formen zwischen den Hauptgruppen vermittelt, so dass die Grenzen zwischen ihnen fast vollständig verschwinden. Manche Formen zeigen keine deutlich erkennbare Vorliebe für eines dieser vier durch ihr Klima voneinander abweichenden Gebiete und lassen sich deshalb schwer oder gar nicht

---

deutschen und niederländischen Küste bis zur Schelde (die vorgelagerten Inseln einschliessend), der Westgrenze des Schelde- und des Maasgebietes, sowie einer von deren oberem Ende nach dem Doubs an seiner Austrittstelle aus dem Jura gezogenen Linie im Westen. Im folgenden ist dies Gebiet gewöhnlich einfach als Mitteleuropa bezeichnet.

*) Nur diese werden im folgenden behandelt.

[1]) D. h. des Saalebezirkes; vgl. meine Abhandlung über „Die Entwicklungsgeschichte der phanerogamen Pflanzendecke des Saalebezirkes" in den Mitteilungen des Vereins f. Erdkunde zu Halle a. S., 1898, S. 104—187 (104, Anm. 1), sowie im Sonderdrucke (Halle 1898), S. 1, Anm. 1.

in eine der vier Hauptgruppen einreihen. Manche von ihnen besitzen eine sehr weite klimatische Anpassung; von einem Teile von diesen sind nach Mitteleuropa nur Individuengruppen eingewandert, welche hinsichtlich ihrer klimatischen — und teilweise auch sonstigen — Anpassung sehr bedeutend voneinander abwichen, und deren Nachkommen noch, zum Teil sehr deutlich, die Anpassung ihrer eingewanderten Vorfahren und damit die Periode der Einwanderung dieser erkennen lassen. Von zahlreichen **Arten** sind mehrere **Formen**, welche sich zum Teil sehr scharf voneinander abheben, meist in verschiedenen klimatischen Perioden, eingewandert. Von nicht wenigen **Formen** haben die Nachkommen der eingewanderten Individuen teilweise oder sämtlich ihre Natur wesentlich geändert und den Charakter neuer, selbständiger Formen angenommen. Meist lässt sich aber noch deutlich die Abstammung dieser neuen Formen und damit die Zeit ihrer Einwanderung nach Mitteleuropa feststellen.

Sämtliche Formen der mitteleuropäischen Phanerogamenflora leben **dauernd** erst seit recht kurzer Zeit in Mitteleuropa. Diejenigen, welche am längsten in diesem Lande ansässig sind, sind frühestens in den wärmeren Abschnitten der dritten kalten Periode eingewandert. Eine vielleicht ebenso unbedeutende Anzahl lebt seit der Zwischenzeit zwischen dem Ende[1]) der dritten kalten Periode und dem Beginne einer vierten kalten Periode, eine grössere Anzahl lebt seit der letzteren ununterbrochen in Mitteleuropa; die Einwanderung der meisten mitteleuropäischen Formen fällt sogar erst in die Zeit nach dem Ausgange der vierten kalten Periode. Zahlreiche, vielleicht die meisten Formen haben jedoch schon vor ihrer endgültigen Ansiedelung in Mitteleuropa gelebt, sind hier aber in Perioden mit für sie ungünstigem Klima zu Grunde gegangen. Der dritten kalten Periode ging nämlich ein Zeitabschnitt mit sehr trockenen, heissen Sommern und trockenen, kalten Wintern voraus, in welchem in Mitteleuropa der grösste Teil des älteren Lösses[2]) abgelagert wurde. Damals war eine Zeitlang der grösste Teil der Oberfläche Mitteleuropas in Steppen verwandelt. Nirgends in ihm, auch nicht auf seinen höchsten Gebirgen, vermochten Formen der ersten und der vierten Hauptgruppe zu leben; auch von den Formen der dritten Hauptgruppe waren damals wahrscheinlich nicht sehr viele in Mitteleuropa vorhanden, Formen der zweiten Hauptgruppe und ihnen in der Anpassung an das Klima gleichende, heute nicht mehr in Mitteleuropa wachsende, setzten wahrscheinlich fast allein die phanerogame Pflanzendecke Mitteleuropas zusammen. Die folgende dritte kalte Periode vernichtete in Mitteleuropa sämtliche Formen der zweiten, dritten und vierten Hauptgruppe; ausschliesslich aus solchen der ersten Hauptgruppe und ihnen gleichenden setzte sich in ihm während des kältesten Abschnittes jener Periode, in welchem das von der skandi-

---

[1]) Als **Beginn** einer der im folgenden behandelten Perioden bezeichne ich den Zeitpunkt, an dem das Klima anfing, sich vom Zustande desjenigen der Jetztzeit zu entfernen, als **Ende** denjenigen, an welchem es ungefähr wieder den Charakter desjenigen der Jetztzeit angenommen hatte.

[2]) Im Sinne der oberrheinischen Geologen.

navischen Halbinsel sowie das von den Alpen ausgehende Eis einen grossen Teil der Oberfläche Mitteleuropas bedeckte und die höheren seiner Mittelgebirge selbständige Gletscher besassen, die phanerogame Pflanzendecke zusammen; erst gegen Ende der Periode wanderten wieder Formen der vierten Hauptgruppe ein. Es ist nun nicht vollständig ausgeschlossen, dass die heute in Mitteleuropa lebenden Formen der ersten Hauptgruppe wenigstens zum grossen Teile in jener kalten Periode nach Mitteleuropa eingewandert sind und seitdem ununterbrochen hier leben [1]). Es ist jedoch viel wahrscheinlicher, dass die in der dritten kalten Periode eingewanderten Formen dieser Hauptgruppe fast vollständig — die an sehr kaltes Klima angepassten wohl sämtlich — aus Mitteleuropa verschwanden. Es folgte nämlich auf die dritte kalte Periode ein Zeitabschnitt, welcher sich wie der jener Periode vorausgehende durch extrem heisse, trockene Sommer und kalte, trockene Winter auszeichnete, in welchem sich der jüngere Löss [2]), wenigstens zum grössten Teile, in Mitteleuropa ablagerte und zahlreiche Tiere, die heute ausschliesslich die Steppengegenden des südöstlichen Europas oder Asiens bewohnen, in Mitteleuropa und wohl auch weiter im Westen, noch in Südengland und in den Gegenden an der französischen Ozeanküste lebten [3]). Ich glaube nicht, dass dieser Zeitabschnitt zusammenfällt mit demjenigen, in welchem die Formen der zweiten und der dritten Hauptgruppe nach Mitteleuropa eingewandert sind, und welchen ich im folgenden als erste heisse Periode bezeichnet habe, wie dies gegenwärtig von vielen angenommen wird; ich glaube, dass er diesen durch sommerliche Trockenheit und Hitze bedeutend übertrifft und von ihm durch eine Periode getrennt ist, deren Klima auf ihrem Höhepunkte sehr kalt, wenn auch bei weitem nicht so kalt wie dasjenige des kältesten Abschnittes der dritten kalten Periode war. Wahrscheinlich starben in dieser heissen Periode, selbst in den obersten Gebirgsregionen, die weitaus meisten der in der dritten kalten Periode — wohl die gesamten in ihren kälteren Abschnitten — eingewanderten Formen aus, während die folgende kalte Periode, die vierte, wohl die meisten der nach dem Ausgange der dritten kalten Periode eingewanderten Formen, von denen zahlreiche wahrscheinlich schon in kürzeren Abschnitten mit kühlem Klima ausgestorben waren, wieder vernichtete [4]). Vieles spricht für das Vorhandensein jener vierten kalten Periode. Zunächst das Vorkommen von sogen. postglacialen Moränen im Alpengebiete, welche weit hinter den Endmoränen der

---

[1]) Ich nahm früher an, dass sich wenigstens ein grosser Teil von ihnen seit jener Zeit in Mitteleuropa gehalten hat, vgl. Grundzüge einer Entwicklungsgeschichte der Pflanzenwelt Mitteleuropas seit dem Ausgange der Tertiärzeit (1894), S. 15 u. fg.
[2]) Vgl. Anm. 2, S. 7.
[3]) Hier sind noch Reste einiger dieser Tierarten gefunden worden (vgl. Grundzüge, S. 13 und 164), welche höchst wahrscheinlich aus gleicher Zeit stammen, wie diejenigen Mitteleuropas.
[4]) Auch von den in der dritten kalten Periode eingewanderten Formen, welche sich während der heissen Zeit gehalten hatten und gegen nasse Kälte mehr oder weniger empfindlich geworden waren, starben damals wohl die weitaus meisten aus.

dritten kalten Periode[1]) in den Alpenthälern liegen[2]). Die äusseren von diesen können nicht in jener Zeit, welche ich im folgenden als erste kühle Periode bezeichnet habe, entstanden sein; so bedeutende Gletscher, wie diejenigen waren, denen sie ihre Entstehung verdanken, können in dieser Periode nicht vorhanden gewesen sein. In ihr entstanden vielmehr die inneren, noch höher in Seitenthälern liegenden[3]) postglacialen Moränen der Zentralalpen. Nun könnte man aber annehmen, und hat man auch angenommen, dass die äusseren postglacialen Moränen aus der dritten kalten Periode stammen und während einer Pause im Abschmelzen und Rückzuge ihrer Eisströme entstanden sind. Gegen diese Ansicht scheint aber der Erhaltungszustand dieser Moränen zu sprechen, welcher besser ist[4]) als derjenige der Moränen der dritten kalten Periode. Ausserdem sprechen für das Vorhandensein einer vierten kalten Periode die geologischen Verhältnisse im Gebiete des Oberrheines. Hier folgen auf Ablagerungen der dritten kalten Periode solche Ablagerungen[5]), welche sich nur in einem Zeitabschnitte gebildet haben können, dessen Sommerklima so trocken und heiss war, dass damals nicht mehr Gletscher von der Ausdehnung, wie die äusseren Moränen sie voraussetzen, in den Alpen vorhanden gewesen sein können, und auf diese wiederum solche, welche nur in einer Periode entstanden sein können, deren Klima wesentlich kälter als das der ersten kühlen Periode gewesen sein muss, die aber in dieser Hinsicht derjenigen, in welcher die äusseren postglacialen Moränen des Alpengebietes entstanden sind, entspricht. Geikie[6]) glaubt, dass die sogen. baltische Endmoräne, welche ungefähr parallel mit der Südküste der Ostsee von der cimbrischen Halbinsel bis nach den russischen Ostseeprovinzen verläuft, dieser vierten kalten Periode angehört. Keilhack[7]) hat jedoch darauf hingewiesen, dass diese Moränenzüge nur in einer Periode entstanden sein können, welche wesentlich kälter und feuchter war als diejenige, welcher die äusseren postglacialen Moränen des Alpengebietes ihre Entstehung verdanken. Er hält an der bis auf Geikie allgemein herrschenden Ansicht fest, dass die baltische Endmoräne in der dritten kalten Periode, und zwar während einer Pause im Rückzuge des Eises, entstanden ist. Es würden also andere, weiter im Norden verlaufende Endmoränenzüge gleichalterig mit den äusseren postglacialen Moränen des Alpenlandes sein. Es ist meines Erachtens aber doch wohl nicht ganz ausgeschlossen, dass die baltische Moräne ebensowenig in einer Rückzugspause des Eises der dritten kalten Periode entstanden ist, wie die äusseren postglacialen Moränen des Alpengebietes, dass beide gleichalterig sind

---

[1]) Ueber diese vgl. Penck, Die Vergletscherung der deutschen Alpen (1882), Karte 1.
[2]) Penck bei Geikie, The Great Ice Age, 3. Aufl. (1894), S. 568—569.
[3]) Penck bei Geikie a. a. O, S. 569.
[4]) Vgl. Geikie a. a. O., S. 567.
[5]) D. h. die Hauptmasse der sogen. jüngeren Lössablagerungen.
[6]) A. a. O., S. 465 u. fg., sowie Taf. XI.
[7]) Die Geikie'sche Gliederung der nordeuropäischen Glacialablagerungen. Jahrbuch d. königl. preuss. geol. Landesanstalt f. d. Jahr 1895 (1896), S. 111—124 (vorzüglich S. 119, 120—121).

und dass rein lokale Verhältnisse die bedeutende Ausdehnung des nordischen Eises verursacht haben.

Mehr noch als dies spricht für das Vorhandensein einer vierten kalten Periode die heutige Verbreitung der Phanerogamen in Europa. Es finden sich, wie sogleich ausführlich dargelegt werden wird, an zahlreichen niederen Oertlichkeiten Mitteleuropas Gewächse, welche dorthin nur in einer Anpassung an kaltes Klima aus weiter Ferne gewandert sein können. Diese Einwanderung setzt, selbst wenn sie sprungweise vor sich gegangen wäre — sehr vieles spricht aber dafür, dass sie eine schrittweise[1]) war oder schrittweise und in ganz kleinen Sprüngen vor sich ging —, ein sehr kaltes Klima voraus. Sie kann aber nicht in die dritte kalte Periode fallen; denn auf diese folgte, wie wohl als sicher bewiesen angenommen werden kann, die Zeit, in welcher die jüngeren Lössablagerungen oder wenigstens ihre Hauptmasse sich bildeten und charakteristische Steppentiere nicht nur in zahlreichen Gegenden Mitteleuropas[2]), sondern wahrscheinlich selbst noch bei Bordeaux und an der Charente sowie in Südengland lebten. Während einer solchen können jene Gewächse nicht an ihren niederen Wohnplätzen oder in deren Nähe gelebt haben[3]). Würden sie hier gelebt haben, so würden sie sich vollständig an das heisse Klima angepasst haben[4]) und gegenwärtig eine ganz andere Verbreitung besitzen. Es muss also auf die Periode der Ablagerung des jüngeren Lösses noch einmal eine sehr kalte Periode gefolgt sein[5]), in der an kaltes Klima angepasste Gewächse bis nach dem Zentrum Mitteleuropas zu gelangen vermochten. Der kälteste Abschnitt dieser Periode war ohne Zweifel so kalt, dass keine der Formen der zweiten und der dritten Hauptgruppe und wahrscheinlich auch keine der vierten Hauptgruppe in Mitteleuropa leben konnte. Diese Formen sind also wahrscheinlich sämtlich erst nach dem Ausgange jener kalten Periode, wenigstens ihres kältesten Abschnittes,

---

[1]) Eine schrittweise Wanderung oder Ausbreitung liegt vor, wenn Samen, Früchte oder entwicklungsfähige vegetative, sich von der Mutterpflanze loslösende Teile durch ihr eigenes Gewicht neben der Mutterpflanze niederfallen und hier liegen bleiben und aufgehen, oder erst noch eine Strecke weit durch ihre eigene Schwere fortrollen, bevor sie zur Entwicklung gelangen, oder wenn sie durch Schleuder- oder Spritzeinrichtungen eine Strecke weit von der Mutterpflanze fortgeschleudert werden, oder wenn sie durch die bewegte Luft ausgeschleudert oder losgerissen und eine kurze Strecke, höchstens einen oder einige Kilometer weit, fortgeführt werden, oder wenn sie durch Wasser oder Tiere eine solche Strecke weit fortgetragen werden, oder wenn die Art oberirdische oder unterirdische Ausläufer aussendet; eine sprungweise Wanderung liegt vor, wenn die bezeichneten Teile durch bewegte Luft, Wasser oder Tiere über mehr als einige Kilometer weite Strecken fortgeführt werden und dann aufgehen.

[2]) Reste von Alactaga jaculus Pall., eines charakteristischen Steppentieres, wurden noch in der neuen Baumannshöhle bei Rübeland im Unterharze gefunden, in deren Nähe dieser Nager ohne Zweifel gelebt hat; vgl. hierüber Kloos in Mitteilungen des Vereins für Erdkunde zu Halle, 1892, S. 161.

[3]) Wahrscheinlich lebten in jener Periode auch in den höheren Gegenden Mitteleuropas nur sehr wenige Formen der ersten Gruppe.

[4]) Dass sie zum grossen Teile hierzu im stande gewesen wären, kann keinem Zweifel unterliegen.

[5]) Dafür spricht auch die Verbreitung der Phanerogamen im Alpengebiete, wie ich an anderer Stelle ausführlich darlegen werde.

nach Mitteleuropa eingewandert. Die Periode der Einwanderung der zweiten Hauptgruppe kann also nicht mit der Periode der Bildung der Hauptmasse der jüngeren Lössablagerungen zusammenfallen. Dass letzteres nicht der Fall gewesen sein kann, dafür spricht ausser anderem aber auch noch das isolierte Vorkommen mancher Formen der zweiten Hauptgruppe oder ihnen gleich angepasster in Frankreich, welche dorthin nicht vor der dritten kalten Periode, sondern erst nach dieser, und zwar nur in einem sehr heissen, trockenen Zeitabschnitte, gelangt sein können, welcher aber nicht mit der ersten heissen Periode identisch sein kann. Wäre er mit dieser identisch, wären jene Formen in dieser eingewandert, so würden sie wohl nicht so weit ausgestorben sein.

Es leben also wohl die Formen der ersten Hauptgruppe von allen heutigen Phanerogamen Mitteleuropas am längsten, und zwar wahrscheinlich zum grössten Teile seit der vierten kalten Periode, dauernd in diesem Lande, alle übrigen sind wohl erst nach ihnen eingewandert. Wahrscheinlich drangen zuerst gegen Ausgang der kalten Periode in einem Zeitabschnitte mit gemässigten, nassen Wintern und kühlen, nassen Sommern zahlreiche Formen der vierten Hauptgruppe ein; sie wurden jedoch zum grössten Teile in der folgenden ersten heissen Periode, in welcher die Formen der zweiten und der dritten Hauptgruppe einwanderten, wieder vernichtet und vermochten erst nach dieser Zeit von neuem vorzudringen und sich auszubreiten.

II. Die Einwanderung der Formen der vier Hauptgruppen nach Mitteleuropa und deren Schicksale nach ihrer Einwanderung.

A. Die Formen der ersten Hauptgruppe.

Die Formen der ersten Hauptgruppe weichen oder wichen zur Zeit ihrer Einwanderung nach Mitteleuropa in ihrer Anpassung an das Klima zum Teil recht bedeutend voneinander ab. Sie lassen sich in dieser Hinsicht in zwei, wenn auch nicht scharf getrennte Gruppen anordnen, von denen die eine wieder in zwei, sich freilich nur sehr undeutlich voneinander abhebende Untergruppen zerlegt werden kann. Die erste Gruppe umfasst diejenigen Formen, welche vorzüglich in den Hochgebirgsregionen oberhalb der Baumgrenze oder an waldfreien Oertlichkeiten der höheren Teile der Waldregion oder an waldfreien Oertlichkeiten des höheren Nordens leben, die zweite diejenigen Formen, welche vorzüglich in den Wäldern der Gebirge oder denen des höheren Nordens wachsen. Bei manchen Formen bleibt man im Zweifel, welcher Gruppe man sie zurechnen soll.

1. Die Formen der ersten Gruppe.

*

Formen der ersten Gruppe wachsen in Mitteleuropa sowohl in höheren wie in niederen Gegenden, am zahlreichsten in den oberen Regionen der höheren Mittelgebirge, vorzüglich des Gesenkes und des Riesengebirges, des Schwarzwaldes und des Wasgenwaldes, sowie auf der Schwäbisch-bayerischen Hochebene, in geringerer Anzahl in zahlreichen niederen Berggegenden sowie in manchen Strichen der Hügelgegenden und der Tiefebenen.

So lebt z. B. eine Anzahl von ihnen[1] in unbedeutender Meereshöhe[2]) auf dem Zechsteingipse des südlichen Harzrandes zwischen der Tyra östlich von Nordhausen und Osterode — einige kommen auch noch weiter im Westen vor —, aus der sich besonders eine Gruppe von vier

---

[1]) Ausführlich habe ich diese Formen in meiner Abhandlung über die Entwicklungsgeschichte der phanerogamen Pflanzendecke des Saalebezirkes, S. 127 u. fg. [24 u. fg.], behandelt, auf welche ich hiermit verweise.

[2]) Die meisten der Wohnplätze liegen zwischen 225 und 325 m ü. M.

Formen: *Salix hastata L.*, *Gypsophila repens L.*, *Arabis petraea (L.)* und *A. alpina L.*, hervorhebt. Alle diese vier Formen wachsen in Mitteleuropa [1]) nur noch an wenigen, vom Harze weit entfernten Oertlichkeiten in ähnlicher, wenn auch meist [2]) nicht ganz so geringer Meereshöhe. In der Nähe von Mitteleuropa treten sie nirgends in **weiterer Verbreitung** an Oertlichkeiten auf, an denen ein ebenso warmes und trockenes Klima herrscht, wie an denjenigen des Südharzes. Sie sind vielmehr in Europa, ausserhalb Mitteleuropas, in ihrem Vorkommen fast ganz auf Oertlichkeiten beschränkt, welche ein wesentlich kälteres Klima als ihre Wohnstätten am Südharze besitzen. Sie können also auch wohl nur in einer Anpassung an wesentlich kälteres Klima, als gegenwärtig an diesen herrscht, eingewandert sein und sich ihre heutige Anpassung erst nach ihrer Einwanderung erworben haben. Letztere kann erst in der Zeit nach der Ablagerung des jüngeren Lösses erfolgt sein. Denn wenn sie schon vor dieser eingewandert wären und während dieser an ihren heutigen Wohnstätten, deren Klima damals wohl nicht wesentlich von dem jetzigen Klima der Steppengegenden des südöstlichen Russlands verschieden gewesen sein kann, gelebt hätten, so würden sie sich ohne Zweifel in so hohem Masse an das Steppenklima angepasst haben, dass sie sich wenigstens im Ausgange der Periode in den umliegenden, durch günstige Bodenverhältnisse ausgezeichneten Hügelgegenden weit ausgebreitet hätten, und sich in einer folgenden kühlen Periode **nicht** in jener, in solcher

---

[1]) Ausser am Harze kommen die vier Gewächse in Mitteleuropa noch vor: *Gypsophila* bei Kielce in Polen (Rostafiński, Florae polonicae Prodromus [1873], S. 102), am Vogelsberge (Dosch und Scriba, Excursionsflora des Grossherzogtums Hessen, 3. Aufl. [1888], S. 558), und auf dem Kiese von Alpenflüssen, z. B. des Rheins, der Iller, des Lechs, der Isar u. s. w., von letzterem Flusse ist sie auch auf die Uferhänge und auf sonnige Grasplätze übergesiedelt (vgl. Sendtner, Vegetations-Verhältnisse Südbayerns [1854], S. 745, und J. Hofmann, Flora des Isargebietes von Wolfratshausen bis Deggendorf [1883], S. 40); *Salix* im Gesenke, am Hoheneck in den Vogesen (Christ, Das Pflanzenleben der Schweiz [1879], S. 408), in Jütland, auf Seeland und in Südschweden; *Arabis petraea* an einigen Stellen in Niederösterreich am Alpenrande südwestlich von Wien, sowie in der Nähe der Donau von Krems bis Melk und im Kremsthale, in Oberösterreich wohl nur in den Alpen, an wenigen Stellen in Mähren, vorzüglich im Iglawagebiete zwischen Kromau, Eibenschitz und Namiest, ebenfalls an wenigen, zum Teil weit auseinander liegenden Oertlichkeiten in Böhmen, z. B. bei Weisswasser (am Bösig), Lobositz, Klösterle, Rakonitz, Neu-Straschitz (Lana), Muncifay (Smečno) und Prag, sowie an einer Anzahl Stellen im bayerischen Jurugebiete (über ihre Verbreitung sowie die von *Arabis alpina* in diesem vgl. z. B. Schnizlein und Frickhinger, Die Vegetations-Verhältnisse der Jura- und Keuperformation in den Flussgebieten der Wörnitz und Altmühl [1848], S. 103, Ph. Hoffmann, Excursionsflora für die Flussgebiete der Altmühl u. s. w. [1879], S. 15—16, A. F. Schwarz, Phanerogamen- und Gefässkryptogamen-Flora der Umgegend von Nürnberg-Erlangen u. s. w., Spez. Teil [1897], S. 50—53, Berichte der bayerischen bot. Gesellschaft, V. Bd. [1897], S. 168, 172—173); *Arabis alpina* im Riesengebirge (Kleine Schneegrube), an mehreren Stellen in Oberösterreich sowie auf der schwäbisch-bayerischen Hochebene auf dem Kiese der Alpenströme — vielfach unbeständig —, bei Pfirt im Illgebiete, an wenigen Stellen im württembergischen und an einer grösseren Anzahl Stellen im bayerischen Juragebiete, vom Maine bis zur Donau, sowie an den Bruchhauser Steinen südlich von Brilon in Westfalen.

[2]) Leider ist die Meereshöhe vieler Wohnplätze nicht bekannt, so dass sich etwas Bestimmtes hierüber nicht aussagen lässt.

Zeit doch zweifellos recht kühlen und feuchten Gegend, und noch dazu an den kühlsten Stellen, an denen fast gar keine an etwas bedeutendere Wärme und Trockenheit angepasste Phanerogamen leben [1]), oder wenigstens nicht ausschliesslich in ihr gehalten hätten. Diese Art ihres Auftretens im Harze lässt aber nicht nur erkennen, dass sie in diesem nicht während jener Periode mit extrem kontinentalem Klima gelebt haben können, sondern auch, dass wenigstens *Arabis petraea* und *A. alpina* — bei den beiden anderen, vorzüglich bei *Gypsophila*, lässt sich hieran kaum denken — nicht in einer Periode mit ähnlichem Klima von einer der anderen wärmeren Wohnstätten Mitteleuropas, *Arabis alpina* also ausschliesslich vom Fränkischen Jura, nach dem Südharze gewandert sein können; denn auch in diesem Falle würden wir sie an anderen, wärmeren Oertlichkeiten antreffen. *Arabis alpina* hat sich wohl auch im Jura nicht eine Anpassung erworben, welche sie befähigen konnte, weitere Wanderungen in Mitteleuropa in einer Periode mit heisseren, trockeneren Sommern, als sie die Jetztzeit besitzt, auszuführen; sie vermochte sich wie *Salix* in der Folgezeit nach der kalten Periode wohl nur lokal auszubreiten, und zwar geschah dies wohl hauptsächlich durch Vermittelung der Vögel. *Arabis petraea* dagegen hat sich in Mitteleuropa wohl eine solche Anpassung erworben und sich in dieser auch über ziemlich weite Strecken, und zwar wenigstens teilweise, vielleicht sogar vorzüglich, schrittweise, ausgebreitet; sie ist in dieser Anpassung vielleicht selbst von Böhmen nach Mähren oder umgekehrt gewandert, wahrscheinlich hat sie sich aber in ihr in Böhmen, vielleicht von einer Stelle oder doch von sehr wenigen Stellen aus, ausgebreitet. Eine Einwanderung in dieser Anpassung an warmes Klima in der ersten heissen Periode aus Ungarn nach Niederösterreich, Mähren und Böhmen, welche ich für möglich hielt [2]), hat wohl nicht stattgefunden. Sie und die drei anderen Arten sind nach Mitteleuropa wohl ausschliesslich in Anpassung an sehr kaltes Klima und, wenn wir von dem Vorkommen auf dem Kiese, an den Uferhängen und an anderen Oertlichkeiten in der Nähe der Alpenströme absehen, welches zum grössten Teile wohl aus jüngster Zeit stammt und vielfach kein beständiges ist, ausschliesslich in derjenigen Periode gelangt, in welcher sie nach dem Harze vordrangen; selbst an ihren höchst gelegenen Wohnplätzen — *Salix* am Hoheneck und im Gesenke, *Arabis alpina* in der Kleinen Schneegrube des Riesengebirges — haben sie während der Periode der Bildung der jüngeren Lössablagerungen wohl nicht gelebt.

Wenn nun die vier Arten nach dem Südharze nur in einer Anpassung an sehr kaltes Klima eingewandert sein können, so kann ihre Einwanderung nur in einer sehr kalten Periode vor sich gegangen sein, ganz gleich, ob sie schrittweise oder sprungweise, und zwar dadurch erfolgt ist, dass Vögel die an ihren Körper durch nasse, zähe, bald erhärtende Bodenmasse oder nur durch Wasser angehefteten, sehr kleinen und leichten Samen verschleppten. Beide

---

[1]) Vgl. Entw. d. phan. Pflzdecke d. Saalebez., S. 134—138 [31—35].
[2]) Vgl. ebenda S. 129 [26].

Wanderungsarten sind bei ihnen möglich. *Salix hastata* und *Arabis alpina* — sowie die nahe verwandte *A. albida* Stev. — sind zweifellos durch sprungweise, durch Vögel vermittelte Wanderung nach ihren Wohnstätten in Südeuropa¹) gelangt. Falls die Einwanderung schrittweise erfolgt ist, so müssen sich damals von den Ausgangsstätten der Wanderung, welche wir wohl in der nördlichen Kalkzone der Alpen²) zu suchen haben, bis nach dem Südharze zusammenhängende waldfreie und auch nicht mit höheren strauchigen oder krautigen Gewächsen bedeckte Striche ausgedehnt haben, auf denen ein demjenigen der Ausgangsstätte der Wanderung ähnliches Klima herrschte; denn alle vier Arten bewohnen in den Hochgebirgen und im Norden fast ausschliesslich Oertlichkeiten ohne Baum-, sowie höheren und dichteren Strauch- und Krautbestand³). Solche Striche konnten aber nur entstehen, wenn die Wärme bedeutend abnahm, so bedeutend, dass kein Gewächs der drei übrigen Hauptgruppen damals in Mitteleuropa zu wachsen im stande war. Dagegen vermochten Formen der anderen Gruppe der ersten Hauptgruppe in jener Zeit in Mitteleuropa zu leben; zahlreiche von ihnen freilich, z. B. die Buche, kamen wohl nur in den wärmsten Gegenden seines Südostens und Südwestens vor. Eine sprungweise Einwanderung durch Vermittelung der Vögel setzt eine ebenso bedeutende Klimaverschlechterung voraus; sie hätte meines Erachtens nur stattfinden können, wenn in der Gipszone des Südharzes ein ähnliches Klima herrschte wie an den Ausgangspunkten der Wanderung. Denn wohl nur in diesem Falle wären die doch selbst bei einem regen Vogelverkehr zwischen den Ausgangspunkten der Wanderung und dem Südharze nur in sehr geringer Anzahl in diesen eingeschleppten Samen im stande gewesen, aufzugehen und normale Individuen zu entwickeln, welche sich fortzupflanzen vermocht hätten. Auf welche Weise nun die Formen bis zum Südharze gelangt sind, lässt sich nicht feststellen. Ich möchte annehmen, dass ihre Einwanderung hauptsächlich schrittweise vor sich gegangen ist. Gegen diese Annahme spricht nicht ihr sporadisches Vorkommen, dies lässt sich auf späteres weites Aussterben zurückführen. Auch einige Formen, z. B. *Pleurospermum austriacum (L.)* und *Carduus defloratus L.*, welche wohl nur schrittweise, und zwar in gleicher Zeit und von den Gebirgen im Süden unseres Gebietes her, eingewandert sein können⁴),

---

¹) *Salix hastata* nach der Sierra Nevada Südspaniens, *Arabis alpina* nach diesem Gebirge und nach den Gebirgen Corsicas, *A. albida* nach einer Anzahl Oertlichkeiten Südeuropas und Afrikas (siehe Entw. d. ph. Pfzdecke d. Saalebez., S. 132 [29]).
²) Hier sind alle vier vereinigt. *Gypsophila* wächst nur in den Hochgebirgen des südlicheren Europas von den Karpaten bis nach den Cantabrischen Gebirgen (nach Süden bis nach den Apenninen), sowie in Zentralfrankreich (Auvergne), die anderen drei leben auch in Nordeuropa (vgl. Entw. d. ph. Pfzdecke d. Saalebez., S. 133 [30]).
³) Auch am Harze wachsen sie mit Ausnahme von *Salix*, welche ausschliesslich in einem schattigen Waldthale vorkommt, fast nur, *Gypsophila* und *Arabis alpina* nur, an Oertlichkeiten ohne schattende Bäume, Sträucher und Kräuter. Bei *Salix* liegt wohl eine späte Neuanpassung vor; vgl. Entw. d. ph. Pfzdecke d. Saalebez., S. 137—138 [34—35].
⁴) Ihre Früchte bezw. Teilfrüchte besitzen keine Kletteinrichtung und keine

treten im mittleren Deutschland nur in isolierten Strichen, wenn auch nicht so sporadisch wie die Formen der besprochenen Gruppe, auf [1]). Selbst eine Bewohnerin der Gipszone des Südharzes, *Biscutella laevigata* L., welche nur in einer Anpassung an kaltes Klima, also gleichzeitig mit den Formen der behandelten Gruppe, und zwar meines Erachtens sicher nur schrittweise, nach dieser Gegend gewandert sein kann, scheint in dieser Anpassung später in Mitteleuropa fast ebensoweit wie die beiden *Arabis*-Arten ausgestorben zu sein [2]). Die Ursache des weiten Aussterbens der Formen bildete das nach der Zeit ihrer Einwanderung in für sie ungünstiger Weise veränderte Klima und die infolge dieser Klimaänderung veränderte, sie umgebende Organismenwelt. In welcher Weise sich das Klima änderte, lässt sich daraus nicht erkennen. Es lässt sich aus ihrer Verbreitung auch nicht erkennen, durch welche der auf andere Weise, vorzüglich auf Grund der Verbreitung der Formen der zweiten Hauptgruppe, festgestellten klimatischen Perioden sie hauptsächlich zu leiden hatten. Wahrscheinlich tragen die Schuld an ihrem weiten Aussterben sowohl die Fichten- und die Buchenzeit, als auch die erste heisse Periode sowie, und zwar hauptsächlich, der dieser vorangehende [3]) und der ihr folgende Zeitabschnitt mit gemässigten Wintern und kühlen, niederschlagreichen Sommern. In der Fichten- und der Buchenzeit hatten sie am meisten durch die Ausbreitung dieser beiden Bäume zu leiden, von denen nur recht wenige Oertlichkeiten freiblieben. In der heissen Periode litten sie wohl am meisten durch die Austrocknung ihrer Wohnplätze. In den kühlen Perioden waren ihnen vorzüglich die Abschnitte verderblich, welche schneearme aber regenreiche Winter besassen, in denen auf längere milde Perioden mehr oder weniger regelmässig Frostperioden, wenn auch nur von kurzer Dauer, folgten. Da sie im stande waren, ihr Wachstum bei niederer Temperatur zu beginnen, so trieben sie in den milden Abschnitten aus und büssten in den folgenden Frostperioden die infolge der geringen Lichtwirkung überverlängerten und schwachen jungen Sprosse ein. Dass sich die vier besprochenen Formen gerade auf dem Gipse des Südharzes gehalten haben, hat verschiedene

---

Einrichtung für einen weiten Transport durch den Wind; sie sind meines Erachtens auch so gross und schwer (ihre Beschreibung siehe im ersten Teile meiner Abhandlung über „Die phanerogame Pflanzendecke des Saalebezirkes", welche in kurzem in den Abhandlungen der naturf. Gesellschaft zu Halle erscheinen wird), dass sie mittels erhärteter Bodenmasse am Vogelkörper nicht so fest anhaften, um über weite Strecken verschleppt zu werden. Ausserdem wachsen beide Arten in den Gebirgen meist an Stellen, an denen sich Vögel, welche weite ununterbrochene Wanderungen unternehmen, in der Regel nicht aufhalten, und an denen sich auch nur selten eine Gelegenheit zur Anheftung der Früchte an den Vogelkörper bietet.
[1]) Nähere Angaben über ihre Verbreitung finden sich in Abschnitt II, A. 1**.
[2]) Sie ist wohl auch in anderer Anpassung in späterer — in der ersten heissen — Zeit nach Mitteleuropa eingewandert. Die Nachkommen dieser Einwanderer lassen sich von den Nachkommen der Einwanderer der kalten Periode, welche sich mehr oder weniger angepasst haben, nur schwer unterscheiden.
[3]) Dass am Ausgange der kalten Periode das Klima, bevor es den Charakter desjenigen der Gegenwart annahm, eine Zeitlang kühlere und feuchtere Sommer und gemässigtere niederschlagreichere Winter als die Jetztzeit besass, scheint mir sehr wahrscheinlich zu sein.

Ursachen. Alle vier, vorzüglich *Gypsophila repens*, bewohnen in den Hochgebirgen im Süden unseres Gebietes, welche wir als die Ausgangsstätten ihrer Einwanderung [1]) ansehen, vorherrschend recht stark kalkhaltigen Boden. Zur Zeit ihrer Wanderung waren sie hinsichtlich eines höheren Kalkgehaltes ihres Nährbodens wahrscheinlich etwas indifferent, in den klimatisch für sie ungünstigen Perioden trat das Bedürfnis nach hohem Kalkgehalte ihrer Wohnstätte ohne Zweifel stark hervor, so dass sie in Gegenden mit sehr ungünstigem Klima nur auf sehr kalkreichem Boden zu leben im stande waren, also nur in Gegenden, in denen solcher vorhanden ist, wie in der Gipszone des Südharzes, erhalten blieben. Ausserdem ist aber auch die Oberflächenbeschaffenheit der Wohnplätze am Südharze eine sehr günstige. Diese sind fast ausschliesslich — in den ungünstigen Perioden waren es wahrscheinlich ausschliesslich — steile oder sogar überhängende Felshänge mit engen Spalten und Klüften und schmalen Gesimsen, sowie Schutthalden [2]), an denen sie vor gefährlichen Konkurrenten, vorzüglich vor dem in den kühlen Perioden überaus üppig gedeihenden Heidekraute, *Calluna vulgaris (L.)*, welches damals wohl auch stark kalkhaltigen Boden occupierte, sowie vor den Bäumen, vorzüglich vor der Buche, aber auch vor hohen Kräutern und üppigen Gräsern geschützt waren. Noch gegenwärtig fehlen diese jenen Oertlichkeiten fast vollständig, nur *Sesleria varia Wettst.*[3]), welche gleichzeitig mit den vier Formen eingewandert ist, wächst an ihnen in grosser Ueppigkeit, doch vermag auch sie sich in den engen Spalten, auf den schmalen Gesimsen und auf dem gröberen Felsschutte nicht kräftig zu entfalten. Nur *Salix* wächst an ihrer einzigen Wohnstätte, in einem recht schattigen Waldthale, in der Gesellschaft zahlreicher, sie allerdings meist nicht überragender krautiger und strauchiger Gewächse; wahrscheinlich ist sie aber erst spät, nachdem sie sich an die neuen Verhältnisse angepasst hatte, an diese Oertlichkeit gelangt, welche sich in jüngster Zeit, vielleicht durch Heranwachsen des Waldes, noch weiter vom Charakter der ursprünglichen Wohnstätte der Weide entfernt zu haben scheint [4]). Und endlich ist das Klima ihrer Wohnplätze am Harze, welche meist gegen Westen, Nordwesten, Norden, Nordosten und Osten gerichtet sind, kühler und feuchter als das eines sehr grossen Teiles der hinsichtlich ihrer Boden- und Oberflächenverhältnisse für die Formen geeigneten Oertlichkeiten. Der Boden ihrer Wohnstätten am Harze trocknete infolgedessen in der heissen Zeit nicht in so hohem Masse oder doch langsamer aus als der zahlreicher anderer im übrigen für sie geeigneter Oertlichkeiten, so dass sie Zeit hatten, sich den neuen Verhältnissen anzupassen. Oertlichkeiten, welche so viele günstige Eigenschaften besitzen, sind nicht allzu viele in den niederen Berggegenden Mitteleuropas vorhanden. In der Nähe des Südharzes sind ähnliche noch im Bodegebiete des Harzes, an der oberen Saale in der

---

[1]) *Gypsophila* kann, wie oben gesagt wurde, nur von dort gekommen sein.
[2]) Vgl. Entw. d. ph. Pflzdecke d. Saalebez., S. 134—138 [31—35].
[3]) Ueber diese vgl. Entw. d. ph. Pflzdecke d. Saalebez., S. 143 [40].
[4]) Vgl. Entw. d. ph. Pflzdecke d. Saalebez., S. 137—138 [34—35].

Gegend von Saalfeld und im oberen Teile des Geragebietes vorhanden, in weiterer Entfernung von ihm finden sich solche im fränkischen Juragebiete und an manchen der Basalt- und Phonolithberge Böhmens. In allen diesen Gegenden haben sich manche Formen mit gleicher Anpassung an das Klima gehalten, wie noch eingehender dargelegt werden wird, im Jura und in Böhmen auch einige von den Formen des Südharzes, wie bereits angegeben wurde. Dass sich in den letzteren, vorzüglich an den zahlreichen so günstigen Oertlichkeiten im fränkischen Jura, nicht alle vier gehalten haben — dass alle vier in ihm wie in Böhmen gelebt haben, lässt sich wohl mit Sicherheit annehmen —, ist ein Beweis dafür, dass die Verhältnisse für die Formen der ersten Gruppe der ersten Hauptgruppe in der Folgezeit nach ihrer Einwanderung periodisch sehr ungünstig waren, so dass diese wohl überall in Mitteleuropa in den niederen Gegenden dem Aussterben nahe waren und dass sie nur durch rein zufällige Verhältnisse an einer Stelle erhalten blieben, während sie an anderen, ebenso günstigen oder vielleicht mehr begünstigten, zu Grunde gingen. Während im Jura *Salix* und *Gypsophila* zu Grunde gingen, blieben z. B. *Alsine verna* (L.), *Draba aizoides* L. und *Carduus defloratus* L. erhalten, welche der Gipszone des Südharzes fehlen[1], von denen aber mindestens die erste und die letzte in der kalten Periode in ihr gelebt haben. *Arabis petraea* kann also am Harze während der ungünstigen Perioden nicht in ihrer heutigen, recht weiten Verbreitung gelebt haben, sie wuchs wahrscheinlich wie die drei anderen Arten nur an einer Oertlichkeit[2]) und ist von dieser erst später, wahrscheinlich vorzüglich oder vielleicht sogar fast ausschliesslich durch Vermittelung der Vögel, welche die klüftereichen Felsen bewohnen, an die anderen gelangt[3]). Das Gleiche müssen wir für die beiden *Arabis*-

---

[1]) *Alsine* tritt vielleicht im südwestlichen Harze auf der Gipszone auf.
[2]) *Salix* und *Arabis alpina* wachsen auch gegenwärtig, wie es scheint, nur an je einer recht eng begrenzten Stelle — vielleicht lebt letztere an ihr dauernd seit der kalten Periode —, *Gypsophila* kommt an mehreren, nahe bei einander gelegenen Oertlichkeiten vor, vgl. Entw. d. ph. Pflzdecke d. Saalebez., a. a. O. Die beiden ersteren haben sich den gegenwärtig an ihren Wohnplätzen herrschenden Verhältnissen vollständig angepasst, ihre Individuen sind üppig entwickelt, blühen und fruchten reichlich. Beide lassen aber noch deutlich erkennen, dass sie in einer Periode eingewandert sind, deren Klima kühler als das der Jetztzeit war, *Salix* durch ihr Vorkommen an der Nordseite eines schattigen Waldthales, *Arabis alpina* durch ihr Vorkommen auf einer Schutthalde, auf welche dauernd Felsschutt von den oberhalb anstehenden Felsen hinabfällt. Auch die Individuen von *Gypsophila* sind sehr üppig und blühen sehr reichlich, scheinen aber in manchen Jahren nur wenige Samen zur Reife zu bringen. Diese Art ist von der gegen Westen gerichteten steilen Felswand des Sachsensteines bei Walkenried, an welcher sie während der ungünstigen Zeiten wahrscheinlich ausschliesslich gelebt hat — heute wächst sie auch noch mindestens an zwei benachbarten Stellen —, auch auf dessen Fläche vorgedrungen, auf der sie im engen Verbande mit einer recht bedeutenden Anzahl Arten sehr üppig wächst.
[3]) Auch sie ist dem heutigen Klima vollständig angepasst, ihre Individuen sind an den meisten Stellen sehr üppig entwickelt und blühen reichlich, produzieren aber in manchen Jahren nur recht wenige gut ausgebildete Samen. Sie ist wie *Gypsophila* von der Felswand des Sachsensteines auf seine Fläche vorgedrungen, wächst hier aber nur spärlich; dies weist noch deutlich auf ihre frühere Anpassung hin.

Arten im Jura[1]) und für *Arabis petraea* im Südosten annehmen. In letzterem hat sich diese aber wohl auch, vielleicht sogar vorzüglich, schrittweise, und zwar in der ersten heissen Periode, ausgebreitet[2]). *Salix* hat sich ihre heutige recht weite Verbreitung in Dänemark und Schweden zweifellos auch erst nach den ungünstigen Zeiten erworben; wahrscheinlich ging ihre Ausbreitung zum Teil schrittweise, zum Teil sprungweise durch Vermittelung von Tieren und vorzüglich durch die der bewegten Luft vor sich.

Nicht nur in den niederen, sondern auch in den höheren Gegenden des Harzes haben sich Formen der ersten Gruppe erhalten. Von letzteren treten besonders acht Formen: *Carex rigida Good., C. sparsiflora [Wahlenbg.], Salix phylicifolia L. (bicolor Ehrh.), Betula nana L., Pulsatilla alba Rchb., Geum montanum L., Hieracium alpinum L.* und *H. bructerum Fr.*, hervor, welche ausschliesslich den höchsten Teil des Gebirges, das sogen. Brockengebirge, bewohnen[3]). *Carex rigida, Pulsatilla alba, Geum montanum, Hieracium alpinum* sowie die — mutmassliche — Stammform[4]) des endemischen *Hieracium bructerum* kommen in Mitteleuropa nur an ungefähr gleich wenig vom Klima begünstigten Oertlichkeiten[5]), die übrigen in unbedeutender Verbreitung auch an wärmeren vor[6]). Ich glaube nicht, dass eine von diesen Formen während der heissen Zeit nach Ausgang der dritten kalten Periode im Brockengebiete und überhaupt in Mitteleuropa gelebt hat. Wenn sie in jener Zeit im Brockengebiete gelebt hätten, so würde sich sicher ihre Konstitution damals in dem Masse geändert haben, dass sie heute nicht oder wenigstens nicht ausschliesslich in jenen rauhen Gegenden wachsen würden. Sie sind also wohl erst nach dieser Periode eingewandert. Hierfür spricht auch ein Vergleich mit den soeben erwähnten *Pleurospermum austriacum (L.)* und *Carduus defloratus L.* Diese[7]) können erst in einer sehr kalten Periode nach der Zeit der Bildung der jüngeren Lössablagerungen schrittweise von den Hochgebirgen im Süden unseres Gebietes fast[8]) bis zum Harze gewandert.

---

[1]) Hier wachsen beide, vorzüglich *Arabis petraea*, in noch üppigerer Entwicklung als am Südharze. *Ar. alpina* lässt durch ihr vorherrschendes Vorkommen an kühlen Stellen noch sehr deutlich ihre frühere Anpassung erkennen.

[2]) Vgl. oben S. 242 [14].

[3]) Ueber ihre Verbreitung in diesem vgl. Entw. d. ph. Pflzdecke d. Saalebez., S. 144—145 [41—42]. Das Vorkommen von *Geum* ist vielleicht kein spontanes.

[4]) Wahrscheinlich eine Art aus der Verwandtschaft von *H. eximium Backh.* (vgl. Sagorski, Mitteilungen d. thüringischen bot. Vereins. N. F., 2. Heft [1892], S. 27) — oder dieses selbst? —, welches im Gesenke, im Glatzer Schneegebirge und im Riesengebirge wächst.

[5]) Die Verbreitung von *Carex rigida, Pulsatilla alba* und *Geum* ist weiter unten dargestellt; *Hieracium alpinum* wächst in weiter Verbreitung im Gesenke, im Glatzer Schneegebirge und im Riesengebirge, in unbedeutender Verbreitung im Isergebirge sowie in den Vogesen (am Hoheneck); bezüglich *H. bructerum* vgl. Anm. 4.

[6]) So wächst z. B. *Carex sparsiflora* ausser im Gesenke und im Riesengebirge, im südlichen Schweden (z. B. in Småland und Schonen) und bei Warnemünde in Mecklenburg.

[7]) Von den Formen der zuerst behandelten Gruppe lässt sich, wie dargelegt wurde, eine schrittweise Wanderung nicht mit Bestimmtheit behaupten.

[8]) Wahrscheinlich sind beide bis nach dem Harze oder sogar über ihn hinaus gelangt, später aber in ihm und nördlich von ihm ausgestorben.

sein. Wenn die Formen des Brockengebirges bereits im Beginne dieser kalten Periode im Harze gelebt hätten, so würden sie sich in deren Verlaufe ohne Zweifel weit über seine Umgebung ausgebreitet haben. Wenn sie nun in den ungünstigen Zeiten, in welchen die beiden erwähnten Formen auf so weiten Strecken vollständig ausstarben, nur im stande gewesen wären, sich im Brockengebiete, teilweise sogar nur in sehr geringer Verbreitung, zu halten, so würden sie in der für sie sehr viel ungünstigeren Periode der Bildung der jüngeren Lössablagerungen doch auch dies nicht einmal vermocht haben. Sie können somit, wie gesagt, erst nach dieser grossen heissen Periode eingewandert sein. Auf welche Weise diese Einwanderung stattfand, lässt sich bei ihnen ebensowenig wie bei der behandelten Gruppe des Südharzes mit Sicherheit angeben. Ohne Zweifel sind die Früchte, Früchtchen oder Samen aller Formen für einen weiten Transport durch Vögel geeignet [1]; *Geum* ist auf diese Weise nach Corsica gelangt [2]. Wenn die Wanderung wenigstens hauptsächlich eine schrittweise war, so kann sie nur in einem sehr kalten Zeitabschnitte vor sich gegangen sein, in welchem zwischen den Ausgangspunkten der Wanderung, den Gebirgen im Süden Mitteleuropas, und dem Norden [3] sich Striche ohne Baum-, Strauch- und üppigen Krautbestand [4] ausdehnten, auf denen ein kaltes Klima herrschte. Dies lässt sich bei der Annahme einer sprungweisen Einwanderung nicht mit gleicher Bestimmtheit behaupten; denn das Klima des Brockens weicht nicht allzuweit von demjenigen mancher Oertlichkeiten ab, an denen die Formen während der grossen heissen Zeit gelebt haben. Doch glaube ich, dass auch eine sprungweise Einwanderung nur während eines sehr kalten Zeitabschnittes vor sich gehen konnte, denn die Zahl der nach dem Brockengebirge verschleppten Früchte, Früchtchen oder Samen von Formen dieser Gruppe der ersten Hauptgruppe könnte doch wohl nur eine sehr unbedeutende gewesen sein, und es erscheint mir wenig wahrscheinlich, dass von diesen unter den jetzigen Verhältnissen eine so bedeutende Anzahl aufgegangen wäre und normale Pflanzen entwickelt hätte, deren Nachkommen sich mehr oder weniger weit ausgebreitet und bis zur Gegenwart erhalten hätten. Es spricht also auch das Vorkommen dieser Gruppe sehr für das Vorhandensein einer sehr kalten Periode nach der Zeit, in welcher die jüngeren Lössablagerungen entstanden sind, wenn auch nicht so bestimmt, wie das Vorkommen der zuerst behandelten Gruppe im Südharze und das der im

---

[1] Die Früchtchen von *Pulsatilla* und *Geum* vermögen sich ohne Zweifel mittels ihres langen, grannenartigen, behaarten Griffels fest an das Vogelgefieder anzuheften.

[2] Vgl. Entw. d. ph. Pflzdecke d. Saalebez., S. 146 [43], Anm. 1.

[3] *Pulsatilla alba* Rchb. und *Geum* können wohl nur aus den Hochgebirgen im Süden, *Carex rigida* und *C. sparsiflora* nur aus dem Norden gekommen sein. Aus diesem sind wohl auch *Salix phylicifolia*, *Betula nana* sowie die Stammform von *Hieracium bructerum* eingewandert, während *H. alpinum* vielleicht aus dem Süden vorgedrungen ist. Nähere Angaben über ihre Verbreitung finden sich Entw. d. ph. Pflzdecke d. Saalebez., S. 146 [43], Anm. 3, und 147 [44], Anm. 1.

[4] Alle Formen vermögen weder im Walde, noch in dichtem Gesträuche oder in üppigem Bestande krautiger Gewächse zu leben.

Anschluss an diese Gruppe erwähnten Formen weiter im Süden. Wie diese letzteren, so sind auch die Formen des Brockengebirges in der Folgezeit weithin ausgestorben. Dass sie sich im Brockengebirge erhalten haben, hat seine Ursache in dessen für sie recht günstigem Klima. Auch in der ersten heissen Periode war die Niederschlagsmenge dieses Gebietes wohl immer noch eine recht bedeutende; es trockneten infolgedessen seine Moore nicht vollständig aus und bedeckten sich nur teilweise mit Wald. Auch manche seiner felsigen Partieen blieben wohl ohne Bedeckung mit Bäumen oder höheren Sträuchern. In den Zeitabschnitten mit gemässigten Wintern und kühlen Sommern waren im Brockengebirge die Winter wohl doch recht kalt und schneereich, so dass die Pflanzen erst spät ihr Wachstum zu beginnen im stande waren, wann sich bedeutende Fröste nicht oder wenigstens nicht mehr regelmässig einstellten. Ohne Zweifel hat das Brockengebirge trotz dieser Begünstigung durch das Klima den grössten Teil seiner Formen dieser Anpassungsgruppe verloren; ohne Zweifel waren auch diejenigen, welche zu überleben vermochten, wenigstens teilweise, zeitweilig dem Aussterben nahe [1]).

Wie ungünstig die Verhältnisse für die Formen dieser Anpassungsgruppe selbst im höheren Mittelgebirge in der Zeit nach ihrer Einwanderung wurden, lässt am besten ein Vergleich der Flora der beiden höchsten Gebirgsgruppen des Sudetensystems, des Riesengebirges und des Isergebirges einerseits, des Gesenkes [2]) und des Glatzer Schneegebirges andererseits, erkennen. Beide Gebirgsgruppen, deren einander zugewandte Eckpfeiler nicht ganz 100 km voneinander entfernt sind, weichen recht bedeutend in ihrem Besitze an Formen der ersten Gruppe der ersten Hauptgruppe voneinander ab. Ohne Zweifel war dies in der vierten kalten Periode nicht der Fall, wahrscheinlich besassen beide damals eine fast gleiche Flora. Heute fehlen von den Formen des Riesengebirges und Isergebirges dem Gesenke und dem Glatzer Schneegebirge z. B. folgende: *Pinus Pumilio Haenke*, *Agrostis rupestris All.*, *Poa laxa Haenke*, *Festuca varia Haenke*, *Carex irrigua Sm.*, *Trichophorum caespitosum (L.)*, *Luzula spicata (L.)*, *Juncus squarrosus L.*, *Salix phylicifolia L. (bicolor Ehrh.)*, *Pulsatilla alba Rchb.*, *Arabis alpina L.*, *Saxifraga bryoides L.*, *S. moschata Wulf.*, *S. oppositifolia L.*, *S. nivalis L.*, *Sorbus sudetica (Tsch.)*, *Rubus Chamaemorus L.*, *Geum montanum L.*, *Alchimilla fissa Schum.*, *Prunus petraea Tsch.*, *Meum athamanticum Jacq.*, *Primula minima L.*, *Androsace obtusifolia All.*, *Veronica alpina L.*, *Pedicularis sudetica Willd.* und *Taraxacum nigricans (Kit.)* [3]).

Umgekehrt fehlen von den Formen des Gesenkes und des Glatzer Schneegebirges [4]) dem Riesengebirge und dem Isergebirge z. B. die folgenden: *Agrostis alpina Scop.* (G.), *Avena planiculmis Schrd.*, *Poa alpina L.* (G.), *P. caesia Sm.* (G.), *Carex rupestris All.* (G.), *Salix*

---

[1]) Einige von ihnen scheinen neuerdings durch menschliche Eingriffe ganz oder fast ganz vernichtet zu sein.
[2]) D. h. das Altvatergebirge und das sogen. Niedere oder Mährische Gesenke.
[3]) Die Gattung *Hieracium* lasse ich unberücksichtigt.
[4]) Die nur im Gesenke vorkommenden Formen sind mit G. bezeichnet.

hastata L. (G.), *Cerastium macrocarpum* Schur, *Saxifraga Aizoon* Jacq. (G.), *Laserpitium Archangelica* Wulf. (G.), *Meum Mutellina* (L.), *Gentiana punctata* L. (G.), *G. verna* L. (G.), *Plantago montana* Lmk. (G.), *Campanula barbata* L. und *Aster alpinus* L. (G.)[1]).

Pinus Pumilio Haenke, das Knieholz, ist im Riesengebirge weit verbreitet, es beherrscht auf weiten Strecken oberhalb der oberen Grenze des Fichtenwaldes die Physiognomie der Landschaft[2]). Dies war früher, bevor grosse Bestände durch die Anwohner vernichtet wurden und ihr Neuaufkommen durch Beweidung und Mahd verhindert wurde[3]), noch in weit höherem Masse der Fall. Es kommt nur an sehr wenigen Stellen in tieferer Lage — unter 1150 m —, bis ungefähr 900 m herab, vor[4]). Im Isergebirge besitzt es eine sehr unbedeutende Verbreitung, es kommt hier aber noch bei 750 m vor[5]). Ausserdem wächst es auf den Seefeldern bei Reinerz[6]) (zwischen Adler- und Habelschwerdter Gebirge) in ungefähr 750 m Meereshöhe. Das Knieholz ist ausserhalb Mitteleuropas weit verbreitet im Alpengebiete[7]) (einschliesslich des Juras), es wächst ausserdem in den sich im Osten an die Alpen anschliessenden Gebirgen Bosniens, der Herzegovina und Montenegros[8]), in weiter Verbreitung in den Karpatengebirgen, nach Westen bis zur Babia Góra und zum Pilsko in den Beskiden, sowie südlich der Alpen in den Abruzzen. In Mitteleuropa kommt es, ausser in den Sudeten, im Fichtelgebirge, im Böhmerwalde (wenig verbreitet), im bayerischen Walde, in Südböhmen, auf dem Granitplateau Niederösterreichs, auf der schwäbisch-bayerischen Hochebene, sowie im Schwarzwalde und im Wasgenwalde vor[9]). Man kann wohl nicht annehmen, dass das Fehlen des Knieholzes im Gesenke[10])

---

[1]) Vgl. S. 249 [21], Anm. 3.
[2]) Ueber die Grösse des von ihm bedeckten Areals vgl. Partsch, Schlesien, 1. Teil (1896), S. 270.
[3]) Wahrscheinlich ist durch die Beweidung und vorzüglich durch die Mahd in den Sudeten auch das Gebiet mancher anderen Art verkleinert worden; einzelne weniger verbreitete Gewächse mögen hierdurch sogar vernichtet worden sein.
[4]) Vgl. Limpricht, Ergebnisse einiger botanischer Wanderungen durch's Isergebirge, Abhdgn. der schlesischen Gesellsch. f. vaterl. Cultur, Abth. f. Naturw. u. Medicin. 1869/72, S. 33—47 (45); Stenzel, Ueber das Vorkommen des Knieholzes im Isergebirge, 55. Jahresbericht d. schles. Gesellsch. f. vat. Cultur (1878), S. 159—170 (167); Fiek, Flora von Schlesien (1881), S. 535; Partsch, Die Gletscher der Vorzeit in den Karpathen und den Mittelgebirgen Deutschlands (1882), S. 68 und 74, sowie desselb. Verf. Vergletscherung des Riesengebirges zur Eiszeit, Fschgn. z. deutsch. Landes- u. Volkskde., 8. Bd., 2. Heft (1894), S. 130 [32].
[5]) Stenzel a. a. O., vorz. S. 168.
[6]) Ueber dies Hochmoor vgl. Partsch, Schlesien, 1. Teil, S. 280—281.
[7]) Hier ist wohl auch seine Heimat.
[8]) Vgl. Ascherson und Graebner, Synopsis der mitteleuropäischen Flora, I. Bd. (1896—1898), S. 227.
[9]) In den übrigen Gegenden, in denen das Knieholz in Mitteleuropa wächst, z. B. in der Görlitzer Heide, in der sächs. Oberlausitz, im Thüringerwalde, in der Rhön, in Westfalen und im Erzgebirge, ist es wohl nur absichtlich oder unabsichtlich angesät oder angepflanzt.
[10]) Die wenigen Sträucher, welche in früherer Zeit im Gesenke beobachtet wurden und welche zur Zeit der Abfassung von Obornys Flora von Mähren — vgl. deren 1. Bd. (1885), S. 94 — „dem Verdorren nahe waren", waren wohl angepflanzt — Oborny scheint sie jedoch für spontan anzusehen —; neuerdings

und im Glatzer Schneegebirge auf unvollendete Ausbreitung in der vierten kalten Periode zurückzuführen ist. Ohne Zweifel hat es in der kalten Periode im Gesenke sowohl wie im Schneegebirge gelebt; wahrscheinlich ist es nach ihnen, und auch nach den Westsudeten, sowohl von den Alpen als auch von den Karpaten gelangt. Von ersteren drang es wohl vorzüglich auf den westlichen und den nördlichen Randgebirgen, vielleicht aber auch durch das Innere Böhmens oder durch das mährische Hügelland vor. Wahrscheinlich gelangte es von den Karpaten, in denen es während der vorausgehenden heissen Periode gelebt hatte, früher als aus den Alpen nach dem Gesenke und dem Schneegebirge und selbst nach dem Riesengebirge. Wahrscheinlich lag in der ersten heissen — und später in der zweiten heissen — Periode die obere Grenze des Fichtenwaldes in den Sudeten wesentlich höher als gegenwärtig, wahrscheinlich war damals der grösste Teil der heute waldfreien Flächen der Ostsudeten mit Wald bedeckt. Auch ein grosser Teil der Steilhänge bedeckte sich wohl mit Wald. Es blieb aber ohne Zweifel immer noch so viel waldfreies Gelände, dass sich das Knieholz in ziemlicher Verbreitung hätte halten können. Wahrscheinlich kamen aber zu der Beengung des Areals durch den Fichtenwald noch Angriffe von Insekten und Pilzen hinzu, denen das Knieholz, welches wohl auch unter der klimatischen Ungunst sehr litt, vollständig erlag. Auch im Riesengebirge besass das Knieholz in der ersten heissen Periode wohl nur eine unbedeutende Verbreitung. Auch in diesem Gebirge waren damals die heute waldfreien Hänge und Hochflächen wahrscheinlich zum grossen Teile mit Fichtenwald bedeckt, wenn auch nicht in dem Masse wie im Gesenke, da die Felsgipfel und die ausgedehnten steilen, felsigen Hänge sich nur auf den breiteren Gesimsen und an weniger steilen, mit kleinerem Geröll und Detritus beschütteten Stellen mit Bäumen bedecken konnten und wohl auch manche Moore nur stellenweise so trocken wurden, dass die Fichte auf sie überzusiedeln vermochte. Auch in ihm hatte es ausserdem wohl sehr durch das Klima, sowie durch Insekten und Pilze zu leiden [1]. Es blieb hier jedoch nicht nur erhalten [2], sondern behielt auch eine starke Lebensfähigkeit, so dass es während der kühlen Periode, in deren Verlaufe die obere Grenze des Fichtenwaldes ohne Zweifel weit unter die heutige Grenze hinabrückte, sich wieder weit ausbreiten konnte. In der zweiten heissen Periode rückte die Waldgrenze wohl nicht sehr bedeutend aufwärts, so dass damals die für das Knieholz bewohnbare Fläche eine viel grössere blieb; in der zweiten kühlen Periode vergrösserte sich diese wohl nicht unwesentlich über ihre heutigen Grenzen

---

wird das Knieholz im Gesenke wie im Schneegebirge mehrfach kultiviert (vgl. Oborny a. a. O.).

[1] Auch gegenwärtig hat es im Riesengebirge durch pflanzliche und tierische Feinde viel zu leiden; fast überall stehen einzelne Individuen, strichweise sogar grössere Bestände trocken da.

[2] Wahrscheinlich auch auf den tiefgelegenen sogen. Bärlöchern, den Endmoränen des Gletschers der Grossen und des der Kleinen Schneegrube in der zweiten — der grössten — kalten Periode, vgl. Partsch, Vergletschg. d. Riesengeb., a. a. O., S. 130 [32] und Beilage 5.

hinaus, um sich dann in der Jetztzeit mit Zunahme der Sommerwärme und Abnahme der Niederschläge wieder zu verkleinern[1]). Wie im Riesengebirge, so vermochte sich das Knieholz auch im Isergebirge, vielleicht ausschliesslich auf den nassen Mooren der Iserwiese, welche auch damals nicht vollständig austrockneten und wenigstens zum Teil waldfrei blieben[2]), vielleicht jedoch auch an einigen der übrigen, höher gelegenen Wohnplätze, welche sich zum Teil auf sehr nassem Moorboden befinden[3]), und auf den Seefeldern zu halten. Es erscheint mir die Annahme, dass es in den beiden letzteren Gegenden dauernd seit der kalten Periode lebt, mehr Wahrscheinlichkeit zu besitzen als die, dass es erst in späterer Zeit vom Riesengebirge nach ihnen durch Vermittelung der Vögel gelangt sei; um so weit, bis nach den Seefeldern, verschleppt zu werden, dazu sind die Samen doch wohl zu gross und schwer. An einen Transport durch Wind lässt sich gar nicht denken. Es erscheint die Annahme eines Ueberlebens auch deshalb sehr wahrscheinlich, weil sowohl im Isergebirge — auf der Grossen Iserwiese und auf der Neuwiese — als auch auf den Seefeldern *Betula nana* L. vorkommt und auf ihnen offenbar seit der kalten Periode lebt, welche dem Riesengebirge vollständig fehlt[4]). Auch das Vorkommen von *Juniperus nana Willd.* auf der Iserwiese spricht dafür. In den Randgebirgen im Westen und Norden Böhmens, durch welche, wie gesagt wurde, das Knieholz wahrscheinlich von den Alpen nach dem Riesengebirge gewandert ist, hat es sich nur in unbedeutender Verbreitung im bayerischen und Böhmerwalde, sowie im Fichtelgebirge gehalten, während es im Erzgebirge zu Grunde gegangen zu sein scheint.

Durchaus verschieden von dem des Knieholzes war das Schicksal eines anderen Nadelholzes, welches im Wuchse manche Aehnlichkeit mit jenem besitzt, des schon erwähnten Zwergwachholders, *Juniperus nana Willd.* Dieser Strauch wächst an einer Anzahl Stellen der höchsten Region des Gesenkes, an einigen von ihnen in recht grosser Individuenzahl. Im Riesengebirge besitzt er dagegen eine sehr unbedeutende Verbreitung: er wächst wahrscheinlich nur, und zwar sehr spärlich, auf der Pantschewiese[5]). Dagegen tritt der Strauch an

---

[1]) In den letzten Jahrhunderten ist die Waldgrenze wahrscheinlich durch den Menschen wieder hinabgerückt worden.
[2]) Zum grossen Teile war die Grosse Iserwiese ohne Zweifel mit Fichten bewachsen; die Fichtenstämme, welche sich in dem Torfe befinden (vgl. Stenzel a. a. O., S. 168), stammen wahrscheinlich aus jener Zeit.
[3]) Stenzel a. a. O., S. 164 und 165—166.
[4]) Nördlich der Sudeten scheint sie in Schlesien nicht vorzukommen, südlich und westlich von ihnen in Böhmen erst im Erzgebirge und im Böhmerwalde zu wachsen.
[5]) Vgl. Fiek, Flora von Schlesien (1881), S. 534, nach Winkler, Flora des Riesen- und Isergebirges (1881), S. 204, wächst nur unweit des Pantschefalles ein verkümmertes Exemplar; ich sah den Wachholder dort nicht. Die Pflanze, welche ich 1885 in der Nähe des nicht weit von der Pantschewiese entfernten Veigelsteines in wenigen, zum Teil vollständig oder fast vollständig abgestorbenen Individuen auffand (vgl. Deutsch. bot. Monatsschr., III. Jahrg. [1885], S. 142), weicht nicht unbedeutend von der Pflanze des Gesenkes und des Isergebirges sowie von der Diagnose Willdenows ab und dürfte wohl eher zu *Juniperus intermedia*

einigen Stellen im Isergebirge, zum Teil in grösserer Menge auf. Höchst wahrscheinlich war er in der kalten Periode im Riesengebirge weit verbreitet, starb aber in der ersten heissen Zeit fast vollständig aus, als der Wald den grössten Teil der heute waldfreien Fläche bedeckte und die waldfreien tiefgründigeren Partieen wohl meist mit Knieholz bewachsen waren. Wahrscheinlich hatte er damals, als ihn auch das ungünstige Klima schwächte, ebenso wie das Knieholz, viel durch Insekten und parasitische Pilze zu leiden. Die wenigen überlebenden Individuen scheinen die Fähigkeit einer energischen Fortpflanzung gänzlich eingebüsst zu haben, so dass sich *Juniperus*, als sich die waldfreie Fläche wieder vergrösserte, zwischen dem viel kräftigeren Knieholze, welches in der kühlen Periode wohl besonders üppig wuchs, nur sehr unbedeutend auszubreiten vermochte. In späterer Zeit hat er dann wohl noch weitere Schädigungen erlitten, welche allmählich seinen fast vollständigen Untergang herbeigeführt haben.. Im Gesenke dagegen vermochte sich der Wachholder in der heissen Zeit in kräftigen Individuen zu halten, trotzdem ohne Zweifel, wie bereits gesagt wurde, sich in der heissen Periode die waldfreie Fläche noch in viel bedeutenderem Masse wie im Riesengebirge verkleinerte und sicher viel weniger klimatisch verhältnismässig günstige Oertlichkeiten vorhanden waren als in dem nicht unwesentlich höheren und mit zahlreichen gegen Norden geöffneten Felskesseln und Thälern, sowie mit tieferen Mooren ausgestatteten Riesengebirge; wahrscheinlich hat sein Ueberleben seine Ursache hauptsächlich darin, dass das Knieholz frühzeitig pflanzlichen oder tierischen Feinden erlag. Es gelang ihm deshalb auch später, sich recht weit im Gebirge auszubreiten. Im Glatzer Schneegebirge, in welchem der Zwergwachholder in der kalten Periode ohne Zweifel gelebt, ging er, trotzdem es in der heissen Periode in klimatischer Hinsicht schwerlich ungünstiger war als das Gesenke, vollständig zu Grunde. Auch aus den übrigen Sudetengebirgen, mit Ausnahme des Isergebirges, ist er verschwunden. In diesem erhielt er sich neben *Pinus Pumilio*, und zwar in voller Lebenskraft, so dass er sich in späterer, günstiger Zeit wieder nicht unbedeutend auszubreiten vermochte.

Agrostis rupestris All. ist im Riesengebirge oberhalb der Grenze des Fichtenwaldes auf trockenem, vorzüglich kiesigem oder steinigem,

---

Schur gehören. Noch vor wenigen Jahrhunderten scheint der Zwergwachholder allerdings etwas weiter verbreitet gewesen zu sein, denn Caspar Schwenckfelt sagt in seinem 1600 — in neuer Ausgabe 1601 — erschienenen „Stirpium et fossilium Silesiae Catalogus" S. 114 von seiner „*Juniperus alpina fruticans*", unter welcher wohl *J. nana* zu verstehen ist (vgl. auch Schube, Zur Geschichte der schlesischen Floren-Erforschung bis zum Beginn des siebzehnten Jahrhunderts, Ergänzungsheft zum 68. Jahresb. d. schles. Gesellsch. f. vat. Cultur [1890], S. 40): Nonnisi altissimis montibus nota, veluti in Iserae prato ad giganteum, ad fontes Albis [diese Oertlichkeit dürfte der Puntschewiese entsprechen] et aliis locis inter Piceas pumilas et Pinastros a nive depressos, qui nunquam Arboria altitudinem acquirunt, sed humi ramulis reptantes tandem arescunt. Vulgo das Knickholtz. Auch daraus, dass der Strauch nach Schwenckfelts Angabe einen Volksnamen „Wilder Sadelbaum" besass, lässt sich auf eine damalige grössere Verbreitung desselben im Riesengebirge schliessen.

zum Teil recht humosem Boden, hauptsächlich im niederen, lockeren, aus anderen Gräsern sowie Halbgräsern, Kräutern, Moosen und Flechten zusammengesetztem Bestande weit verbreitet. Stellenweise ist das Gras an diesen Oertlichkeiten das herrschende Gewächs. Den übrigen Gebirgen des Sudetensystems fehlt es vollständig. In Mitteleuropa kommt es nur noch auf dem Gipfel des Arbers im Böhmerwalde vor; dagegen ist es weit verbreitet in den Hochgebirgen im Süden, von den Pyrenäen — nördlich von diesen wächst es noch in einigen Gebirgsgegenden des südlicheren Frankreichs, z. B. in den Dép. Cantal, Puy-de-Dôme und Hte-Vienne — bis nach den Karpatengebirgen, Rumänien, Bulgarien und Macedonien; nach Süden geht es bis Corsica und bis nach den zentralen Apenninen [1]). Seine Heimat besitzt es wohl in den Alpen. Wahrscheinlich hat es in der vierten kalten Periode im Gesenke und im Schneegebirge gelebt und ist dort, trotz zahlreicher sehr günstiger Oertlichkeiten, ebenso wie in den zwischen dem Riesengebirge und dem Schneegebirge liegenden Gebirgen erst später ausgestorben. Wahrscheinlich war es in die Ostsudeten aus den Karpaten eingewandert, in denen es nach Westen bis zur Babia Góra geht. Auch im Riesengebirge war es in der ersten heissen Periode wohl auf recht wenige, engbegrenzte Oertlichkeiten beschränkt, von denen aus es sich in der Folgezeit ausgebreitet hat. Wahrscheinlich ist es auch nach diesem Gebirge aus den Karpaten eingewandert, vielleicht ausserdem auch aus den Alpen, durch den Böhmerwald und das Erzgebirge.

Carex irrigua Sm. ist in der oberen, waldfreien Region des Riesengebirges vom Koppenplane und dem Brunnberge im Osten bis zu der Navorer und Kranichwiese sowie dem Reifträger im Westen auf Hochmooren, an moorigen quelligen Stellen und moorigen Ufern recht weit verbreitet, fehlt aber den übrigen Gebirgen des Sudetensystems vollständig. Im Gegensatze zu *Pinus Pumilio* und *Agrostis rupestris*, deren Heimat im Alpengebiete zu suchen ist, und welche auch in diesem und in den Karpatengebirgen (sowie weiter im Süden), aber nicht nördlich von Mitteleuropa vorkommen und somit wohl nur von Süden, Südosten oder Südwesten eingewandert sein können, besitzt dieses Rietgras seine Heimat ohne Zweifel im Norden, wo es weit verbreitet ist, kommt aber auch in den Alpen, von den Westalpen bis Steiermark und Krain, in den südlichen Karpaten, nach Norden bis zur Gegend des Jablonicapasses [2]), und in Bulgarien vor, und wuchs in diesen Gebirgen bereits vor der vierten kalten Periode. Es kann also sowohl aus Norden als auch aus Süden nach den Sudeten eingewandert sein. Aus welcher Richtung es gekommen ist oder ob es aus beiden eingewandert ist, das lässt sich nicht entscheiden. Wahrscheinlich stand in der kalten Periode einer schrittweisen Einwanderung aus Norden, aus dem nördlichen Teile der skandinavischen Halbinsel und dem arktischen Russland, durch Finnland, Nowgorod, Ingermanland, die russischen Ostsee-

---

[1]) Es kommt aber nicht auf der skandinavischen Halbinsel und im nördlichen Russland vor, wie vielfach angegeben wird.
[2]) Pax, Grundzüge der Pflanzenverbreitung in den Karpathen, 1. Bd. (1898), S. 188—189.

provinzen und das östliche Deutschland ¹), keine Hindernisse entgegen. Wenn von den nördlichen Kalkalpen und vom Norden bis zum Harze sich zusammenhängende Striche ausdehnten, auf denen an sehr kaltes Klima angepasste Gewächse vorzudringen vermochten, was wir soeben als **sehr wahrscheinlich** hingestellt haben ²), so waren sicher auch solche zwischen dem Nordosten und den Sudeten vorhanden. Auf diesen Wegen sind wohl auch andere Formen dieser Hauptgruppe nach den Sudeten gewandert, so *Carex rigida Good.*, *C. sparsiflora [Wahlenbg.]*, *Saxifraga nivalis L.*, *Rubus Chamaemorus L.* und *Pedicularis sudetica Willd.*, welche weiter im Süden fehlen oder nur ganz sporadisch vorkommen ³). Die bedeutende Grösse der Gebietslücken von *Saxifraga nivalis* und vorzüglich von *Pedicularis sudetica* könnte aber Anlass zu der Annahme geben, dass beider Vorkommen im Riesengebirge aus der dritten kalten Periode stamme, oder dass sie zwar erst in der vierten kalten Periode, aber sprungweise durch Vermittelung der Vögel eingewandert seien. Die erstere Annahme muss meines Erachtens durchaus zurückgewiesen werden; beide würden sich in diesem Falle in der vierten kalten Periode vom Riesengebirge weit ausgebreitet haben und würden dann schwerlich in der Folgezeit in ihrem Vorkommen auf die höchste Region des Riesengebirges beschränkt worden sein. Die andere Annahme ist dagegen nicht unwahrscheinlich, da über gleich weite und noch viel weitere Strecken Samen — und Früchte — von ähnlicher Grösse, wie die beiden Arten sie besitzen, von Vögeln verschleppt worden sind ⁴). Welche von beiden Annahmen den thatsächlichen Vorgängen entspricht, wird sich wohl niemals feststellen lassen; meines Erachtens sprechen aber die grossen Lücken von *Saxifraga* und *Pedicularis* nicht gegen eine schrittweise Einwanderung. Mehr aber noch als bei diesen, möchte ich bei den drei

---

¹) In allen diesen Ländern wächst es noch gegenwärtig, in Ostpreussen allerdings, wie es scheint, nur bei Tilsit.
²) **Mit ziemlicher Sicherheit** lässt sich das Vorhandensein von waldfreien Strichen in der kalten Periode von den Alpen bis zum Eichsfelde behaupten, wo *Carduus defloratus* vorkommt und sich wohl seit der kalten Periode gehalten hat.
³) Die beiden *Carex*-Arten kommen in den Alpen nur ganz sporadisch vor und fehlen, wie es scheint, den Gebirgen des Karpatensystems vollständig. *C. rigida* wächst in Mitteleuropa ausser im Gesenke, Schneegebirge, Riesengebirge und Isergebirge nur im Erzgebirge (Jahresb. d. Vereins f. Naturkunde zu Zwickau, 1891, S. 16) u. am Brocken, *C. sparsiflora* wächst ausser im Gesenke und im Riesengebirge nur im Brockengebirge, in Mecklenburg bei Warnemünde sowie im südlichen Schweden (vgl. Entw. d. ph. Pflzdecke d. Saalebez., S. 147 [44]). Die drei anderen Arten fehlen südlich des Riesengebirges ganz, im Norden wächst die erste zunächst in Südnorwegen, in Helsingland in Schweden, im südlicheren Finnland sowie in den Gouv. Olonez und Wologda; *Rubus* tritt bereits in Mitteleuropa, und zwar an einigen Stellen in der Nähe der Ostseeküste, nach Westen bis Swinemünde oder sogar bis zum Dars (von dem er neuerdings aber verschwunden zu sein scheint, wenn er überhaupt auf ihm vorgekommen ist), dann im nördlichen Teile Ostpreussens, im nördlichen Polen, im Gouv. Kowno, in den russ. Ostseeprovinzen und weiter im Osten und Norden — aber auch weiter im Süden, in den Gouv. Mohilew und Wolhynien —, sowie auf der skandinavischen Halbinsel auf; *Pedicularis* aber findet sich erst wieder in Finnisch-Lappland, sowie im nördlichen Russland in den Gouv. Archangel und Perm.
⁴) Z. B. in den afrikanischen Hochgebirgen.

Carex-Arten eine solche annehmen, und zwar auch bei *C. irrigua* eine solche aus dem Norden. Weniger Wahrscheinlichkeit scheint mir die Annahme einer Einwanderung der letzteren aus den Alpen zu besitzen, obwohl sie zwischen diesen und dem Riesengebirge bei Karlsfeld [1]) im Erzgebirge sowie im Böhmerwalde und im bayerischen Walde wächst, da sie in den den Sudeten zunächst liegenden Teilen der Alpen nur eine unbedeutende Verbreitung besitzt [2]). An eine Einwanderung aus den Karpaten lässt sich gar nicht denken. Von wo nun auch *Carex irrigua* nach den Sudeten gewandert ist, und auf welche Weise die Wanderung vor sich ging, es ist meines Erachtens wahrscheinlicher, dass sie ehemals, ebenso wie *C. rigida* und *C. sparsiflora* [3]), in diesen Gebirgen weit verbreitet war, als dass sie von vornherein nur nach dem Riesengebirge gelangt ist. Warum sie sich nur im Riesengebirge zu erhalten vermochte, lässt sich nicht sagen; im Gesenke sind zahlreiche sehr geeignete moorige Oertlichkeiten vorhanden, welche in der heissen Periode durchaus nicht sämtlich ausgetrocknet sein können, da sich an ihnen z. B. *C. limosa* gehalten hat, welche im Riesengebirge an vielen Oertlichkeiten mit *C. irrigua* zusammenlebt, aber noch nässere Stellen als diese bewohnt. Fast noch merkwürdiger als ihr Fehlen in den Ostsudeten ist ihr Fehlen im Isergebirge [4]); ohne Zweifel hat sie auch in diesem ehemals gelebt.

Carex rupestris All., welche das Gesenke [5]) vor den Westsudeten voraus hat, wächst wie die soeben behandelten Gattungsgenossinnen sowohl im Norden [6]) als auch in den Alpen, in denen sie aber keine weite Verbreitung besitzt, und ausserdem, und zwar in sehr unbedeutender Verbreitung, in den Karpaten [7]). Von wo sie eingewandert ist, lässt sich nicht feststellen, vielleicht erfolgte ihre Einwanderung durch Vermittelung der Vögel; vielleicht hat sie gar nicht im Riesengebirge gelebt, in welchem so viele günstige Oertlichkeiten vorhanden sind und auch in der ersten heissen Periode vorhanden waren, so dass also unvollendete Ausbreitung vorliegt.

Trichophorum caespitosum (L.), welches im höheren Riesengebirge weit verbreitet ist und auch im Isergebirge vorkommt, kann sowohl aus dem Norden wie aus den Alpen eingewandert sein; weniger wahrscheinlich ist dagegen eine Einwanderung aus den Karpatengebirgen, in denen es wenig verbreitet zu sein scheint. Es lässt sich nicht entscheiden, ob *Trichophorum* in der vierten kalten Periode in den Ostsudeten gelebt hat und später ausgestorben ist, doch scheint mir dies sehr wahr-

---

[1]) Nach Garcke, Flora von Deutschland, 18. Aufl. (1898), S. 650.
[2]) Sie tritt zunächst bei Berchtesgaden, dann in Salzburg und Nordtirol auf.
[3]) Beide kommen im Gesenke, die erstere auch im Schneegebirge, vor; beide bewohnen allerdings meist trockeneren Boden als *C. irrigua*.
[4]) In diesem fehlt merkwürdigerweise auch *C. sparsiflora*.
[5]) Sie wächst jetzt wohl nur auf der Brünnelheide, soll aber auch im Kessel vorgekommen sein.
[6]) In diesem ist sie recht weit verbreitet.
[7]) In der Tatra (Sagorski und Schneider, Flora der Centralkarpathen, 2. Hälfte (1891), S. 506) und auf der Alpe Skarisora in den transsylvanischen Alpen (Simonkai, Enumeratio Florae Transsilvanicae vesculosae critica [1886], S. 545).

scheinlich zu sein, da auch das verwandte *Trichophorum alpinum (L.)*, welches wohl auch von den Alpen oder aus dem Norden, nicht aber von den Karpaten, in denen es wenig verbreitet ist [1]), nach den Sudeten kam, im Gesenke, allerdings in viel unbedeutenderer Verbreitung als im Riesengebirge, vorkommt. Es wächst auch an einigen Oertlichkeiten zwischen dem Gesenke und dem Riesengebirge. Für eine Einwanderung aus den Alpen spricht das Vorkommen im Waldviertel Niederösterreichs, sowie im südlichen und im östlichen Böhmen, z. B. bei Hohenfurth, Kaplitz, Gratzen, Wittingau, Neuhaus, Deutsch-Brod (Ransko), Hlinsko und Wichstadtl im Adlergebirge. Auf diesem Wege [2]) ist es aber zunächst nach den Ostsudeten gelangt, und zwar ohne Zweifel schon frühzeitig, wohl so frühzeitig oder frühzeitiger als von den Alpen nach dem Riesengebirge [3]) und frühzeitiger als vom Norden nach diesem [4]). Es kann also seine unbedeutende Verbreitung in den Ostsudeten nicht als auf, infolge spät erfolgter Einwanderung, unvollendeter Ausbreitung beruhend, sondern nur als Folge eines späteren Aussterbens während der heissen Periode angesehen werden. Offenbar ist *T. alpinum* in dieser Periode nicht nur fast vollständig ausgestorben wie zahlreiche andere Einwanderer, sondern hat auch, wie manche andere Formen im gleichen Gebirge, so z. B. *Swertia perennis L.* und *Bartschia alpina L.*[5]), welche beide im Riesengebirge weit verbreitet sind und strichweise in sehr grosser Individuenzahl auftreten, sowie auch *Carex capillaris L.*[6]), welche im Riesengebirge auch an mehreren Stellen, an manchen davon in recht grosser Individuenzahl, vorkommt, und manche Formen im Riesengebirge, z. B. *Juniperus nana Willd.*, die Fähigkeit verloren, sich kraftvoll auszubreiten, als sich später wieder günstige Verhältnisse einstellten.

Mit ziemlicher Bestimmtheit lässt sich wohl das ehemalige Vorhandensein und spätere Aussterben der im Riesengebirge an zahlreichen

---

[1]) Vgl. Pax a. a. O., S. 150, 156, 181, 185, 187 und 248.

[2]) Auf diesem Wege scheinen auch andere Formen dieser Gruppe von den Alpen nach den Sudeten gewandert zu sein, so *Sagina Linnaei Presl*, welche bei Gratzen, Humpolec und Polna, sowie *Alsine verna (L.)*, welche bei Jung-Wožic wächst.

[3]) Es ist von den Alpen nach dem Riesengebirge wahrscheinlich nicht nur auf diesem Wege, sondern auch, vielleicht vorzüglich, durch den bayerischen und den Böhmerwald — es wächst auch in der Nähe seines nördlichen Endes bei Tepl —, das Fichtelgebirge und das Erzgebirge — in beiden letzteren scheint es nicht mehr vorhanden zu sein — gewandert.

[4]) Vorausgesetzt, dass es von dorther schrittweise gewandert ist.

[5]) Auch im Isergebirge ist die erstere fast vollständig (vgl. Limpricht a. a. O., S. 39), die andere sogar vollständig ausgestorben. Dass beide, wie auch manche andere jetzt fehlende Formen, z. B. *Trichophorum alpinum* und *Carex irrigua*, ehemals im Isergebirge weit verbreitet waren, scheint mir fast zweifellos; es lässt ihre heutige Seltenheit oder gänzliche Abwesenheit deutlich erkennen, dass die Moore, welche diesen Gewächsen heute zahlreiche günstige Standorte bieten, in der ersten heissen Periode sehr trocken und zum grossen Teile bewaldet gewesen sein müssen. Es ist merkwürdig, dass sich trotzdem *Betula nana*, welche aus dem Riesengebirge vollständig verschwunden ist, dort gehalten hat. Ohne Zweifel war aber auch das Klima in jener Periode im Isergebirge sehr ungünstig für Formen dieser Anpassungsgruppe.

[6]) Sie wächst im Gesenke nur spärlich im Grossen Kessel.

Orten, vorzüglich im östlichen Teile, und zum Teil in grosser Individuenzahl vorkommenden[1]) *Luzula spicata (L.)* im Gesenke und im Schneegebirge behaupten. Sie ist sowohl im Norden als auch in den Alpen und in den Karpaten[2]) ziemlich weit verbreitet. Ausser im Riesengebirge scheint sie in Mitteleuropa nicht vorzukommen. Ebenso wuchs dort ehemals wohl auch der im Riesengebirge so häufige *Juncus squarrosus L.*, welcher jetzt ebenfalls vollständig zu fehlen scheint, aber schon wieder weiter im Osten, im Teschener Gebirge, häufig ist; noch weiter östlich, in den Karpaten, besitzt er wohl keine bedeutende Verbreitung.

Sehr merkwürdig ist das Fehlen in den Ostsudeten von zwei im Riesengebirge überaus häufigen Formen dieser Gruppe, von *Pulsatilla alba Rchb.* und *Geum montanum L.*, welche, vorzüglich die erstere — *Geum* tritt im westlichen Teile nur an wenigen Stellen auf —, in diesem Gebirge einen charakteristischen, auch dem Laien sofort in die Augen fallenden Bestandteil der Pflanzendecke bilden. *Pulsatilla* wächst auch im Isergebirge. Beide fehlen dem europäischen Norden vollständig. *Pulsatilla alba* — oder richtiger ihre von ihr wohl nur wenig abweichende Stammart — hat aber in diesem, nach dem sie aus ihrer nordamerikanischen Heimat vorgedrungen war, gelebt und ist von dort nach dem südlicheren Europa eingewandert. Sie war im Norden aber wohl schon vor Beginn der vierten kalten Periode ausgestorben. In den Hochgebirgen des Südens hat sich diese Stammart in eine Anzahl selbständiger Arten gespalten, deren eine *Pulsatilla alba* ist, deren Heimat vielleicht in den Karpaten zu suchen ist[3]). *Geum* ist in den Alpen, wo wohl auch seine Heimat liegt, sowie in den Karpaten weit verbreitet[4]) und geht in letzteren wie *Pulsatilla* nach Westen bis zur Babia Góra. Beide sind wahrscheinlich[5]) schrittweise von den Karpaten nach dem Riesengebirge gewandert[6]), haben in den Ostsudeten gelebt und sind später in ihnen ausgestorben. Wahrscheinlich haben die Karpaten, in deren westlichen Teile die Tatra eine reiche Flora von Formen dieser Gruppe während der heissen, der vierten kalten Periode vorausgehenden Periode besass, ebensoviel Anteil an der Besiedelung nicht nur der Ostsudeten, sondern auch der Westsudeten, wie die Alpen; wahrscheinlich langten die Formen, welche das Riesengebirge sowohl aus den Alpen, wie aus den Karpaten

---

[1]) Sie wächst gewöhnlich zusammen mit *Agrostis rupestris*.
[2]) Vgl. Pax a. a. O., S. 197.
[3]) Nach der Ansicht von Kerner (Schedae ad floram exsiccatam austrohungaricum II, [1882], S. 107—109) und Pax (a. a. O., S. 224 und 228), vorausgesetzt, dass ich letzteren richtig verstehe, kommt sie ausserhalb Mitteleuropas allein in diesem Gebirge, nicht in den Alpen, vor; nach anderen, z. B. Beck v. Mannagetta, wächst sie auch in den Ostalpen. Eine nahe verwandte Art kommt auch in den Vogesen vor.
[4]) In Mitteleuropa scheint es ausser im Riesengebirge und Brockengebirge — in letzterem ist zudem, wie gesagt wurde, sein Indigenat zweifelhaft — nirgends vorzukommen.
[5]) Sollte *Pulsatilla alba* den Alpen fehlen, so würde ihre Einwanderung aus den Karpaten ganz sicher sein.
[6]) *Geum* ist vielleicht auch aus den Alpen eingewandert.

erhalten hat, früher aus letzterem als aus ersterem Gebirge in ihm an. Deutlich lässt sich die Einwanderung in das Riesengebirge aus den Karpaten noch an dem Vorkommen z. B. von *Arabis sudetica Tsch.*[1], *Euphrasia Tatrae Wettst.*[2], *Alectorolophus pulcher (Schummel)*[3], *Taraxacum nigricans (Kit.)* und einigen *Hieracium*-Arten erkennen. In den Ostsudeten kommen nur wenige Formen dieser Gruppe mehr als im Riesengebirge vor, deren Einwanderung bestimmt ihren Ausgang aus den Karpaten genommen hat; ein Teil von diesen ist wohl nicht bis nach dem Riesengebirge gelangt. Das Fehlen von *Pulsatilla* und *Geum* in den Ostsudeten ist also meines Erachtens auf späteres Aussterben zurückzuführen; es lässt dies, wie ich glaube, erkennen, dass selbst in der höchsten Region der Ostsudeten die Verhältnisse für diese Anpassungsgruppe nach ihrer Einwanderung sehr ungünstige waren[4]. Es lässt sich meines Erachtens daraus auch der Schluss ziehen, dass auch im Riesengebirge beide Formen in der heissen Zeit nur eine unbedeutende Verbreitung besassen. *Geum* scheint damals aus dem westlichen Teile ganz verschwunden zu sein, es vermochte sich auch in der Folgezeit in diesem Teile nur unbedeutend auszubreiten[5]. Im Isergebirge starb es vollständig aus, *Pulsatilla* blieb hier an einer Stelle erhalten[6].

Kaum weniger auffällig als das Fehlen dieser beiden Gewächse in den Ostsudeten ist das Fehlen von *Primula minima L.* und *Gnaphalium supinum L.*[7], welche beide im Riesengebirge sehr häufig sind, in jenem Teile der Sudeten. Die erste wächst in den Ostalpen, in den Gebirgen Serbiens, Rumäniens, Bulgariens und Thraciens, sowie in den Karpaten[8]. *Gnaphalium* kommt nicht nur südlich von Mitteleuropa in weiter Verbreitung in den Alpen und ausserdem im Jura, in den Pyrenäen, in den Apenninen, im nördlichen Teile der Balkanhalbinsel, sowie in weiter Verbreitung in den Karpaten, nach Westen bis zur Babia Góra, sondern auch im Norden, von Island bis zum nördlichen Russland — ausserdem noch im nördlichen Nordamerika —, vor. Während *Primula* also nur von Süden, entweder aus den Alpen oder aus den Karpaten, eingewandert sein kann, kann *Gnaphalium* auch von Norden

---

[1] Eine ähnliche Art kommt freilich im Norden vor.
[2] Eine der *Euphrasia minima L.*, welche neben ihr im Riesengebirge vorkommt, sehr nahe stehende Art.
[3] Diese Art kommt ausser im Riesengebirge, Schneegebirge und Gesenke nur in den Karpaten vor. Sie ist von *A. alpinus* (Baumg.) verschieden, vgl. J. v. Sterneck, Oesterr. bot. Zeitschrift, 45. Jahrg. (1895), S. 225—231.
[4] Wahrscheinlich war, wie gesagt wurde, nicht nur das Klima ungünstig, sondern auch der grösste Teil der heute waldfreien Fläche mit Fichtenwald bedeckt.
[5] Ich glaube nicht, dass hier unvollendete Ausbreitung in der kalten Periode vorliegt; dass die Pflanze, welche aus den Karpaten kam, noch nicht bis zum Westflügel des Gebirges vorgedrungen war.
[6] Obgleich sie hier nur in einem Individuum gefunden wurde (vgl. Limpricht a. a. O., S. 39), scheint mir diese Annahme wahrscheinlicher als die, dass sie erst nach der ersten heissen Periode, vielleicht in jüngster Zeit, durch Verschleppung ihrer Früchtchen durch Vögel in das Isergebirge gelangt sei.
[7] Nach älteren Angaben, welche aber nicht bestätigt worden sind, soll es im Gesenke vorkommen, vgl. Oborny, Flora von Mähren, I. Bd. (1885), S. 671.
[8] In diesen ist sie strichweise, so in der Tatra, häufig.

gekommen sein. Welchen Weg es einschlug, lässt sich nicht beurteilen; ausser in den Sudeten scheint es in Mitteleuropa nur am Feldberge des Schwarzwaldes vorzukommen. Es ist wenig wahrscheinlich, dass beide Formen nicht aus einer Richtung — wahrscheinlich wenigstens aus den Karpaten — nach den Ostsudeten vorgedrungen sind. Wahrscheinlich haben sie hier gelebt und sind erst später ausgestorben.

Wahrscheinlich hat auch *Veronica alpina L.* ehemals im Gesenke gelebt und ist später ausgestorben. Sie wächst sowohl im Norden wie in den Alpen und den Karpaten; von wo sie in das Riesengebirge eingewandert ist, lässt sich nicht feststellen.

Taraxacum nigricans Kit. hat sicher ehemals in den Ostsudeten gelebt[1]); es ist nach den Westsudeten von den Karpaten gewandert, wo es seine Heimat besitzt.

Auch *Pedicularis sudetica Willd., Rubus Chamaemorus L.* und *Prunus petraea Tsch.* haben wohl in den Ostsudeten gelebt und sind später aus ihnen verschwunden. Während die beiden ersteren nur von Norden gekommen sein können[2]), kann *Prunus* auch aus den Karpaten eingewandert sein. An dem Aussterben der beiden ersteren war vielleicht hauptsächlich das weitgehende Austrocknen der Moore, ausserdem freilich auch die klimatische Ungunst schuld. Die Trockenheit war vielleicht auch die Ursache, dass die schattige, nasse, quellige Abhänge und Bachufer bewohnende *Prunus* zu Grunde ging.

Salix phylicifolia L., welche wohl auch von Norden, nicht von den Karpaten[3]), eingewandert ist, ist im Riesengebirge offenbar im Aussterben begriffen, sie kommt hier anscheinend nur noch in weiblichen Individuen vor[4]); wahrscheinlich ist sie im Gesenke schon früher zu Grunde gegangen. Dagegen hat sich in letzterem eine andere Weide, *Salix hastata L.,* erhalten. Im Riesengebirge scheint sie trotz zahlreicher, überaus günstiger Oertlichkeiten an den Hängen der „Gruben" und Thäler ausgestorben zu sein; denn es ist sehr wahrscheinlich, dass sie, die aus den Alpen bis nach dem Südharze vorzudringen im stande war[5]), aus jenen auch bis nach dem Riesengebirge gelangt ist[6]).

Meum athamanticum Jacq. ist vielleicht nicht nach den Ostsudeten gelangt; ebenso ist vielleicht auch *Sorbus Chamaemespilus (L.),* die Stammart der *Sorbus sudetica,* nicht dorthin gewandert. Wahrscheinlich blieb diese Stammart im Riesengebirge in der heissen Periode nur an einer räumlich sehr beschränkten Stelle erhalten, an welcher sich aus

---

[1]) Vielleicht ist es hier bis jetzt nur übersehen worden.
[2]) Vgl. S. 255 [27].
[3]) Ueber ihre Verbreitung in diesen vgl. Pax u. a. O., S. 147 und 190.
[4]) Vielleicht sind die männlichen Individuen aber schon in der heissen Periode ausgestorben und hat sie sich seitdem nur durch ungeschlechtliche Vermehrung erhalten. Auch im Brockengebirge kommen gegenwärtig nur weibliche Sträucher vor; früher sollen hier auch — oder sogar ausschliesslich? — männliche vorhanden gewesen sein, vgl. Entw. d. ph. Pflzdecke d. Saalebez., S. 144 [41]. Anm. 6.
[5]) Siehe S. 243 [15].
[6]) Vielleicht ist sie hierher auch aus den Karpaten vorgedrungen, aus denen sie wohl in die Ostsudeten eingewandert ist.

ihr *S. sudetica*¹) herausbildete, die sich später, wahrscheinlich durch Vermittelung der Vögel, ausbreitete.

Weniger merkwürdig als das Fehlen eines grossen Teiles der im vorstehenden besprochenen Formen in den Ostsudeten ist das Fehlen von *Poa laxa Haenke, Festuca varia Haenke, Arabis alpina L., Saxifraga bryoides L., S. moschata Wulf., S. oppositifolia L., S. nivalis L., Alchimilla fissa Schum.* und *Androsace obtusifolia All.* in diesem Gebirge, von denen ohne Zweifel ein grosser Teil in ihm gelebt hat²), da in den Ostsudeten für sie geeignete Standorte: Felshänge, in viel unbedeutenderer Verbreitung vorhanden sind als im Riesengebirge³). Auch in diesem haben sich trotz zahlreicher sehr günstiger Oertlichkeiten *Arabis alpina, Saxifraga bryoides, S. moschata, S. nivalis* und *Androsace obtusifolia* — wahrscheinlich — nur an einer Oertlichkeit von sehr beschränkter Ausdehnung, auf dem Basalte der Kleinen Schneegrube, zu halten vermocht. Sie haben sich offenbar dermassen an die Eigenschaften des Basaltes angepasst, dass sie sich selbst in den für sie günstigen Zeitabschnitten nicht von ihm zu entfernen im stande waren.

Auch die Ostsudeten besitzen eine Anzahl felsbewohnender Formen dieser Anpassungsgruppe und darunter sogar mehrere: *Poa alpina L., P. caesia Sm.*⁴)*. Carex rupestris All.*⁵)*. Saxifraga Aizoon Jacq.. Plantago montana Lmk.* und *Aster alpinus L.,* welche dem Riesengebirge fehlen; von diesen haben wenigstens einige — mindestens *Saxifraga Aizoon* und *Aster alpinus*⁶) — im Riesengebirge gelebt. Auch das Fehlen von *Gentiana verna L.* und *Campanula barbata L.* im Riesengebirge ist merkwürdig; am meisten das der letzteren, welche im Gesenke und im Schneegebirge recht häufig ist und weit in den Thälern hinabgeht, sowie auch bei Landeck vorkommt, da sie in den Karpatengebirgen nur eine unbedeutende Verbreitung besitzt und wohl nicht von dort, sondern aus den Alpen, in denen sie verbreitet ist⁷), nach den Sudeten gewandert ist.

Wahrscheinlich ist auch *Gentiana punctata L.* aus den Karpaten, in denen sie sehr verbreitet ist, nicht nur bis nach dem Gesenke⁸), in

---

¹) Die gleiche oder eine ähnliche Art hat sich aus *Sorbus Chamaemespilus* auch in anderen Gegenden gebildet. Sie ist wohl sicher kein Bastard zwischen dieser und *S. Aria*, wie noch vielfach angenommen wird.

²) Alle, mit Ausnahme von *Saxifraga nivalis* (siehe S. 255 [27]), wachsen in den Karpaten, *Alchimilla* aber, wie sie scheint (vgl. Pax a. a. O. S. 162 und 198), nur in sehr unbedeutender Verbreitung; *Poa laxa, Festuca varia* und *Saxifraga moschata* gehen bis zur Babia Góra, *Arabis alpina* bis zum Pilsko und zur Babia Góra. Alle mit gleicher Ausnahme wachsen auch in den Alpen.

³) Andere felsbewohnende Gewächse sind viel seltener als im Riesengebirge, so, wie bereits erwähnt, *Carex capillaris*.

⁴) Die Angaben über das Vorkommen von *Poa caesia* im Riesengebirge (noch bei Garcke, Flora von Deutschland, 18. Aufl. [1898], S. 690) beruhen wohl auf Verwechselung; dagegen scheint *Agrostis alpina* ehemals dort vorgekommen zu sein (vgl. Čelakovský, Prodromus der Flora von Böhmen, S. 36).

⁵) Vgl. S. 256 [28].

⁶) Dieser ist wohl von den Alpen durch Böhmen bis nach der oberen Saale und dem Harze vorgedrungen.

⁷) Nördlich der Alpen wächst sie nur noch bei Isny in Württemberg, sowie an wenigen Oertlichkeiten in Norwegen.

⁸) Sie ist dorthin wohl nicht aus den Alpen gewandert.

welchem sie an einer grösseren Anzahl von Oertlichkeiten vorkommt, sondern auch über dieses hinaus bis nach dem Riesengebirge vorgedrungen, in letzterem später aber ausgestorben.

Auch *Cerastium macrocarpum Schur*, welches ohne Zweifel aus den Karpaten, in denen es noch am Pilsko und an der Babia Góra vorkommt, nach den Ostsudeten gewandert ist, dürfte bis nach dem Riesengebirge vorgedrungen sein; ebenso dürfte *Meum Mutellina (L.)* aus den Karpaten, in denen es eine weite Verbreitung besitzt und ebenfalls noch an der Babia Góra vorkommt, oder aus den Alpen[1]), wo es auch häufig ist, nach diesem gelangt sein. *Avena planiculmis Schrad.* und *Laserpitium Archangelica Wulf.*[2]), welche nach den Ostsudeten nur aus den Karpaten gekommen sein können, sind vielleicht nicht bis nach dem Riesengebirge vorgedrungen.

Im vorstehenden wurde gezeigt, dass, wenn auch ein Teil der Ungleichheit in dem Besitze an Formen der ersten Gruppe der ersten Hauptgruppe der beiden höchsten, hinsichtlich ihres Klimas wohl nicht sehr wesentlich voneinander abweichenden Gebirgsgruppen der Sudeten auf unvollendete, ungleichmässige Ausbreitung der Formen in der vierten kalten Periode von den Gegenden her, in denen sie während der Zeit vor Beginn dieser Periode gelebt haben, zurückgeführt werden muss, die Mehrzahl der Fälle doch nur durch späteres Aussterben erklärt werden kann. Dies beweist meines Erachtens, dass auch die überlebenden, vorzüglich diejenigen der Ostsudeten, sich in ungünstiger Lage befanden, dass die meisten eine wesentlich unbedeutendere Verbreitung besassen als in der Gegenwart, dass viele von ihnen wohl dem Aussterben nahe waren und dass nur zufällige Umstände sie vor dem vollständigen Untergange bewahrten, welchem andere, im allgemeinen zum Teil nicht schlechter, zum Teil vielleicht besser an die veränderten Verhältnisse angepasste Formen anheimfielen[3]). Manche waren auch in der Folgezeit nicht wieder im stande, sich auszubreiten. Es sind dies vorzüglich felsbewohnende Formen, deren Wohnplätze durch Zwischenräume voneinander getrennt sind, welche, wenigstens in nicht besonders günstigen Perioden, wenige für sie geeignete Standorte — also Felsen — darbieten[4]). Wahrscheinlich haben diese Formen auch nicht nur in den heissen Zeitabschnitten[5]), wie diejenigen, welche

---

[1]) Für eine Einwanderung aus den Alpen spricht sein Vorkommen an einer Anzahl Oertlichkeiten des bayerischen und des Böhmerwaldes, für eine Einwanderung aus den Karpaten durch die Ostsudeten sein Vorkommen im Mensegebirge.

[2]) Es gehört wohl zu dieser und nicht zur zweiten Gruppe der ersten Hauptgruppe.

[3]) Ohne Zweifel sind zahlreiche Formen in den Sudeten vollständig ausgestorben. Wahrscheinlich lebten die meisten von denen, welche die Babia Góra vor den Sudeten voraus hat (vgl. Pax a. a. O., S. 208), ehemals auch in den letzteren.

[4]) Manche haben sich wohl auch an die chemischen Eigenschaften gewisser Bodenarten — so an die des Basaltes — so vollkommen angepasst, dass sie nach den unmittelbar daneben anstehenden Felsen von anderer Beschaffenheit, auf welchen sie in anderen Gebirgen unter ähnlichen klimatischen Verhältnissen gut gedeihen, nicht überzusiedeln vermögen.

[5]) In diesen hatten wohl am meisten die gegen Süden geöffneten Gruben und Thäler zu leiden, hauptsächlich der Riesengrund und die Kesselgruben an

humusreichere Hänge und Hochflächen, sowie Moore bewohnen, sondern auch in den kühlen Perioden, vorzüglich in der ersten, zu leiden gehabt, da in diesen — wenigstens in der ersten, der grössten [1]) — die Felskessel des Gebirges, die sogen. Gruben, mit grösseren perennierenden Schnee- und Eismassen erfüllt waren, welche wohl einen grossen Teil der günstigen Stellen bedeckten. War nun schon das Klima der Zeit nach dem kältesten Abschnitte der vierten kalten Periode im stande, diese Formen in den Sudeten so weit zu vernichten, so müssen in der heissen Periode, welche zwischen die vierte und die dritte kalte Periode eingeschaltet ist, aus den Sudeten sämtliche Formen dieser Anpassungsgruppe, welche in der dritten kalten Periode eingewandert waren, verschwunden sein.

* *

Es wurde im vorigen Abschnitte bereits darauf hingewiesen, von wo und auf welchen Wegen die behandelten Formen nach ihren heutigen mitteleuropäischen Wohnstätten eingewandert sind. Im folgenden sollen die Wanderungen der Formen dieser Gruppe während der vierten kalten Periode etwas eingehender besprochen werden.

Wie bereits gesagt wurde, sind die vier ausführlicher besprochenen Formen der Gipszone des Südharzes wahrscheinlich aus der nördlichen Kalkzone der Alpen — und dem Jura — eingewandert. Sie wanderten wahrscheinlich vorzüglich über die bayerische Hochebene — ausserdem aber wohl auch vom Jura und den Alpen durch den schwäbischen Jura —, durch das bayerische Juragebiet bis nach dem Maine, von dort nach dem Werragebiete und aus diesem über das Eichsfeld nach dem Südharze; wahrscheinlich drangen sie noch über den Harz und wohl auch im Wesergebiete über das Eichsfeld hinaus nach Norden und Nordosten vor. In letzterem Gebiete gelangte ein Teil der Wandergesellschaft mindestens bis zum Süntel; *Biscutella laevigata L.* und *Amelanchier vulgaris Mönch* [2]), welche beide am Hobensteine des Süntels wachsen, sowie wahrscheinlich auch das im gleichen Gebirge am Iberge wachsende *Allium fallax [Don]* gehören zu ihr. Von der ersteren Art, welche in jener kalten Zeit auch, wie schon gesagt wurde, nach dem Südharze gewandert ist [3]), sind wohl auch in der ersten heissen Periode an heisses Sommerklima angepasste Individuen aus dem Südosten [4]) nach Mitteleuropa eingewandert; Nachkommen von diesen sind wahrscheinlich z. B. die im Odergebiete bei Breslau sowie die in der Nähe der Elbe unterhalb der böhmischen Randgebirge und die im Saalegebiete

---

der Kesselkoppe, welche, vorzüglich der erstere, stellenweise einen sehr günstigen Boden besitzen und ohne Zweifel bei nördlicher Exposition eine sehr reiche Flora besitzen würden.

[1]) Vgl. Partsch, Die Vergletscherung des Riesengebirges, a. a. O. z. B. S. 129 [31] und Beilage 5, sowie S. 122 [24] und Beilage 6.

[2]) Ueber *Amelanchier* vgl. Andrée im Jahresbericht der naturhist. Gesellsch. z. Hannover, 1874, S. 93.

[3]) Hier wächst sie gegenwärtig am Kohnsteine und am Mühlberge bei Niedersachswerfen unweit Nordhausen, vgl. Entw. d. ph. Pflzdecke d. Saalebez., S. 188—139 [35—36].

[4]) Ob auch aus dem Südwesten?

mit Ausnahme des Südharzes wachsenden Individuen¹). *Amelanchier* wächst nicht am Südharze — hat aber dort wahrscheinlich gelebt²) —, wohl aber eine kurze Strecke weiter südlich von ihm, im westlichen Teile der Hainleite, in den Bleicheröder Bergen und im Eichsfelde³). Zusammen mit diesen Gewächsen sind nun noch zahlreiche andere in jener Periode nach dem Saalegebiete gelangt, haben sich hier in sehr verschiedenen Strichen, vorzüglich aber im Harze und in den höheren Gegenden des Südens, erhalten, zum Teil den veränderten Verhältnissen in sehr hohem Masse angepasst und dann mehr oder weniger weit ausgebreitet. Es gehören zu ihnen z. B. **Sesleria varia Wettst.*, **Carex ornithopoda Willd.*, *Pulsatilla vernalis (L.)*, **Rosa cinnamomea L.*, **Hippocrepis comosa L.*, *Coronilla vaginalis Lmk.*, **Libanotis montana Crntz.*, sowie wahrscheinlich auch *Pleurospermum austriacum (L.)*, **Pinguicula vulgaris L.* und *Carduus defloratus L.*⁴). Ein Teil von ihnen — mit * bezeichnet — lebt heute auch auf dem Gipse des Südharzes. Nördlich des Harzes⁵) lassen sich sichere Spuren dieser Wandergesellschaft nicht mehr nachweisen. Die Zahl der Formen, welche sich von ihr im Gebiete der Weser — im Ausschluss des Hörselgebietes — gehalten hat, war keine bedeutende. Hier sind geeignete Oertlichkeiten, welche in den gemässigteren Zeitabschnitten ohne Waldbedeckung blieben, in geringerer Anzahl und Ausdehnung vorhanden; hier hatten die Formen in jenen Zeiten auch mehr als im Elbegebiete durch die Ungunst des Klimas zu leiden. Selbst die höheren Gegenden, der Meissner, der Vogelsberg — in diesem lebt z. B. *Gypsophila repens L.* — und die Rhön beherbergen keine bedeutende Anzahl.

Vom Wesergebiete drangen wohl zahlreiche Formen in das Rheingebiet ein; es gehören zu diesen vielleicht z. B. *Sesleria varia Wettst.*, *Cotoneaster integerrima Med.* und *Crepis succisifolia All.*, sowie möglicherweise auch *Alsine verna (L.)* und *Viola lutea Sm.*, welche sich aber nur noch im obersten Lippegebiete und dann erst wieder westlich des Rheingebietes im Gebiete der Maas bei Aachen vorfinden⁶). Doch ist es ebensogut möglich, dass diese Formen vom Süden, vom Oberrheine, kamen. *Arabis alpina* ist vielleicht nicht schrittweise, sondern durch Vermittelung von Vögeln an ihre Wohnstätte an der Grenze zwischen Weser- und Rheingebiet, an den Bruchhäuser Steinen

---

¹) Es ist jedoch nicht ausgeschlossen, dass die in diesen Gegenden, vorzüglich die im Elbegebiete wachsenden Individuen, Nachkommen von solchen sind, welche in der kalten Periode in jene Gebiete eingewandert sind und sich hier derartig an das Klima der ersten heissen Periode angepasst haben, dass sie sich in dieser, ähnlich wie die Formen, welche damals neu einwanderten, auszubreiten im stande waren. *Biscutella* würde sich dann ähnlich verhalten wie *Thesium alpinum* (vgl. weiter unten).
²) Die Angabe über ein Vorkommen im Südharze (von Buddensieg in Schönheits Taschenbuch der Flora Thüringens [1850], S. 151) hat ebensowenig eine Bestätigung gefunden, wie die eines Vorkommens im Kiffhäusergebirge.
³) Ausserdem tritt sie im Saalegebiete noch weiter im Süden auf.
⁴) Vgl. über die Verbreitung dieser Gewächse Entw. d. ph. Pflzdecke d. Saalebez.. S. 139—158 [36—55]; *Pleurospermum* und *Carduus* sind weiter unten ausführlich behandelt worden.
⁵) In diesem z. B. noch im Bodegebirge *Sesleria* und *Libanotis*.
⁶) Sie sind weiter unten ausführlich behandelt worden.

südlich von Brilon, gelangt. Dagegen ist vielleicht *A. Halleri* in das Rheingebiet schrittweise vom Wesergebiete eingewandert[1]).

Zahlreiche Formen wanderten aus dem Wesergebiete wohl auch nach dem Emsgebiete; *Alsine verna (L.)*, welche südlich von Osnabrück vorkommt, gehört vielleicht zu diesen Einwanderern, während das mit ihr zusammen wachsende *Thlaspi alpestre L.* wohl aus dem Rheingebiete eingewandert ist.

In den mittleren und oberen Maingegenden und in den nächst angrenzenden Gegenden haben sich nur recht wenige Formen dieser Gruppe gehalten; grösser ist ihre Anzahl im fränkischen Juragebiete und in seiner nächsten Umgebung. Hier leben ausser *Arabis alpina* und *A. petraea* z. B. noch *Sesleria varia Wettst., Carex ornithopoda Willd., Thesium alpinum L.*[1]), *Th. pratense Ehrh., Pulsatilla vernalis (L.), Alsine verna (L.), Biscutella laevigata L., Draba aizoides L., Rosa cinnamomea L., Hippocrepis comosa L., Polygala Chamaebuxus L., Libanotis montana Crntz., Gentiana verna L., Leontodon incanus Schrk., Carduus defloratus L., Crepis alpestris Tsch.* und *Crepis succisifolia All.* Manche von diesen haben sich später, nachdem sie sich mehr oder weniger angepasst hatten, zum Teil wohl hauptsächlich durch Vermittelung der Vögel, ausgebreitet.

Nicht viel grösser als im fränkischen Jura ist im schwäbischen Jura trotz der bedeutenderen Nähe der Alpen und des schweizer Juras die Anzahl der Formen dieser Anpassungsgruppe. Von den als Bewohner des fränkischen Juras erwähnten fehlen z. B. *Thesium alpinum L., Alsine verna (L.), Pulsatilla vernalis (L.)* und *Arabis petraea (L.)*. Formen des schwäbischen Juras, welche dem fränkischen Jura fehlen, sind z. B. *Allium sibiricum Willd., Polygonum viviparum L., Aquilegia atrata Koh., Saxifraga Aizoon Jacq., Cotoneaster tomentosa Ldl., Coronilla vaginalis Lmk.* und *Androsace lactea L.* Der schwäbische Jura wurde teils direkt von Süden her, von der Hochebene, teils vom Südwesten, vom schweizer Jura aus, besiedelt. Die meisten der aus letzterem eingewanderten Formen drangen wohl über ihn hinaus nach dem fränkischen Jura vor, welcher aber wohl ebenso viele von Süden, von der Hochebene, erhielt; beide Gebirge besassen in der kalten Periode wohl eine sehr ähnliche, sehr reiche Flora. Sehr bedeutend ist die Anzahl der Formen der ersten Gruppe der ersten Hauptgruppe südlich von der Donau auf der bayerisch-schwäbischen Hochebene; je näher den Alpen, desto grösser wird ihre Anzahl. Die Vorfahren vieler von ihnen sind in der kalten Periode aus den Alpen eingewandert; die Einwanderung vieler Formen fällt jedoch erst in spätere Zeit und ging in der Weise vor sich, dass entwicklungsfähige Teile von ihnen durch die Alpenströme aus den Alpen hinabgeschwemmt wurden. Manche von diesen Formen scheinen im stande gewesen zu sein, aus dem Ueberschwemmungsgebiete der Ströme nach benachbarten höher liegenden Oertlichkeiten überzusiedeln; sie lassen sich nicht scharf von denjenigen sondern, deren Einwanderung schon in die vierte kalte Periode fällt. Andere jedoch vermochten sich nirgends dauernd festzusetzen; nur dadurch,

---

[1]) Vgl. weiter unten.

dass entwicklungsfähige Teile von ihnen in Menge durch die Ströme aus den Alpen herabgeführt werden und sich leicht zu normalen Pflanzen entwickeln, ist ihr ununterbrochenes Vorkommen auf der Hochebene verursacht; noch andere finden sich auf ihr nicht regelmässig, sondern nur nach kürzeren oder längeren Unterbrechungen.

Auch weiter im Westen längs des Oberrheines, durch das Neckargebiet und die unteren Maingegenden, sowie durch die Gegenden des Mittelrheines hat eine bedeutende Wanderung von Formen der ersten Gruppe der ersten Hauptgruppe von den Alpen her in der vierten kalten Periode stattgefunden. Auf dem Schwarzwalde, vorzüglich auf seinem südlichsten, höchsten Teile, und auf dem Wasgenwalde haben sich zahlreiche Formen gehalten. Ein Vergleich beider Gebirge lässt ähnliche Unterschiede erkennen, wie sie zwischen den Ostsudeten und den Westsudeten bestehen. Wahrscheinlich besassen beide ursprünglich eine fast gleiche Flora dieser Elemente.

Nördlich von beiden Gebirgen ist die Anzahl der Formen dieser Anpassungsgruppe gegenwärtig nur noch eine unbedeutende. Offenbar waren hier für diese Elemente die klimatischen Verhältnisse in den milden, feuchten Zeitabschnitten, in denen sich wohl auch der grösste Teil der Oberfläche mit Wald bedeckte, besonders ungünstig. Es vermochten sich deshalb fast nur wenig empfindliche Formen zu halten; von diesen haben sich manche den veränderten Verhältnissen gut angepasst und sich zum Teil recht weit ausgebreitet. In der Nähe des Oberrheines kommen von Formen dieser Gruppe vor z. B.: *Thesium alpinum* L. und *Pulsatilla vernalis* (L.), welche sich beide in der Haardt neu angepasst und dann ausgebreitet haben[1]; in der Nähe der Nahe wächst *Saxifraga Aizoon* Jacq., welche sich ebenfalls in neuer Anpassung nicht unerheblich ausgebreitet hat[2]; in der Eifel wachsen z. B. *Sesleria varia* Wettst., *Aconitum Napellus* L.[3], *Libanotis montana* Crntz., *Meum athamanticum* Jacq. und *Globularia Willkommi* Nym., welche wohl auch zu dieser Gruppe gehört; weiter im Norden treten manche Formen auf dem Westerwalde und im westfälischen Süderlande auf, so z. B. *Thesium pratense* Ehrh., *Aconitum Napellus* L. und *Viola biflora* L.[4]. In geringer Anzahl wachsen Formen dieser Anpassungsgruppe auch in vielen anderen Strichen des Mittelrheingebietes[5]. Im niederrheinischen Tieflande lassen sich sichere Spuren dieser Wandergruppe aber wohl nicht mehr nachweisen. Vom Gebiete

---
[1] *Thesium* ist weiter unten ausführlich behandelt worden.
[2] Sie wächst von Kreuznach bis Oberstein.
[3] Der Eisenhut ist wohl in diesem Zeitabschnitte, nicht erst zusammen mit den Formen der zweiten Gruppe, eingewandert. Er hat sich in der Eifel neu angepasst, dabei die Gestalt ein wenig verändert (vgl. Wirtgen, Flora d. preuss. Rheinlde., 1. Bd. [1870], S. 64—66), und in dieser Anpassung recht weit ausgebreitet.
[4] Sie wächst nur bei Ramsbeck südöstlich von Meschede im oberen Ruhrgebiete.
[5] Dazu gehören z. B. *Thesium pratense* Ehrh., *Thlaspi alpestre* L. und *Sedum villosum* L., vielleicht auch *Sesleria varia* Wettst. und *Biscutella laevigata* L., doch ist es auch möglich, dass letztere in späterer Zeit eingewandert sind. Falls sie in der vierten kalten Periode eingewandert sind, so haben sie sich nur an wenigen Stellen gehalten und von diesen später in neuer Anpassung ausgebreitet.

des Rheines fand auch eine Einwanderung dieser Elemente in das Gebiet der Maas statt; nur wenige haben sich erhalten, so z. B., wie bereits erwähnt wurde, in der Gegend von Aachen und im angrenzenden Belgien *Alsine verna (L.)*, *Thlaspi alpestre L.* und *Viola lutea Sm.*, welche wahrscheinlich aus dem Rheingebiete eingewandert sind und sich vollkommen an die Eigenschaften des Galmeibodens angepasst haben. Sie sind zum Teil vielleicht, wie schon gesagt wurde, nicht vom Oberrheine, sondern aus dem Wesergebiete nach dem Gebiete des Mittelrheines, aus welchem später *Alsine* und *Viola* fast vollständig verschwunden sind [1]), und von da nach dem Maasgebiete gewandert.

Auch in das Emsgebiet hat aus dem Gebiete des Mittelrheines eine Einwanderung stattgefunden: aus diesem ist wohl *Thlaspi alpestre L.* eingewandert, während die mit ihm in der Gegend von Osnabrück zusammen wachsende *Alsine verna (L.)* vielleicht aus dem Gebiete der Weser eingewandert ist.

Wie im Westen des bayerischen und Böhmerwaldes, so fand auch östlich von ihm eine bedeutende Einwanderung von Formen dieser Anpassungsgruppe von den Alpen nach den im Norden vorgelagerten Gegenden statt. Manche Formen drangen auf dem bayerischen und Böhmerwalde selbst und von letzterem nach dem Fichtelgebirge, dem Franken- und dem Thüringerwalde vor; diese Gebirgskette bildete wohl anfänglich, bevor der Wald sich auch in den niederen Gegenden lichtete und endlich von weiten Strecken vollständig verschwand, die einzige Wanderstrasse, auf der Formen dieser Anpassungsgruppe weiter nach Norden schrittweise vordringen konnten. Die meisten oder sogar alle Formen, welche heute auf dieser Gebirgskette wachsen [2]), sind später wohl auch durch die niederen Gegenden östlich und westlich von ihr vorgedrungen. Die Zahl der Formen, welche östlich der Gebirgskette durch Ober- und Niederösterreich, Böhmen und Mähren nach Norden vordrangen, war wohl eine sehr bedeutende. Manche von ihnen haben sich in den niederen Berg- und in den Hügelgegenden dieser Länder erhalten, zum Teil recht bedeutend an die veränderten klimatischen Verhältnisse angepasst und sich dann mehr oder weniger weit ausgebreitet [3]). Viel bedeutender ist die Anzahl derer, welche in den nördlichen Randgebirgen erhalten blieben. In den Sudeten leben ausser den vorher besprochenen Formen noch zahlreiche

---

[1]) *Thlaspi* hat sich in den Mittelrheingegenden, offenbar an wenigen Orten, gehalten, den veränderten klimatischen Verhältnissen angepasst und dann weiter ausgebreitet; vgl. weiter unten.

[2]) Im Thüringerwalde wachsen z. B. *Trichophorum alpinum (L.)*, *Tr. caespitosum (L.)*, *Carex pauciflora Lghtf.*, *Rumex arifolius All.*, *Empetrum nigrum L.*, *Meum athamanticum Jacq.*, *Tephroseris crispa (Jacq.)* und *Cirsium heterophyllum L.*, von denen aber einige vielleicht nicht von Süden, sondern von Norden eingewandert sind; im Fichtelgebirge wächst z. B. *Pinus Pumilio Haenke*; weiter im Süden ist ihre Anzahl eine grössere.

[3]) In Böhmen (mit Ausschluss der hohen Randgebirge im Westen und Norden) haben sich ausser mehreren, welche schon erwähnt wurden, z. B. noch gehalten: *Allium sibiricum Willd.*, *Thlaspi alpestre L.*, *Saxifraga Aizoon Jacq.*, *Rosa cinnamomea L.*, *Coronilla vaginalis Lmk.*, *Polygala Chamaebuxus L.*, *Pleurospermum austriacum (L.)*, *Lappula deflexa (Wahlenbg.)*, *Aster alpinus L.*, *Tephroseris crispa (Jacq.)*, *Carduus defloratus L.*

andere; auch im Erzgebirge sind ausser den bei der Besprechung der Sudetenformen erwähnten noch manche andere vorhanden¹). Eine Anzahl hat sich auch im Elbesandsteingebirge gehalten.

Wie im vorigen Abschnitte gezeigt wurde, sind auch aus den Karpaten zahlreiche Formen nach den Sudeten gewandert; wahrscheinlich sind von diesen auch manche bis nach dem Erzgebirge und noch weiter nach Westen gelangt.

Auch nördlich der Randgebirge haben sich westlich der Elbe strichweise manche der von den Alpen östlich von dem erwähnten Gebirgswalle und der von den Karpaten nach Norden vorgedrungenen Formen gehalten, so z. B. in der Nähe der Elbe *Thlaspi alpestre L.*²), im Gebiete der Weissen Elster ebenfalls *Thlaspi*, sowie *Polygala Chamaebuxus L.* und *Meum athamanticum Jacq.*, an der oberen Saale *Aster alpinus L.* und wohl auch *Amelanchier*. Auch im Harze leben noch Formen von dieser Wandergesellschaft; es gehören zu ihr wahrscheinlich z. B. *Lappula deflexa (Wahlenbg.)*³) und *Aster alpinus L.*⁴) im Bodegebirge, sowie von den Formen des Brockengebirges sicher *Pulsatilla alba Rchb.*⁵) und wahrscheinlich z. B. *Thesium alpinum L.*⁶), *Arabis Halleri L.* und *Geum montanum L.*⁷). Nördlich vom Harze lassen sich westlich von der Elbe keine sicheren Spuren dieser Wandergesellschaft mehr auffinden.

Auch in den östlich der Elbe gelegenen Gegenden des Elbegebietes, sowie im Odergebiete sind ohne Zweifel zahlreiche Formen dieser Gruppe weit nach Norden und hier auch nach den Gebieten der Küstenflüsse vorgedrungen. In weiterer Entfernung von den Randgebirgen, in deren Nähe manche erhalten geblieben sind, haben sich aber nur wenige von ihnen gehalten, da diese Gegenden, welche höherer Gebirge vollständig und Felspartieen in niederer Lage fast vollständig entbehren, sich in den gemässigten Zeitabschnitten, in welchen in ihnen das Klima für diese Elemente günstiger war als in den niederen Gegenden westlich von der Elbe, mit Ausnahme der Moore fast ganz mit Wald bedeckten. Die Moore bildeten auch in der ersten heissen Periode, in welcher die anderen Böden sehr heiss und trocken wurden und deshalb für Formen dieser Anpassungsgruppe sehr wenig geeignet waren, einen Zufluchtsort für diese. Im heissesten Abschnitte der heissen Periode trocknete freilich auch ein grosser Teil der Moore aus, doch blieben wahrscheinlich in vielen Strichen, vorzüglich in der

---

¹) Z. B. *Thesium alpinum L.*, *Thlaspi alpestre L.*, *Epilobium trigonum Schrk.* und *E. nutans Schmidt* (auch die beiden anderen Arten der Sudeten: *E. anagallidifolium Lmk.* und *alsinifolium Vill.* haben wohl ehemals im Erzgebirge gelebt), *Sweertia perennis L.* und *Tephroseris crispa (Jacq.)*.
²) Dieses hat sich später auch in den Stromthälern ausgebreitet.
³) Ueber ihre Verbreitung vgl. Entw. d. ph. Pflzdecke d. Saalebez., S. 150—153 [47—50].
⁴) Diese Form ist doch vielleicht nicht aus dem Südosten, sondern aus dem Südwesten mit der zuerst besprochenen Gruppe eingewandert.
⁵) Vgl. S. 247 [19].
⁶) Vgl. weiter unten.
⁷) Vorausgesetzt, dass sein Vorkommen im Brockengebiete wirklich ein spontanes ist.

Nähe der Ostseeküste, solche dauernd in einem Zustande, dass sie von Formen dieser Gruppe bewohnt werden konnten. Wie viele der von Süden eingewanderten Formen sich in diesen Gegenden erhalten haben, lässt sich nicht feststellen, da fast alle, welche in ihnen leben, auch aus dem Norden gekommen sein können. Mit Sicherheit lässt sich die Einwanderung von Süden wohl fast nur für *Swertia perennis L.* behaupten, welche an einer Anzahl Stellen von der Trave und der Steckenitz ab nach Osten bis zur Grenze Mitteleuropas wächst. Sie war in der heissen Zeit wahrscheinlich auf wenige Oertlichkeiten beschränkt und hat sich ihre heutige Verbreitung erst später, wahrscheinlich vorzüglich durch Vermittelung der Vögel, welche ihre Samen verschleppten, erworben.

Wie im Odergebiete, so sind wohl auch im Weichselgebiete zahlreiche Formen, wahrscheinlich vorzüglich aus den Karpaten, weit nach Norden gewandert. Auch in ihm haben sich in den unteren Gegenden, und zwar infolge derselben Ursachen wie im Odergebiete, wohl nur recht wenige erhalten.

Wahrscheinlich sind in der kalten Periode von den Hochgebirgen im Süden auch nach der skandinavischen Halbinsel Formen gelangt; wahrscheinlich gehört die in Norwegen vorkommende *Campanula barbata L.* zu diesen [1]).

Wie von den Alpen und Karpaten zahlreiche Formen nach Norden vorgedrungen sind, so sind umgekehrt zahlreiche von Norden nach Süden gewandert. Ein Teil von diesen ist ohne Zweifel schrittweise aus dem nördlichen Finnland durch Ingermanland, die russischen Ostseeprovinzen, das Gouv. Kowno und Ostpreussen nach Mitteleuropa eingewandert und hat sich hier vorzüglich in gleicher Weise ausgebreitet. Andere sind durch sprungweise Wanderung — durch Vermittelung von Vögeln —, zum Teil wohl von der skandinavischen Halbinsel her, nach Mitteleuropa gelangt. Einige von den eingewanderten Formen sind bis nach den Alpen gelangt, zu diesen gehört *Saxifraga decipiens Ehrh.*, deren südlichste Wohnplätze im französischen Juragebiete, im schwäbischen Jura — nach Süden bis Sigmaringen —, in den Alpen Niederösterreichs — hier auch bei Waidhofen an der Ybbs —, sowie in Mähren liegen. Wie gezeigt wurde, hat sich manche der von Norden eingewanderten Formen im Harze und in den Sudeten gehalten; auch in manchen anderen Gegenden des südlicheren Mitteleuropas sind einige vorhanden. Eine grössere Anzahl von ihnen lebt auf den Mooren der nordostdeutschen Tiefebene, ungefähr bis zur Elbe nach Westen. Jenseits der Elbe sind nur noch recht wenige von den aus Norden eingewanderten Formen dieser Anpassungsgruppe, welche in der kalten Periode in diesem Landstriche ohne Zweifel recht verbreitet waren, vorhanden [2]). Die meisten sind wohl in den gemässigten Zeitabschnitten,

---

[1]) Einige Arten, welche in der vierten kalten Periode von den Gebirgen im Süden von Mitteleuropa nach Norden vorgedrungen sind, sind nach der skandinavischen Halbinsel erst, nachdem sie sich an wärmeres Klima angepasst hatten, und zwar schrittweise, gewandert; zu diesen gehören *Thesium alpinum L.* und *Pleurospermum austriacum (L.)* (vgl. weiter unten).

[2]) Zu diesen gehören meines Erachtens *Carex pauciflora Lghtf.* und *C. chor-*

in denen die Verhältnisse hier für Formen dieser Gruppe sehr ungünstig waren, zu Grunde gegangen. Es leben im Nordwesten zwar nicht wenige Arten, von denen scharf umgrenzte Formen oder nur Individuengruppen während der vierten kalten Periode gewandert sind, doch sind diese wohl meist in Anpassung an mildes Klima und in einer milden Periode eingewandert. Manche von ihnen sind auch weiter nach Osten und Südosten vorgedrungen und leben hier in der Gesellschaft von Individuen der gleichen Art, deren Vorfahren in der vierten kalten Periode eingewandert sind, sich später an milderes Klima angepasst und dann weiter ausgebreitet haben. Eine solche Neuanpassung und Neuausbreitung mag auch im Nordwesten manchen dieser Gewächse gelungen sein [1]), doch lässt sich dies nicht mehr feststellen.

* * *

Bereits mehrfach wurde darauf hingewiesen, dass sich in der Zeit nach der vierten kalten Periode die klimatische Anpassung einer Anzahl der Wanderer des kältesten Abschnittes der kalten Periode bedeutend änderte, mancher strichweise so bedeutend, dass man nur noch aus ihrer Verbreitung erkennen kann, dass die Vorfahren der heute lebenden Individuen in einer Anpassung an kaltes Klima eingewandert sind. Bei einer Anzahl Formen erfuhr auch die Anpassung an den Boden in der Folgezeit eine Aenderung; manche haben sich so vollkommen an ganz bestimmte, zum Teil nur an recht wenigen Oertlichkeiten vorhandene Eigenschaften des Bodens angepasst, dass sie auf Böden mit abweichenden Eigenschaften nicht oder nur schwer überzusiedeln oder auf ihnen wenigstens in klimatisch ungünstigen Zeitabschnitten nicht zu leben im stande waren.

Auf einige Beispiele dieser Neuanpassungen an Klima und Boden will ich im folgenden näher eingehen.

Eine auffällige Anpassung an einen gewisse Schwermetalle, hauptsächlich Kupfer und Zink bezw. die Salze ihrer Oxyde enthaltenden Boden hat sich z. B. *Alsine verna (L.)* erworben. Diese Art ist in den höheren Regionen der Alpen und der Karpaten weit verbreitet [2]). Im Norden Europas und wahrscheinlich auch Asiens und Nordamerikas scheint sie nicht vorzukommen, es scheinen hier nur mehrere, ihr sehr nahe stehende, aber von ihr deutlich verschiedene Arten zu wachsen, welche von manchen freilich nur als Varietäten von ihr betrachtet werden. Ausserdem wächst sie aber auch in niederen Gegenden mit heissen, trockenen Sommern, z. B. in weiter Verbreitung auf sandigen Hügeln und Steppen Ungarns [3]). *Alsine verna* ist in der kalten Periode

---

dorrhiza Ehrh., sowie vielleicht auch *Trichophorum alpinum (L.)*, doch scheint dessen Vorkommen nicht ganz sicher zu sein.

[1]) Es ist dies sehr wahrscheinlich, denn bei den meisten dieser Arten sind die an mildes Klima angepassten Formen oder Individuengruppen durch Neuanpassung aus solchen, welche an kaltes Klima angepasst waren, hervorgegangen.

[2]) Sie steigt in den ersteren vielerorts bis in die nivale Region hinauf, vgl. z. B. Heer, Ueber die nivale Flora der Schweiz, Denkschriften der schweiz. Gesellsch. f. d. ges. Naturw., XXIX. Bd. (1884), S. 106 (d. Sep.-Abdr.).

[3]) Vgl. z. B. Neilreich, Aufzählung der in Ungarn und Slavonien bisher beobachteten Gefässpflanzen (1866), S. 277, und Kerner, Das Pflanzenleben der

nach Mitteleuropa gelangt; sie hat sich im Gesenke (im Kessel), im Riesengebirge (im Riesengrunde), in den niederen Gegenden Böhmens bei Weisswasser und Jung-Wožic[1]), im fränkischen Jura[2]) sowie wahrscheinlich auch im Harze und in seinem östlichen Vorlande[3]) und ausserdem an einigen Oertlichkeiten des westlichen Deutschlands gehalten. Im östlichen Vorlande des Harzes, in der Grafschaft Mansfeld, hat sie sich an den Kupferschiefer, d. h. an seine Metalle[4]), wahrscheinlich vorzüglich oder ausschliesslich an das Kupfer und die Kupfersalze angepasst. Ursprünglich wuchs sie wohl nur an den wenigen Stellen, an denen das Kupferschieferflötz zu Tage ausging; von diesen aus, welche im Laufe der letzten Jahrtausende fast sämtlich durch den Bergbau zerstört worden sind, ist sie auf die Schiefer- und Schlackenhalden übergesiedelt, welche in grosser Zahl über den grössten Teil der Grafschaft und einige benachbarte Striche zerstreut sind. Es gelang ihr leicht, sich auf ihnen festzusetzen, weil die physikalischen und chemischen Eigenschaften der Halden nur einer beschränkten Anzahl von Phanerogamen zusagen, ihr also nur eine geringe Konkurrenz erwuchs. Infolgedessen konnte sie allmählich so erstarken, dass sie sich vielfach zu halten vermochte, nachdem die Halde im Laufe der Jahrhunderte verwittert ist, den grössten Teil ihres Gehaltes an Schwermetallen eingebüsst und sich mit einer Decke aus niederen Gräsern, Halbgräsern und Kräutern, sowie Flechten und Moosen bedeckt hat; im dichteren Bestande höherer Kräuter und Gräser geht sie natürlich bald zu Grunde. Trotzdem ist es ihr nur an recht wenigen Stellen gelungen, vom Haldenboden auf die übrigen Glieder der Zechsteinformation, auf die Glieder des Rotliegenden, des Karbons und mehrerer anderer Formationen, welche zum Teil in allernächster Nähe der Halden anstehen, überzusiedeln. Ob sie vor Beginn des Bergbaues schon an solchen kupferfreien Oertlichkeiten vorkam, lässt sich nicht entscheiden. Ihre Ausbreitung über die Halden der Grafschaft Mansfeld und deren Nachbarschaft war wohl nur teilweise eine spontane, hauptsächlich durch den Wind vermittelte, teilweise ging sie durch die Vermittelung des Menschen vor sich, indem ihre winzigen Samen vom Menschen an seiner Kleidung und seinen Geräten, sowie von seinen Haustieren ver-

---

Donauländer (1863), S. 292. Manche, unter ihnen auch Kerner (a. a. O., S. 316—317), sehen freilich die Pflanze des Tieflandes als spezifisch verschieden von der des Gebirges *(A. Gerardi Willd.)* an.
[1]) Vgl. S. 257 [29].
[2]) Ob auch auf der schwäbischen Hochebene bei Wolfegg (Martens und Kemmler, Flora von Württemberg und Hohenzollern, 3. Aufl., I. Bd. [1882], S. 66)?
[3]) Ob das ehemalige Vorkommen auf dem Singer Berge bei Stadtilm (vgl. Schönheit, Taschenbuch der Flora Thüringens [1850], S. 74; wurde vor mehreren Jahren zwar einmal auf dem Singer Berge gefunden, aber auf einer nur 1 Quadratfuss haltenden Stelle, gewiss durch eine nicht erklärte Zufälligkeit und auf gar nicht entsprechendem Boden) ein spontanes oder ein zufälliges, auf Verschleppung beruhendes war, lässt sich nicht entscheiden. Es ist das erstere sehr wohl möglich, da sich in jener Gegend eine Anzahl Wanderer des kältesten Abschnittes der kalten Periode gehalten hat.
[4]) Der Kupferschiefer enthält an Erzen: Kupferkies, Buntkupferkies, Kupferglanz, Kupferindig und gediegen Kupfer, ausserdem Bleiglanz, Schwefelkies, Kupfernickel und gediegen Silber; vgl. Credner, Elemente der Geologie, 7. Aufl. (1891), S. 497.

schleppt wurden. Vielleicht ist sie durch den Menschen von der Grafschaft auch nach benachbarten Stätten des Kupferbergbaues gelangt, so nach Bottendorf¹) unweit Rossleben im unteren Unstrutthale, wo seit dem 15. Jahrhundert bis Ende des vorigen Jahrhunderts Kupferbergbau betrieben wurde²), und nach Alvensleben bei Neuhaldensleben³). In der Nähe der übrigen ehemaligen Kupferbergwerke der weiteren Umgebung, z. B. an der oberen Saale und am Thüringerwalde, scheint sie nicht vorzukommen. In der Nähe von Bottendorf wurde sie auch an der aus Buntsandstein bestehenden, westlich von Nebra gelegenen Steinklöbe gefunden. Es ist möglich, dass die hier vorkommenden Individuen Nachkommen von solchen sind, welche in der ersten heissen Periode mit den an höhere Sommerwärme und Trockenheit angepassten Gewächsen nach Mitteleuropa, und zwar aus Ungarn, eingewandert sind; die Steinklöbe wie das ganze untere Unstrutthal sind reich an Einwanderern dieser Periode. Doch ist es wohl auch denkbar, dass *Alsine* nach der Steinklöbe von ihrem ungefähr 10 km entfernten Wohnplatze bei Bottendorf⁴), und zwar vielleicht schrittweise in der zweiten heissen Periode, gewandert und später in dem Zwischenraume ausgestorben ist, oder dass sie nach dieser von Bottendorf durch Verschleppung der Samen gelangt ist. Ganz sicher lässt sich die Einwanderung und das Ueberleben der an trockenes, heisses Sommerklima angepassten Form nur für Niederösterreich behaupten. Die Pflanzen der Grafschaft Mansfeld, sowie die von Bottendorf sind aber wohl ebenso wie diejenigen der niederen böhmischen Gegenden Nachkommen von Einwanderern der kalten Periode. Wären sie Nachkommen von Einwanderern der heissen Periode, dann würde sich diese Form wohl auch in den wärmsten Gegenden Mährens und Böhmens und vielleicht auch in den wärmsten Gegenden des Saalegebietes auf kupferfreiem Boden gehalten haben. Eher könnte man vermuten, dass ihre Vorfahren aus dem Harze eingeschleppt seien. In diesem hat sich *Alsine verna* wohl sicher seit der vierten kalten Periode gehalten⁵) und an Schwermetalle angepasst. Ihre Anpassung war aber wohl nicht eine so vollkommene wie weiter im Osten, denn sie scheint⁶) nach recht zahlreichen Orten übergesiedelt zu sein⁷), deren Boden keine Schwermetalle enthält⁸).

---

¹) Hier wächst sie nach Mitteilung von E. Wüst am Galgenberge auch auf locker mit niederen Kräutern, Halbgräsern und Gräsern bedeckten Rainen ohne Unterlage von Schiefer oder Schlacken.
²) Vgl. Grössler, Führer durch das Unstrutthal von Artern bis Naumburg. Mitt. d. Vereins f. Erdkunde zu Halle a. S., 1892, S. 84—149 (128), und Dames. Erläuterungen zur geol. Specialkarte v. Preussen, Blatt Ziegelroda (1882), S. 3.
³) Von hier ist sie jetzt verschwunden, vgl. Ascherson, Festschrift d. naturw. Vereins zu Magdeburg (1894), S. 98.
⁴) Vorausgesetzt, dass sie hierher nicht erst durch den Bergbau gelangt ist.
⁵) An welchen Oertlichkeiten sie sich gehalten hat, lässt sich nicht sagen; ihre Verbreitung ist ebensowenig genau festgestellt wie ihre Verteilung über die verschiedenen Bodenarten.
⁶) Ganz sicher lässt sich dies freilich aus der Litteratur nicht ersehen.
⁷) Es scheint mir wahrscheinlicher zu sein, dass sie nach diesen Oertlichkeiten erst später von solchen mit metallhaltigem Boden übergesiedelt ist, als dass sie sich an ihnen gehalten hat.
⁸) Vgl. hierzu freilich G. F. W. Meyer, Beiträge zur chorographischen Kennt-

Auch im Harze verdankt sie ihre heutige weite Verbreitung [1]) dem Bergbaue, durch welchen aber wahrscheinlich die meisten der ursprünglichen Wohnstätten wie in der Grafschaft Mansfeld zerstört worden sind. Sie wächst vorzüglich auf Halden [2]) und auf den Pochsandabsätzen [3]) der Ströme, vorzüglich der Innerste — an dieser noch weit ausserhalb des Harzrandes —, welche letzteren für sie — wie für *Arabis Halleri L.* und *Armeria Halleri Wallr.* —, nicht nur infolge ihres Gehaltes an Metallen [4]), sondern auch durch ihre physikalischen Eigenschaften, sowie dadurch, dass sie von den meisten Gewächsen gemieden werden, sehr geeignete Wohnplätze darbieten. Wahrscheinlich hat sich *Alsine verna (L.)* auch in drei weit voneinander entfernten Strichen des nordwestlichen Mitteleuropas seit der kalten Periode gehalten und ebenfalls an Zink und Kupfer angepasst. Das Gleiche gelang in diesen Gegenden auch noch zwei anderen Einwanderern der kalten Periode: *Thlaspi alpestre L.* und *Viola lutea Sm.* Es ist dies sehr merkwürdig, da sich in diesen Gegenden, soweit es sich wenigstens erkennen lässt, nur recht wenige Formen der ersten Gruppe der ersten Hauptgruppe, und fast nur solche, welche im östlichen Mitteleuropa recht weit verbreitet sind, erhalten haben. Sie verdanken ihre Erhaltung wohl nicht dem Umstande allein, dass die metallhaltigen Oertlichkeiten, welche sie infolge ihrer Unempfindlichkeit für die schädlichen Wirkungen der Metalle bereits in der kalten Periode besiedelt hatten, sich in den ungünstigen Zeitabschnitten nur spärlich mit Phanerogamen, vorzüglich nicht mit Bäumen und Sträuchern, bedeckten, sie an ihnen also nicht durch starke Beschattung oder direkt durch Ueberwachsenwerden vernichtet wurden, wahrscheinlich hat diese ihre Ursache auch, vielleicht sogar vorzüglich, darin, dass sie sich durch das Leben auf dem metallhaltigen Boden Eigenschaften erworben hatten, welche ihre Widerstandsfähigkeit gegen die klimatische Ungunst steigerten. Das Vorkommen dieser Gewächse, vorzüglich das von *Alsine verna (L.)* und *Viola lutea Sm.*, von denen die Nachkommen der Wanderer der vierten kalten Periode sich auch im südlichen und östlichen Mitteleuropa nur an wenigen Stellen, diejenigen von *Viola* sogar fast nur auf hohen Gebirgen [5]), erhalten haben, im nordwestlichen Mitteleuropa, und zwar an mehreren Stellen, lässt deutlich erkennen, dass selbst diese, von den höheren Gebirgen des Südens, aus denen die beiden zuletzt erwähnten Gewächse allein gekommen sein können [6]), so weit abliegenden Striche in der kalten

---

niss des Flussgebietes der Innerste in den Fürstenthümern Grubenhagen und Hildesheim (1822), 1. Bd., S. 226—228.

[1]) Ihre Verbreitung wie diejenige von *Arabis Halleri L.* und *Armeria Halleri Wallr.* im Harze bezw. im Saalebezirke überhaupt ist ausführlich dargestellt in meiner Abhandlung über die phanerogame Pflanzendecke des Saalebezirkes a. a. O.

[2]) Ueber diese vgl. Meyer a. a. O., 2. Bd., S. 36—39.

[3]) Ueber diese vgl. Meyer a. a. O., 1. Bd., S. 175 u. fg., 226 u. fg., 230 u. fg., 243, 245 u. fg., 297, 312—313.

[4]) Oder an Salzen ihrer Oxyde, vorzüglich vielleicht an Zinkvitriol, weniger an Kupfervitriol. Der Pochsand enthält nach Meyer (a. a. O., S. 293) an Erzen hauptsächlich Zinkblende, Bleiglanz, Schwefelkies und Kupferkies.

[5]) Sie wächst nur in den Vogesen, im Riesengebirge, auf den Saalwiesen bei Landeck, im Schneegebirge und Gesenke, sowie bei Iglau in Mähren.

[6]) Sie wachsen nicht im Norden.

Periode eine reiche Flora von Formen dieser Anpassungsgruppe besassen, dass die einzelnen Formen weit verbreitet waren und dass ihre Einwanderung und Ausbreitung wohl hauptsächlich eine schrittweise war. Alle drei scheinen sich so vollkommen an den metallhaltigen Boden angepasst zu haben, dass sie selbst gegenwärtig nicht nach Böden von anderer Beschaffenheit überzusiedeln oder sich wenigstens auf ihnen nicht weit auszubreiten im stande sind. An der östlichsten ihrer nordwestlichen Wohnstätten, bei Blankenrode zwischen Lichtenau und Marsberg in Westfalen, wächst *Alsine* vorzüglich — oder ausschliesslich? — auf Galmeiboden, also auf Boden, welcher reich an Zinkerzen ist, und zwar in der Gesellschaft von *Viola lutea Sm.* Diese letztere scheint nicht unbedeutend von der Pflanze des Galmeibodens der Aachener Gegend abzuweichen[1]), so dass wohl nicht an eine Verschleppung von dort[2]) durch den Bergbau gedacht werden kann. Wenn nun aber *Viola* im stande war, sich bei Blankenrode zu halten, so vermochte dies zweifellos auch *Alsine*, und es ist deshalb nicht nötig, bei ihr an eine Einschleppung von anderen Stätten des Bergbaues zu denken. Dann wächst *Alsine* weiter im Nordwesten an einigen Stellen[3]) zwischen Osnabrück und Lengerich (am Silberberge, am Hüggel und in seiner Nähe[4]); an gleicher Oertlichkeit lebt auch *Thlaspi alpestre L.*[5]), welche dem Harze und der Grafschaft Mansfeld merkwürdigerweise fehlt[6]), und zwar[7]) *Thlaspi alpestre parciflorum F. W. Schultz*, welches von dem *Thlaspi alpestre calaminare [Lej.]* des Galmeibodens der Gegend von Aachen[8]) hinsichtlich der Blüten wesentlich abweicht[9]).

---

[1]) Nicht nur (vgl. Beckhaus, Flora v. Westfalen [1893], S. 191) durch die — grossen — Blüten, deren veilchenblaue Petalen in der Mitte einen gelben Fleck besitzen, sondern auch durch die meist aufrechte Haltung der Stengel, welche bei der Pflanze der Aachener Gegend — *Viola lutea calaminaris (Dl.)* — vielfach niederliegen oder schwach aufstreben; vgl. dazu jedoch Wirtgen, Flora der preussischen Rheinlande. 1. Bd. (1870), S. 286, und H. Hoffmann, Zur Speciesfrage, Natuurk. Verhandelingen d. Holl. Maatschappij d. Wetenschappen, 3. Verz., Deel II, Nr. 5 (1875), S. 60—65.
[2]) Von einer anderen Oertlichkeit kann sie nicht eingeschleppt sein.
[3]) Vgl. Buschbaum, Flora des Regierungsbez. Osnabrück, 2. Aufl. (1891), S. 46.
[4]) Nach Beckhaus a. a. O., S. XVI u. 205, soll sie hier auf Galmeiboden wachsen, doch scheint solcher an dieser Oertlichkeit nicht vorzukommen, wohl aber ist Zechstein und Kupferschiefer vorhanden (vgl. z. B. v. Dechen, Der Teutoburger Wald. Eine geognostische Skizze, Verhandlungen d. naturh. Vereins d. preuss. Rheinlande u. Westfalens, 13. Jahrg. [1856], S. 331 u. fg. [339], und dess. Verf., Erläuterungen zur geologischen Karte der Rheinprovinz und der Provinz Westfalen, II. Bd. [1884], vorzügl. S. 313—314), und auf letzterem werden wohl auch *Alsine* und *Thlaspi* wachsen. Ich habe die Oertlichkeit nur flüchtig vor längeren Jahren besucht.
[5]) Vgl. Buschbaum a. a. O., S. 30.
[6]) Wahrscheinlich hat sie während der kalten Periode in diesen Gegenden gelebt.
[7]) Vgl. Wilms u. Beckhaus im 5. Jahresber. d. westf. Provinzial-Vereins f. Wissenschaft u. Kunst pro 1876 (1877), S. 112.
[8]) Vgl. über dieses Wirtgen a. a. O., S. 190—191.
[9]) *Thlaspi alpestre L.* wächst in der Nähe erst wieder im Ruhrgebiete im Elpethale bei dem Dorfe Elpe südöstlich von Meschede — hier auf Thonschiefer —, im oberen Edergebiete bei Battenberg, im oberen Dillgebiete bei Dillenburg und Herborn, im unteren Lahnthale aufwärts bis Holzappel, sowie in der Nähe des

Es ist deshalb auch nicht wahrscheinlich, dass es zusammen mit *Alsine* aus jener Gegend eingeschleppt ist: beide Gewächse leben ohne Zweifel seit der kalten Periode an dieser Oertlichkeit. *Alsine* wächst ausserdem noch mit *Viola lutea calaminaris [Dl.]* und *Thlaspi alpestre calaminare [Lej.]* zusammen in der Umgebung von Aachen [1]) (bis nach Belgien hinein). Auch hier ist ihr Vorkommen wie das der beiden anderen Arten zweifellos ein spontanes, doch sind sie hier, wie auch vielleicht an den beiden soeben besprochenen Wohnstätten des Nordwestens, durch den Bergbau weiter ausgebreitet worden, während durch diesen wohl manche ihrer ursprünglichen Wohnstätten vernichtet worden sind.

Eine ähnliche Anpassung wie diese drei Arten erwarb sich auch, wenn auch nur teilweise, im Harze *Arabis Halleri L.*, welche ebenfalls im kältesten Abschnitte der kalten Periode von den Hochgebirgen des Südens eingewandert ist. Ihre heutige weite Verbreitung [2]) im Harze verdankt sie ohne Zweifel zum grossen Teile dem Bergbaue. In Westfalen hat sie sich eine Anpassung an den Galmeiboden erworben, doch kommt sie auch an Stellen vor, an denen der Boden keine Zinkerze enthält. Ohne Zweifel ist sie auch hier durch den Bergbau ausgebreitet worden; durch ihn ist sie wohl nach Blankenrode gelangt, wo sie nur eine unbedeutende Verbreitung zu besitzen scheint [3]). Bei Aachen und Osnabrück, sowie in der Grafschaft Mansfeld kommt sie nicht vor [4]).

Wir wollen uns nunmehr zur Betrachtung der Neuanpassung an das Klima und die Organismenwelt [5]) wenden. Eine solche liegt z. B. bei *Thesium alpinum L.*, *Carduus defloratus L.* und *Pleurospermum austriacum (L.)* vor.

Thesium alpinum L. besitzt ausserhalb Mitteleuropas, wie es scheint, in keinem der Gebiete, aus denen es nach ersterem eingewandert sein könnte, eine Anpassung an warmes, trockenes, dem der niederen Gegenden Mitteleuropas entsprechendes Sommerklima. Ueberall tritt es nur oder fast nur an ein Klima angepasst auf, welches wesentlich kälter als das jener Gegenden ist. Da es wohl nur schritt-

---

Rheines bis zum Ahrthale. Seine recht weite Verbreitung in der Nähe des Rheines hat sich *Thlaspi* erst nach der kalten Periode durch Neuausbreitung in neuer Anpassung erworben.

[1]) Alle drei scheinen hier ausschliesslich oder fast ausschliesslich auf Galmeiboden vorzukommen.

[2]) Vgl. Entw. d. ph. Pflzdecke des Saalebez., S. 149—150 [46—47], über ihr Auftreten auf Halden und Schlackenplätzen, vgl. z. B. Beling, Deutsch. bot. Monatsschr., II. Jahrg. (1884), S. 4—5, über ihre Abhängigkeit vom Pochsande Meyer a. a. O., 1. Bd., S. 228.

[3]) Auf diese Weise ist sie sicher nach Dortmund, wo sie in der Nähe der Zinkhütte in Menge wächst (vgl. H. Franck, Flora d. näheren Umgebung der Stadt Dortmund, 2. Aufl. [1890], S. 48), verschleppt worden.

[4]) Aehnlich wie die beschriebenen Arten verhalten sich auch noch andere, z. B. *Silene vulgaris* (Mch.) und *Armeria Halleri Wallr.*, welche in meiner Abhandlung über die phanerog. Pflanzendecke des Saalebezirkes behandelt werden.

[5]) Selbstverständlich hat sich bei den soeben besprochenen Arten auch die Anpassung an das Klima geändert, doch tritt diese Aenderung nicht so hervor, wie ihre Neuanpassung an den Boden.

weise zu wandern und nicht im stärkeren Baumschatten zu wachsen vermag, so kann seine Einwanderung nach Mitteleuropa nur in einem Zeitabschnitte stattgefunden haben, in welchem sich zwischen Alpen und Karpaten einerseits und mindestens dem äussersten Punkte, an welchem es heute an ein kaltes Klima angepasst vorkommt, dem Brocken, andererseits, Striche ohne Waldbedeckung, auf denen ein kühles Klima herrschte, ausdehnten. In dieser ursprünglichen Anpassung der Zeit der Wanderung oder in ihr nahestehender kommt *Thesium* gegenwärtig in den Sudeten vor, und zwar in weiter Verbreitung im Gesenke, im Schneegebirge und im Riesengebirge, in denen es weit hinabsteigt [1]; ausserdem wächst es im Vorgebirge der Sudeten bei Waldenburg, Silberberg und an mehreren Stellen der Zobtengruppe. Aehnlich an das Klima angepasst kommt es auch im Erzgebirge, doch wie es scheint nur in unbedeutender Verbreitung, vor: bei Joachimsthal, Hauenstein und Buchholz (Cranzahl); ausserdem wächst es am Erzgebirgsrande bei Komotau, Karlsbad und Schönfeld, sowie im Elstergebirge bei Brambach [2]). Im höheren bayerischen und Böhmerwalde scheint es trotz überaus günstiger Oertlichkeiten zu fehlen; in seinen Vorbergen wächst es bei Ronsperg im Radbusagebiete. Ohne Zweifel hat es in den höheren Teilen des Böhmerwaldes und des bayerischen Waldes gelebt und ist später in ihnen ausgestorben. Eine ähnliche Anpassung an das Klima wie zur Zeit der Einwanderung besitzt *Thesium* ausserhalb der böhmisch-mährischen Randgebirge in Mitteleuropa nur noch in den Runden des Kantons Schaffhausen, am Belchen im Schwarzwalde, in den Hochvogesen [3]), im Vogelsberge [4]) sowie [5]) am Brocken [6]). Ausserdem wächst es in Mitteleuropa aber noch: im Innern Böhmens,

---

[1]) So kommt es z. B. an der Lomnitz (auf Lomnitzkies) noch bei Arnsdorf (ungef. 450 m ü. M.) vor.

[2]) Ob wirklich bei Saalburg an der oberen Saale (vgl. Mitth. d. thüringischen bot. Vereins. N. F., IX. Heft [1896], S. 60)?; die älteren Angaben über ein Vorkommen im oberen Saalegebiete: bei Wurzbach, Ebersdorf, Burgk und Saalfeld sind nicht bestätigt worden (vgl. auch Regel, Thüringen, II. T., 1 [1894], S. 90).

[3]) Auf der oberbayerischen Hochebene scheint es nur in der Nähe der Ströme, hier freilich auch an Abhängen, vorzukommen; es geht an diesen bis Memmingen, Schongau, München, Freising und Deggendorf. Es lässt sich also die Zeit seiner Einwanderung nicht mit Sicherheit bestimmen; ein Teil der Individuen sind vielleicht Nachkommen von solchen, welche in der vierten kalten Periode eingewandert sind.

[4]) An mehreren Stellen, z. B. auf dem Geiselsteine, abwärts bis Gedern und Lissberg.

[5]) Auf der Rhön — häufig — und auf der Höhe des Meissners — Wigand. Flora von Hessen und Nassau, 2. Teil, herausg. von Fr. Meigen (1891), S. 374 — kommt *Thesium* wohl nicht vor. Ebenso wächst es nicht auf dem Bilsteine bei Walburg, wie in Cassebeers u. Pfeiffers Uebersicht der bisher in Kurhessen beobachteten wildwachsenden und eingebürgerten Pflanzen, in d. Zeitschrift des Vereins f. hess. Geschichte u. Landeskunde, 3. Suppl. (1844), S. 143, und von Wigand-Meigen a. a. O. angegeben wird. L. Pfeiffer hat in seinem Handexemplare der „Uebersicht" Walburg in Wildungen umgeändert: auch hier ist die Art wohl nie gefunden worden. Auch in Westfalen wächst sie nicht (vgl. Beckhaus a. a. O., S. 778).

[6]) In sehr unbedeutender Verbreitung, vielleicht jetzt überhaupt nicht mehr (vgl. Bertram, Exkursionsflora d. Herzogtums Braunschweig mit Einschluss des ganzen Harzes, 4. Aufl. [1894], S. 260).

und zwar vorzüglich im Nordosten bei Reichstadt, Niemes, Weisswasser (hier auch auf dem Bösig) und bei Münchengrätz, in welcher Gegend auch manche andere Formen der ersten Gruppe der ersten Hauptgruppe sich gehalten haben, im Nordwesten bei Manetin im Strelagebiete, sowie in der Gegend von Prag (bei Königsaal, Dobřiš, Karlstein und St. Ivan, zum Teil im Kiefernwalde). In letzterer Gegend besitzt *Thesium*, wie es scheint, vollständig den Charakter eines Einwanderers der ersten heissen Periode. Wahrscheinlich ist es in diese Gegend in der vierten kalten Periode eingewandert, hat sich diese Anpassung an das Klima hier erworben und sich dann später ausgebreitet; möglich ist es freilich auch, dass es bereits in dieser Anpassung, vielleicht zugleich mit der Kiefer und Arten wie *Astragalus arenarius L.* und *Jurinea cyanoides (D C.)*[1]) und in deren Gesellschaft, aus dem Norden eingewandert ist. Hier wächst es in dem Striche von Dresden bis zur mecklenburgischen Grenze, und zwar vorzüglich in der Nähe der Elbe, z. B. bei Pillnitz, Weissig, Loschwitz, Priessnitz, Lössnitz, Lindenau, Koswig, in den Spaarbergen, bei Grossenhain, Oranienbaum, Dessau[2]), Rogätz, an mehreren Stellen von Burg bis Genthin, bei Jerichow und Hämerten, dann östlich von der Elbe in etwas grösserer Entfernung von ihr bei Herzberg (nach Jüterbog zu), sowie im Havelgebiete bei Rathenow, Pritzerbe, Nauen, Friesack und Gransee, westlich von der Elbe im Ohregebiete bei Neuhaldensleben[3]), im Muldegebiete bei Grimma und Wurzen und im Elstergebiete bei Leipzig; bei manchen dieser Orte wächst es an mehreren oder sogar vielen[4]), zum Teil recht weit auseinanderliegenden Stellen. Dieses Gebiet im Stromgebiete der Elbe macht ganz den Eindruck, als ob es durch Ausbreitung von einer Oertlichkeit aus entstanden sei. Diese Ausbreitung kann nicht in der vierten kalten Periode stattgefunden haben; es ist nicht denkbar, dass *Thesium* sich während der auf die vierte kalte Periode folgenden, für Formen der ersten Gruppe ungünstigen Zeitabschnitte in dieser Gegend in so weiter Verbreitung und zum Teil an Oertlichkeiten, welche von den Einwanderern der ersten heissen Periode bewohnt werden, gehalten habe. Sie kann vielmehr nur in der ersten heissen Periode, nachdem *Thesium* sich an einer Oertlichkeit an das veränderte Klima angepasst hatte, und nachdem die Ausbreitungsschranken der vorausgehenden kühlen Zeitabschnitte, dichte Wälder und nasse Niederungen,

---

[1]) Diese sind weiter unten ausführlich behandelt worden.
[2]) Vielleicht auch bei Barby, Gr. Salze und Frohse (vgl. Scholler, Flora barbiensis (1775), S. 67 und Supplementum (1787), S. 355); nach Rother (Verhdlgn. d. bot. Vereins f. d. Prov. Brandenburg, 7. Jahrg. (1865), S. 60) sollen sich die Angaben Schollers auf *Thesium intermedium Schr.* beziehen, was mir aber wenig wahrscheinlich erscheint, da Scholler auch dieses als *Th. Linophyllum L.* aufführt und von *Th. alpinum* unterscheidet. Letzteres giebt er als häufig im Vogtlande vorkommend an, wo es jetzt aber nur noch bei Brambach im Elstergebirge zu wachsen scheint.
[3]) Hier wächst es an mehreren Stellen auf Waldwegen (vgl. Ascherson, Festschrift des naturw. Vereins zu Magdeburg [1894], S. 179), ob nach diesen nur verschleppt?
[4]) Bei Genthin z. B. ist es verbreitet (vgl. Deutsch. bot. Monatsschr., II. Jahrg. [1884], S. 95).

geschwunden waren, vor sich gegangen sein. Offenbar begann
seine Ausbreitung erst spät, erst im Ausgange der heissen Periode.
nachdem das Sommerklima bereits wieder etwas kühler und feuchter
geworden war, so dass es sich nicht mehr weit vom Hauptwanderwege,
dem Elbethale, zu entfernen vermochte. An welcher Oertlichkeit die
Neuanpassung stattfand, von wo die Ausbreitung ihren Ausgang nahm.
lässt sich wohl nicht mehr feststellen; in Böhmen darf sie wohl nicht
gesucht werden. Die grösseren Lücken, welche dieses Gebiet besitzt,
sind offenbar in der ersten kühlen Periode entstanden. Von den Oertlichkeiten, an denen *Thesium* damals erhalten blieb, hat es sich in der
zweiten heissen Periode wieder mehr oder weniger ausgebreitet; deutlich weisen darauf die lokalen Verbreitungsgebiete hin, welche nicht
aus der ersten heissen Periode stammen können — dagegen sprechen
die recht grossen Lücken —, sich aber auch nicht in der Jetztzeit gebildet haben können. In ähnlicher Weise hat sich *Thesium* auch noch
in anderen Gegenden Mitteleuropas an warmes, trockenes Sommerklima
angepasst, sowohl im Osten wie im Westen. Im Osten wächst es bei
Rothenburg an der Görlitzer Neisse in sehr niedriger Lage [1]), in Polen
bei Kazimierz, sowie im südlichen Schweden von Blekinge bis Wester-
und Ostergötland. In den beiden zuerstgenannten Gegenden konnte es
sich, wie es scheint, nicht weiter ausbreiten. Das schwedische Gebiet
ist vielleicht durch Ausbreitung von einer Oertlichkeit, und zwar der
südlichen Küstengegenden der Ostsee, entstanden, an welcher die
Pflanze später zu Grunde gegangen ist. Vielleicht ist sie von dieser
Oertlichkeit auch nach den russ. Gouv. Witebsk [2]) und Pskow gelangt [3]).
Westlich vom Elbegebiete wächst *Thesium* an einer Anzahl Oertlichkeiten im Jura- und Keupergebiete Bayerns zwischen Donau und Main,
sowie im angrenzenden württembergischen Oberamte Ellwangen. Es
hat sich in dieser Gegend wahrscheinlich an mehreren Oertlichkeiten
erhalten, den veränderten klimatischen Verhältnissen angepasst und
von einigen von ihnen etwas weiter ausgebreitet; so ist es wohl an
die Wohnstätten in der Umgebung von Nürnberg-Erlangen — im
Flachlande — sowie an diejenigen im Wörnitzgebiete von je einer Stelle
aus gelangt [4]). Sodann tritt es in Baden am Rheine bei Griesheim,
sowie an zahlreichen Stellen [5]) der Haardt in der Pfalz und im angrenzenden Elsass und Lothringen bis Niederbronn und Bietsch, im
Bienwalde des pfälzischen Rheinthales, sowie in der Nordpfalz am
Donnersberge auf. Hier in der Pfalz hat es sich anscheinend fast

---

[1]) Dies Vorkommen steht wohl nicht in Abhängigkeit von demjenigen des Elbegebietes.
[2]) Hier wächst sie an zwei Stellen, von denen die eine, an welcher nur wenige Individuen vorkommen, ein lichter Kieferwald ist; vgl. Lehmann, Flora von Polnisch-Livland (1895), S. 390.
[3]) Weiter im Osten wurde sie nur im Gouv. Nowgorod, und zwar nur in einem Exemplare (vgl. Lehmann a. a. O.) beobachtet.
[4]) Es ist wohl nach der Nürnberger Gegend nicht in der heissen Periode von Osten eingewandert, wie z. B. *Astragalus arenarius* L.
[5]) „Gemein" nach F. W. Schultz, Grundzüge zur Phytostatik der Pfalz (1863), S. 123.

ebenso oder ebenso bedeutend an ein Klima mit warmen und trockenen Sommern angepasst wie im Elbegebiete [1]; offenbar wurde die Anpassung aber erst später als in jener Gegend eine vollkommenere, so dass es sich zwar auf beschränktem Raume recht weit auszubreiten, aber nicht in die Nachbargegenden einzudringen vermochte. Das Vorkommen von *Thesium* in den niederen Gegenden des südlichen Teiles des Moselgebietes, z. B. bei Metz — hier ist es ziemlich häufig — und bei Nancy, sowie des oberen Maasgebietes, z. B. bei Neufchâteau, steht wohl in keinen Beziehungen zu dem Vorkommen in der Pfalz, sondern ist wahrscheinlich durch Ausbreitung der Pflanze von einer Oertlichkeit dieser Gegend, an welcher sie sich gehalten und an warmes, trockenes Sommerklima angepasst hatte, entstanden. Die ziemlich grossen Lücken sind wahrscheinlich auf Aussterben in der ersten kühlen Periode zurückzuführen.

Carduus defloratus L. ist in Mitteleuropa weniger verbreitet als die soeben behandelte Art. Auch er kann nur in dem kältesten Abschnitte der kalten Periode nach Mitteleuropa eingewandert sein. In keiner Gegend ausserhalb Mitteleuropas, in welcher an warmes und trockenes Sommerklima angepasste Gewächse während der vierten kalten Periode zu leben im stande waren und aus welcher sie später in der ersten heissen Periode nach Mitteleuropa einzuwandern vermochten, findet sich ein ausgedehntes Vorkommen von *Carduus defloratus* in dieser Anpassung, welches den Ausgangspunkt für eine Einwanderung nach Mitteleuropa in der ersten heissen Periode hätte bilden können. In allen Gegenden ausserhalb Mitteleuropas, aus denen er in dieses eingewandert sein kann, tritt er fast nur an kälteres Klima angepasst auf, als an seinen mitteldeutschen Wohnstätten herrscht. Da er wohl nur schrittweise zu wandern und in dichtem Baumschatten nicht zu leben vermag, so kann seine Einwanderung also nur im kältesten Abschnitte der kalten Periode vor sich gegangen sein, in welchem sich von den Alpen und Karpaten [1] bis weit nach Mitteldeutschland hinein zusammenhängende Striche ohne Wald und ohne grössere Bestände aus höheren Sträuchern oder krautigen Gewächsen ausdehnten, auf denen ein kühles Klima herrschte. Im Gegensatze zu *Thesium* hat er in Mitteleuropa fast nirgends mehr die Anpassung der Zeit seiner Wanderung bewahrt; er hat sich aber auch nirgends in so hohem Masse an heisses, trockenes Sommerklima angepasst, wie jenes. Die erstere Erscheinung hat ihre Ursache wohl darin, dass die Individuen von *Carduus*, welche nach Mitteleuropa eingewandert sind, an Boden mit höherem Kalkgehalte angepasst waren, der Boden der höheren Gebirge Mitteleuropas aber zumeist recht kalkarm ist. *Carduus* scheint den mährisch-böhmischen Randgebirgen vollständig zu fehlen [2]), ebenso zwischen ihnen und den Alpen [3]), sowie in

---

[1] Das Vorkommen am Donnersberge scheint nicht von dem der südlicheren Gegenden der Pfalz und umgekehrt dies nicht von jenem abhängig zu sein.

[2] In den Karpatengebirgen scheint der typische *Carduus defloratus L.* nicht vorzukommen, sondern nur der nahe verwandte *C. glaucus Baumg.*; dieser geht nach Westen bis zu den Beskiden.

[3] In den Kalkalpen Niederösterreichs ist (nach Beck v. Mannagetta, Flora von Niederösterreich, II. Hälfte [1893], S. 1233) *C. defloratus* in den höheren

den Flussgebieten der Weichsel und der Oder. Westlich von Böhmen wächst *Carduus defloratus* an einer Anzahl Stellen auf der bayerischen Hochebene bis nach der Donau in der Nähe der Hauptströme, z. B. im Isarthale bis München und Freising sowie bei Augsburg. Nach der Hochebene ist er aus den bayerischen Kalkalpen gelangt, in denen er aufwärts bis 2270 m verbreitet ist [1]). Diese Wanderung fand wahrscheinlich zum Teil in der vierten kalten Periode, zum Teil aber erst später — und zwar dadurch, dass die Früchte hinabgeschwemmt wurden — statt. Die Nachkommen der in der kalten Periode eingewanderten Individuen haben sich vielleicht an das Klima der ersten heissen Periode vollständig angepasst und in dieser Anpassung weiter ausgebreitet. Westlich und nördlich von der Hochebene wächst *Carduus* an zahlreichen Stellen des Juragebietes des Kant. Schaffhausens, Badens, Hohenzollerns und Württembergs, nach Nordosten bis Urach und zum Heimensteine, sowie im bayerischen Juragebiete von der Donau — hier bei Neuburg, Weltenburg und Regensburg — bis zum Maine. In der Nähe des Oberrheines wächst er im Schwarzwalde am Feldberge — diese ist die einzige mitteleuropäische Oertlichkeit, an welcher er noch ungefähr dieselbe Anpassung an das Klima besitzt wie zur Zeit seiner Einwanderung nach Mitteleuropa — sowie in den Rheinwäldern zwischen Hardheim und Rothaus, gegenüber Gretzhausen südlich von Alt-Breisach [2]). Nach letzterer Oertlichkeit ist er vielleicht erst nach der vierten kalten Periode gelangt. Weiter im Norden scheint *Carduus* nur noch in den Gebieten der Weser und der Saale vorzukommen, und zwar in ersterem bei Schönau [3]) nordwestlich von Treysa im Schwalmgebiete, am Dreienberge östlich von Hersfeld, an der Graburg im Ringgaue [4]), im Hörselgebiete bei Eisenach und im Ober-Eichsfelde von Allendorf bis nach der Leine, im Gebiete der Saale an mehreren Stellen im oberen Helbethale, z. B. an der Helbaerburg bei Holzthalleben [5]), an der Wäbelsburg bei Hainrode in der Hainleite westlich von Sondershausen [6]), im Geragebiete an einer Anzahl Stellen zwischen Arnstadt

---

Voralpen bis in die Alpenregion sehr häufig, während *C. glaucus* vornehmlich in der Bergregion wächst.

[1]) In den Zentralalpen steigt er noch höher,· ich sah ihn noch bei fast 2800 m.

[2]) Nach Klein, Seuberts Exkursionsflora f. d. Grossh. Baden, 5. Aufl. (1891), S. 385; auf diese Oertlichkeit bezieht sich wohl auch die Angabe in Kirschlegers Flore vogéso-rhénane, I. Bd. (1870), S. 315: constaté par Vulpius dans les bois des îles et bords du Rhin entre Bâle et Vieux-Brisach (entrainé des Alpes).

[3]) Nach Wigand-Meigen a. a. O., S. 342; offenbar liegt hier aber eine Verwechselung vor mit Ober- und Unterschönau im Kr. Schmalkalden, welche Orte in Cassebeers und Pfeiffers Uebersicht der bisher in Kurhessen beobachteten wildwachsenden und eingebürgerten Pflanzen u. a. O., S. 23 (vgl. auch Wenderoth, Flora hassiaca [1846], S. 279), nach Zilcher und Straube als Fundstellen von *Carduus defloratus* aufgeführt werden; ähnliche Verwechselungen kommen in jenem Werke mehrfach vor. (Im Kr. Schmalkalden wächst die Distel wohl nicht, die Angaben von Zilcher-Straube sind wohl sämtlich erfunden.)

[4]) Eisenach, Flora des Kreises Rotenburg u. F., Jahresber. d. wetterauischen Gesellsch. f. Naturk. zu Hanau (1885), S. 59.

[5]) Lutze, Flora von Nord-Thüringen (1892), S. 366.

[6]) Mitth. d. thüringischen bot. Vereins. N. F., V. Heft (1893), S. 8.

und Martinroda, im Ilmgebiete bei Ilmenau, Blankenhain und Weimar [1]), sowie in der Nähe der Saale bei Rudolstadt [2]), St. Remda und Jena [3]). Ohne Zweifel ist die Distel nach den Flussgebieten der Weser und Saale aus den nördlichen Kalkalpen oder aus dem Jura und, wie bereits gesagt, auf demselben Wege wie die zuerst behandelte Formengruppe des Südharzes, also über die bayerische Hochebene oder durch das badische und württembergische Juragebiet, durch das bayerische Juragebiet, die Gegenden des mittleren und oberen Mains und das obere Wesergebiet, und zwar schrittweise, gewandert. Daraus, dass sie zwischen dem bayerischen Juragebiete einerseits, dem Ringgaue und dem Hörselgebiete andererseits fast vollständig ausgestorben ist [4]), trotzdem in diesen Gebieten doch manche recht günstige Oertlichkeiten vorhanden sind [5]), lässt sich wohl schliessen, dass sie auch im Saalegebiete und in den angrenzenden Strichen des Wesergebietes, in denen zum Teil freilich in den milden Zeitabschnitten ein günstigeres Klima herrschte als im oberen Wesergebiete, nicht entfernt in ihrer jetzigen Verbreitung während der ungünstigen Zeitabschnitte gelebt hat. Es waren wohl nur wenige Stellen, an denen sie sich damals zu erhalten vermochte; an einigen von diesen hat sie sich aber dem während der ersten heissen Periode herrschenden Klima derartig angepasst [6]), dass es ihr möglich war, sich im Verlaufe dieser Periode, als der Wald auch in den höheren Gegenden der Gebiete der Weser und Saale sich strichweise sehr lichtete und von den stärker besonnten flachgründigen Felshängen ganz verschwand, mehr oder weniger weit auszubreiten. In die niederen, heisseren Gegenden vermochte sie jedoch nicht vorzudringen. Der Umfang ihrer Ausbreitung während der heissen Periode lässt sich nicht mehr feststellen; vielleicht ist das Vorkommen westlich von Rudolstadt bis Blankenhain, dasjenige von Ilmenau bis Arnstadt, dasjenige des Eichsfeldes sowie vielleicht auch dasjenige von Jena und Weimar [7]) und dasjenige der Hainleite durch Ausbreitung von je einer Stelle entstanden; vielleicht steht aber dieses letztere Vorkommen noch in Beziehung zu dem des Eichsfeldes und dieses wiederum zu demjenigen des Ringgaues und dem des Hörselgebietes; und vielleicht steht dasjenige von Jena-Weimar und selbst das von Ilmenau-Arnstadt in Beziehung zu demjenigen der Gegend westlich von Rudolstadt. Die erste kühle Periode war für *Carduus defloratus* nunmehr, nachdem seine Kon-

---

[1]) Ob sicher? vgl. Ilse, Flora von Mittelthüringen (1866), S. 169; von Erfurth, Flora v. Weimar, 2. Aufl. (1882), wird die Pflanze nicht von dort aufgeführt.
[2]) Mitth. d. th. bot. Vereins. N. F., II. Heft (1892), S. 14.
[3]) Bei Allstedt ist er wahrscheinlich ebenso wenig gefunden worden wie bei Rossleben, Lodersleben, Schmon und Ebersrode in der Nähe der unteren Unstrut.
[4]) Ist das Vorkommen am Dreienberge sicher festgestellt?
[5]) So z. B. bei Meiningen, wo sich *Coronilla vaginalis Lmk.* gehalten und dem Klima der heissen Periode vollkommen angepasst hat; vgl. Entw. d. ph. Pflzdecke d. Saaleb., S. 156—158 [53—55].
[6]) Sie macht durchaus den Eindruck eines Einwanderers dieser Periode und lebt an manchen ihrer Wohnstätten im recht arten- und individuenreichen Verbande dieser Elemente.
[7]) Vgl. Anm. 1.

stitution in dieser Weise eine Aenderung erfahren hatte, nicht minder ungünstig als für die Einwanderer der ersten heissen Periode; er verschwand in ihr wieder von recht weiten Strecken, teilweise direkt infolge des ungünstigen Klimas, teilweise verdrängt und erstickt durch andere, kräftigere, dem Klima besser angepasste krautige Gewächse und vorzüglich durch den Wald.

Auch *Pleurospermum austriacum (L.)* kann nur in einer sehr kalten Periode, in welcher der Wald von weiten Strecken vollständig verschwunden war, nach Mitteleuropa eingewandert sein. In keinem Lande, in welchem es in Anpassung an trockenes, warmes Sommerklima während der vierten kalten Periode hätte leben können, ist es in weiter Verbreitung in einer solchen vorhanden. *Pleurospermum* tritt ausserhalb Mitteleuropas fast nur an kälteres Klima, als in den niederen Gegenden des Elbegebietes herrscht, angepasst auf und kann nur in solcher Anpassung und somit in einer kalten Periode nach Mitteleuropa eingewandert sein. Nun könnte man aber auf Grund des fast ausschliesslichen Vorkommens im Walde annehmen, dass die Einwanderung nicht im kältesten Abschnitte der kalten Periode, sondern in deren wärmeren Abschnitten stattgefunden habe, entweder in denjenigen, in welchen der Fichtenwald vorherrschte, oder in denjenigen, in welchen ein sehr grosser Teil Mitteleuropas mit Buchen bedeckt war. Ich glaube jedoch, dass die Einwanderung wenigstens in den westlich des Weichselgebietes gelegenen Teil Mitteleuropas ausschliesslich im kältesten Abschnitte vor sich gegangen ist, dass die heutige Verbreitung freilich auf Neuausbreitung in späterer, wärmerer Zeit zurückgeführt werden muss. Dass die Pflanze in dem kältesten Abschnitte nach Mitteleuropa eingewandert ist, lässt die Art ihres Auftretens in den Sudeten erkennen; im Riesengebirge und im Gesenke wächst sie fast ausschliesslich an waldfreien Oertlichkeiten der oberen Region, vorzüglich an den Hängen und auf den Gesimsen der „Gruben" und Thäler. Ausserdem tritt die Dolde aber auch in niederer Lage im Vorgebirge auf, z. B. bei Hirschberg, Kupferberg, Schweidnitz — hier an mehreren Stellen —, Reichenbach und zwischen Setzdorf und Lindewiese bei Freiwaldau [1]). Leider habe ich sie an keinem dieser Orte gesehen; in der Litteratur finden sich keine Angaben über die Natur ihrer dortigen Wohnstätten [2]). Ohne Zweifel ist sie nach einigen dieser Orte bereits in dem kältesten Abschnitte der kalten Periode eingewandert, hat sich dem veränderten Klima und der veränderten pflanzlichen Umgebung angepasst und dann mehr oder weniger ausgebreitet. An die Wohnstätten der Gegend von Schweidnitz-Reichenbach ist sie wohl nur einer Stelle aus gelangt. Bei Kupferberg (am Fusse der Bleiberge) und Hirschberg (im Sattler) scheint sie nur im Boberthale vorzukommen; wahrscheinlich ist sie nach diesen beiden Orten durch Herabschwemmung ihrer Teilfrüchte, vielleicht erst nach der kalten Periode, gelangt.

---

[1]) Vgl. Oborny, Flora von Mähren, II. Bd. (1885), S. 824. Hiermit ist (nach Jahrb. d. schl. Gesellsch. f. vat. Cultur 1885 [1886], S. 253) die Angabe „Jauernig" in Fieks Flora von Schlesien (1881), S. 190, identisch.

[2]) Bei Lindewiese wächst sie nach Oborny „im Gebüsch"

Nach den Sudeten ist sie entweder aus den Alpen oder aus den Karpaten, in welchen sie nach Westen bis zur Babia Góra verbreitet ist, oder — und dies ist sehr wahrscheinlich — aus beiden Gebirgen eingewandert. Da ihre Wanderung meines Erachtens nur schrittweise vor sich gegangen sein kann [1]), so kann sie nur in einer Periode stattgefunden haben, in welcher zwischen den Alpen und Karpaten einerseits, den Sudeten andererseits ununterbrochene waldfreie Striche vorhanden waren, auf denen sie in der Anpassung der jetzt in den höheren Sudeten lebenden Individuen zu wachsen im stande war. An Stromufern, welche sie auch in höheren Gegenden gern bewohnt, kann sie in der Fichtenzeit ebensowenig wie *Thesium alpinum* eingewandert sein: in diesem Falle würden wir sie doch vorzüglich oder ausschliesslich in den niederen Gebirgsgegenden und hauptsächlich an Ufern antreffen. In den übrigen Gegenden Mitteleuropas westlich und südwestlich vom Weichselgebiete tritt es nicht so deutlich hervor, dass *Pleurospermum* in dem kältesten Abschnitte der vierten kalten Periode eingewandert ist. Es wächst in diesen vorzüglich im Laubwalde — soweit meine Beobachtungen reichen, im Buchenwalde oder im Mischwalde [2]) —, und man könnte deshalb an eine Einwanderung in der Buchenzeit [3]) denken: wenn es aber in dieser Zeit eingewandert wäre, so würde sein Gebiet ohne Zweifel nicht so bedeutende Lücken besitzen, sondern so gestaltet sein, wie dasjenige sicherer Einwanderer jener Periode. An eine Einwanderung an Stromufern in der Fichtenzeit lässt sich gar nicht denken. Im unteren [4]) Donaugebiete kommt *Pleurospermum* im Marchgebiete bei Lomnitz und Adamsthal nördlich von Brünn vor; im oberen Donaugebiete wächst es an mehreren Stellen der bayerischen Hochebene: im Salzachgebiete bei Simbach, im Isargebiete bei Tölz, bei Pullach und Harlaching unweit München sowie im Ammergebiete bei Ober-Ammergau, Rothenbuch, Oberpeissenberg und in den Amperauen [5]), im Lechgebiete bei [6]) Augsburg, in der Nähe der Donau bei Dillingen und im Illergebiete an der Iller von den Alpen bis zur Mündung. Es scheint auf der Hochebene fast ausschliesslich in Flussauen zu wachsen; es ist infolgedessen unmöglich, festzustellen, ob oder wo es hier seit der vierten kalten Periode lebt, oder ob es, wenigstens nach einem Teile der Oertlichkeiten, erst später aus den Alpen dadurch, dass seine Teilfrüchte herabgeschwemmt wurden, eingewandert ist. Ausserdem wächst es im Donaugebiete noch in der Nähe der oberen Donau in Württemberg bei

---

[1]) Vgl. S. 243—244 [15—16].
[2]) Letzterer ist stellenweise wohl erst unter menschlichem Einflusse aus dem Buchenwalde hervorgegangen.
[3]) Aber wohl nicht in noch späterer Zeit.
[4]) Als „unteres Donaugebiet" bezeichne ich in dieser Abhandlung den mitteleuropäischen Anteil am Donaugebiete ungefähr von der Salzachmündung abwärts.
[5]) Vgl. Wörlein, Die Phanerogamen- und Gefäss-Kryptogamen-Flora der Münchener Thalebene (1893), S. 67. (Ob mit der vorhergehenden Oertlichkeit identisch?)
[6]) Sendtner (Die Vegetations-Verhältnisse Südbayerns [1854], S. 784) schreibt: bis Harlaching bei München, bis Augsburg, nach den Angaben der übrigen Floristen scheint es aber nur bei diesen Orten vorzukommen bezw. vorgekommen zu sein.

Ebingen und im Oberamte Tuttlingen, sowie im angrenzenden Baden, vorzüglich in der Gegend von Geisingen. Auch in dem zum Neckargebiete gehörenden Teile des Juragebietes kommt es vor, vorzüglich in den Oberämtern Spaichingen, Rottweil, Balingen sowie bei Hechingen. Es wächst in dieser Gegend im lichten Walde und Gebüsche. Im Rheingebiete kommt es ausserdem wohl nur noch im Maingebiete bei Rüdisbronn [1]) und im Grabfelde bei Königshofen [2]) vor [3]). Im Wesergebiete wächst es im Fuldagebiete in der Rhön, z. B. an der Eube, im Werragebiete bei Bad Liebenstein sowie im Hörselgebiete bei Gotha (am Boxberge und Krahnberge). Im Elbegebiete wächst es in Böhmen an einigen Orten im Mittelgebirge: am Mileschauer, am Radelsteine, bei Babina, am Lobosch, sowie bei Bilichau unweit Schlan, und zwar vorzüglich an buschigen waldfreien Stellen. Dieses Vorkommen in Böhmen, ausschliesslich in Gegenden, in denen auch manche andere Wanderer der kalten Periode sich gehalten haben, und meist an unbewaldeten, buschigen Stellen, lässt sofort auf eine Einwanderung im kältesten Abschnitte der kalten Periode schliessen. Ausser in Böhmen kommt *Pleurospermum* im Elbegebiete nur noch im Saalegebiete, und zwar im Ilmgebiete bei Weimar (im Troistedter und Utzberger Holze) [4]), Berka, Kranichfeld und Stadtilm, im Unstrutgebiete bei Gräfentonna (im Fahner'schen Holze), Erfurt (an einer Anzahl Orten bis zum Ilmgebiete bei Klettbach), an mehreren Orten in der Nähe der Gera oberhalb von Arnstadt, bei Stadtilm, Ohrdruf (bei Wechmar) und Gotha (am Seeberge) [5]) vor. Es wächst an den meisten dieser Stellen des Saalegebietes und des anstossenden Wesergebietes im Laubwalde, selbst in sehr dichtem Buchenschatten, in welchem es allerdings nur spärlich blüht; am reichsten blüht es auf Waldschlägen sowie im jungen Niederwalde [6]). Dass *Pleurospermum* nach den Gebieten der Saale und der Weser nur in Anpassung an kälteres Klima als gegenwärtig herrscht, also, da es nur schrittweise zu wandern vermag, nur in einem recht kalten Zeitabschnitte eingewandert sein kann, dafür spricht sein ausschliessliches Vorkommen in höheren, kühleren Strichen dieser Gebiete. Dass dieser kalte Zeitabschnitt, in welchen seine Einwanderung fällt, nur der kälteste Abschnitt der vierten kalten Periode gewesen sein kann, darauf weisen meiner Meinung nach die weiten Lücken hin zwischen dem recht umfangreichen Lokalgebiete im Saale-Wesergebiete und den Gegenden, aus denen es eingewandert sein muss, welche grösser sind als diejenigen einer Form dieser Flussgebiete, deren Einwanderung sicher

---

[1]) Wohl bei Windsheim im Aischgebiete gelegen; vgl. Deutsch. bot. Monatsschr., XII. Jahrg. (1894), S. 51.
[2]) Mitth. d. thür. bot. Vereins, N. F., XI. Heft (1897), S. 28.
[3]) Die Angabe eines Vorkommens bei Laach in der Nähe des Rheines (Wirtgen, Flora der preuss. Rheinprovinz [1857], S. 210) scheint sich nicht bestätigt zu haben (vgl. Melsheimer, Mittelrheinische Flora [1884], S. 51).
[4]) Mitth. d. thür. bot. Vereins, N. F., VI. Heft (1894), S. 5.
[5]) Die Angabe eines Vorkommens der Art bei Frankenhausen (Hornung in Irmisch, Systematisches Verzeichniss d. in d. unterherrsch. Theile d. schwarzburgischen Fürstenthümer wildwachsenden phan. Pflanzen [1846], S. 28) hat keine Bestätigung gefunden (vgl. auch Lutze a. a. O., S. 212).
[6]) Vgl. auch Ilse a. a. O., S. 135.

in die wärmeren Abschnitte der kalten Periode fällt, und dafür spricht auch der Umstand, dass es in den Gebirgen, aus denen es nach dem Saale-Wesergebiete eingewandert sein muss, vorzüglich in einer Anpassung an Klima und Organismenwelt auftritt, welche ihm nur eine Wanderung in dem kältesten Zeitabschnitte gestattete; dass es nach Mitteleuropa wirklich in dieser gewandert ist, das beweist, wie gesagt, die Art seines Auftretens in den Sudeten. Es hat sich im Saale-Wesergebiete später an das Leben im Laubwalde gewöhnt[1]), was ihm offenbar sehr leicht gelingt, wie auch sein Auftreten im Jura und im Weichselgebiete erkennen lässt. Wahrscheinlich fand diese Anpassung an wenigen Stellen, vielleicht nur an einer einzigen statt, von welchen oder von welcher aus die Pflanze sich dann in der Folgezeit, wann, lässt sich nicht mit Sicherheit sagen[2]), nach ihren heutigen Wohnstätten ausgebreitet hat. Ihre Anpassung an Wärme und Trockenheit war aber keine so bedeutende, dass sie bis nach den niederen Strichen der Gebiete vorzudringen vermochte. Ausser in den betrachteten Gegenden wächst *Pleurospermum* noch im Gebiete der Weichsel, und zwar im östlichen Galizien[3]) stellenweise von der Voralpenregion bis in das unterste Hügelland an felsigen oder buschigen Stellen[4]), in ziemlich weiter Verbreitung im südöstlichen Polen und von dort längs der Weichsel durch Polen, in Waldthälern und an Bächen, sowie in den Prov. Posen, West- und Ostpreussen in der Nähe der Weichsel — noch bei Danzig, Elbing und Tolkemit — nach Osten bis Riesenburg, Rosenberg sowie zu den Kr. Mohrungen und Pr. Holland[5]), westlich von ihr noch bei Bromberg, Krone a. d. B. und Karthaus. Nördlich vom Weichselgebiete wächst *Pleurospermum* noch im südlichen Schweden an wenigen Stellen in Ostergotland und in Södermanland. Die ziemlich gleichmässige Verbreitung, welche *Pleurospermum* im Gebiete der Weichsel von den Karpaten bis zur Ostsee besitzt, lässt es nicht unwahrscheinlich erscheinen, dass es wenigstens in den nördlichen Teil dieses Gebietes vorzüglich oder ausschliesslich erst nach dem kältesten Abschnitte der kalten Periode eingewandert ist[6]). Von der unteren Weichsel ist es in der ersten heissen Periode über das damals trockene Ostseebecken nach der skandinavischen Halbinsel vorgedrungen. Ebenso wie bei *Thesium alpinum* L. waren also auch bei ihm die nach der skandinavischen Halbinsel wandernden Individuen nicht unwesentlich anders an das Klima angepasst als diejenigen, welche nach dem südlich der Ostsee gelegenen Teile Mitteleuropas vordrangen[7]).

---

[1]) Vielleicht hat es sich damals auch an den Kalkboden angepasst — es scheint nur auf recht stark kalkhaltigem Boden vorzukommen —, vielleicht besass es aber die Anpassung bereits bei seiner Einwanderung.
[2]) Vielleicht teilweise bereits in der Buchenzeit.
[3]) Nach Knapp, Die bisher bekannten Pflanzen Galiziens und der Bukowina (1872), S. 264.
[4]) Also, wie es scheint, vorzüglich nicht im Walde.
[5]) Oestlich hiervon ist es noch im Passargegebiete im Kr. Braunsberg beobachtet worden.
[6]) Oestlich vom Weichselgebiete wächst *Pleurospermum* ausser im Passargegebiete nur noch in den russ. Gouv. Wilna, Minsk, Wolhynien und Podolien.
[7]) Das Gleiche findet sich auch bei manchen Formen der zweiten Gruppe der ersten Hauptgruppe.

2. Die Formen der zweiten Gruppe.

Es giebt, wie eingangs gesagt wurde, in Mitteleuropa ausser der soeben behandelten Formengruppe noch eine zweite, umfangreiche Gruppe, deren Formen auch nur in einem Zeitabschnitte eingewandert sein können, dessen Sommerklima wesentlich kälter als das der Jetztzeit, aber doch nicht so kalt, wie das der Zeit der Einwanderung der ersten Gruppe war, da sie im Walde zu leben im stande sind und auch zur Zeit ihrer Einwanderung dazu im stande waren oder sogar ausschliesslich in ihm leben. Es heben sich aus ihrer Masse wieder zwei Gruppen recht deutlich hervor: die Formen der einen von diesen leben vorzüglich oder ausschliesslich im Fichtenwalde, im Tannenwalde, im nordischen Kieferwalde oder im Birkenwalde und gehen mit diesen Bäumen meist hoch ins Gebirge oder weit nach Norden, die Formen der anderen Gruppe bevorzugen den Buchenwald oder leben ausschliesslich in ihm, steigen wie die Buche in den Gebirgen des südlicheren Europas viel weniger weit hinauf als die Fichte und die Tanne und fehlen nördlich der Buchengrenze meist vollständig. Es steht diesen beiden Formengruppen jedoch eine grosse Anzahl Formen gegenüber, welche sich nur schwer oder gar nicht einer von ihnen einfügen lassen, und bei denen sich meist auch nicht erkennen lässt, welchem Klima und welcher pflanzlichen Umgebung die Individuen angepasst waren, welche nach Mitteleuropa eingewandert sind. Manche von diesen Formen gehören zu Arten, von denen auch Individuen in einer klimatisch der Jetztzeit gleichenden oder durch noch wärmere und trockenere Sommer ausgezeichneten Periode oder in dem kältesten Abschnitte der kalten Periode eingewandert sind.

Von manchen Formen dieser zweiten Gruppe haben sich später, wie von manchen der ersten, soeben besprochenen Gruppe, Individuenkreise dem veränderten Klima und der veränderten pflanzlichen Umgebung in dem Masse angepasst, dass ihre jetzt lebenden Nachkommen nur noch schwer erkennen lassen, in welcher Anpassung die Vorfahren eingewandert sind.

Ausserdem sind nun in Mitteleuropa noch Formen vorhanden, welche zwar nicht oder nur wenig im Walde, sondern vorzüglich an Ufern grösserer oder kleinerer Ströme oder auf Sumpfboden leben, welche aber ähnlich wie die Formen der zweiten Gruppe dem Klima angepasst sind und deren Einwanderung meist wohl in die Zeitabschnitte fällt, in denen jene eingewandert sind. Sie können deshalb auch zur zweiten Gruppe gezählt werden.

Ein Teil der Formen dieser Gruppe, vielleicht die Mehrzahl, ist bereits vor der Einwanderung der ersten Gruppe nach Mitteleuropa eingewandert und hat seitdem ununterbrochen bis zur Gegenwart in diesem gelebt. Während des kältesten Abschnittes der kalten Periode waren zwar weite Strecken Mitteleuropas ohne Waldbedeckung und zur Zeit, als die Abnahme der Wärme ihr höchstes Mass erreicht hatte, waren vielleicht sogar die Ostseeländer bis zur baltischen Endmoräne mit Eis bedeckt, ein grosser Teil Mitteleuropas trug jedoch wohl auch damals Wald, welcher im südlicheren Teile vorzüglich aus Fichten, denen in den südlichsten Gegenden auch Tannen in grösseren oder kleineren Beständen beigemischt waren, stellenweise auch aus Lärchen, im nördlicheren Teile vorzüglich aus einer Form der Kiefer, welche im Verlaufe der Periode von Norden her eingewandert war, sowie aus der nordischen Birke *(Betula pubescens Ehrh.)* bestand. Die Buche war damals wohl auf die wärmsten Gegenden des Südostens und des Südwestens beschränkt. Wohl nur wenige der Formen dieser Gruppe haben aber während der grossen heissen Periode vor der vierten kalten Periode in Mitteleuropa, und zwar ausschliesslich in den höheren Regionen seiner höchsten Mittelgebirge, zu leben vermocht; die weitaus meisten sind später, meist im ersten Abschnitte der vierten kalten Periode, manche aber wahrscheinlich schon in kürzeren kühlen Zeitabschnitten vor deren Einsetzen, nach Mitteleuropa eingewandert. Diese letzteren waren aber bei Beginn der kalten Periode wahrscheinlich noch nicht weit nach Mitteleuropa hinein vorgedrungen.

Die Fichte *(Picea excelsa (Lmk.))* ist vielleicht schon frühzeitig aus ihrer Heimat im nördlichen Asien nach Europa vorgedrungen [1]). Wahrscheinlich hatte sie sich im Ausgange der dritten kalten Periode, in deren kältestem Abschnitte sie nach dem südlicheren Europa zurückgedrängt war, weit über den nördlicheren Teil Europas ausgebreitet. Die folgende grosse heisse Periode vernichtete ohne Zweifel wieder einen sehr grossen Teil ihres Gebietes; wohl nur im höheren Norden Russlands, im Norden und auf den Gebirgen der skandinavischen Halbinsel sowie auf den Gebirgen des südlicheren Europas, vielleicht auch auf den höchsten Mittelgebirgen Mitteleuropas, vermochte sie sich damals zu halten. Von diesen Gegenden breitete sie sich nach Ausgang der heissen Periode, vorzüglich seit Beginn der vierten kalten Periode, wieder aus. Der kälteste Abschnitt dieser Periode bereitete ihrem Vordringen ein Ende; in ihm starb sie nicht nur im Norden Europas und in den höheren Gebirgsgegenden, sondern auch, wie soeben dargelegt wurde, auf weiten höheren und niederen Strichen Mitteleuropas, vorzüglich in seinem nördlicheren Teile, wieder aus. Nach dem kältesten Zeitabschnitte, im letzten Abschnitte der kalten Periode, breitete sie sich von neuem aus; wie weit sie vordrang, lässt sich nicht feststellen, wahrscheinlich gelangte sie bis nach den Küstenländern der Nord- und Ostsee, aber nicht nach der skandinavischen Halbinsel. Schon der milde Abschnitt am Ausgange der kalten Periode, noch mehr aber die sich an diesen anschliessende erste heisse Periode, setzten ihrer Ausbreitung ein Ende. In letzterer verlor die Fichte wieder den grössten Teil ihres mitteleuropäischen Gebietes; aber schon in ersterem verschwand sie von weiten Strecken, vorzüglich des Westens und Nordwestens, vollständig. Während des heissesten Abschnittes der heissen Periode war sie in Mitteleuropa wahrscheinlich fast nur in den höheren Berggegenden, und vielleicht sogar fast nur oder nur in denjenigen seines östlichen und südlichen Abschnittes, bis zum Harze und Thüringer-

---

[1]) Ausführlich werde ich ihre Geschichte an anderer Stelle behandeln.

walde nach Westen[1]), zum südlichen Teile des Maingebietes nach Norden, vorhanden. In niederer Lage lebte sie damals wahrscheinlich nur in einigen räumlich beschränkten Strichen mit feuchtem Boden im Weichselgebiete, sowie vielleicht im Nordwesten des Harzes und im oberen Odergebiete, doch ist es auch möglich, dass sie in diese Gegenden, wenigstens in die beiden letztgenannten, erst im Ausgange der Periode eingewandert ist. Im Weichselgebiete oder in seinen östlichen Nachbargebieten[2]), vorzüglich im nördlichen Teile des Dnjeprgebietes, und zwar wahrscheinlich an mehreren Stellen, passte sie sich aber dermassen an das Klima an, dass sie sich, als Hitze und Trockenheit etwas nachliessen, in diesen Gegenden recht weit auszubreiten und aus ihnen über das damals zum grössten Teile trocken liegende Becken der Ostsee nach der skandinavischen Halbinsel vorzudringen vermochte, bevor es sich wieder mit Wasser füllte. Vom Weichselgebiete drang sie wahrscheinlich auch nach Westen, nach den niederen Gegenden der Gebiete der Oder und der Elbe vor; vielleicht hatte sie sich, wie soeben gesagt wurde, aber auch in ersterem erhalten und angepasst und breitete sich von hier aus. Auch die Möglichkeit ist vorhanden, dass sie in die niederen Gegenden des Odergebietes aus den niederen Teilen der Sudeten, in denen sie sich dem veränderten Klima angepasst hatte, im Ausgange der heissen Periode eingewandert ist. Ebenso lässt es sich annehmen, dass sie damals aus dem Harze in die ihm im Nordwesten vorgelagerten Gegenden eingewandert ist; doch ist es nicht undenkbar, dass sie sich in diesen gehalten, an das Klima der heissen Periode angepasst und dann weiter ausgebreitet hat. Auch in andere niedere Gegenden ist sie wahrscheinlich im Ausgange der heissen Periode, in welcher sie sich wohl auch in den Gebirgen ausgebreitet hat, aus den Gebirgen vorgedrungen. Die erste kühle Periode hemmte nicht nur die Ausbreitung der Fichte, sondern verkleinerte sogar ihr Gebiet, und zwar sowohl in den höheren Regionen der höheren Mittelgebirge, wie in den niederen Gegenden, vorzüglich im Nordwesten und wahrscheinlich auch auf der skandinavischen Halbinsel. Während der zweiten heissen Periode breitete sie sich von Neuem aus; vorzüglich wohl in dieser hat sie ihre weite Verbreitung auf der skandinavischen Halbinsel erlangt. Auch ihre jetzige Verbreitung in den niederen und höheren Gegenden Deutschlands — soweit sie eine spontane ist — [3]),

---

[1]) In den Gebirgsgegenden der Rheinprovinz und des südlichen Westfalens wenigstens scheint sie sich nicht gehalten zu haben. Dagegen blieb sie im Harze erhalten; sie ist in diesem Gebirge, für welches ihr Indigenat, vorzüglich nach Hampes Vorgange, vielfach geleugnet wird, sicher einheimisch.

[2]) Dorthin war sie in der kalten Periode wahrscheinlich aus den Karpaten eingewandert.

[3]) Im nordwestlichen Deutschland scheint sie im spontanen Zustande östlich von der Weser ungefähr bis zur Linie Harburg-Walsrode und westlich von der Weser bis zur Gegend von Diepholz vorzukommen oder doch noch zur Zeit der römischen Invasion vorgekommen zu sein; vgl. Prejawa, Die Pontes longi im Aschener Moor und in Mellinghausen, Mittheilgn. d. Vereins f. Geschichte u. Landeskunde v. Osnabrück, 19. Bd., 1894, S. 177—202 (bes. S. 181: Kiefern- oder Tannen- [d. h. Fichten-]holz), und dess. Verf. Ergebnisse der Bohlwegsuntersuchungen in dem Grenzmoor zwischen Oldenburg und Preussen und in

hat sie sich im wesentlichen wohl damals erworben. Die zweite kühle Periode hemmte wiederum ihre Ausbreitung und verkleinerte auch strichweise ihr Gebiet; in der Jetztzeit scheint ihre Ausbreitung wieder Fortschritte zu machen [1]).

Mit der Fichte wanderten mit Beginn der kalten Periode oder wenigstens nach Ausgang der ihr vorausgehenden sehr heissen Periode auch die Tanne *(Abies alba Mill.)* und die Lärche *(Larix europaea DC.)* aus den Alpen und den Karpaten nach dem vorliegenden Mitteleuropa. Die Tanne stellte ihre Wanderung wohl schon bedeutend vor dem Abschlusse der Ausbreitung der Fichte ein; ihr Gebiet erfuhr in dem kältesten Abschnitte der kalten Periode wieder eine grosse Verkleinerung. Auch die Ausbreitung in der Zeit nach diesem kältesten Abschnitte war keine bedeutende: in Deutschland hat die Tanne damals vielleicht den Harz erreicht [2]). In der Folgezeit gelang es ihr in den niederen

---

Mellinghausen im Kreise Sulingen. ebendas., 21. Bd., 1896 (1897). S. 98—178 (bes. S. 117: Kiefern- und Tannenholz, S. 136: Tannen- und Kiefernholz; aus den Bohlwegsuntersuchungen scheint hervorzugehen, dass die Kiefer schon lange vor der römischen Invasion in jener Gegend wuchs [vgl. S. 152], auch später, im Mittelalter, scheint sie dort noch vorgekommen zu sein [vgl. S. 157]) sowie C. A. Weber, Ueber die fossile Flora von Honerdingen und das nordwestdeutsche Diluvium. Abhdlgn., herausg. v. naturw. Verein in Bremen, XIII. Bd. (1896), S. 413—468 (460—461); Weber bezweifelt aber das Vorkommen von Fichtenholz in den Bohlwegen.

[1]) Diese fortschreitende Ausbreitung hat allerdings zum Teil ihre Ursache in den Eingriffen des Menschen. Dieser trägt wohl auch die Schuld daran, dass die Fichte im nordwestlichen Mitteleuropa bis in die neueste Zeit, in welcher man sie an zahlreichen Stellen angebaut hat, eine so geringe Verbreitung besass.

[2]) Gewöhnlich nimmt man an — vorzüglich auf Grund der Angabe Stübners (Denkwürdigkeiten d. Fürstenthums Blankenburg und des demselben inkorporirten Stiftsamts Walkenried, 2. Th. [1790], S. 53—54), dass die Tanne in dem bezeichneten Gebiete vor 1750 nicht gefunden sei, und derjenigen Wächters (Hannoversches Magazin, 60. St. [1833]. S. 473 u. fg., cit. nach G. F. W. Meyer, Chloris hanoverana [1836], S. 504), dass sie im han. Harze seit dem Jahre 1752 angebaut werde —, dass die Tanne am Harze spontan nicht vorkomme oder vorgekommen sei. Es spricht aber doch manches für ein, wenigstens früheres, spontanes Vorkommen in diesem Gebirge. Joh. Thal führt in seiner 1588 von Joa. Camerarius herausgegebenen Sylva hercynia ausser der Kiefer (S. 90: Pinaster, foliis tenuibus, longissimis) noch zwei Nadelhölzer als im Harze vorkommend auf, eine Abies (S. 14) und eine Picea (S. 91), und zwar die letztere mit der gleichen Fundortsangabe wie die Kiefer: circa Ilfeldam et Vuernigerodam. Es ist meines Erachtens nicht unwahrscheinlich, dass Thal mit Abies die Fichte, welche im Harze allgemein Tanne genannt wird, mit Picea aber die Tanne gemeint hat — dies nehmen auch Sporleder, Berichte d. naturw. Vereins d. Harzes in Blankenburg f. d. Jahre 1861—1862, S. 17, und Verzeichniss d. in d. Grafsch. Wernigerode wildw. Phanerogamen und Gefäss-Kryptogamen, 2. Aufl. (1882), S. 214, sowie E. H. L. Krause, Botanisches Centralblatt LXIII. Bd. (1895), S. 42, an —, nicht wie sein jüngerer Zeitgenosse C. Bauhin (vgl. dessen Pinax theatri botanici [1623], S. 493 u. 505), der dies übrigens von Thal auch behauptet, und sein älterer Landsmann, Valerius Cordus (vgl. dessen Annotationes in Pedacii Dioscoridis de medica materia libros V, in der Ausg. Gesners vom Jahre 1561, Fol. 15. S. 1) umgekehrt mit Abies die Tanne und mit Picea die Fichte. Mir scheint diese Annahme deshalb wahrscheinlich, weil bei Picea besondere Fundortsangaben gemacht werden, sie also ebenso wie die wirklich wenig verbreitete Kiefer — sowie die Eibe (vgl. S. 122) und die Linde (S. 123) — als ein im Harze seltenes Gewächs behandelt wird, was doch auch damals, wenigstens für den Oberharz, bei der Fichte nicht zutraf, während bei Abies diese Angaben fehlen; ebenso fehlen sie bei

Gegenden nur an wenigen Stellen [1]), sich zu halten; so bedeutend wie die Fichte hat sie sich nirgends an warmes, trockenes Sommerklima angepasst.

Die Lärche begann ihre Einwanderung nach Mitteleuropa wohl erst später als die Fichte. In der Zeit nach dem Ausgange der kalten Periode ist sie westlich vom Weichselgebiete fast vollständig ausgestorben [2]). Erst im Weichselgebiete ist sie etwas weiter verbreitet. Sie wächst in ihm in Oesterr.-Schlesien sowie in Polen — in diesem auch im angrenzenden Wartegebiete — [3]), bis Lubliu und bis zur Pilica [4]) sowie nördlich davon noch bei Warschau [4]) und bei Dobrzyn in der Nähe der westpreussischen Grenze unweit Strasburg [5]); früher war sie im nordwestlichen Polen wohl weiter verbreitet [6]). Ausserdem kommt sie wahrscheinlich auch spontan im niederen Galizien — ob auch in der Prov. Schlesien? — vor. Die Ursachen dieser Art der Verbreitung sind verschiedene. Wahrscheinlich waren die Individuen der Lärche, welche aus den Alpen einwanderten, wenigstens grossenteils, auch zur Zeit der Wanderung stark kalkbedürftig; vielleicht wurde durch diese Eigenschaft ihr Vordringen in vielen Gegenden, z. B. zwischen Weichsel- und Saalegebiet, sehr verlangsamt. Ueberall hatte sie hier in der Fichte und in der Buche gefährliche Konkurrenten. Später wurde ihr im Westen wohl der milde Zeitabschnitt am Schlusse der kalten Periode

---

Alnus (S. 14), wohl *Alnus glutinosa*, bei Fagus (S. 43), Fraxinus (S. 43) und Quercus (S. 98), welche ohne Zweifel damals im Harze weit verbreitet waren. Ausserdem scheint sich auch aus von Jacobs (Brockenfragen, Zeitschr. d. Harzvereins f. Geschichte u. Alterthumskunde, XI. Jahrg. [1878], S. 433—475 [448—449]) angeführten Urkunden aus den Jahren 1498 und 1536 auf ein früheres spontanes Vorkommen der Tanne im Harze schliessen zu lassen. In der ersten Urkunde werden neben „thann" noch „fiechten" und „keynboyme" erwähnt; die erstere ist ohne Zweifel die Tanne der Harzer, also *Picea excelsa*, während die anderen sehr wohl Tanne und Kiefer sein können. In der anderen Urkunde wird neben „tennen-" auch „fichten-holtz" erwähnt. Nach Höcks Angabe (Deutsch. bot. Monatsschr., XI. Jahrg. [1893], S. 121), soll C. Weber Reste der Tanne in „postglazialen" Mooren des Harzes gefunden haben; ob aber diese Reste aus der Zeit nach dem Ausgange der auf die dritte kalte Periode folgenden heissen Zeit stammen, lässt sich aus dieser Angabe nicht ersehen.

[1]) Ausser in Galizien nur in Polen und vielleicht auch in dem benachbarten Gouv. Grodno und in Wolhynien, sowie vielleicht im oberen Odergebiete; doch ist es möglich, dass sie in letztere Gegend wie in die angrenzenden Striche des Elbegebietes von dem Gebiete der Weichsel oder aus den Vorbergen der Sudeten eingewandert ist.

[2]) Sie kommt scheinbar spontan im bayerischen Walde bei Zwiesel, im Waldviertel Niederösterreichs, in Mähren und Oesterr.-Schlesien, vorzüglich im Gebirgslande, nach Norden bis zum niederen Gesenke, sowie in den angrenzenden Prov. Schlesien bei Ziegenhals, Neustadt und Hotzenplotz vor.

[3]) Vielleicht ist auch ihr Vorkommen in der benachbarten Prov. Schlesien bei Woischnik und Ludwigsthal ein spontanes (vgl. Jahresb. d. schl. Gesellsch. f. vat. Cultur 1894 [1895], II. b, S. 122).

[4]) Köppen, Geogr. Verbreitung d. Holzgewächse d. europ. Russlands u. d. Kaukasus, 2. Theil (1889), S. 484—5, sowie Ascherson u. Gräbner, Synopsis der mitteleuropäischen Flora. 1. Bd. (1896—1898), S. 204.

[5]) Ascherson u. Gräbner, Flora d. nordostdeutschen Flachlandes (1898), S. 37.

[6]) Köppen a. a. O., S. 486; sowie auch östlich davon in den Gouv. Grodno und Minsk.

sehr verderblich. Sie vermag zwar, wie ihr erfolgreicher Anbau in Norwegen beweist, im kultivierten Zustande ein recht feuchtes Klima zu ertragen; doch ist dadurch noch nicht bewiesen, dass sie sich auch im wilden Zustande in einem solchen Klima zu halten und fortzupflanzen vermag. Die überlebenden Individuen wurden wahrscheinlich in der ersten heissen Periode fast ganz vernichtet; sie wuchsen wohl vorzüglich in niederen Gegenden mit kalkreichem Boden, deren Sommerklima in jener Periode sehr trocken und heiss wurde. In dem milden Zeitabschnitte am Schlusse der kalten Periode waren im Weichselgebiete und in den im Osten angrenzenden Gegenden die Winter kühler und die Sommer trockener als weiter im Westen, diese Gegenden waren also ohne Zweifel viel günstiger für die Lärche als weiter westlich gelegene. In der ersten heissen Periode vermochte sie sich hier auf der Lysa Góra und weiter im Osten, in den nassen Gegenden des Pripetgebietes, allmählich den neuen Verhältnissen anzupassen. Wohl von diesen Oertlichkeiten [1]) hat sie sich in späterer Zeit über Polen sowie über das angrenzende Niemen- und Pripetgebiet ausgebreitet; auf seinen heutigen Umfang ist ihr Gebiet erst durch den Menschen beschränkt worden [2]).

Die Form der Kiefer, welche, wie soeben gesagt wurde, während des kältesten Abschnittes der kalten Periode im nördlichen Teile Mitteleuropas, soweit er eisfrei war, wahrscheinlich neben der nordischen Birke, der herrschende Waldbaum war, hatte während der vorausgehenden heissen Periode wahrscheinlich im nördlichen Teile der skandinavischen Halbinsel und wohl auch bereits auf den Gebirgen Schottlands gelebt. Sie wanderte in der kalten Periode vorzüglich durch Finnland, die russischen Ostseeprovinzen und die sich anschliessenden Gegenden des Ostens nach Mitteleuropa und drang vielleicht durch dieses hindurch bis nach den Alpen vor. Nach dem Ausgange des kältesten Zeitabschnittes breitete sie sich wohl im nördlichen Mitteleuropa und in manchen höheren Gegenden des Südens weit aus. In der Folgezeit, wahrscheinlich sowohl noch im letzten Abschnitte der kalten Periode, in welchem sie durch andere Waldbäume, zuerst durch die Fichte, dann durch die Buche erdrückt wurde, als auch darauf in der ersten heissen Periode, verlor sie den grössten Teil ihres Gebietes; nur in einigen Gegenden des Nordens sowie wohl auch auf einigen höheren Gebirgen, z. B. im Harze [3]), blieb sie erhalten. Im ersteren passte sie sich, wahrscheinlich an verschiedenen Stellen, dem veränderten Klima mehr oder weniger an, breitete sich dann aus und erfuhr darauf

---

[1]) In der Umgebung der Lysa Góra ist sie noch gegenwärtig weit verbreitet.
[2]) Vgl. Köppen a. n. O., S. 486—487.
[3]) In diesem ist sie durchaus nicht erst neuerdings angepflanzt, wie vielfach angenommen wird (vgl. Thul u. a. O., S. 90, Sporleder, Berichte a. a. O. u. Verzeichniss u. s. w., S. 213, sowie Jacobs, Brockenfragen a. a. O., S. 449 u. 451 [vgl. oben S. 289 [61], Anm. 2]). Im Rothenbruche zwischen dem Wurmberge und dem Brocken sollen nach Th. Hartig (bei Jacobs, Brockenfragen a. a. O., S. 451) in einem 12—13 Fuss mächtigen Hochmoore 3 verkrüppelte Fichtengenerationen über einem Lager normaler Kiefernstämme stehen; wahrscheinlich stammen diese letzteren aus dem Ausgange der kalten Periode, die Fichten aber aus der ersten heissen Periode.

in der ersten kühlen Periode wieder eine Gebietsbeschränkung. Wie weit sie in der ersten heissen Periode ausgestorben ist, lässt sich mit Sicherheit nicht feststellen, da in dieser von Osten — ob auch von Südosten? — eine an heisses, trockenes Sommerklima angepasste Form der Kiefer nach Mitteleuropa einwanderte, welche wahrscheinlich bis nach dem Emsgebiete und dem Oberrheine vordrang. Wahrscheinlich starb diese Form in der ersten kühlen Periode im Nordwesten wieder fast vollständig oder vollständig aus; die jetztzeitlichen spontanen Individuen jener Gegenden, ungefähr bis zur Linie: Harburg-Meppen[1] nach Westen, sind oder waren — noch zur Zeit der römischen Invasion muss die Kiefer in der Gegend von Diepholz recht häufig gewesen sein — wohl zum grössten Teile Nachkommen der Einwanderer der kalten Periode.

Die Einwanderung der Buche nach Mitteleuropa aus den Alpen und Karpaten begann bereits vor derjenigen der Fichte. Wahrscheinlich hatte sich der Baum schon recht weit ausgebreitet, als die Ausbreitung der Fichte bedeutendere Fortschritte zu machen begann. Die Fichte drang zunächst vielfach in die Buchenwälder ein und beide Bäume bildeten gemischte Bestände, wie noch gegenwärtig in vielen Gegenden der Alpen und Karpaten sowie der höheren Mittelgebirge in der oberen Buchenregion, in welcher die Buche nicht mehr ihre volle Kraft wie in den niederen Gegenden besitzt und deshalb die Fichte nicht zu erdrücken vermag. Dann, mit weiterer Verschlechterung des Klimas, unterlag die Buche der Fichte und der nordischen Kiefer immer mehr, bis sie endlich in dem kältesten Abschnitte in ihrer Verbreitung wohl auf die wärmsten und trockensten Gegenden des Südwestens und Südostens beschränkt war. Aus diesen drang sie nach Eintritt wärmeren Klimas wieder vor und erreichte wahrscheinlich noch vor Beginn der ersten heissen Periode die Küsten der Ostsee. Die heisse Periode vernichtete einen grossen Teil der Buchenwälder Mitteleuropas, vorzüglich seines Ostens; hier erlag die Buche wohl vorzüglich der Winterkälte. Sie vermochte sich aber doch vielfach dem Klima der Periode derartig anzupassen, dass sie noch im Ausgange der Periode sich wieder ausbreiten konnte. Wahrscheinlich ist sie damals über das trockene Ostseebecken nach der skandinavischen Halbinsel vorgedrungen; wahrscheinlich ist sie also wie auch die Fichte und manche Gewächse der ersten Gruppe[2]) nach der skandinavischen Halbinsel in wesentlich anderer Anpassung eingewandert als nach den meisten Gegenden Mitteleuropas südlich der Ostsee[3]).

Von denjenigen Phanerogamen, welche gleichzeitig mit diesen Bäumen nach Mitteleuropa eingewandert sind und ungefähr die gleichen

---

[1]) Vgl. Prejawa und Weber a. a. O.
[2]) Vgl. S. 285 [57].
[3]) Wie die Einwanderung der Fichte nach der skandinavischen Halbinsel, so verlegen die meisten skandinavischen Pflanzengeographen auch diejenige der Buche in die erste kühle Periode, vgl. z. B. R. Sernander, Den skandinaviska växtvärldens utvecklingshistoria. Grundlinjer till föreläsningar, sommarkurserna i Upsala 1895 (1895), S. 21.

Schicksale wie sie erlitten haben, sollen im folgenden nur wenige eingehender betrachtet werden.

Galium rotundifolium L. wächst im **Weichselgebiete** in Oesterr.-Schlesien, in der Prov. Schlesien, im südwestlichen Teile Polens sowie an einigen Stellen Galiziens — in den galizischen Waldkarpaten ist es nicht selten [1] —. Im **Odergebiete** wächst es in weiter Verbreitung in den Gebirgen — geht aber nur an wenigen Stellen höher hinauf ,— von Oesterr.- und Preuss.-Schlesien und zerstreut in den niederen Gegenden des letzteren bis zur Linie Görlitz-Liegnitz-Trebnitz-Festenberg; nördlich von dieser Linie wächst es im Odergebiete nur noch an wenigen Stellen, und zwar in der Nähe der Oder oder östlich in weiterer Entfernung von ihr bei Wohlau, Trachenberg, Herrnstadt, Glogau, im Kr. Lissa [2]), bei Schwiebus und bei Stettin (b. Tantow und Grambow), westlich von der Oder bei Bunzlau, Zibelle und Sorau [3]). Im **Elbegebiete** wächst es in Böhmen vorzüglich in den Randgebirgen (Sudeten [4]), Sandsteingebirge, Erzgebirge und Böhmerwald) und in ihrer Nähe, doch auch an zahlreichen Stellen der niederen Gegenden weiter im Innern: so zwischen den Sudeten und dem mährischen Hügellande sowie der Gegend von Prag, z. B. bei Landskron, Svratca, Hlinsko, Polna, Deutsch-Brod, Chotzen, Pardubic, Chrudim, Nassaberg, Caslau und Schwarz-Kostelec, im Nordosten bei Haida, Leipa, Niemes, Münchengrätz, Weisswasser, Jungbunzlau und Jičin, ausserdem bei Leitmeritz, Saaz, Muncifay, Žebrák, Hořowic. Pilsen, Selcan, Rožmitál, Mühlhausen, Pisek, Soběslau u. s. w. Weiter nördlich wächst es am Nordabhange der Sudeten, des Sandsteingebirges, des Erzgebirges und des Elstergebirges sowie nördlich von diesen an einer Anzahl Oertlichkeiten westlich von der Elbe — bis zur Elster — bis Tharandt und Chemnitz, östlich von ihr bis Dresden, Radeberg, Bautzen und Niesky; weiter abwärts wächst es östlich von der Elbe nur bei Luckau, im Fläminge: bei Köpnik nordöstlich von Wittenberg [5]), weiter westlich in recht weiter Verbreitung in dem von der Linie: Göritz-Serno-Grochewitz-Stackelitz-Dobritz-Nedlitz-Schweinitz-Reetz-Welsigke-Göritz umschlossenen Gebiete [6]) und bei Kl. Briesen nördlich von Belzig [7]), sowie im nördlichen Teile des Havelgebietes bei Neuruppin und Fürstenberg [8]); westlich von der Elbe tritt es bei Düben im Muldegebiete auf. Im **Saalegebiete** wächst es im Gebiete der Elster an einer grösseren An-

---

[1]) In den übrigen Karpatengebirgen scheint es nur eine sehr unbedeutende Verbreitung zu besitzen.
[2]) Zeitschr. d. bot. Abt. d. naturw. Vereins d. Pr. Posen, III. Jahrg., 1. Heft (1896), S. 30.
[3]) Höck in Hallier-Wohlfarth, Synopsis d. deutsch. u. schweizer Flora, 1. Bd., S. 1198 (oder mit Zibelle identisch?).
[4]) Am Rehorn im Riesengebirge geht es bis in die Gipfelregion, also bis annähernd 1000 m (vgl. Pax, Flora, 66. Jahrg. [1883], S. 411).
[5]) Nach Reichenbach, Flora saxonica (1842), S. 134.
[6]) Vgl. Partheil in Mitt. d. Vereins f. Erdk. zu Halle 1893, S. 66, sowie Karte 2.
[7]) Nach Höck, Nadelwaldflora Norddeutschlands (1893), S. 359 [43].
[8]) Nach Krause (Mecklenburgische Flora [1893], S. 201), scheint es fast, als wäre die Pflanze an diese Oertlichkeit erst in neuester Zeit gelangt.

zahl Stellen bis zur Gegend von Leipzig und Osterfeld, z. B. bei Plauen, Herlasgrün, Liebau, Greiz, Weida, Gera, Eisenberg, Crossen, Osterfeld und Leipzig, sodann weiter westlich im Fichtelgebirge, Franken- und Thüringerwalde [1]) sowie in ihrem Vorlande in der Nähe der Saale und Ilm bis Neustadt a. O., Saalfeld, Schwarzburg, Paulinzelle und Singen; nördlich von dieser Linie tritt es nur noch in der Nähe der Saale bei Jena, Bürgel und Dornburg (Tautenburg) sowie in der Nähe der Ilm bei Berka auf[2]). Weiter im Norden wächst *Galium rotundifolium* nur noch im Harze, und zwar „von der Hohne herab bis in die Nähe von Wernigerode, von Schierke herab bis Königshof" [3]) und bei Elbingerode. Im Wesergebiete scheint es nur im Thüringerwalde und bei Stedtlingen südwestlich von Meiningen vorzukommen. Im Rheingebiete fehlt es östlich vom Rheine unterhalb des Maingebietes vollständig. Weiter aufwärts ist es in der Nähe des Oberrheines verbreitet in der Bodenseegegend, weniger verbreitet im Juragebiete und im Schwarzwalde bis zur Gegend von Pforzheim und kommt auch in dessen Vorbergen bei Badenweiler und Baden vor; ausserdem wächst es rechts des Rheines noch bei Karlsruhe und Käferthal, bei Brandau im Odenwalde, an mehreren Stellen in der Umgebung von Darmstadt sowie in der Nähe des untersten Maines bei Walldorf und Rüsselsheim. Im Neckargebiete wächst es bei Murrhardt, Sulzbach, Schorndorf, Stuttgart, und Schwenningen, im Gebiete des Kochers bei Unter-Sontheim, Gaildorf und Welzheim. Im Maingebiete wächst es in weiterer Entfernung vom Rheine bei Aschaffenburg, Obernburg und Wertheim, im Regnitzgebiete bei Forchheim, Nürnberg, Heroldsberg, Lauf und Ansbach, bei Koburg sowie im Thüringer- und Frankenwalde und im Fichtelgebirge. Links vom Rheine wächst es in den Vogesen von Belfort bis Grendelbruch und zum Schneeberge sowie in der Pfalz bei Bergzabern, ausserdem kommt es noch bei Saarbrücken vor. Im Donaugebiete ist es in Mähren, Nieder- und Oberösterreich verbreitet; im oberen Donaugebiete wächst es auf der schwäbisch-bayerischen Hochebene, vorzüglich im oberen Teile, spärlich in der Nähe der Donau, im bayerischen und Oberpfälzer Walde, im Labergebiete bei Velburg, im Altmühlgebiete bei Eichstätt [4]) und Pappenheim, im Wörnitzgebiete bei Wassertrüdingen und Dinkelsbühl [5]) sowie in der Nähe der obersten Donau im Juragebiete Badens. Ausserdem wächst es nördlich der Ostseeküste auf den schwedischen Inseln Oeland und Gotland.

---

[1]) Westlich von Oberhof wohl nur noch an wenigen Stellen, z. B. bei Luisenthal und Friedrichroda.
[2]) Ob auch im Geragebiete bei Arnstadt (Altsiegelbach), vgl. Nicolai, Verzeichniss d. in d. Umgegend von Arnstadt wildwachsenden u. wichtigeren kultivirten Pfl., 2. Aufl. (1872). S. 35?
[3]) Vgl. Hampe, Flora hercynica (1873), S. 126.
[4]) Im Altmühlgebiete wohl weiter verbreitet, vgl. Ph. Hoffmann, Excursionsflora f. d. Flussgebiete der Altmühl u. s. w. (1879), S. 118.
[5]) Vgl. Prantl, Exkursionsflora f. d. Kgr. Bayern (1884), S. 465; nach Schnizlein u. Frickbinger, Die Vegetations-Verhältnisse der Jura- und Keuperformation in den Flussgebieten der Wörnitz und Altmühl (1848), S. 141, jedoch in der Keuperformation des Wörnitz- wie auch des Altmühlgebietes an einer grösseren Anzahl Stellen (und auf Jura bei Wassertrüdingen).

Diese Art ist ohne Zweifel nach Mitteleuropa vorzüglich in einer Periode eingewandert, welche wesentlich kühler als die Jetztzeit war, und zwar fällt ihre Haupteinwanderung und -Ausbreitung wahrscheinlich in die Zeit, in welcher die Tanne, unter welcher sie am besten zu gedeihen scheint, hauptsächlich nach Mitteleuropa einwanderte. Sie hat sich im ersten Abschnitte der kalten Periode wahrscheinlich ähnlich wie dieser Baum ausgebreitet und wie er während des kältesten Abschnittes wieder eine bedeutende Gebietsverkleinerung erfahren. Nach dem Ausgange dieses Abschnittes breitete sie sich wie Tanne und Fichte, doch später als letztere, von neuem aus. Ihre Ausbreitung kann nicht nur schrittweise, sondern auch sprungweise erfolgen, denn ihre Mericarpien sind recht dicht mit widerhakigen Borsten besetzt und haften fest am Felle von Säugetieren und am Vogelgefieder. Wahrscheinlich ist sie auch vielfach durch Verschleppung in weiten Sprüngen gewandert — wahrscheinlich hauptsächlich durch die Vermittelung von wandernden Drosselarten —; ich glaube jedoch nicht, dass sie während der Herrschaft eines dem gegenwärtig herrschenden gleichen oder ähnlichen Klimas aus den Alpen oder den Karpaten durch sprungweise Wanderung nach allen ihren heutigen mitteleuropäischen Wohnstätten hätte gelangen können. Sie hat dann in der Folgezeit wieder den grössten Teil ihres Gebietes verloren, hat sich in verschieden hohem Masse dem veränderten Klima, vorzüglich dem der ersten heissen Periode, und der veränderten pflanzlichen Umgebung angepasst und in dieser Anpassung von neuem zu verschiedenen Zeiten ausgebreitet. Der Harz scheint die nördlichste Gegend zu sein, in welcher sie die Anpassung an Klima und pflanzliche Umgebung — an Tanne [1]) und Fichte — bewahrt hat, in welcher sie zuerst und vorzüglich nach Mitteleuropa eingewandert ist. Auch hier hat sie sich an manchen Stellen an das Leben im Laubwalde, vorzüglich im Buchenwalde, gewöhnt. Im Fläminge, der nächsten nördlicher gelegenen Wohnstätte, in welchem die Fichte und die Tanne spontan nicht vorkommen, wächst *Galium rotundifolium* hauptsächlich unter Kiefern, Eichen und Buchen [2]), doch auch auf Moorwiesen [3]). Vielleicht lebt es in dieser durch verhältnismässig kühles Klima ausgezeichneten Gegend seit der vierten kalten Periode, blieb, als der Fichten- und der Tannenwald durch den Buchenwald verdrängt wurden, in letzterem erhalten und siedelte entweder aus diesem, vielleicht in der ersten heissen Periode, in den Eichen- und den Kiefernwald, welche sich beide seit jener Periode gehalten haben, über, um sich später, in der ersten kühlen Periode, auch wieder unter den von neuem vordringenden Buchen anzusiedeln, oder hielt sich zugleich mit der Buche und siedelte aus dem Buchenwalde in den in der ersten heissen Periode eindringenden Eichen- und Kiefernwald über. Es ist

---

[1]) Ob sie im Harze in deren Gesellschaft gelebt hat, lässt sich nicht beurteilen, da die Tanne schon frühzeitig vollständig oder fast vollständig ausgerottet zu sein scheint.
[2]) Vgl. Schneider, Beschreibung d. Gefässpfl. d. Florengebiets von Magdeburg, Bernburg und Zerbst (1891), S. 118.
[3]) Partheil a. a. O., S. 66.

jedoch auch möglich, dass es sich bereits in der kalten Periode an die nordische Kiefernform angepasst, mit dieser im Fläminge bis jetzt gelebt hat und aus dem Kiefernwalde später in den Buchen- und den Eichenwald eingewandert ist, oder dass es in der kalten Periode mit der Buche aus dem Süden, etwa aus den Gebieten der Elster und der Mulde oder weiter aus dem Südosten, oder aus dem Südwesten, aus dem Harze, nach dem Fläminge vorgedrungen ist und entweder sich unter der Buche bis jetzt gehalten und in der heissen Zeit auch dem Zusammenleben mit der Eiche und der östlichen Kiefer angepasst hat, oder in der heissen Periode nur unter Eichen und Kiefern gelebt und erst in der kühlen Periode sich wieder unter den neu vordringenden Buchen angesiedelt hat, oder endlich, dass es erst nach der kalten Periode aus dem Süden, aus den Gegenden zwischen der oberen Spree und der Saale, aber wohl nicht aus weiter westlich gelegenen Strichen, nach dem Fläminge gelangt ist. Offenbar ist sein Gebiet im Fläminge in seinem heutigen ganzen oder auch nur annähernd ganzen Umfange nicht ein Rest eines früheren grossen Gebietes, sondern es ist durch Ausbreitung von einer räumlich beschränkten Oertlichkeit entstanden. Nach den wenigen deutschen Wohnstätten nördlich des Flämings ist es vielleicht durch sprungweise Wanderung gelangt; doch kann es sich hier auch um Reste eines grossen Gebietes der Fichten- oder der Buchenzeit handeln [1]). Mehr noch als bei dem Vorkommen im deutschen Norden lässt sich bei dem Vorkommen auf den schwedischen Inseln an eine sprungweise Einwanderung denken; es lebt auf diesen, wie es scheint, vorzüglich in Kiefernwäldern [2]). Es ist freilich möglich, dass es in der ersten heissen Zeit mit der Ostform der Kiefer, an welche es sich irgendwo in den Strichen südlich der Ostsee angepasst hatte, nach der skandinavischen Halbinsel gelangt ist, später, während der heissesten Abschnitte der Periode, in dem Ausgangsgebiete aber ausgestorben ist [3]). Im Grossherzogtume Hessen soll *Galium rotundifolium* [4]) nur in Kiefernwäldern vorkommen, auch bei Karlsruhe wächst es wohl nur in solchen. Die Kiefernwälder jener Gegend sollen nun [5]) erst in den letzten Jahrhunderten angepflanzt worden sein; *Galium* muss somit, falls diese Angabe richtig ist —, vielleicht gleich bei der Anlage der Wälder — eingeschleppt oder später sprungweise spontan eingewandert sein. Ohne Zweifel war *Galium* während der kalten Periode auch über den Main hinaus nach dem mittleren Rhein-

---

[1]) Vielleicht blieb es nur an zwei Stellen erhalten und hat sich von diesen ein wenig ausgebreitet.
[2]) Vgl. z. B. F. W. C. Areschoug, Bidrag till den Skandinaviska Vegetationens Historia, Lunds Univers. Arsskrift, III. Bd. (1866), S. 16, und K. Johansson, Hufvuddragen af gotlands växttopografi och växtgeografi, Kongl. Svenska Vetenskaps-Akademiens Handlingar, 29. Bd., No. 1 (1897), S. 45 u. 139.
[3]) Vielleicht steht das Vorkommen bei Stettin in Beziehung zu dem Ausgangsgebiete der Einwanderung nach der skandinavischen Halbinsel.
[4]) Nach Dosch u. Scriba, Excursionsflora d. Grossh. Hessen, 3. Aufl. (1888), S. 298.
[5]) Vgl. z. B. Borggreve, Die Verbreitung und wirtschaftliche Bedeutung der wichtigeren Waldbaumarten innerhalb Deutschlands, Fschgn. z. d. Landes- u. Volkskunde, 3. Bd., 1. Heft (1888), S. 17.

gebiete und dem Wesergebiete¹) vorgedrungen; wahrscheinlich ist es in diesen Gegenden später, ebenso wie die Fichte und die Tanne, vorzüglich während des milden Abschnittes am Ende der kalten Periode, ausgestorben.

Eine Anzahl Gewächse, welche vorzüglich in Coniferenwäldern leben und deren Einwanderung nach Mitteleuropa ungefähr zur gleichen Zeit wie die von *Galium* oder schon etwas früher begann, ihren Ausgang aber hauptsächlich aus dem Norden nahm²), haben sich später in noch höherem Grade als *Galium* dem veränderten Klima angepasst, so dass sie im stande sind, sich gegenwärtig schnell sprungweise, natürlich auch schrittweise, wahrscheinlich durch Verschleppung ihrer Samen oder Früchte von seiten des Menschen oder der Tiere — ob auch durch den Wind? — auszubreiten. Zu diesen gehören *Listera cordata (L.)*³), *Goodyera repens (L.)*, *Pirola uniflora L.* und *Linnaea borealis L.*, welche sich mit Zunahme der Kiefern- und Fichtenanpflanzungen im nordwestlichen Deutschland in den letzten Jahrzehnten in diesem in auffälliger Weise ausgebreitet haben und noch ausbreiten⁴). In welcher Weise die Ausbreitung vor sich geht, ist noch nicht festgestellt⁵); ebenso ist nicht bekannt, ob die Arten in den spontanen Kiefern- und Fichtenwäldern dieser Gegenden vorhanden waren.

Tithymalus amygdaloides (L.) wächst im Weichselgebiete in Galizien, Oesterreichisch-Schlesien und im südlichen, vorzüglich südöstlichen Polen bis zur Gegend von Kock und Kielce. Im Odergebiete wächst diese Wolfsmilchart in Mähren und Oesterreichisch-Schlesien, z. B. bei Odrau, Neutitschein, auf der Lissa Hora, bei Friedland, an einer grösseren Anzahl Stellen in der Umgebung von Teschen und in der von Troppau, sodann in der Provinz Schlesien bei Hultschin und Ratibor sowie in grösserer Entfernung von der Oder im Neissegebiete bei Habelschwerdt. Im Elbegebiete wächst sie im östlichen Böhmen bei Lewin⁶), Opočno, Pottenstein, Landskron, Leitomyšl, Nassaberg,

---

¹) Das Vorkommen bei Stedtlingen unw. Meiningen stammt wahrscheinlich nicht aus der vierten kalten Periode.
²) Sie sind wahrscheinlich vorzüglich in der Gesellschaft der nordischen Kiefer eingewandert; noch gegenwärtig leben sie hauptsächlich in Kiefernwäldern.
³) Ist ohne Zweifel auch während des kältesten Abschnittes der kalten Periode nach Mitteleuropa eingewandert.
⁴) Vgl. Focke, Die Herkunft der Vertreter der nordischen Flora im niedersächsischen Tieflande, Abhdgn., herausg. v. naturw. Verein z. Bremen, XI. Bd. (1890), S. 423—428 (427), und Buchenau, Flora der nordwestdeutschen Tiefebene (1894). Ersterer nimmt eine Verschleppung durch Vögel von der skandinavischen Halbinsel an.
⁵) *Listera*, *Goodyera* und *Pirola* besitzen staubfeine Samen, welche, vorzüglich im feuchten Zustande, leicht Tieren und Menschen oder Geräten, Kiefern- oder Fichtensamen u. s. w. anhaften. Die Früchte — d. h. die den Fruchtknoten umhüllenden, mit ihm zur Hälfte verwachsenen Hochblätter — von *Linnaea* sind auf der Aussenseite dicht mit Drüsenhaaren besetzt (vgl. z. B. Hildebrand, Die Verbreitungsmittel der Pflanzen [1873], S. 89) und haften mittels deren Sekret leicht an. Nach Ascherson (Flora d. Prov. Brandenburg, 1. Abth. [1864], S. 270) verkümmern in der Prov. Brandenburg die Früchte stets, ohne Samen zu reifen; auch nach Buchenau (a. a. O. S. 407) entwickelt sich die Frucht sehr selten. Dies würde für eine Einschleppung — durch Vögel — von der skandinavischen Halbinsel her sprechen.
⁶) Die Wohnstätte bei diesem Orte liegt vielleicht schon in der Provinz Schlesien.

Chrudim, Pardubic und Caslau, und dann erst wieder im westlichen
Teile des Saale-Unstrutgebietes: im Düne und im Ohmgebirge an
zahlreichen Stellen, in den Bleiceröder Bergen und an einigen Stellen
der westlichen Hainleite, nach Osten bis Bebra und Bendeleben bei
Sondershausen, sowie im südlichen Harze bei Wieda und Sachsa [1]). Im
Wesergebiete wächst sie fast nur in unmittelbarer Nähe ihres Vorkommens im Saalegebiete im Düne, im Ohmgebirge, im Eichsfelde
z. B. bei Heiligenstadt und Duderstadt, am südlichen Harzrande bei
Andreasberg, Lauterberg, Scharzfeld, Pöhle, Herzberg und Osterode,
sowie an mehreren Stellen weiter abwärts im Gebiete der Leine bis
Göttingen und Nörten; ausserdem tritt sie im Wesergebiete in der
Nähe der Werra bei Allendorf und an der Weser bei Forst unterhalb
Holzminden auf. Im Gebiete des Rheins wächst sie in der Nähe
des Oberrheines, und zwar östlich von ihm an einer grösseren Anzahl
Stellen im Bodensee- und im Juragebiete, in den Vorbergen des Schwarzwaldes in Baden sowie in Württemberg bei Freudenstadt und weiter
im Norden, ausserdem im Kaiserstuhlgebirge und in der badischen
Rheinebene bei Oberhausen und Ettenheim; westlich des Rheines wächst
sie in den Vogesen, z. B. am Bärenkopfe, im St. Amarinthale, im
Bruchthale, bei Wasselnheim und Pfalzburg, in der Rheinebene von
Basel bis Rheinau, sowie in der Pfalz in den Gebieten der Lauter und
Alsenz bei Kaiserslautern. Rechts des Oberrheines wächst sie in weiterer
Entfernung von ihm im Gebiete des Neckars z. B. bei Heilbronn,
Markgröningen, Ludwigsburg, Waiblingen, Stuttgart, Esslingen, Gmünd,
Nürtingen, an mehreren Stellen der Alb und bei Rottweil, sowie im
Jagstgebiete bei Crailsheim; im Gebiete des Maines wächst sie bei
Wertheim und an zahlreichen anderen Stellen im Muschelkalkgebiete,
nach Norden bis Neustadt und Römhild, im Keupergebiete im Steigerwalde, bei Grosslangheim und Hassfurt, im Taubergebiete bei Gerlachsheim (nach Osten geht sie bis in die Nähe des Maines bei Kirchheim
und Bütthart), Mergentheim und Markelsheim, sowie an einigen Stellen
im Gebiete des Juras. Unterhalb von Bingen wächst sie in der
Nähe des Rheins bei Lorch, Braubach [2]) und Coblenz (Condethal), links
des Rheines in weiterer Entfernung von ihm im Gebiete der Mosel an
mehreren Stellen von Bernkastel bis Trier [3]), im unteren Kyllthale, an
mehreren Stellen in Luxemburg, an zahlreichen Stellen in Deutsch-Lothringen und in Frankreich, sowie im Saargebiete bei Merzig und
St. Wendel. Im Maasgebiete wächst sie an zahlreichen Stellen in
Frankreich, Belgien, sowie in der Rheinprovinz z. B. bei Malmedy,
Montjoie, Eupen und Düren. Im Donaugebiete wächst sie in
weiter Verbreitung in Mähren — in seinem westlichen Teile ist sie
aber selten und fehlt dem Iglauer Kreise vollständig —, Nieder- und

---

[1]) Ob auch im Bodegebiete bei Königshof?; vgl. Entw. d. phan. Pflzdecke
d. Saalebez. S. 161 [58].
[2]) Ob noch sonst?; vgl. Wigand-Meigen a. a. O., S. 54, und Wagner,
Flora des Regierungsbez. Wiesbaden, II. Teil (1891), S. 160.
[3]) Nach Wirtgen, Flora der preuss. Rheinprovinz (1857), S. 403; vgl.
dazu aber Rosbach, Flora v. Trier, II. Teil (1880), S. 121.

Oberösterreich; im oberen Donaugebiete wächst sie an einigen Stellen der schwäbisch-bayerischen Hochebene: ausser am Bodensee z. B. noch bei Roth, Memmingen, Illertissen, Krumbach, Dillingen und Neuburg am Inn, an zahlreichen Stellen in den Gebieten der Altmühl und der Wörnitz [1]), sowie im Juragebiete Württembergs, Hohenzollerns und Badens.

Abweichend von *Galium rotundifolium* vermag *Tithymalus amygdaloides* ohne Zweifel nur schrittweise zu wandern. Seine Samen besitzen keine Kletteinrichtungen und können auch nicht durch den Wind weit fortgeführt werden; ausserdem dürfte es auch wohl nur selten oder vielleicht niemals vorgekommen sein, dass sie, durch erhärtete Bodenmasse an den Körper von Säugetieren oder von Vögeln angeheftet, von diesen über grössere Strecken verschleppt worden sind. Da *Tithymalus* in Mitteleuropa hauptsächlich — vorzüglich in den Gebieten der Oder, der Elbe und der Weser — in höheren, kühleren Gegenden wächst, so kann seine Einwanderung [2]) und Hauptausbreitung nur in einem Zeitabschnitte stattgefunden haben, in welchem die niederen, wärmeren, diese Gegenden trennenden Striche, in denen er gelebt haben muss, ein wesentlich kühleres, für ihn geeignetes Klima besassen. Der Beginn seiner Einwanderung fällt wahrscheinlich mit demjenigen der Bucheneinwanderung zusammen, seine Wanderung dauerte aber wohl noch an, als die Ausbreitung jener und auch die von *Galium rotundifolium* zum Stillstande gekommen war [3]). Während des kältesten Zeitabschnittes war auch sein Gebiet wieder sehr beschränkt, mit Eintritt des wärmeren Klimas breitete er sich von neuem aus, wahrscheinlich gleichzeitig mit der Buche und hauptsächlich in ihrer Gesellschaft, in welcher er auch jetzt an seinen meisten mitteleuropäischen Wohnstätten zu leben scheint. Wie weit er vorgedrungen ist, ob über den Harz hinaus nach Norden, lässt sich nicht mehr feststellen; wahrscheinlich war seine Verbreitung, vorzüglich in den höheren Gebirgen, keine sehr grosse; wahrscheinlich war auch damals die Mehrzahl der Individuen an höheren Kalkgehalt des Bodens angepasst. Da er also vorzüglich in niederen Gegenden lebte, so verlor er in der heissen Periode wahrscheinlich einen sehr grossen Teil seines mitteleuropäischen Gebietes. Wohl damals verschwand er vollständig aus den Gegenden des Wesergebietes zwischen dem Eichsfelde und dem Maingebiete; vielleicht starb er damals auch im östlichen Teile des Saalegebietes aus, doch

---

[1]) Nach Schnizlein u. Frickhinger a. a. O., S. 184, und Ph. Hoffmann a. a. O., S. 221; Prantl a. a. O., S. 268, nennt nur Wemding als Fundstätte.

[2]) Er hat wohl schon vor der grossen heissen Periode, welche der vierten kalten Periode vorausgeht, in Mitteleuropa gelebt, ist aber während der heissen Zeit entweder wieder vollständig verschwunden oder doch nur an sehr wenigen Orten erhalten geblieben. Die Vorfahren der heute in Mitteleuropa lebenden Individuen sind in der Hauptsache erst in der vierten kalten Periode nach Mitteleuropa eingewandert.

[3]) Er steigt in den Alpen Niederösterreichs (nach Beck v. Mannagetta) bis in die Krummholzregion (1490 m), in denjenigen Bayerns — in diesen wächst er nur im östlichen Teile — (nach Prantl) bis 1840 m, also in beiden Ländern höher als *Galium*, welches im ersteren bis in die höhere Voralpenregion, in den bayerischen Alpen bis 1140 m ansteigt. In der Schweiz scheint *Tithymalus* nicht in höheren Lagen vorzukommen.

ist es wohl auch möglich, dass er in diesem gar nicht gelebt hat. Nach dem Eichsfelde und den benachbarten Gegenden ist er wahrscheinlich von Südwesten, aus den bayerischen Alpen, eingewandert; er verfolgte wohl denselben Weg wie die Formen der zuerst behandelten Gruppe der Gipszone des Südharzes. Wahrscheinlich hatte er, wie *Galium rotundifolium*, auch während des milden Zeitabschnittes am Ende der kalten Periode viel zu leiden; seine Seltenheit im Gebiete des Mittelrheines ist wohl vorzüglich auf die Einwirkungen dieser Periode zurückzuführen, und auch im Gebiete der Weser blieb er damals wahrscheinlich nur noch an recht wenigen Stellen erhalten. Von den wenigen Oertlichkeiten, an denen er sich in Mitteleuropa während der heissen Periode gehalten hat, hat er sich in der Folgezeit, wahrscheinlich andauernd mit Ausnahme des kühlsten Abschnittes der ersten kühlen Periode und des heissesten Abschnittes der zweiten heissen Periode, zum Teil recht bedeutend ausgebreitet, so dass mehrere grössere, recht weit voneinander entfernte Lokalgebiete entstanden sind. Der heisseste Abschnitt der zweiten heissen Periode zerstückelte diese Lokalgebiete mehr oder weniger; in der Folgezeit folgte von den einzelnen Gebietsteilen aus wieder eine Ausbreitung, so dass neue, noch kleinere, durch engere oder weitere Zwischenräume voneinander getrennte Gebiete entstanden. Das interessanteste der grösseren Lokalgebiete ist dasjenige zwischen dem Südharze, Sondershausen, dem Düne, Allendorf und Göttingen; es ist sehr weit von den nächsten Wohnplätzen der Art, mit Ausnahme des an der Weser in der Nähe von Holzminden gelegenen, entfernt. Es lässt sich nicht annehmen, dass die Art in diesem Gebiete während der ersten heissen Periode auch nur annähernd ihre heutige Verbreitung besessen habe; wäre dies der Fall gewesen, so würde sie nicht so weit nach Südwesten und Südosten ausgestorben sein; sie würde sich dann sicher im südlichen Werragebiete erhalten haben. Möglicherweise blieb sie nur an einer einzigen, räumlich beschränkten Stelle, hier aber in grosser Zahl kräftiger Individuen, erhalten und hat sich durch Ausbreitung von dieser das ganze recht ausgedehnte Gebiet erworben. Nach Forst bei Holzminden ist sie vielleicht durch Herabschwemmung ihrer Samen von Allendorf her gelangt; ihre Wohnstätte liegt dicht an der Weser. Auch das Wohngebiet in Böhmen und im angrenzenden schlesischen Elbe-[1]) und Neissegebiete, dessen Durchmesser wesentlich grösser als derjenige des soeben besprochenen ist, macht den Eindruck, als sei es durch Ausbreitung von einer Stelle aus entstanden; es steht wohl nicht in Beziehung zu dem mährischen Gebiete, welches sich allerdings nach Nordwesten bis Müglitz ausdehnt. Den gleichen Eindruck wie diese Gebiete macht das Wohngebiet auf dem Muschelkalkgebiete der Maingegenden. Vielleicht ist *Tithymalus amygdaloides* nicht nur während der vierten kalten Periode, sondern auch später, vielleicht in einem kühleren Abschnitte der ersten heissen Periode, nach Mitteleuropa eingewandert, und zwar aus Frankreich [2]), wo er bis nach den

---

[1]) Vgl. 297 [69]. Anm. 6.
[2]) Auch im südlichen England ist er sehr verbreitet, im nördlichen ist er dagegen selten; in Schottland fehlt er, und in Irland kommt er nur an sehr wenigen Orten vor.

Küsten des Oceans, von der Normandie bis zu den Pyrenäen, und bis nach dem Mittelmeere hin auch in niederen Gegenden weit verbreitet ist [1]) und strichweise in sehr grosser Individuenzahl auftritt. Ich glaube aber nicht, dass er von hier bis über den Rhein, etwa bis nach dem Eichsfelde, vorgedrungen ist; wahrscheinlich hat er den Rhein gar nicht erreicht, vielleicht sind nur die Individuen des Maasgebietes und der oberen und mittleren Gegenden des Moselgebietes Nachkommen der von Westen eingewanderten. Wäre er damals weiter nach Osten vorgedrungen, so würde er sich doch wohl in weiterer Verbreitung im Westen gehalten haben. Von Südosten kann er in späterer Zeit nicht eingewandert sein, da er hier in der Nähe von Mitteleuropa nirgends in weiterer Verbreitung an warmes Klima angepasst vorkommt; wäre er von hier in einer warmen Periode vorgedrungen und hätte er sich gehalten, so würden wir die Nachkommen dieser Individuen an anderen Oertlichkeiten antreffen, als an denen, an welchen gegenwärtig die Wolfsmilch wächst.

Bupleurum longifolium L. scheint im Weichselgebiete in Galizien nur in den Karpaten vorzukommen; in Polen wächst es z. B. in den Kreisen Sandomierz und Opatów, bei Kazimierz und Chelm; in der Provinz Westpreussen kommt es in den Kreisen Schwetz, Marienwerder, Danziger Höhe und Karthaus, sowie im Brahegebiete im Kreise Tuchel vor. Im Odergebiete wächst es im Gesenke, z. B. am Altvater, im Wartegebiete in Polen bei Olsztyn und Częstochowa, im Netzegebiete bei Nakel, im Kreise Wirsitz (bei Runowo) und im Kreise Flatow (bei Ruden). Weiter verbreitet ist es im Gebiete der Elbe. Es wächst in diesem in Böhmen in der höheren Region des Riesengebirges (Riesengrund, Weisswassergrund und Kesselkoppe), in niederen Gegenden des Ostens z. B. bei Roždalovic, Kopidlno, Jicin, Jungbunzlau und Münchengrätz, an mehreren Stellen der Prager Gegend bis Dobřiš, Pürglitz, Schlan und Jungfer-Teinitz, in weiter Verbreitung im Mittelgebirge, an und im Erzgebirge bei Teplitz, Rothenhaus, Komotau, Eidlitz, Priesen und in weiterer Entfernung vom Gebirge bei Pomeisl und Waltsch, sowie am Nordhange der Randumwallung am Spitz- oder Sattelberge bei Oelsa, südlich von Gottleuba; und ausserdem nur noch, doch in weiter Verbreitung und strichweise in grosser Individuenzahl, im Saalegebiete, und zwar in der Nähe der Saale bei Saalfeld, Rudolstadt, Kahla, Jena, Dornburg, Kamburg, Kösen, Naumburg und Weissenfels [2]), in weiter Verbreitung im Kalkgebiete des Ilmgebietes, im Unstrutgebiete in der Nähe der unteren Unstrut bei Freiburg, Laucha, Bibra, Nebra und Rossleben, in der Finne und Schmücke, am südlichen Harzrande bei Nordhausen, an zahlreichen Stellen des Kiffhäusergebirges, der Hainleite, der Bleicheröder Berge, der zum Unstrutgebiete gehörenden Teile des Ohmgebirges, des Dünes

---

[1]) Er scheint hier auch an viel lichteren Stellen aufzutreten als in Mitteleuropa; die meisten Floren geben als seinen Standort Weg- und Waldränder, Hecken und ähnliche Oertlichkeiten an.
[2]) Nach Reichenbach, Flora saxonica, S. 267, u. Garcke, Flora v. Halle, 1. Theil (1848), S. 188; nicht von Starke, Bot. Wegweiser f. d. Umgegend v. Weissenfels (1886) als bei Weissenfels vorkommend aufgeführt.

und der Haart, in unbedeutenderer Verbreitung im Ober-Eichsfelde und im Hainiche, dagegen weit verbreitet in den Kalkgegenden des Geragebietes (auch bei Gräfentonna), im Innern des Keuperbeckens im Hornholze bei Tennstedt, und ausserdem noch nördlich des Unstrutgebietes im Gebiete der Bode am Harzrande bei Günthersberge, Mägdesprung, Gernrode, zwischen Rosstrappe und Rübeland, bei Blankenburg, Heimburg und Wernigerode. Im Wesergebiete wächst es vorzüglich in der nächsten Nähe des Saalegebietes: im Okergebiete bei Liebenburg und Salzgitter, im Innerstegebiete bei Langelsheim und Hildesheim, im Leinegebiete im Ohmgebirge, im Eichsfelde z. B. bei Heiligenstadt, sowie weiter abwärts bei Göttingen, Nörten, Moringen, an den Siebenbergen bei Alfeld und im Külfe bei Duingen, in der Nähe der Weser bei Hameln und Beverungen, im Diemelgebiete bei Gottsbüren im Reinhardswalde, bei Zierenberg und Warburg, im Werragebiete in der Nähe der Werra im Eichsfelde, im Hainiche, im Ringgaue (Heldrastein, Kielfirst), im Hörselgebiete, am Landeckerberge bei Schenklengsfeld, bei Geisa, Dermbach und Bad Liebenstein, in der Umgebung von Meiningen bis Walldorf und Bibra, bei Themar und Hildburghausen, sowie im Fuldagebiete bei Cassel [1]) und in der Rhön (Eube). Im Gebiete des Rheines scheint es nördlich des Maingebietes nicht vorzukommen; in diesem wächst es in der Nähe des Maines bei Aschaffenburg, weiter entfernt vom Maine im Norden an mehreren Stellen bei Butzbach in der Wetterau und im Gebiete der fränkischen Saale an mehreren Stellen in der Rhön, z. B. am Kreuzberge und bei Königshofen [2]), bei Römhild und Hildburghausen, im Süden im Taubergebiete bei Rothenburg, auf dem Hohen Landsberge im Steigerwalde, bei Windsheim im Aischgebiete, sowie bei Forchheim und Pappenheim im Gebiete der Regnitz; im Neckargebiete wächst es in der Nähe der Jagst im Oberamte Crailsheim, in der Nähe des Neckars bei Ehningen im Schönbuch, bei Herrenberg und Rottweil, sowie an mehreren Stellen in der Rauhen Alb; in der Nähe des Oberrheines kommt es nur im nördlichen württembergischen Schwarzwalde, im Juragebiete Badens und der Schweiz, sowie in den Vogesen auf dem Sulzer Belchen und dem Hoheneck [3]) vor. Im unteren Donaugebiete wächst es im Marchgebiete an einer ziemlich grossen Anzahl Stellen im Znaimer und an wenigen Stellen im Brünner Kreise sowie in der höheren Region des Gesenkes (z. B. im Kessel und auf der Brünnelheide) und ausserdem an wenigen Stellen in Nieder- und Oberösterreich; im oberen Donaugebiete wächst es an sehr wenigen Stellen der Hochebene bis zur Donau, in einigen Juragebieten im Juragebiete in der Nähe der bayerischen Donau (bei Regensburg und Weltenburg), im Altmühl- und Wörnitzgebiete. z. B. bei Eichstätt, Pappenheim, Treuchtlingen, Harburg, Wassertrüdingen, Nördlingen und Bopfingen, sowie

---

[1]) Vgl. Pfeiffer, Flora von Niederhessen u. Münden, 1. Bd. (1847), S. 188.
[2]) Mitth. d. thür. bot. Vereins. N. F., XI. Heft (1897), S. 28.
[3]) Ob noch an anderen Stellen?; vgl. Kirschleger, Flore vogéso-rhénane, 1. Bd. (1870), S. 215.

an zahlreichen Stellen im Juragebiete von der Wörnitz bis zur Gegend der Donauquellen.

Auch diese Art ist wohl nur schrittweise gewandert, ebensowenig wie die Samen von *Tithymalus* besitzen ihre Mericarpien besondere Einrichtungen für einen Transport durch Tiere oder durch den Wind. Es ist auch wenig wahrscheinlich, dass sie häufig, durch erhärtete Bodenmasse an den Körper von Säugetieren oder Vögeln angeheftet, von diesen über weite Strecken verschleppt worden sind, da sie recht gross und schwer sind und die Pflanze an Oertlichkeiten wächst, an denen die Mericarpien sich nur sehr selten an Tiere anheften können, welche geeignet sind, sie weithin zu verschleppen — also vorzüglich an Sumpf- und Schwimmvögel. Es ist wenig wahrscheinlich, dass *Bupleurum* während des heissen Zeitabschnittes zwischen der dritten und der vierten kalten Periode in Mitteleuropa gelebt hat; es ist wahrscheinlich erst im Verlaufe der vierten kalten Periode aus dem Jura, den Alpen und den Karpaten nach Mitteleuropa eingewandert[1]). Seine Einwanderung und Ausbreitung begann wahrscheinlich in der Zeit der Ausbreitung der Buche und dauerte noch fort, als die der Fichte keine Fortschritte mehr machte. Ja, es ist sehr wahrscheinlich, dass seine Einwanderung und Ausbreitung hauptsächlich erst in sehr späte Zeit fiel. Es wächst im Jura, in den Alpen und in den Karpaten zwar von der Buchenregion bis zur Knieholzregion, es ist aber nicht unmöglich, dass es sich an das Leben im Buchenwalde, wenigstens im weiteren Umfange, erst nach seiner Einwanderung nach Mitteleuropa gewöhnt hat. Der kälteste Abschnitt hemmte aber nicht nur seine Ausbreitung, sondern vernichtete wohl auch einen grossen Teil seines Gebietes. Gegen Ende dieses Abschnittes, bevor die Fichte sich wieder ausbreitete, erfolgte wohl bereits wieder eine nicht unbedeutende Neuausbreitung; das neue Gebiet wurde aber zum grossen Teile durch die Fichte vernichtet. Darauf fand eine zweite, wahrscheinlich viel bedeutendere Neuausbreitung gleichzeitig mit der Neuausbreitung der Buche und in deren Gesellschaft statt, an welche es sich damals, wahrscheinlich an mehreren Stellen, gewöhnte, zum Teil schon vorher gewöhnt hatte. Die folgenden

---

[1]) In diesen Gebirgen, vielleicht in den Ostalpen, hat es sich wohl aus *Bupleurum aureum Fisch.* entwickelt, welches seine Heimat in den Gebirgen des nördlicheren Asiens besitzt. Vielleicht ist dieses noch später einmal von Nordosten — in diesem wächst es (nach Herder) nach Westen bis nach den russ. Gouv. Nizegorod, Rjäsan und Saratow — nach den Karpaten vorgedrungen, in denen es, oder ein ihm sehr nahe stehendes Gewächs, in Siebenbürgen (vgl. Simonkai a. a. O., S. 255) und wohl auch noch an anderen Stellen vorkommt (von Pax wird es [a. a. O.] nicht erwähnt). Es ist jedoch wohl ebensogut möglich, dass das eingewanderte *B. aureum* in den Karpaten seinen Charakter vollständig oder annähernd bewahrt hat, während es ihn in den Alpen verloren hat, und dass später die Alpenpflanze — also *B. longifolium* — auch nach den Karpaten eingewandert ist, wo sie, wenigstens im Westen, recht verbreitet vorkommt (vgl. z. B. Sagorski u. Schneider, Flora der Centralkarpathen, II. Hälfte [1891], S. 188, über ihre Westgrenze in diesem Gebirge vgl. Pax a. a. O., S. 188). Wahrscheinlich ist das *B. aureum* der Karpaten auch nach Norden vorgedrungen, manche Pflanzen des Weichselgebietes ähneln ihm nach C. J. v. Klinggräff (Die Vegetationsverhältnisse der Provinz Preussen [1866], S. 94) sehr.

Zeiten, sowohl der milde Abschnitt am Ausgange der kalten Periode
als auch die folgende heisse Periode, in welcher der Buchenwald eine
weitgehende Verkleinerung erfuhr, waren für *Bupleurum* sehr ungünstig;
im Verlaufe dieser Perioden verlor es den grössten Teil des Gebietes,
welches es sich in der Buchenzeit erworben hatte. Während beider
Perioden starben in den niederen Gegenden diejenigen Nachkommen
der in den kälteren Zeiten eingewanderten Individuen, welche sich noch
nicht dem Waldleben angepasst hatten, fast vollständig aus. Die Vernichtung
während der heissen Periode wäre wohl nicht eine so weitgehende
gewesen, wenn *Bupleurum* nicht recht fest an den kalkreichen Boden
angepasst gewesen wäre, deshalb also in den höheren Gebirgen, deren
Boden meist sehr kalkarm ist, wahrscheinlich nur eine recht unbedeutende
Verbreitung besessen und auch während der heissen Periode nur langsam
in die Gebirge hinauf vorzudringen vermocht hätte. Ein sehr grosses
Hindernis für seine Ausbreitung im Gebirge bildete auch der Fichtenwald.
An manchen Oertlichkeiten, an denen es sich während der
heissen Periode zu erhalten im stande war, hat es sich dem veränderten
Klima und der veränderten pflanzlichen Umgebung recht bedeutend
angepasst und ist in der Folgezeit, wahrscheinlich hauptsächlich im
Ausgange der ersten heissen Periode, von ihnen zum Teil recht weit
— von den Berggegenden auch nach den vorgelagerten niederen Strichen —
vorgedrungen. In die Gebiete der Weichsel und der Oder ist *Bupleurum*
wahrscheinlich, wenigstens hauptsächlich, aus den Karpaten eingewandert,
und zwar wahrscheinlich in recht später Zeit; wie bereits
gesagt wurde, beteiligte sich an der Einwanderung auch das *Bupleurum
aureum*. Wie weit es sich in der kalten Periode in beiden Gebieten
ausgebreitet hat, lässt sich nicht sagen; vielleicht hinderte die Kalkarmut
des meist diluvialen Bodens auch in der günstigsten Zeit eine
bedeutende Ausbreitung. In dem milden Zeitabschnitte am Ausgange
der kalten Periode und in der heissen Periode ging wahrscheinlich der
grösste Teil des Gebietes verloren; in dem milden Zeitabschnitte machte
sich wohl in den niederen Gegenden die Kalkarmut des Bodens in sehr
ungünstiger Weise geltend. Während des heissesten Abschnittes der
heissen Periode lebte *Bupleurum* wohl nur an sehr wenigen Oertlichkeiten
der niederen Gegenden beider Gebiete [1]); an einigen von diesen —
im Weichselgebiete — gelang es ihm aber, sich den veränderten Verhältnissen
so gut anzupassen, dass es im stande war, sich im Ausgange
der Periode weit auszubreiten. Es erscheint mir recht wahrscheinlich,
dass es nach sämtlichen Wohnplätzen im Weichselgebiete der Provinz
Westpreussen und denjenigen des Netzegebietes von einer Oertlichkeit
aus gelangt ist. Die Lücken dieses Gebietes sind — soweit sie natürliche
sind — vielleicht zum Teil während der ersten kühlen Periode.

---

[1]) Es haben sich, wie es scheint, nicht nur solche Individuen gehalten,
deren Vorfahren sich bereits an das Leben im Walde gewöhnt hatten, sondern
auch solche, welche noch die ursprüngliche Anpassung bewahrt hatten; Nachkommen
von letzteren scheinen bei Częstochowa und Olsztyn im oberen Wartegebiete
zu wachsen. Ihre Vorfahren sind in jene Gegend wohl ungefähr in derselben
Zeit wie *Saxifraga Aizoon* eingewandert, welche bei Olsztyn wächst.

zum Teil während des heissesten Abschnittes der zweiten heissen Periode entstanden, nach dessen Ausgange wieder eine schnellere Ausbreitung erfolgt ist; die lokalen Gebiete, z. B. diejenigen im Gebiete der Netze und Radaune, sind wohl in jener Zeit entstanden. Ob *Bupleurum* in den höheren Gebirgsgegenden des Odergebietes früher weit verbreitet war, lässt sich nicht sagen; wahrscheinlich hinderte die Kalkarmut eine bedeutendere Ausbreitung. Im Oderanteile des Riesengebirges fehlt es vollständig, während es im Elbeanteile des Riesengebirges, dessen Boden ein viel günstigerer ist, gegenwärtig an vier Stellen wächst. In viel weiterer Verbreitung als in den Gebieten der Oder und der Weichsel vermochte sich *Bupleurum* im Elbegebiete zu halten, in welches es wohl vorzüglich aus den östlichen Kalkalpen eingewandert war. In diesem ist kalkreicher Boden in höherer, kühlerer, in den milden, niederschlagsreichen Zeitabschnitten aber doch gegen zu hohe Niederschläge geschützter Lage in weiter Verbreitung vorhanden. Wie im Odergebiete, so hat es auch im Elbegebiete nur an wenigen Orten — im Riesengebirge [1]) — die Anpassung an Klima und Organismenwelt bewahrt, in welcher wahrscheinlich die Hauptmasse der Individuen nach Mitteleuropa eingewandert ist; an diesen Oertlichkeiten lebt es wohl seit dem Ausgange des kältesten Abschnittes der kalten Periode, nach den meisten übrigen des Gebietes ist es wahrscheinlich erst mit der Buche gelangt. In Böhmen ging diese Ausbreitung wahrscheinlich von den Vorbergen der Sudeten, vom Mittelgebirge und vom Erzgebirge [2]) aus, wo sich *Bupleurum* an die Buche anpasste. Vorzüglich in der ersten heissen Periode ging wieder ein grosser Teil des Gebietes verloren; seinen heutigen Umfang hat es erst nach Ausgang des heissesten Abschnittes dieser Periode erreicht. Ob es durch Böhmen und die im Norden angrenzenden Gegenden des Elbegebietes nach dem Saalegebiete und den benachbarten Strichen des Wesergebietes gelangt ist, lässt sich nicht feststellen, so viel lässt sich jedoch behaupten, dass es in diese Gegenden wenigstens auch aus dem Südwesten eingewandert ist, entweder auf dem Wege, den, wie gezeigt wurde, auch zahlreiche Formen der ersten Gruppe eingeschlagen haben, nämlich von den Alpen [3])

---

[1]) Im Riesengebirge wächst es am alten Bergwerke im Riesengrunde viel auf baum- und strauchfreien Gesimsen, freilich auch am und im lichten Buchengebüsche, welches hier und gegenüber im Teufelsgärtchen ganz isoliert auftritt; im Langengrunde sah es in lichten aus *Pinus Pumilio*, Weiden und *Sorbus Aucuparia* bestehenden Gebüsche, an der Kesselkoppe wächst es in der Gesellschaft von zum Teil recht hohen und stark schattenden Kräutern an baum- und strauchfreien Stellen.

[2]) Hier, vorzüglich im Mittelgebirge, war es an zahlreichen Stellen lange vor dem Vordringen des Waldes geschützt und konnte sich langsam an ihn anpassen. Es scheint hier noch heute an waldfreien Stellen aufzutreten.

[3]) Und zwar wahrscheinlich von denjenigen Oberösterreichs, von denen es erst damals nach den bayerischen Alpen, in welchen es (nach Prantl a. a. O., S. 281) nur an wenigen Stellen (vielleicht sogar nur an zwei, denn die Angaben bei Prantl: Göhl, Rossfeld und Hahnenkamm beziehen sich wohl nur auf den an der Grenze von Salzburg gelegenen — die Wohnstätte der Pflanze liegt vielleicht schon in Salzburg — Hahnenkamm zwischen Eckersattel und Rossberg, vgl. Hinterhuber u. Pichlmayr, Prodromus einer Flora des Herzogthumes Salzburg, 2. Aufl. [1879], S. 88). In Tirol und Kärnten scheint es vollständig zu fehlen, und in

über die bayerische Hochebene, durch das bayerische Juragebiet, das Muschelkalk- und Keupergebiet des Maines und das obere Werragebiet, in welchen Gegenden es meist noch vorhanden ist — nur in dem Muschelkalkgebiete in der Nähe des Maines scheint es zu fehlen —, oder vom schweizer Jura, in welchem es wahrscheinlich bereits vor der vierten kalten Periode gelebt hat, durch das badische, hohenzollernsche und württembergische Juragebiet nach dem bayerischen Juragebiete und aus diesem nach dem Norden. Verhältnismässig günstige Wohnplätze boten *Bupleurum* im Saalegebiete und im angrenzenden Teile des Wesergebietes die hohen Berggegenden am Nordfusse des Thüringerwaldes, das Eichsfeld sowie manche Striche des Unterharzes. Diese Gegenden besassen in dem milden Zeitabschnitte am Ende der kalten Periode infolge ihrer bedeutenden Erhebung recht kühle, schneereiche Winter. In der heissen Periode war ihr Klima verhältnismässig gemässigt; hier blieben wohl selbst während des heissesten Abschnittes noch Laubwälder von grösserem Umfange erhalten. Es vermochte sich hier so weit an das Klima jener Periode anzupassen, dass es im Ausgange der heissen Periode, als das Klima kühler und feuchter wurde, mit dem Laubwalde in die vorliegenden niederen Gegenden vorzudringen im stande war. Ueber die Gegenden an der unteren Unstrut hinaus vermochte es damals wohl nicht vorzudringen, vielleicht deswegen, weil hier die Oertlichkeiten mit kalkreichem Felsboden durch weite Strecken mit verhältnismässig kalkarmen, zum Teil lehmigen oder sandigen Böden getrennt sind, auf denen es nicht zu leben vermochte. Vielleicht ist es aber doch in diese Gegenden vorgedrungen, in ihnen aber später in der zweiten heissen Periode, als das Sommerklima sehr heiss und trocken wurde, wieder ausgestorben. Auch aus dem Harze ist es in die vorliegenden Gegenden entweder nicht eingedrungen oder es ist aus ihnen in der zweiten heissen Periode wieder verschwunden. In den höheren Gegenden des Gebietes, über welche es sich im Ausgange der ersten heissen Periode weit ausgebreitet hatte, hat es wohl in der ersten kühlen Periode, als die Wälder sehr dicht und zum Teil recht feucht wurden, wieder einen Teil des Gebietes eingebüsst. Darauf erfolgte in den kühleren Teilen der zweiten heissen Periode von neuem eine stärkere Ausbreitung; das neuerworbene Gebiet wurde dann wohl wieder in der zweiten kühlen Periode verkleinert. Wie weit *Bupleurum* vom Harze und Eichsfelde im Ausgange der heissen Periode nach Westen vorgedrungen ist, lässt sich nicht feststellen; vielleicht ist es bis nach der Weser und der Gegend von Warburg gelangt. Weiter im Süden, südlich vom Eichsfelde und Hörselgebiete, hat es im Wesergebiete wohl sicher während des milden Zeit-

---

Salzburg nur an einer Stelle — siehe oben — an der bayerischen Grenze (vgl. auch Sauter, Flora der Gefässpflanzen d. Herzogth. Salzburg, 2. Aufl. [1879]. S. 95) vorzukommen. Auch in Steiermark scheint es selten zu sein, ebenso besitzt es in den schweizer Alpen nur eine sehr unbedeutende Verbreitung; es wächst an der Sihl in den Kantonen Schwyz und Zürich sowie im Kanton St. Gallen. In den französischen Alpen kommt es (nach St.-Lager) in den Dép. Isère und Hautes-Alpes in höherer Lage vor. (Ausserdem wächst es weiter im Westen in einigen Gebirgen des zentralen Frankreichs und in den Pyrenäen.)

abschnittes am Ende der kalten Periode und während der ersten heissen Periode an einer Anzahl Stellen gelebt, nicht nur in der Rhön, sondern auch weiter im Osten. Auch hier hat es sich später ausgebreitet und es ist von dort in das angrenzende Maingebiet eingedrungen. Weiter im Süden scheint sich *Bupleurum* im allgemeinen dem warmen, trockenen Sommerklima nicht so bedeutend angepasst zu haben, wie im Saale-Wesergebiete; so wächst es [1]) im bayerischen Juragebiete am häufigsten und kräftigsten zwischen 1700 und 1800 p. Fuss und steigt an nördlichen Waldabhängen bis zu 1450 p. Fuss herab. Es ist merkwürdig, dass es im nördlichen Teile des bayerischen Juragebietes eine sehr unbedeutende Verbreitung besitzt, während es im südlichen Teile, sowie im württembergischen und badischen Juragebiete recht weit verbreitet ist. Aus dem württembergischen Juragebiete ist es wahrscheinlich in das Neckargebiet eingewandert. An seine Wohnstätten im Aischgebiete, bei Rothenburg und auf dem Landsberge ist es wohl von einer Stelle gelangt; vielleicht ist es von dieser auch nach Crailsheim im Jagstgebiete vorgedrungen. Merkwürdig ist das Fehlen von *Bupleurum* im nordwestlichen Teile des Oberrheingebietes und im Gebiete des Mittelrheines. Es ist möglich, dass es in diese Gegenden, in welchen weithin recht kalkarmer Schiefer- und Grauwackeboden vorherrscht, auch in der vierten kalten Periode schwer eindringen konnte; wahrscheinlich war es aber, wenigstens nördlich vom Maine, doch recht weit nach Westen, vielleicht bis zum Rheine, vorgedrungen. Hierauf deutet sein isoliertes Vorkommen bei Butzbach — auf Thonschiefer — hin. Wahrscheinlich ist es im Rheingebiete vorzüglich in dem milden Abschnitte am Ausgange der kalten Periode, als hier das Klima für die an kälteres Klima angepassten Gewächse sehr ungünstig wurde und sich bei ihnen das Bedürfnis nach höherem Kalkgehalte ihres Nährbodens stark geltend machte, wie zahlreiche andere Formen dieser und der ersten Gruppe ausgestorben. Warum es sich gerade bei Butzbach [2]), und zwar auf Thonschiefer, erhalten hat, lässt sich nicht sagen. In den Vogesen scheint es nur in der Anpassung vorzukommen [3]), in welcher es im Beginne oder im Ausgange des kältesten Abschnittes der kalten Periode eingewandert ist.

Ausser den im vorstehenden behandelten Formen sind noch zahlreiche andere zu gleicher Zeit nach Mitteleuropa eingewandert und haben ähnliche Schicksale wie jene erlitten. Auf sie [4]) wie auf ihre Wanderwege soll hier nicht näher eingegangen werden.

---

[1]) Nach Schnizlein u. Frickhinger a. a. O., S. 135.
[2]) Hier wächst es in der Nähe von *Lactuca quercina L.*, welche dort auch ganz isolirt auftritt; vgl. weiter unten.
[3]) Vgl. z. B. Kirschleger a. a. O., 1. Bd., S. 215, und 2. Bd., S. 306, 309 u. 315.
[4]) Eine Anzahl von ihnen wurde Entw. d. phan. Pflzdecke des Saalebez., S. 160—162 [57—59] aufgeführt.

B. Die Formen der zweiten und die der dritten Hauptgruppe.

Die vierte kalte Periode besass, wie im vorstehenden dargelegt wurde, in ihrem kältesten Abschnitte ein so ungünstiges Klima, dass sicher keine von den Formen der zweiten und der dritten Hauptgruppe, sowie kein ähnlich wie diese dem Klima angepasstes Gewächs, und wahrscheinlich auch keine von den Formen der vierten Hauptgruppe und kein ihnen ähnlich angepasstes Gewächs damals in Mitteleuropa zu leben im stande war. Es sind also wahrscheinlich sämtliche nicht zur ersten Hauptgruppe gehörende Phanerogamen Mitteleuropas erst nach dem kältesten Abschnitte der kalten Periode eingewandert.

Die drei an wärmeres Klima angepassten Hauptgruppen weichen, wie aus dem eingangs Gesagten ersichtlich ist, in ihrer klimatischen Anpassung recht bedeutend voneinander ab; ihre Einwanderung und Hauptausbreitung kann nur in drei durch ihr Klima voneinander abweichenden Perioden vor sich gegangen sein.

Die Gebiete sämtlicher Formen besitzen grössere und kleinere natürliche, nicht erst durch die Eingriffe des Menschen geschaffene — ausserdem freilich auch zahlreiche künstliche, durch den Menschen geschaffene — Lücken. Während die Gebietslücken fast aller Formen der vierten Hauptgruppe ursprüngliche sein können, da sich diese Formen fast alle sprungweise durch Vermittelung von Tieren, vorzüglich von Sumpf- und Schwimmvögeln, auszubreiten im stande sind, zum grossen Teile sogar als solche angesehen werden müssen, da sich keine Ursachen für ihre Entstehung erkennen lassen, können die meisten etwas grösseren Lücken der Mehrzahl der Formen der beiden anderen Hauptgruppen keine ursprünglichen sein, da die entwicklungsfähigen fruktifikativen und vegetativen Teile dieser Formen keine besonderen Einrichtungen besitzen, vermöge derer sie durch bewegte Luft oder strömendes Wasser weithin fortgeführt oder von Tieren, in erster Linie von Vögeln, weit verschleppt werden können, und sich auch nur sehr selten die Gelegenheit bietet, dass sie sich durch zähe Bodenmasse oder, falls ihr Gewicht ein sehr geringes ist, allein durch Wasser an den Körper von Tieren, vorzüglich von Vögeln, so fest anheften können, dass sie von diesen über ausgedehnte Strecken verschleppt werden können, die Formen also nur oder fast nur schrittweise zu wandern vermögen, somit auf den Gebieten ihrer etwas grösseren Gebietslücken ehemals gelebt haben müssen. Nur eine beschränkte Anzahl Formen besitzt an Früchten, Samen oder entwicklungsfähigen vegetativen Teilen besondere Einrichtungen für einen weiten Transport; ihre Gebietslücken können also ursprüngliche sein und sind teilweise sicher auch solche. Die Betrachtung der Gebietslücken von solchen Formen der zweiten und der dritten Hauptgruppe, welche nur schrittweise zu wandern vermögen, lässt sofort erkennen, dass deren Ausbreitung in Mitteleuropa nicht bei dem jetzt herrschenden Klima hat stattfinden können; selbst im Verlaufe von Zeiträumen von der Dauer der ganzen Quartärperiode hätte in diesem Falle ein grosser Teil von ihnen wohl nicht bis nach seinen äussersten Wohnplätzen vorzudringen vermocht. Denn diese Lücken sind in ihrer ganzen Ausdehnung oder strichweise infolge ihres Klimas — durch zu kühle und feuchte Sommer —, der physikalischen und chemischen Eigenschaften ihres Vegetationsbodens — z. B. infolge bedeutender Nässe oder zu geringen Vorkommens oder Fehlens bestimmter Stoffe, vorzüglich des Kalkes — und ihrer Pflanzendecke — z. B. infolge des Vorhandenseins von mehr oder weniger dichten, schattigen Wäldern oder Gebüschen, von ausgedehnten dichten Beständen hoher und üppiger Kräuter und Gräser —, zum Teil wohl auch infolge ihrer Tierwelt — z. B. infolge des Vorkommens von Insekten, welche gerade diese Formen schädigen, infolge der Seltenheit oder des Fehlens geeigneter Befruchter, in erster Linie Insekten — durchaus für diese Formen ungeeignet, soweit sich dies nach deren heutigem Vorkommen und demjenigen, was über deren Leben bekannt ist, beurteilen lässt. Diese können auf ihnen nur in einer Periode gelebt haben, welche wesentlich heissere und trockenere Sommer — sowie kältere und trockenere Winter — besass als die Jetztzeit, in welcher die kühlen und feuchten Gebirge Mitteleuropas gleichsam erniedrigt waren und wenigstens in den grösseren Thälern ein warmes, trockenes, den Formen zusagendes Sommerklima besassen, der nasse Boden weithin vollständig oder fast vollständig trocken wurde, das Bedürfnis nach Kalk und wohl auch nach anderen Stoffen bei zahlreichen Formen ein viel geringeres war als in der Gegenwart, die ausgedehnten dichten Wälder sich weithin bedeutend lichteten und strichweise vollständig verschwanden, die Verbreitung der Tiere eine wesentlich andere als in der Jetztzeit war und wohl auch viele Formen eine grössere Widerstandsfähigkeit gegen die Angriffe tierischer wie pflanzlicher Feinde besassen. Die Formen der zweiten und der dritten Hauptgruppe würden also in Mitteleuropa teils vollständig fehlen, teils nur eine sehr unbedeutende Verbreitung besitzen, wenn das Klima der kalten Periode nur langsamer oder schneller durch Zunahme der Wärme und Abnahme der Feuchtigkeit in das der Jetztzeit übergegangen wäre, wenn nicht die Sommerwärme weit über das Mass der Jetztzeit angestiegen, die Feuchtigkeit sich weit unter dieses vermindert hätte. Der Charakter dieser Periode muss allmählich ein so extrem kontinentaler geworden sein, dass Formen der vierten Hauptgruppe oder ihnen ähnlich angepasste höchstens im nordwestlichen Teile Mitteleuropas zu leben im stande waren; vielleicht fehlten sie damals sogar vollständig in der Pflanzendecke Mitteleuropas. Ihre Einwanderung oder wenigstens ihre weitere Ausbreitung kann also erst nach derjenigen der Formen der zweiten und dritten Hauptgruppe stattgefunden haben. Es ist aber sehr wahrscheinlich, dass sie in Mitteleuropa in grosser Anzahl und bis weit nach Osten, vielleicht weiter als gegenwärtig, bereits während eines durch kühle, feuchte Sommer und milde Winter ausgezeichneten Zeitabschnittes im Ausgange der kalten Periode, auf dessen Vorhandensein, wie im vorigen Abschnitte gezeigt wurde, auch die Verbreitung der Formen der ersten Hauptgruppe hinweist, also vor den Formen der zweiten und der dritten Hauptgruppe gelebt haben, dass sie aber in der Periode, in welcher letztere eingewandert sind, wieder vollständig vernichtet wurden oder sich doch nur in geringer Anzahl im äussersten Nordwesten gehalten haben.

Von vielen Formen aller drei Hauptgruppen waren schon vor dem milden Abschnitte am Ausgange der kalten Periode, vorzüglich während des kältesten Abschnittes, nahe verwandte, zur gleichen Art gehörende Formen oder nur anders angepasste Individuen nach Mitteleuropa gelangt, welche zur Zeit der Einwanderung der zu den drei an wärmeres Klima angepassten Hauptgruppen gehörenden Formen oder Individuen einen grossen oder den grössten Teil ihres Gebietes verloren oder vollständig zu Grunde gingen. Manche von ihnen waren aber — wie auch zahlreiche andere Formen der ersten Hauptgruppe — im stande, sich den veränderten Verhältnissen dermassen anzupassen, dass sie sich von neuem, gleichzeitig mit den neu eingewanderten Formen oder Individuen, auszubreiten vermochten.

Die zweite und die dritte Hauptgruppe sind nun aber hinsichtlich ihrer Anpassung an das Klima durchaus nicht gleichwertig. Die Formen der dritten Hauptgruppe vermögen, wie dies aus ihrer Verbreitung ersichtlich ist, so extreme sommerliche Hitze und Trockenheit und so bedeutende trockene Winterkälte wie die Formen der zweiten Hauptgruppe nicht zu ertragen. Der heisseste Abschnitt der heissen Periode, welcher für die meisten Formen der zweiten Hauptgruppe die günstigsten Ausbreitungsbedingungen schuf, da in ihm das Sommerklima selbst in den höheren Gegenden der Mittelgebirge recht warm und trocken, die Indifferenz der Formen gegen gewisse Eigenschaften des Bodens am grössten, der Wald am weitesten gelichtet oder geschwunden und auch die ursprüngliche Strauch- und Krautvegetation am meister geschwächt war, muss für sie sehr ungünstig gewesen sein. Die meisten von ihnen waren ohne Zweifel bereits vor diesem Zeitabschnitte in dem ersten Abschnitte der heissen Periode nach Mitteleuropa eingewandert, gingen aber zur Zeit der grössten Sommerhitze und Dürre in den heissen niederen Gegenden, vorzüglich im Osten und Süden, zu Grunde und breiteten sich nach diesem Zeitabschnitte von neuem aus. Aber auch nicht für alle Formen der zweiten Hauptgruppe waren während des heissesten Zeitabschnittes die Existenzbedingungen günstig; diejenigen, welche Wald oder nasse Oertlichkeiten, z. B. Sümpfe, Ufer oder das Wasser selbst, bewohnen, wurden durch ihn kaum weniger geschädigt als die Formen der dritten Hauptgruppe, da, vorzüglich im Osten und Süden, weithin die Wälder schwanden oder sich sehr lichteten und sehr trocken wurden, oder wenigstens an die Stelle des Laubwaldes, welchen viele Formen ausschliesslich bewohnen, der Kiefernwald trat, und die nassen Oertlichkeiten weithin austrockneten. Auch die Wanderung dieser Formen fällt somit hauptsächlich in die kühleren, feuchteren Abschnitte der heissen Periode.

Nicht nur das Vorhandensein eines heissen, trockenen Zeitabschnittes nach der vierten kalten Periode lässt sich aus den Gebietslücken der Formen der zweiten und der dritten Hauptgruppe erkennen, sie gestatten auch Schlüsse auf das Klima des seit jener heissen Periode bis zur Jetztzeit verflossenen Zeitraumes. Bei genauer Betrachtung der Lücken der einzelnen Formen zeigt sich nämlich, dass ihre Gebiete durchaus nicht überall für diese Formen ungeeignet sind, sondern dass auf ihnen strichweise die klimatischen und die Bodenverhältnisse für diese durchaus günstige, zum Teil sogar günstiger, zum Teil nur ganz unbedeutend ungünstiger sind als an Oertlichkeiten, an denen diese vorkommen, dass die Beschaffenheit der Pflanzendecke diesen durchaus ein Auftreten gestattet, keine gefährlichen, kräftigeren Konkurrenten vorhanden sind und dass die etwa notwendigen Bestäuber nicht, dagegen schädliche Insekten oder parasitische Pilze vollständig oder fast vollständig fehlen. Es geht meines Erachtens hieraus hervor, dass das Klima der heissen Periode nicht durch gleichmässige oder sprungweise Abnahme der Sommerwärme und Winterkälte sowie Zunahme der Feuchtigkeit in das der Jetztzeit überging, sondern dass zwischen die heisse Periode und die Jetztzeit ein Zeitraum eingeschaltet ist, dessen Sommer viel kühler und feuchter und dessen Winter gemässigter waren als die der Jetztzeit, welcher für die Wanderer der heissen Periode viel ungünstiger war als die Jetztzeit, so ungünstig, dass sie sich nur an besonders begünstigten Oertlichkeiten zu erhalten vermochten, ihre Gebiete also viel kleiner als gegenwärtig waren. Diese haben somit ihren jetzigen Umfang erst nach jener ungünstigen Periode erhalten. Diese Neuausbreitung der Formen, welche weit hinter der Ausbreitung in der ersten heissen Periode zurückblieb, kann aber ebensowenig wie jene bei dem gegenwärtig herrschenden Klima stattgefunden haben; denn ein Teil der — kleineren — Lücken der lokalen Gebiete, welche letzteren ohne Zweifel nach der kühlen Periode entstanden sind, können von den Formen bei dem jetzigen Klima nicht bewohnt werden, da ihr Klima und ihr Boden sowie die Zusammensetzung ihrer Pflanzen- und Tierwelt — oder einer dieser Faktoren — für diese, nach ihrem sonstigen Vorkommen zu urteilen, zu ungünstig sind. Nur während einer Periode mit viel heisseren und trockeneren Sommern können sie auf den Gebieten der Lücken gelebt haben und über diese hinweggewandert sein. Man muss also annehmen, dass auf die kühle Periode noch einmal ein Zeitabschnitt folgte, dessen Sommer heisser und trockener, dessen Winter kälter und trockener waren als die der Gegenwart, wenn auch wesentlich kühler und feuchter bezw. wärmer und feuchter als die der ersten heissen Periode. Aber durchaus nicht überall sind die kleineren Gebietslücken für die Formen unbewohnbar, im Gegenteil, sie entsprechen streckenweise durchaus deren Anforderungen. Diese können also von ihnen nicht während der Herrschaft des Klimas der Jetztzeit verschwunden sein, es muss vielmehr das Klima noch einmal für sie ungünstiger als gegenwärtig geworden sein: seine Sommer müssen kühler und feuchter. seine Winter gemässigter als die der Jetztzeit, doch nicht in dem Masse wie in der ersten kühlen Periode, gewesen sein. Die Gebiete müssen also noch einmal wesentlich kleiner gewesen sein, als sie in der Jetztzeit sind — oder waren, bevor der Mensch sie so weit vernichtet hat —, wenn auch nicht so klein wie in der ersten kühlen Periode. Ihre jetzige Grösse verdanken sie einer Neuausbreitung in der Jetztzeit, welche aber im wesentlichen auf kurze Strecken beschränkt war; diese Neuausbreitung dauert noch fort.

Es lässt sich somit aus den Gebietslücken eines grossen Teiles

der Formen der zweiten und der dritten Hauptgruppe mit Sicherheit
erkennen, dass diese Formen in einer durch sehr trockene und heisse
Sommer — und wohl auch sehr trockene und kalte Winter — ausgezeichneten Periode eingewandert sind, dass auf diese Periode ihrer
Einwanderung ein Zeitabschnitt folgte, in welchem ihre Gebiete weit
kleiner als gegenwärtig waren, dass in einer zweiten heissen Periode
die Formen sich von neuem ausgebreitet haben und dass darauf noch-
mals ihre Gebiete in einer kühlen Periode eine Verkleinerung erfahren
haben, an die sich eine erneute Vergrösserung in der Jetztzeit anschloss, welche noch fortdauert. Am sichersten lässt sich dies alles
aus der Verbreitung der Formen der zweiten Hauptgruppe erschliessen.
Viel weniger bestimmte Aufschlüsse giebt die Betrachtung der Gebiete
der Formen der dritten Hauptgruppe, da sich bei ihnen neben den
Lücken, welche in den kühlen Perioden entstanden sind, auch solche
finden, die ihre Entstehung dem heissesten Zeitabschnitte der heissen
Periode verdanken, und es sich nicht immer deutlich erkennen lässt,
welcher von beiden Kategorieen die einzelnen Lücken angehören.

Wenn sich nun auch mit Sicherheit feststellen lässt, dass seit
Ausgang der kalten Periode bis zur Jetztzeit das Klima mehrfach
seinen Charakter geändert hat, wie beschaffen diese Aenderungen im
allgemeinen waren und in welcher Reihenfolge sie eintraten, so
lässt sich doch über die einzelnen klimatischen Werte der verschiedenen
Perioden nichts Bestimmtes aussagen; wir müssen uns mit allgemeinen Andeutungen begnügen. Wahrscheinlich glich während des
heissesten Abschnittes der ersten heissen Periode das Klima Mitteleuropas, wenigstens der niederen Gegenden des Ostens und Südens bis
zum Weser- und zum Maingebiete, ungefähr dem der heutigen Steppengegenden des südlichen Russlands. Die Wälder, welche vor Einsetzen
des heissen Klimas den grössten Teil Mitteleuropas bedeckten, waren
zur Zeit der grössten sommerlichen Hitze und Trockenheit auf ausgedehnten Strichen der niederen Gegenden des Südens und Ostens wohl
vollständig geschwunden oder in kleine, nicht zusammenhängende Par-
zellen zerlegt und sehr gelichtet; die vorhandenen bestanden meist aus
Sommereichen *(Quercus pedunculata Ehrh.)* und Kiefern. Aber auch
weiter im Nordwesten und selbst in den höheren Gebirgen waren stark
der Sonne exponierte Hänge und trockene Sand-, Lehm- und flach-
gründige Felsflächen waldfrei oder ganz licht, in manchen Gebirgen
wohl bis weit hinauf, mit Eichen und Kiefern bewaldet. Die höheren,
jetzt waldlosen Regionen der höheren Mittelgebirge trugen, wie bereits
im vorigen Abschnitte dargelegt wurde, wahrscheinlich zum grössten
Teile einen dichten Waldbestand. Die Hochmoore weiter Striche, nicht
nur der niederen, sondern auch der höheren Gegenden, trockneten im
Verlaufe der Periode, zum Teil vollständig, aus und bedeckten sich
teilweise mit Wald. Die vorher und auch wieder später, zum Teil noch
jetzt, mehr oder weniger nassen Niederungen, vorzüglich die des Ostens
und des Südens, waren bis auf kleine Reste ausgetrocknet; die grösseren
Ströme waren meist sehr wasserarm und führten nur periodisch grössere
Wassermassen, viele kleinere waren periodisch oder dauernd trocken.
Auch ein sehr grosser Teil der grösseren und kleineren Wasserbecken

trocknete im Verlaufe der Periode vollständig oder fast vollständig aus. Wesentlich geringer waren sommerliche Trockenheit und Hitze in der zweiten heissen Periode. Auch während ihres heissesten Abschnittes schwand der Wald, welcher sich nach der ersten heissen Periode wieder über den grössten Teil Mitteleuropas ausgebreitet hatte, vollständig oder fast vollständig selbst in den wärmsten und trockensten Gegenden des Ostens und Südens wohl nur an recht eng begrenzten sehr trockenen und stark besonnten Oertlichkeiten, vorzüglich an den Thalhängen der grösseren Ströme. Die oberen Regionen der höheren Mittelgebirge bedeckten sich wohl nur auf verhältnismässig unbedeutenden Strecken wieder mit Wald; weite Strecken der Hänge und der Kammflächen blieben ohne Waldbedeckung. Auch die Hochmoore, die nassen Niederungen und die Wasserbecken, welche in der vorausgehenden niederschlagsreichen Periode wieder entstanden waren, blieben weithin ziemlich unverändert erhalten. Während der ersten kühlen Periode besass Mitteleuropa bis nach den böhmisch-mährischen Randgebirgen nach Südosten hin wahrscheinlich ein dem heutigen Klima Irlands ähnliches oder ein wenig trockeneres und sommerwärmeres Klima. Der grösste Teil der Oberfläche war mit dichtem Walde, die meisten trockeneren, aber für Bäume zu flachgründigen oder zu steilen Oertlichkeiten waren mit dichtem Heidegesträuche bedeckt. Die Niederungen waren weithin mit breiten, wasserreichen Strömen, grösseren und kleineren Wasserbecken, Sümpfen, Wiesenmooren und torfigen Wiesen bedeckt; in vielen Gegenden, vorzüglich im Norden und in höheren Lagen, dehnten sich weithin Hochmoore aus; kleinere Hochmoore waren fast in allen Strichen vorhanden. Die höheren Regionen der höheren Gebirge waren weithin, viel weiter als gegenwärtig, waldfrei und, wie soeben gesagt, mit ausgedehnten Hochmooren bedeckt. Wie die zweite heisse Periode hinsichtlich der sommerlichen Trockenheit und Hitze weit hinter der ersten heissen Periode zurückbleibt, so steht auch die zweite kühle Periode hinsichtlich der Höhe der sommerlichen Kühle und Feuchtigkeit weit hinter der ersten kühlen Periode zurück.

Noch weniger Bestimmtes wie über die Höhe der klimatischen Werte der vier Perioden lässt sich über ihre Dauer aussagen. Nur so viel steht fest, dass die zweite heisse und die zweite kühle Periode eine viel kürzere Dauer besassen als die erste heisse und die erste kühle Periode, und dass die Dauer jeder der vier Perioden eine zu geringe war, als dass die ihrem Klima angepassten Formen sich in ihr bis nach den ihnen durch ihre Anforderungen an Klima und Boden und ihre Beziehungen zu der Organismenwelt gesetzten Grenzen hätten ausbreiten können; auch in der Jetztzeit haben sie ihre Grenzen noch nicht erreicht.

Wie die Einwanderer der kalten Periode, so schädigten auch die Einwanderer der heissen Periode, also die Formen der zweiten und die der dritten Hauptgruppe, das in der auf ihre Zeit ihrer Einwanderung und Ausbreitung folgenden Periode für sie in ungünstiger Weise verändertes Klima und die infolgedessen nicht unwesentlich veränderten Eigenschaften des Nährbodens nicht nur direkt, sondern auch indirekt. Direkt wirkten das ungünstige Klima und die veränderten Boden-

verhältnisse in sehr mannigfaltiger Weise schädigend auf die Gewächse
ein. So wurde dadurch, dass die Temperatur langsamer und nur bis zu
geringer Höhe anstieg, die Entwicklung des ganzen Individuums vieler
Formen verzögert, so dass es zu spät im Jahre zur Blüte gelangte, um
noch reife Früchte auszubilden, oder sogar nicht Blüten zu entfalten vermochte oder nicht einmal zur vollständigen Ausbildung seiner vegetativen Teile gelangte. Die geringe Wärme und die bedeutende Feuchtigkeit verhinderten die Entfaltung oder sogar die Anlage der Blüten, die
häufigen, lange anhaltenden und ergiebigen Niederschläge schädigten
die entfalteten Blüten, vorzüglich Pollen und Narbe. Die geringe
Wärme hinderte auch die normale Ausbildung der Früchte vieler
Formen, die bedeutende Feuchtigkeit schädigte diejenigen anderer, bevor
sie zu keimen vermochten. Von grösster Bedeutung für viele Formen
war auch der Umstand, dass, wohl vorzüglich infolge der veränderten
Eigenschaften des Bodens, ihr Kalkbedürfnis ein wesentlich bedeutenderes
wurde. Viele Formen — vorzüglich solche der zweiten Hauptgruppe —,
welche gegenwärtig im nördlichen Mitteleuropa oder in Mitteleuropa
überhaupt nur auf Böden mit recht hohem Kalkgehalte zu wachsen vermögen, waren, wie aus ihrer Verbreitung aufs deutlichste hervorgeht,
in der heissen Periode im stande, auf sehr kalkarmem Boden zu leben.
Als nach der Zeit ihrer Ausbreitung ihr Kalkbedürfnis wesentlich bedeutender wurde, noch bedeutender als es in der Gegenwart ist, da
vermochten sie sich auf kalkärmerem Boden nicht mehr zu halten und
verschwanden deshalb von weiten Strecken, auch von solchen, deren
Klima für sie verhältnismässig recht günstig war, vollständig. Auch
anderen Bodenstoffen gegenüber scheint das Verhalten mancher Formen
nach der Zeit ihrer Ausbreitung eine Aenderung erfahren zu haben,
welche ihr Verschwinden von weiten Strichen zur Folge hatte. Auch
die Schädigungen, welche die Einwanderer der heissen Periode indirekt
durch die Klimaänderung und die infolgedessen veränderten Bodenverhältnisse erlitten, waren recht zahlreich und verschiedenartig. Es
wurde dadurch die Ausbreitung anderer, den veränderten Verhältnissen
besser angepasster Gewächse, vorzüglich von Bäumen und gesellig
wachsenden Sträuchern, begünstigt, welche die schon direkt durch die
Ungunst des Klimas mehr oder weniger geschwächten Einwanderer der
heissen Periode zu stark beschatteten oder direkt überwuchsen und
erdrückten. Zahlreiche Insektenarten wurden vollständig, andere zum
grossen Teile vernichtet; unter diesen befanden sich ohne Zweifel nicht
wenige, welche mehr oder weniger regelmässig Blüten ihres Honigs
oder Pollens wegen besuchen. Da die Bestäubung und damit die Befruchtung der Blüten recht zahlreicher Formen ausschliesslich durch
Insekten herbeigeführt werden kann, da bei anderen Formen spontane
Selbstbestäubung zwar möglich ist, aber gar keinen oder wenig Erfolg
besitzt, und da bei vielen von letzteren und auch bei anderen, bei denen
spontane Selbstbestäubung erfolgreicher ist, die aus Samen, welche auf
solche Weise entstanden sind, hervorgegangenen Individuen wenig widerstandsfähig oder doch weniger widerstandsfähig sind, als die aus durch
Kreuzbefruchtung entstandenen Samen hervorgegangenen, so wurden
die Einwanderer der heissen Periode durch die weitgehende Vernich-

tung der bisherigen Insektenwelt zweifellos recht sehr geschädigt; manche Formen, welche infolge der Gestalt, der Grösse, der Färbung und des Geruches ihrer Blüten auf einen engen Besucherkreis angewiesen waren, wurden vielleicht strichweise ihrer sämtlichen Bestäuber beraubt und mussten deshalb dort zu Grunde gehen, falls sie nicht im stande waren, sich auf vegetativem Wege zu vermehren und dauernd zu erhalten. Freilich gingen damals wohl auch manche Insekten zu Grunde, welche in der heissen Periode die Formen der zweiten und der dritten Hauptgruppe schwer beschädigt hatten, doch war dies, wie auch der Untergang oder die Schwächung mancher parasitischer Gewächse, nur für wenige Formen von grösserer Bedeutung; wahrscheinlich war der Vorteil, welcher dadurch entstand, von viel geringerer Bedeutung als der Nachteil, welcher durch Einwanderung oder Erstarkung anderer schädlicher Insekten und pflanzlicher Parasiten verursacht wurde.

Das Klima der kühlen Periode hat in Mitteleuropa nicht nur manche der in der ersten heissen Periode eingewanderten Formen vollständig vernichtet, die Gebiete der anderen mehr oder weniger verkleinert und die klimatischen Bedürfnisse der meisten von diesen nicht unwesentlich verändert, es hat auch die Konstitution sämtlicher oder meist nur eines Teiles der Individuen mancher Formen dermassen umgestaltet, dass deren Nachkommen ganz andere Anforderungen an den Boden, teils an seine chemischen, teils an seine physikalischen Eigenschaften, stellen als ihre Vorfahren vor der Einwanderung, also als durchaus neue, selbständige Formen angesehen werden müssen[1]). Die neuen Formen haben sich später, in der zweiten heissen Periode und zum Teil auch in der Jetztzeit recht weit ausgebreitet; Schlüsse aus ihrer Ausbreitungsfähigkeit auf diejenige ihrer Stammformen und umgekehrt solche aus deren Ausbreitungsfähigkeit auf die ihrige sind nicht zulässig.

Eine eingehendere Betrachtung einer Anzahl von Formen der zweiten und der dritten Hauptgruppe wird das im vorstehenden Gesagte bestätigen.

1. Die Formen der zweiten Hauptgruppe.

a) Die Bewohner des trockenen unbeschatteten oder leicht beschatteten Bodens.

*

Seseli Hippomarathrum L. wächst in Mitteleuropa im unteren Donaugebiete häufig im Berglande, seltener in den Voralpen Niederösterreichs, an einigen Stellen in Oberösterreich, z. B. bei Enns, sowie zerstreut und gesellig im mittleren und südlichen Mähren. Nördlich hiervon kommt es im obersten Teile des Odergebietes in Oesterr.-Schlesien bei Königsberg am Fusse des Gesenkes sowie im Gebiete

---

[1]) Manche von diesen weichen auch in ihrer äusseren Erscheinung, wenn auch nur unbedeutend, von ihren Stammformen ab.

der Elbe vor. In diesem wächst es im wärmsten Hügellande Böhmens, und zwar vorzüglich in der weiteren Umgebung von Prag, nach Süden und Westen bis Stéchovic, Dobrís und Pürglitz, in der Nähe der Elbe von der Gegend der Moldaumündung bis Aussig, im unteren Teile des Egergebietes und längs des Erzgebirges nach Westen bis Saaz, Horatic und Priesen [1]). Ausserdem kommt es im Elbegebiete wohl nur [2]) im Saalebezirke [3]) vor, und zwar in der Nähe der Elbe bei Langenweddingen und Sülldorf unweit Wanzleben sowie im Gebiete der Saale: in diesem wächst es in der Nähe der Saale in weiter Verbreitung und stellenweise in grosser Individuenzahl von Neu-Ragoczy und Brachwitz nördlich von Halle bis Bernburg, im Unstrutgebiete in der Nähe der unteren Unstrut bei Freiburg, Nebra — an mehreren Stellen nach Westen bis Memleben —, Allstedt — nach Norden bis zur Grenze des Salzkegebietes — und Artern, an zahlreichen Stellen und meist in grosser Individuenzahl im Salzkegebiete nach Westen bis Eisleben, nach Süden bis zum Unstrutgebiete, im Schlenzegebiete, im Gebiete der Harzwipper bei Güsten, Aschersleben, Quenstedt, Sandersleben und Hettstedt, meist an mehreren Stellen und ebenso im Bodegebiete bei Kochstedt, Egeln, Oschersleben, Halberstadt und Quedlinburg. Ausserdem kommt es in Mitteleuropa nur noch im Gebiete des Oberrheines am Kaiserstuhle [4]) und bei Kreuznach, und zwar an beiden Oertlichkeiten an mehreren Stellen vor.

Die Form besitzt also in Mitteleuropa vier sehr grosse Gebietslücken. Es befindet sich eine von diesen zwischen Oberösterreich, Niederösterreich, dem mittleren Mähren und dem obersten Odergebiete einerseits und der Gegend von Prag andererseits, sie besitzt eine Ausdehnung von ungefähr 200 km; eine zweite befindet sich zwischen dem nördlichen Böhmen — der Gegend von Aussig, Teplitz, Bilin, Brüx und Priesen — und der Gegend von Halle bis Magdeburg, ihre Ausdehnung beträgt über 150 km — die Entfernung zwischen Aussig, Teplitz, Brüx, Priesen und Halle beträgt ungefähr 160—170 km —; eine dritte befindet sich zwischen dem nordwestlichen Böhmen — Priesen, Saaz oder Pürglitz — oder der Gegend der unteren Unstrut und der Gegend von Kreuznach, ihre Ausdehnung beträgt ungefähr 400 km [5]); eine vierte, ungefähr 200 km weite, befindet sich zwischen dem Nahethale und dem Kaiserstuhlgebirge. Ausser diesen grossen Lücken sind noch zahlreiche kleinere vorhanden. Sowohl die grösseren wie

---

[1]) Nach Eger wohl nur verschleppt (vgl. Čelakovský, Prodr. d. Flora v. Böhmen, S. 888).

[2]) Nach Pitschen unweit Luckau im Spreegebiete, wo es nach Ascherson (Flora d. Prov. Brandenburg, 1. Abth. [1864], S. 247) auf Grasplätzen wächst, ist es wohl durch Grassamen gelangt. Am Elbeufer beim Pehnhorne unweit Königstein wurde es nur einmal — 1851 — von Hippe (Verzeichniss der Phanerogamen u. krypt. Gefässpfl. d. sächs. Schweiz [1878]. S. 106) gefunden.

[3]) Ueber dessen Umfang vgl. Entw. d. phan. Pflzdecke d. Saalebez., S. 104 [1].

[4]) Ob auch im Elsass?, vgl. Kirschleger. Flore vogéso-rhénane, 1. Bd. (1870), S. 224.

[5]) Vorausgesetzt, dass das Vorkommen bei Eger kein spontanes ist; sonst beträgt ihre Ausdehnung nur 320—330 km.

die kleineren ¹) Gebietslücken können keine ursprünglichen sein, denn die Merikarpien von *Seseli Hippomarathrum* besitzen weder Kletteinrichtungen noch solche Einrichtungen, welche einen weiten Transport durch die bewegte Luft ermöglichen. Es ist auch sehr unwahrscheinlich, dass sie, durch nasse, zähe Bodenmasse an den Körper von Tieren, vorzüglich von Vögeln, angeheftet, von diesen über die Gebiete auch nur eines Teiles der Lücken hinweggetragen worden sind, denn *Seseli* bewohnt fast ausschliesslich von unten her trockene, stark besonnte, waldfreie Oertlichkeiten in niederer Lage, an denen nur sehr wenige Vogelarten leben, welche weite Wanderungen unternehmen; auch diese wenigen fliegen wohl nur kurze Strecken ohne sich niederzulassen, werden also Körper von der Grösse und Schwere der *Seseli*-Merikarpien ohne Zweifel sehr bald verlieren. Zudem ist der Boden der Wohnstätten von *Seseli Hippomarathrum* wohl nur selten so schlammig durchweicht, dass er sich überhaupt zur Anheftung der Merikarpien an Vögel für einen etwas weiteren Transport eignet. Bei einem weiteren Transporte durch strömendes Wasser werden diese wohl nur in ganz vereinzelten Fällen ihre Keimkraft bewahren, und diese wenigen dürften wohl kaum jemals nach Oertlichkeiten gelangt sein, an welchen *Seseli* sich fest anzusiedeln und von denen aus es sich auszubreiten im stande war; es kann die Entstehung der Lücken also auch nicht durch Verschwemmung erklärt werden ²).

Man wird also nur annehmen können, dass sich *Seseli*, welches während der kalten Periode in Mitteleuropa nicht gelebt haben kann, nach dieser schrittweise über sein heutiges mitteleuropäisches Gebiet ausgebreitet hat, und zwar von Ungarn her, wo es sich während der kalten Periode gehalten hatte, dass es also auf dem Raume seiner heutigen Gebietslücken ehemals gelebt hat und später von ihnen verschwunden ist. Diese Ausbreitung kann nun nicht bei dem gegenwärtig in Mitteleuropa herrschenden Klima stattgefunden haben. Denn *Seseli* scheint, wie schon gesagt wurde, nur auf sonnigem und fast ausschliesslich auf von unten trockenem Boden ³), vorzüglich auf fast

---

¹) Natürlich abgesehen von solchen von einigen hundert Meter Weite; über diese können die Merikarpien leicht vom Winde hinweggetragen worden sein.

²) Durch Verschwemmung könnte überhaupt nur die grosse Lücke zwischen Nordböhmen und der Elbe-Saalegegend und vielleicht auch diejenige zwischen dem Kaiserstuhle und Kreuznach erklärt werden; im letzteren Falle müsste man annehmen, dass *Seseli* von einer Oertlichkeit an der Nahemündung, von welcher es später verschwunden sei, naheaufwärts vorgedrungen sei. Dass die Merikarpien einen kürzeren Transport durch Wasser ertragen können, lehrt das Vorkommen von *Seseli* bei Königstein an der Elbe, nach welchem Orte die Merikarpien sicher durch die Elbe aus Böhmen hinabgeschwemmt worden sind, vielleicht von dem nördlichsten Wohnplatze in Böhmen, von Aussig, welches nur ungefähr 50 km entfernt ist.

³) Das Vorkommen in bedeutender Individuenanzahl auf einer feuchten Waldwiese bei Kransdorf nächst Königsberg in Oesterr.-Schlesien (vgl. H. W. Reinhardt, Verh. d. zool.-bot. Vereins in Wien, VI. Bd. [1856], Sitzb. S. 104) scheint ganz vereinzelt dazustehen und beruht wohl, wie das Vorkommen mancher anderer Formen dieser Hauptgruppe, vorzüglich solcher, welche in Mitteleuropa stark kalkhaltigen Boden bevorzugen, an Oertlichkeiten von ähnlicher Beschaffenheit, auf späterer Anpassung.

immer deutlich, meist sogar sehr reichlich Kalk enthaltendem Felsboden, doch auch auf Mergel-, Lehm- und Sandboden[1]) vorzukommen. Solche Oertlichkeiten fehlen aber heute recht weiten Strecken zwischen den einzelnen Wohnplätzen, über welche hinweg die Merikarpien wohl auf keine Weise gelangt sein können, und fehlten in noch viel bedeutenderem Masse, bevor der Mensch die Natur Mitteleuropas so sehr verändert hatte. Auch das Klima mancher Gegenden in den Zwischenräumen zwischen den Wohnplätzen dürfte für *Seseli*, das allerdings in Niederösterreich[2]) bis in die Voralpen aufsteigt, aber doch auch in Ungarn vorzüglich die heissen Ebenen bewohnt, nicht geeignet sein. Diese Ausbreitungshindernisse vermag nur ein Klima von extrem kontinentalem Charakter, mit heissen und trockenen Sommern und kalten, schneearmen Wintern, zu beseitigen. Es trocknet die nassen Niederungen aus, lichtet die dichten Wälder oder zerstört sie weithin vollständig und schwächt auch die übrigen, an feuchteres, kühleres Sommerklima angepassten Gewächse, dezimiert ihre Individuenzahl und vernichtet die einzelnen Formen streckenweise vollständig, dies setzt das Kalkbedürfnis, und vielleicht auch das Bedürfnis nach anderen Stoffen des Bodens, bei vielen Formen herab und macht höhere, kühlere und feuchtere Gegenden für viele Gewächse auch klimatisch erst geeignet. Ein solches Klima müssen wir also für die Zeit der Einwanderung und Ausbreitung von *Seseli Hippomarathrum* annehmen. Wie hoch die Werte der einzelnen Faktoren dieses Klimas mindestens waren, lässt sich zur Zeit noch nicht sagen, da es nicht bekannt ist, bei welchem Klima die verschiedenen Wälder, vorzüglich die Buchen- und Fichtenwälder, sich lichten oder vollständig schwinden, bei welchem das Bedürfnis nach höherem Kalkgehalte des Vegetationsbodens bei *Seseli*[3]) aufhört, bei welchem eine Gegend für diese Umbellifere in klimatischer Hinsicht geeignet wird[4]). Ihre Einwanderung und Ausbreitung sind damals auf denselben Wegen wie diejenigen zahlreicher anderer Formen der gleichen Hauptgruppe erfolgt. Von Ungarn ist sie durch Niederösterreich und Mähren nach Böhmen und nach dem Odergebiete — sowie wahrscheinlich auch nach dem Weichselgebiete — gewandert und aus diesen Gegenden auf verschiedenen Wegen, wahrscheinlich auch längs der Elbe, nach der Saalemündung; von dieser hat sie sich stromaufwärts und in den Gebieten der Nebenflüsse, wahrscheinlich weit über ihre heutige Westgrenze: Oschersleben-Halberstadt-Quedlinburg-Artern, ausgebreitet. Von Niederösterreich ist sie auch durch die Donaugegend Oberösterreichs nach den bayerischen Donaugegenden gewandert, hat sich von diesen in den Gebieten der Nebenflüsse ausgebreitet und ist aus diesen an verschiedenen Stellen nach dem Rhein-

---

[1]) Auf solchem Boden wächst es aber in Ungarn in weiter Verbreitung.
[2]) Nach Beck v. Mannagetta a. a. O., S. 635.
[3]) D. h. bei den Individuen, welche in der heissen Periode nach Mitteleuropa eingewandert sind und ihren Nachkommen bis zum Ausgange dieser Periode, deren Konstitution wahrscheinlich nicht unwesentlich von derjenigen der jetzt in Mitteleuropa lebenden Individuen abwich.
[4]) Dies darf nicht nach der heutigen Verbreitung der Pflanze beurteilt werden.

gebiete, wahrscheinlich nach dem Maingebiete, dem Neckargebiete und der Bodenseegegend vorgedrungen, von denen aus sie nach der Gegend des Oberrheins zwischen Basel und der Nahemündung gelangt ist. Wahrscheinlich war sie ehemals in letzterer Gegend weit verbreitet. Vielleicht ist sie auch über den Rhein hinaus nach Westen vorgedrungen. Den grössten Teil des Gebietes, welches *Seseli* in der heissen Zeit besass, hat es später wieder verloren. Sein weites Aussterben kann seine Ursache nicht darin haben, dass das Klima der heissen Periode langsam oder schnell, gleichmässig oder sprungweise zum Zustande des der Jetztzeit zurückkehrte, sondern kann nur dadurch verursacht sein, dass die Sommerwärme viel geringer, die Feuchtigkeit viel bedeutender wurden als in der Jetztzeit. Hätte sich eine solche Verschlechterung des Klimas nicht geltend gemacht, hätte das Klima nur den Charakter des der Jetztzeit angenommen, so würde das Gebiet von *Seseli* zwar auch zahlreiche Lücken, doch schwerlich auch nur annähernd so grosse erhalten haben, wie es jetzt besitzt. *Seseli* würde sich ohne Zweifel in manchen Gegenden des bayerischen Donaugebietes, der Gebiete des Mains und des Neckars sowie am Oberrheine zwischen dem Kaiserstuhle und der Nahe gehalten haben, denn das Klima ist dort für ihn stellenweise ebenso günstig oder wenig ungünstiger, stellenweise sogar noch günstiger als bei Halle, Magdeburg und Kreuznach[1]). Es ist meines Erachtens nicht denkbar, dass die geringen Unterschiede, welche zwischen dem Klima z. B. von Frankfurt a. M., Darmstadt, Stuttgart und Kolmar, in deren Umgebung, vorzüglich im hessischen Kalkgebiete, der Boden und die Organismenwelt durchaus seinen Anforderungen entsprechen, und dem der bezeichneten drei Städte bestehen[2]), ausreichend zur Vernichtung der Art bei ersteren gewesen wären, wenn das Klima der heissen Periode in das der Jetztzeit übergegangen, und selbst wenn der Uebergang sprungweise erfolgt wäre. Ohne Zweifel hätte sich die Pflanze dann nicht nur in der Umgebung dieser Städte, sondern auch

---

[1]) Ueber das Klima des Kaiserstuhlgebirges ist mir leider nichts Näheres bekannt geworden.
[2]) *Seseli Hippomarathrum* besitzt eine Radix multiceps, welche ein recht beträchtliches Alter erreichen kann; es fruchtet in Mitteleuropa, z. B. im Saalegebiete, recht reichlich und seine Samen sind auch durchaus keimfähig, doch scheinen alljährlich nur sehr wenige von ihnen aufzugehen. Es beginnt in der Umgebung von Halle in warmen Jahren in der letzten Dekade des Juni zu blühen und blüht während der Monate Juli, August und — vorzüglich in kühlen Sommern — September sowie vereinzelt noch im Oktober. Die Fruchtreife beginnt ungefähr in der Mitte des August, die Früchte der letzten Blüten werden nicht mehr reif. Die wichtigsten Monate dürften für *Seseli* somit Mai bis Oktober sein. In den fünf bezeichneten Orten der Rheingegend sind in diesen Monaten die Wärmemittel recht bedeutend höher als in Halle und Magdeburg (vgl. die untenstehende Tabelle), in Frankfurt, Stuttgart und Kolmar sind die der meisten Monate höher als in Kreuznach; dagegen sind die Niederschlagshöhen der fünf Städte in den meisten Monaten bedeutender als diejenigen von Halle, Magdeburg und Kreuznach, nur im Juni bleiben Frankfurt, Darmstadt und Kolmar, und im Juli Frankfurt, Stuttgart und Kolmar hinter Halle zurück, übertreffen (ausser Kolmar) diesen Ort aber in den vielleicht wichtigsten Monaten August und September, in welchen Monaten sie freilich recht beträchtlich wärmer sind. (Zu einer Vergleichung der übrigen Faktoren des Klimas der erwähnten Orte, welche für das Leben von *Seseli* Bedeutung haben können, reichen leider die mir vorliegenden Daten nicht aus.)

noch in sehr vielen anderen Strichen, denen sie heute fehlt, gehalten und den veränderten Verhältnissen angepasst. Dass ihre Anpassungsfähigkeit eine recht bedeutende ist, zeigt ihr Vorkommen [1]) bei Königsberg in Oesterr.-Schlesien, dessen Klima doch wohl wesentlich ungünstiger ist als das der erwähnten Orte des Rheingebietes. Die grossen Lücken können ihre Entstehung also nur einer Periode verdanken, deren Sommer viel kühler und feuchter waren als die der Jetztzeit, einer Periode, welche für *Seseli* so ungünstig war, dass schon ganz geringe klimatische Vorzüge und ganz unbedeutend günstigere Eigenschaften des Vegetationsbodens von höchstem Werte für dasselbe waren, und ein einziges ungünstiges Ereignis es an einer Oertlichkeit vernichten konnte.

Wärmemittel (°C.):

	Mai	Juni	Juli	August	September	Oktober	Zahl d. Beob. Jahre	
Halle	13,0	17,2	18,9	18,0	14,5	9,3	35	nach R. Kleemann, Beiträge z. Kenntnis d. Klimas v. Halle. Mitt. d. Vereins f. Erdk. z. Halle a. S., 1887, S. 125—145 (130).
Magdeburg . . .	12,9	17,0	18,4	17,7	14,6	9,2	60	nach A. W. Grützmacher, Das Klima von Magdeburg, Festschrift d. naturw. Vereins z. Magdeburg (1894), S. 41—72 (48).
Kreuznach . . .	14,0	17,6	19,0	18,7	15,3	10,2	19	nach P. Thiele, Deutschlands landw. Klimatographie (1895) S. 134.
Frankfurt a. M.	14,1	18,1	20,0	18,8	15,3	9,6	25	nach Jahresber. d. phys. V. z. Frankf. f. d. J. 1880/81, S. 77.
Darmstadt . . .	13,9	17,4	19,3	18,2	15,1	9,7	22	nach Thiele a. a. O., S. 134.
Stuttgart . . .	14,5	17,8	19,6	18,5	15,0	10,1	50	nach Meteorologische Zeitschr. Jahrg. 1883, S. 296 f.
Kolmar	15,1	18,5	20,4	18,6	17,2	9,5	5	nach Thiele a. a. O., S. 134.

Niederschlagshöhen (mm):

Halle	43	78	73	47	31	37	35	nach Kleemann a. a. O., S. 138—139.
Magdeburg . . .	46	56	68	44	33	56	13	nach Grützmacher u. a. O., S. 63.
Kreuznach . . .	58	54	59	44	40	43	19	nach Thiele u. a. O., S. 135.
Frankfurt a. M.	53	70	64	68	50	55	25	nach Jahresber. u. s. w. S. 77.
Darmstadt . . .	64	71	81	73	50	59	22	nach Thiele u. a. O., S. 135.
Stuttgart . . .	65	78	70	71	50	40	50	nach Meteor. Ztschr. J. 1883, S. 296 u. fg.
Kolmar	73	40	56	44	33	47	5	nach Thiele a. a. O., S. 135.

[1]) An der Richtigkeit dieser Angabe lässt sich wohl nicht zweifeln. Vielleicht gelang es *Seseli* nur dadurch sich dort zu halten, dass es sich eine andere Anpassung an den Boden erwarb oder vielleicht schon vorher erworben hatte; es wächst bei Königsberg, wie angegeben, auf einer feuchten Wiese in bedeutender Individuenzahl.

welche nicht ungünstiger oder sogar günstiger war als eine andere, an der es erhalten blieb. In dieser Zeit kann nun *Seseli* selbstverständlich weder in Niederösterreich und Mähren, noch in Böhmen, im Saalebezirke, im Nahegebiete und am Kaiserstuhle die heutige, zum Teil recht weite Verbreitung und grosse Individuenzahl besessen haben. Wahrscheinlich blieb es in Böhmen und im Saalebezirke nur an sehr wenigen Oertlichkeiten, bei Kreuznach und am Kaiserstuhle nur an je einer Oertlichkeit in geringer Individuenzahl erhalten. Die Oertlichkeiten, an denen es im Saalebezirke während der kühlen Periode lebte, lagen wahrscheinlich im unteren Unstruttbale, im Salzkegebiete, an der Saale zwischen Wettin und Könnern sowie wahrscheinlich auch im mittleren Bodegebiete, in welchen Gegenden auch andere Einwanderer jener Periode sich gehalten haben. Die Neuausbreitung, durch welche sich *Seseli* seinen jetzigen Gebietsumfang im wesentlichen erworben hat, kann nicht in der Jetztzeit oder in einer ihr hinsichtlich des Klimas gleichenden Periode vor sich gegangen sein. Denn die lokalen Gebiete besitzen zahlreiche Lücken, welche zu weit sind, als dass die Merikarpien über sie durch den Wind hätten hinweggetragen werden können; *Seseli* kann nur schrittweise über die Gebiete dieser Lücken hinweggewandert sein. Diese Wanderung kann nur in einer Periode stattgefunden haben, deren Klima durch wesentlich heissere und trockenere Sommer ausgezeichnet war als das der Jetztzeit, in der die zahlreichen Wanderungshindernisse, welche sich gegenwärtig auf den Gebieten der Lücken befinden — und in noch viel grösserer Anzahl befanden, bevor die Kultur so grosse Veränderungen herbeiführte —: ausgedehnte dichte Wälder, weite nasse Niederungen, Striche mit ungünstigen chemischen Bodeneigenschaften — grosse Kalkarmut —, über welche die Merikarpien nicht hinweggelangen konnten, schwanden und die Pflanze überall auf diesen zu wachsen im stande war. Diese Periode stand offenbar wesentlich hinter der ersten heissen Periode zurück, sowohl hinsichtlich des extremen Charakters des Klimas wie hinsichtlich ihrer Dauer. Es fanden in dieser Periode nur lokale Wanderungen statt, welchen die schon erwähnten lokalen Gebiete im wesentlichen ihre Entstehung verdanken: während in der ersten heissen Periode *Seseli Hippomarathrum* wie zahlreiche andere Formen Mitteleuropa durchquert hat[1]), vermochte es sich jetzt nur über kleine Teile von grösseren Stromthälern, über wenig ausgedehnte Teile grösserer Stromgebiete oder über ganz kleine Stromgebiete auszubreiten, da nur von stark besonnten, sehr trockenen Stellen der Wald und das höhere, dichte Gesträuch vollständig oder fast vollständig verschwanden, da viele Niederungen nass und sumpfig und zahlreiche Ströme wasserreich blieben, und *Seseli* nicht so indifferent gegen die chemischen Eigenschaften des Bodens wurde wie in der ersten heissen Periode. Im einzelnen lassen sich die Wanderungen von *Seseli* während der zweiten heissen Periode nicht verfolgen, da es ganz unmöglich ist, festzustellen, an welchen Orten es während der ersten kühlen Periode gelebt hat, an welche es erst

---

[1]) Wahrscheinlich ist es nicht nur bis zum Mittelrheine, sondern auch über ihn hinaus nach Westen gelangt.

nach deren Ausgange gelangt ist. Durchaus nicht überall sind die Lücken für *Seseli* ungeeignet, viele sind strichweise, manche sogar in ihrer ganzen Ausdehnung in jeder Beziehung ebenso begünstigt oder sogar mehr begünstigt oder nur sehr wenig ungünstiger als seine Wohnplätze. Sein Verschwinden von diesen Strichen kann also nicht durch die Rückkehr des Klimas der zweiten heissen Periode zum Zustande des Klimas der Jetztzeit, sondern nur durch ein viel kühleres und feuchteres Klima herbeigeführt worden sein. Doch können die Abnahme der Sommerwärme, die Zunahme der Feuchtigkeit nicht entfernt die Höhe wie in der ersten kühlen Periode erreicht haben, denn die Lücken sind viel kleiner als diejenigen, welche die erste kühle Periode geschaffen hat. Leider lässt sich ebensowenig, wie sich der Umfang der Ausbreitung in der zweiten heissen Periode genau feststellen lässt, mit Sicherheit angeben, welche Lücken in der zweiten, welche in der ersten kühlen Periode entstanden sind. Im Saalebezirke hat *Seseli*, wie bereits gesagt wurde, während der kühlen Periode wahrscheinlich an je einer Oertlichkeit des unteren Unstrutthales[1]), des Salzkegebietes, des Saalethales zwischen Wettin und Könnern sowie wahrscheinlich auch an einer Oertlichkeit des mittleren Bodegebietes gelebt und sich durch Ausbreitung von diesen Orten in der zweiten heissen Periode ungefähr seine heutige Verbreitung erworben. Hierdurch sind die Lücken der ersten kühlen Periode bis zum fast vollständigen oder vollständigen Verschwinden verkleinert; sie lassen sich nicht mehr von denen der zweiten kühlen Periode — als solche sind die meisten[2]) anzusehen — unterscheiden. Die Lücken im lokalen Gebiete des Nahestromgebietes und in dem des Kaiserstuhlgebirges sind in der zweiten kühlen Periode entstanden, sie heben sich sehr scharf ab von denen der ersten kühlen Periode zwischen dem Nahegebiete und dem Kaiserstuhle und zwischen diesen Strichen und dem östlichen Mitteleuropa. Die Lücken der zweiten kühlen Periode waren aber ursprünglich bedeutend grösser; es ist nicht denkbar, dass *Seseli* damals, wo es von so weiten, zum Teil sehr günstigen Strichen verschwand, in benachbarten in der Verbreitung und Individuenzahl wie gegenwärtig gelebt habe. Diese kann es sich erst nach Ausgang der kühlen Periode, in einem wärmeren, trockeneren Zeitabschnitte, in der Jetztzeit, erworben haben. In dieser ist *Seseli* zweifellos noch immer in der Ausbreitung begriffen. Nur stellenweise hat es die ihm durch Klima, Boden und Organismenwelt gesetzten Grenzen erreicht, meist ist es noch mehr oder weniger von diesen entfernt. Auch in der zweiten heissen Periode hat es seine Grenzen nicht zu erreichen vermocht; es gelang ihm z. B. nicht, bis nach dem Kiffhäusergebirge, der Hainleite, der Schmücke und Finne sowie nach der Saalegegend zwischen Weissenfels und Kamburg vorzudringen, obwohl diese Gegen-

---

[1]) Es ist aber auch möglich, dass es nach dem Unstrutthale erst aus dem Salzkegebiete eingewandert ist; es ist fast kontinuierlich von der Unstrut bis nach dem Norden des Salzkegebietes verbreitet.

[2]) Abgesehen von ganz kleinen, nur mehrere hundert Meter weiten — ob noch weiteren? —, welche zum Teil sicher ursprüngliche sind.

den durch gute Wanderwege, welche nicht wenige ähnlich an Klima, Boden und Organismenwelt angepasste Gewächse gewandert sind, mit dem unteren Unstrutgebiete [1]) und dem Salzkegebiete in Verbindung stehen; daran, dass es nach den bezeichneten Gegenden wirklich gelangt, später aber aus ihnen verschwunden sei, ist nicht zu denken. Dies beweist, dass die zweite heisse Periode nur eine sehr kurze Dauer besass.

Erysimum crepidifolium Rchb. besitzt in seiner Verbreitung manche Aehnlichkeit mit der soeben behandelten Form. Es fehlt freilich im **unteren Donaugebiete**, d. h. in Mähren, Nieder- und Oberösterreich, sowie im **Odergebiete**, in denen jene vorkommt, vollständig. Dagegen kommt es wie jene im **Elbegebiete** vor, und zwar wächst es im warmen Hügellande und Mittelgebirge des nördlichen Böhmens strichweise in weiter Verbreitung, nach Osten bis Turnau und Habstein, nach Süden bis Beraun und Zbirov, nach Westen bis Pilsen, Maschau, Radonitz, Kaaden und Klösterle, nach Norden bis Tetschen; weiter abwärts tritt es an der Elbe im Königreiche Sachsen z. B. bei Königstein, Pirna und Dresden auf, und zwar ausschliesslich am Ufer oder auf — meist Steinbruchs- — Schutt, an Wegen u. s. w. in seiner Nähe, doch scheint es sich an den einzelnen Wohnstätten am Ufer, an denen es wahrscheinlich zuerst meist aus aus Böhmen hinabgeschwemmten Samen aufgeht und manchmal in grosser Individuenzahl vorkommt, in der Regel nur wenige Jahre zu halten [2]). Anders ist sein Auftreten im Saalegebiete. In diesem wächst es in der Nähe der Saale bei Liebengrün, Ziegenrück, im Gebiete der Sormitz und der Loquitz bis Gräfenthal, in der weiteren Umgebung von Saalfeld und Rudolstadt — im Schwarzathale aufwärts bis zur Sorbitz —, bei Orlamünde, Leutra, Jena, Dornburg und Kösen [3]); es fehlt dann bis Mücheln südlich von Wettin und ist von diesem Orte ab bis Gross-Wirschleben bei Alsleben auf den Höhen des Saalethales sehr weit verbreitet und in sehr grosser Individuenzahl vorhanden, entfernt sich aber meist nicht weit vom Flusse. Es wächst ausserdem im Unstrutgebiete bei Lauchla, Bibra, Nebra, Greussen [4]) und den Gleichen (an der Wachsenburg) unweit Arnstadt [5]), an zahlreichen Stellen im Gebiete der Salzke, nach Westen bis über Eisleben hinaus, im Schlenzegebiete, im Gebiete der Harzwipper bei Hettstedt und Leimbach, im Bodegebiete bei Thale sowie im Selkegebiete an der Selkesicht bei Harzgerode. In der Nähe des Saalegebietes wächst es auch im **Wesergebiete**, und zwar an

---

[1]) Vgl. S. 322 [94].
[2]) Aehnlich verhalten sich z. B. noch die vier Gattungsgenossen: *Erysimum virgatum Rth., E. canescens Rth., E. odoratum Ehrh.* und *E. repandum L.*
[3]) Nach Starke a. a. O., S. 18 am Himmelreiche b. K.; nach Bogenhard, Taschenbuch d. Flora v. Jena (1850), S. 154, auch bei Naumburg, sein dortiges Vorkommen wird aber weder von Garcke noch von späteren Floristen erwähnt.
[4]) Und zwar (nach Ilse a. a. O., S. 48) an der Stadtmauer, ob auch spontan in der Umgebung?: von Buddensieg (Irmischia IV [1884], S. 46) wird es von dort nicht erwähnt.
[5]) Ob auch noch an anderen Stellen im Unstrutgebiete? (vgl. Lutze, Flora v. Nordthüringen [1892], S. 168).

mehreren Stellen zwischen Gotha und Eisenach, sowie bei Treffurt an der Werra. Im Gebiete des Rheines wächst es an einigen Stellen in der Bodenseegegend, im Neckargebiete, z. B. bei Reutlingen (Achalm), Künzelsau, Ingelfingen und Crailsheim, im Gebiete des Mains im Taubergebiete bei Mergentheim, im Regnitzgebiete z. B. bei Bamberg, Forchheim, Streitberg, Muggendorf, Pottenstein, Hersbruck und Velden, sowie im Nahegebiete im Nahethale von der Mündung der Simmer bis nach der Nahemündung, im unteren Glan- und Alsenzthale und bei Burgsponheim. Im oberen Donaugebiete wächst es in der Nähe der Donau bei Regensburg, Abbach, Kelheim, Weltenburg, Neuburg sowie im württembergischen Oberamte Tuttlingen, im Altmühlgebiete z. B. im unteren Altmühlthale, bei Arnsberg, Eichstätt, Monheim, Treuchtlingen, auf dem Hahnenkamme, im Wörnitzgebiete bei Wassertrüdingen (Hesselberg) und bei Bopfingen.

Erysimum crepidifolium besitzt also eine Anzahl sehr weiter Gebietslücken in Mitteleuropa; so eine von über 300 km Weite zwischen Ungarn und der Gegend von Prag, eine andere zwischen Ungarn und dem bayerischen Donaugebiete bei Regensburg von noch grösserer Ausdehnung, eine dritte, von ungefähr 150 km Weite, zwischen dem mittleren Teile des Neckargebietes und der Tauber bei Mergentheim einerseits, Kreuznach andererseits, eine vierte, ungefähr ebenso weite, zwischen dem nördlichen und nordwestlichen Böhmen und der Saalegegend; ausserdem noch mehrere kleinere, so z. B. eine, ungefähr 100 km weite, zwischen dem mittleren Neckargebiete und Reutlingen, eine andere zwischen diesem Orte und dem oberen Donaugebiete einerseits, der Bodenseegegend andererseits u. s. w.; und endlich zahlreiche noch kleinere. Die meisten dieser Lücken können ebensowenig wie die von *Seseli Hippomarathrum* ursprünglich sein. Ebensowenig wie dessen Merikarpien besitzen die Samen von *Erysimum* besondere Einrichtungen für einen Transport durch Wind oder durch Tiere über weitere Strecken, ebensowenig wie jene sind sie für einen weiten Transport durch strömendes Wasser eingerichtet[1]). Auch dürften sie wohl ebenso wie die Merikarpien von *Seseli*, und aus derselben Ursache[2]), nur sehr selten, durch nasse, zähe Bodenmasse an den Körper eines Vogels angeklebt, von diesem über eine weite Strecke verschleppt worden sein. Einige der kleinen Lücken[3]) werden wohl ursprüngliche, vorzüglich durch Verwehung der Samen durch den Wind entstandene, sein. Man muss also annehmen, dass sich auch diese Form, welche ebenfalls während der kalten Periode in Mitteleuropa nicht zu wachsen vermochte, nach dieser Zeit schrittweise über ihr mitteleuropäisches Gebiet ausgebreitet hat, und zwar gleichfalls aus Ungarn her, wo sie

---

[1]) Die Samen, aus denen die am sächsischen Elbeufer bis Dresden wachsenden Individuen wenigstens teilweise stammen, können aus der Gegend von Tetschen angeschwemmt sein, brauchen also höchstens eine Reise von 60—70 km gemacht haben. Die meisten der heute in der sächsischen Elbegegend wachsenden Individuen stammen aber wohl aus Samen von anderen Individuen derselben Gegend.

[2]) Sie sind freilich wesentlich kleiner und leichter als jene.

[3]) Abgesehen von denjenigen, welche durch Wassertransport entstanden sind.

wahrscheinlich auch entstanden ist[1]), dass sie also auf dem Raume ihrer heutigen Gebietslücken ehemals gelebt hat und später von diesem verschwunden ist. Diese Ausbreitung kann nicht bei dem Klima der Gegenwart vor sich gegangen sein, da *Erysimum* ausschliesslich stark besonnte, trockene Oertlichkeiten, hauptsächlich mit felsigem [2]), selten mit mergeligem, lehmigem oder sandigem Untergrunde mit wenigstens deutlich nachweisbarem, vorzüglich sogar mit etwas höherem Kalkgehalte bewohnt, solche Oertlichkeiten aber weiten Strecken der Lücken, über welche es gewandert sein muss, auf denen strichweise auch das Klima für dasselbe ungeeignet sein dürfte, vollständig fehlen. Sie kann nur in einer sehr heissen Zeit, in welcher die Hindernisse verschwanden, vor sich gegangen sein. *Erysimum* verfolgte bei seiner Wanderung wohl ganz die gleichen Wege wie *Seseli*, wahrscheinlich ist es nach allen Himmelsrichtungen ungefähr gleichweit wie dieses vorgedrungen. Wahrscheinlich blieb es, obgleich es während der ganzen Dauer der heissen Periode zu wandern vermochte, ebenso wie *Seseli*, welches ebenfalls ununterbrochen zu wandern im stande war, noch weit hinter seinen Grenzen zurück. Seine grossen Gebietslücken kann ebensowenig wie diejenigen von *Seseli* eine Rückkehr des heissen Klimas der Zeit seiner Ausbreitung zum Zustande des der Jetztzeit verursacht haben, auch wenn diese noch so schnell und sprungweise vor sich gegangen wäre. Sie können ihre Entstehung nur dem Eintritte einer Periode verdanken, deren Klima wesentlich kühler und feuchtere Sommer besass als das der Jetztzeit. Wäre ein Rückgang zu dem Klima der Jetztzeit im stande gewesen, *Erysimum* auf so weiten Strecken vollständig zu vernichten, so würde es sich diesem Klima wohl kaum in so hohem Masse anzupassen vermocht haben, dass es gegenwärtig selbst in hinsichtlich des Klimas und des Bodens so ungünstigen Strichen, wie den Obersaalegegenden oberhalb von Saalfeld, nach welchen es in einer zweiten heissen Periode gelangte, in bedeutender Verbreitung, grosser Individuenzahl[3]) und üppiger Entwicklung wachsen könnte. Die Lücken kann meines Erachtens also nur eine Periode geschaffen haben, deren Sommer kühler und feuchter als die der Jetztzeit waren. Während dieser wurden die klimatischen Anforderungen von *Erysimum* so herabgedrückt[4]), dass diesem jetzt selbst das Klima der obersten Saalegegenden mehr als genügt. Das Klima der-

---

[1]) Ausser in Ungarn hat *Erysimum* sich während der kalten Periode auch in den untersten Donaugegenden gehalten; aus diesen ist es wahrscheinlich nach Galizien gewandert.
[2]) Seine Wurzel vermag in überaus enge Spalten einzudringen; sie vermag aber auch in feines, leicht bewegliches Gesteinsgrus steiler Hänge einzudringen und hier die Pflanze sicher zu befestigen.
[3]) Es ist nach Wiefel (Deutsch. bot. Monatsschr. I. Jahrg. [1883], S. 55) im Sormitzgebiete „wohl die verbreitetste Pflanze".
[4]) Während der zweiten heissen Periode wurden seine Anforderungen an Sommerwärme und Trockenheit wohl wieder bedeutendere, die zweite kühle Periode hat aber wahrscheinlich wieder annähernd den Zustand der ersten kühlen Periode hergestellt; in der Jetztzeit sind die Anforderungen wohl wieder in Zunahme begriffen.

jenigen Gegend, in der es in der Periode der Lückenbildung lebte und aus der es später nach der oberen Saalegegend gewandert ist, wahrscheinlich die Gegend von Jena, muss also damals ein viel ungünstigeres gewesen sein als das der obersten Saalegegend. In dieser ungünstigen Periode, in der *Erysimum* von so weiten Strichen vollständig verschwand, kann es auch nicht annähernd seine heutige Verbreitung besessen haben. Es muss endlich auf wenige Oertlichkeiten beschränkt und auch an der Mehrzahl von diesen oft dem Aussterben nahe gewesen sein, so dass ein zufälliges ungünstiges Ereignis seinen Untergang herbeiführen hätte können. Nur bei dieser Annahme lässt es sich verstehen, dass es aus Gegenden verschwinden konnte, welche hinsichtlich des Klimas mehr oder ebenso oder nur ganz unbedeutend weniger begünstigt sind als andere, in denen es erhalten blieb. So ist es z. B. in Niederösterreich und in Mähren, in denen es ohne Zweifel in der heissen Periode gelebt hat, zu Grunde gegangen, während es sich in den klimatisch für diese an warmes, trockenes Sommerklima angepasste Pflanze doch viel weniger geeigneten bayerischen Donaugegenden [1]) zu erhalten vermocht hat. Während es in letzterer Gegend und im bayerischen Juragebiete [1]) erhalten geblieben ist, ist es aus den klimatisch mehr begünstigten bayerischen Maingegenden, deren Boden für dasselbe so geeignet ist und in denen es ohne Zweifel gelebt hat, vollständig verschwunden. Ebenso ist es in den Gegenden des unteren Neckars, des unteren Mains und des Oberrheines zwischen Basel und Bingen, in denen es doch ebenfalls gelebt hat — in letzterer Gegend wenigstens im Mainzer Becken, durch welches es nach der Nahe gewandert ist —, vollständig ausgestorben, während es im unteren Kocher- und im Jagstgebiete oder in der Nähe, im Taubergebiete, und im oberen Neckar- und oberen Donaugebiete sowie in der Bodenseegegend [1]), oder in letzterer Gegend allein [2]), vor dem Untergange bewahrt ge-

---

[1]) Dass es sich in diesen Gegenden, wenn auch nur an je einer Oertlichkeit, erhalten hat und in sie nicht erst später aus benachbarten eingewandert ist, dafür spricht auch die Thatsache, dass sich in ihnen noch andere, ebenso empfindliche Formen erhalten haben, so an der Donau z. B. *Alsine setacea Thuill.* (jetzt bei Abbach, Kelheim, Weltenburg, an der Altmühl bis Arnsberg aufwärts, sowie im Naabgebiete bei Kalmünz und Hohenburg) und *Al. Jacquini Rch.* (jetzt bei Regensburg und Kelheim, ausserdem bei Landshut und an anderen Orten der Hochebene), im Juragebiete z. B. *Lavatera thuringiaca L.* (bei Muggendorf und Streitberg, doch fraglich, ob noch jetzt, vgl. Schwarz, Phanerogamen- und Gefässkryptogamen-Flora d. Umgegend von Nürnberg-Erlangen. Spec. Teil, S. 144), in der Gegend zwischen Reutlingen und dem Bodensee z. B. *Silene Otites (L.)* (jetzt im Höhgau zerstreut sowie bei Thiengen) und *Oxytropis pilosa (L.)* (jetzt bei Tübingen, Schwenningen sowie am Hohentwiel und an einigen anderen Orten des Bodenseegebietes).

[2]) Das letztere scheint mir am meisten wahrscheinlich zu sein, denn das Klima von Donaueschingen, dem das von Tuttlingen ungefähr entsprechen dürfte, ist ein sehr ungünstiges, ungünstiger als das der oberen Saalegegenden. Es betragen in Donaueschingen die Wärmemittel in den für *Erysimum* wichtigsten Monaten (vgl. S. 327 [99], Anm. 1) und die Niederschlagshöhen in den Monaten seiner Blüh- und Fruchtreifeperiode nach 13jährigen Beobachtungen (vgl. Thiele a. a. O. S. 158—159):

blieben ist, obwohl deren Klima ein ungünstigeres ist als das der zuerst erwähnten Landstriche [1]). Auch im Saalegebiete ist *Erysimum*

April	Mai	Juni	Juli	August	März	September	Oktober	November	Dezember
5,8	9,4	13,9	15,9	14,9	1,7	11,4	6,2	1,3	— 3,2
79	96	127	115	92	—	—	—	—	—

[1]) Man vergleiche das Klima von Regensburg, welches wohl nicht ungünstiger ist als das der übrigen Wohnplätze von *Erysimum crepidifolium* in den bayerischen Donaugegenden, einschliesslich der Gebiete der Altmühl und Wörnitz, an deren einem es während der kühlen Periode gelebt hat, sowie dasjenige von Bamberg, welches wohl günstiger ist als das der fränkischen Schweiz, in welcher sich *Erysimum* wahrscheinlich auch an einer Stelle erhalten hat (das Klima von Nürnberg ist wohl bedeutend günstiger als das der fr. Schweiz), sowie dasjenige von Mergentheim, bei welchem Orte oder in der Nähe, im Neckargebiete, es in der kühlen Periode ohne Zweifel auch gelebt hat, mit demjenigen von Würzburg. Hanau, Frankfurt a. M., Darmstadt, Heilbronn und Stuttgart, in deren Umgegend es heute fehlt, in der es aber wahrscheinlich in der ersten heissen Periode gelebt hat. In Regensburg betragen nach 30jährigen Beobachtungen (vgl. Thiele a. a. O. S. 162) die Mittel der drei Monate, April, Mai und Juni, in welchen bei Halle das Blühen der Form sich vollzieht (der Hauptblühmonat ist der Mai, einzelne Individuen blühen noch nach dem Juni): 8,3°, 12,8°, 16,9° C., die der Monate Juli und August, in welchen die Früchte reifen (die meisten reifen von Ende Juni bis Ende Juli), 18,4° u. 17,4° C.; in Bamberg sind die Wärmemittel dieser Monate nach 30jährigen Beobachtungen (vgl. Thiele a. a. O. S. 136) ungefähr ebenso gross, nämlich: 8,3°, 12,6°, 17,0°, 18,2°, 17,6° (in Nürnberg — nach Thiele a. a. O. S. 136 — nach 50jährigen Beobachtungen etwas höher: 8,5°, 13,7°, 17,3°, 18,5°, 17,7°; aus der 13jährigen Beobachtungsperiode 1879—1891 haben sich — nach Staudacher, Nürnberg, Festschrift darg. d. Mitgl. u. Teilnehm. d. 65. Vers. d. Gesellsch. deutsch. Naturf. u. Aerzte v. Stadtmagistrate Nürnberg [1892], S. 157 — jedoch wesentlich geringere Werte ergeben, nämlich 7,4°, 12,9°, 16,1°, 17,6°, 16,6°); in Würzburg sind nach 30jährigen Beobachtungen (vgl. Thiele a. a. O. S. 136) die Werte ein wenig bedeutender als in Bamberg und ein wenig bedeutender oder ebenso hoch als in Regensburg, nämlich: 8,8°, 12,8°, 17,1°, 18,4°, 17,8°. Bedeutend höher sind die Monatsmittel in Darmstadt und Stuttgart und vorzüglich in Frankfurt und Hanau, nämlich:

	April	Mai	Juni	Juli	August	Zahl der Beob.-Jahre	
Darmstadt ..	10,0	13,9	17,4	19,3	18,2	22	vgl. S. 319 [91], Anmerkung 1.
Stuttgart ...	9,9	14,5	17,8	19,6	18,5	50	
Frankfurt...	10,0	14,1	18,1	20,0	18,8	25	
Hanau	10,1	14,8	18,4	19,8	18,8	29	vgl. Thiele n. a. O., S. 134.

während der Ueberschuss in Heilbronn nur ein unbedeutender ist; hier betragen die Werte nämlich (nach Thiele u. a. O. S. 136):

| 9,6 | 13,4 | 17,3 | 18,7 | 17,8 | 30 |

vor dem Aussterben bewahrt geblieben, während es im Elbethale unterhalb der böhmischen Randumwallung, in welchem es wahrscheinlich

In Mergentheim sind nach 17jährigen Beobachtungen (nach Thiele a. a. O., S. 136) die Monatsmittel: 9,3°, 13,9°, 17,5°, 18,7,°, 18,1° C., zwar höher als in Würzburg und zum Teil höher als in Heilbronn, sie bleiben aber hinter denen der übrigen Orte ebenfalls, zum Teil recht bedeutend, zurück.

Ausser diesen Monaten haben aber auch noch andere für *Erysimum crepidifolium* eine sehr grosse Bedeutung, nämlich der März, in welchem die schnellere Entwicklung der blütentragenden Sprosse beginnt, und die Monate September bis Dezember, in welchen die Entwicklung der vegetativen Teile, sowie die Bildung und Ansammlung von Reservestoffen für die Entwicklung der blütentragenden Sprosse, welche im nächsten Frühjahre sehr schnell vor sich geht — die Art ist hapaxanthisch dicyklisch —, hauptsächlich stattfindet. Januar und Februar haben wohl die wenigste Bedeutung. Die Monatsmittel der zuerst erwähnten 5 Monate sind in den betrachteten Orten:

	März	Septbr.	Oktober	November	Dezember	
Regensburg .	2,5	13,8	8,6	1,7	— 2,4	
Bamberg ...	2,9	13,9	8,7	2,4	— 1,1	
Nürnberg ..	2,8	14,0	8,8	2,7	— 0,2	nach Thiele a. a. O.
Nürnberg ..	2,4	13,2	7,1	2,7	— 1,3	nach Staudacher a. a. O.
Würzbur...	3,7	14,0	9,0	3,1	— 0,3	
Darmstadt ..	5,1	15,1	9,7	5,0	2,3	
Stuttgart...	5,0	15,0	10,1	4,7	1,2	
Frankfurt .	5,0	15,3	9,6	4,3	0,9	
Hanau	4,5	16,0	9,8	4,0	0,6	
Heilbronn ..	4,6	14,4	9,6	4,1	0,3	
Mergentheim	4,0	14,5	9,1	3,1	0,1	

Die Mittelwerte dieser 5 Monate sind also in allen Städten höher als in Regensburg und Bamberg — und Nürnberg —, und in allen, ausser Würzburg, auch höher als in Mergentheim (nur in Heilbronn ist der September um 0,1° C. kühler als in Mergentheim). Leider lassen sich nicht auch die Niederschläge sämtlicher Städte miteinander vergleichen, da mir keine Angaben für Regensburg, Bamberg, Würzburg und Heilbronn vorliegen; es lassen sich nur diejenigen Nürnbergs und Mergentheims mit denjenigen von Darmstadt, Stuttgart, Frankfurt a. M. und Heilbronn vergleichen. Zum Vergleiche kann auch Halle herangezogen werden, dessen Monatsmittel in den 5 wichtigsten Monaten nicht viel höher oder ebenso hoch als diejenigen von Regensburg und Bamberg sind, nämlich: 8,3°, 13,0°, 17,2°, 18,9°, 18,0° C.

	April	Mai	Juni	Juli	August	
Darmstadt ..	44	64	71	81	73	
Stuttgart...	44	65	78	70	71	
Frankfurt ..	38	53	70	64	68	
Heilbronn ..	46	67	63	75	76	
Nürnberg .	40	67	88	61	66	nach Thiele.
	38	63	82	69	65	nach Staudacher, 30jähr. Beobachtung.
Mergentheim	43	63	92	59	73	
Halle	33	43	73	73	47	

bis über die Gegend von Magdeburg hinaus verbreitet war, ausgestorben ist. Hier sind zwar Boden und wohl auch Klima ungünstiger als bei Halle, aber die Abweichungen sind doch so unbedeutend [1]), dass, falls das Klima sich nur bis zum Zustande des der Jetztzeit verschlechtert hätte, *Erysimum* schwerlich aus diesen Gegenden verschwunden wäre. In jedem seiner heutigen lokalen Gebiete hat es sich wahrscheinlich nur an einer oder an wenigen Stellen gehalten. Im Gebiete der Saale

---

Wie aus nebenstehender Tabelle ersichtlich ist, übertrifft Nürnberg (nach T h i e l e) im Mai und Juni, den wichtigsten Monaten (nach S t a u d a c h e r wenigstens im Juni), alle Städte, bei denen *Erysimum* nicht vorkommt; im fränkischen Jura sind die Niederschläge aber wohl noch bedeutender als in Nürnberg. Im Juli bleibt Nürnberg freilich nach T h i e l e hinter allen Städten, nach S t a u d a c h e r wenigstens hinter Darmstadt, Stuttgart und Heilbronn, die aber wesentlich wärmer — das trockene Frankfurt ungefähr 2°C. — sind, zurück, auch im August und im April bleibt es hinter fast allen zurück (im April hat es nach T h i e l e 2 mm mehr Niederschlag als Frankfurt, nach S t a u d a c h e r aber nur ebensoviel), die auch in diesen Monaten wesentlich wärmer sind. Mergentheim hat im Juni wesentlich mehr Niederschlag als alle Städte, im Mai mehr als Frankfurt, und unbedeutend — 1—4 mm — weniger als die drei anderen Städte; fast ebenso verhält es sich im August und im April, dagegen ist sein Juli wesentlich trockener als der von Darmstadt, Stuttgart und Heilbronn, er besitzt aber nur um 5 mm weniger Niederschlag als der von Frankfurt; sein Juli ist aber wesentlicher kühler als derjenige der anderen Städte ausser Heilbronn. Halle übertrifft im Juni alle mit Ausnahme von Stuttgart, welches 5 mm mehr Niederschlag besitzt, im Juli alle mit Ausnahme von Darmstadt, welches 8 mm, und Heilbronn, welches 2 mm mehr Niederschlag besitzt. Im April sowie vorzüglich im Mai und August besitzen diese Städte aber mehr Niederschlag als Halle. Leider lassen sich andere wichtige klimatische Faktoren auch dieser Städte nicht miteinander vergleichen.

Wenn auf Grund des Vergleiches der Wärmemittel und der Niederschlagshöhen ein Urteil gestattet ist, so muss das Klima von Darmstadt, Stuttgart, Frankfurt und Heilbronn, vorzüglich das von Frankfurt, als für *Erysimum* günstiger angesehen werden als das von Nürnberg (und damit das des Frankenjuras), das von Mergentheim (und damit wohl auch das des Kocher- und des Jagstgebietes) und das von Halle.

[1]) Die Wärmemittel und Niederschlagshöhen betragen in den Monaten April bis August und die Wärmemittel in den Monaten März sowie September bis Dezember in Halle, Magdeburg, Torgau und Meissen:

	April	Mai	Juni	Juli	August	Zahl der Beob.-Jahre	
Halle.....	8,3	13,0	17,2	18,9	18,0	35	
	33	43	73	73	47	35	
Magdeburg ..	8,3	12,9	17,0	18,4	17,7	60	
	31	46	56	68	44	13	
Torgau.....	8,3	13,0	17,1	18,7	17,9	38	nach Thiele a.a.O.,
	39	45	66	71	58	38	S. 108—109.
Meissen.....	8,2	12,6	16,7	18,4	17,7	34	
	41	51	67	71	60	34	
	März	Sept.	Okt.	Nov.	Dez.		
Halle.....	3,4	14,5	9,3	3,5	0,6	—	
Magdeburg ..	3,1	14,6	9,2	3,8	0,2	—	
Torgau.....	3,3	14,4	9,3	3,4	0,4	—	
Meissen.....	3,3	14,5	9,2	3,7	0,5	—	

nebst den angrenzenden Teilen des Wesergebietes hat es sich wahrscheinlich in der Gegend von Jena — aber, wie bereits gesagt, wohl nicht weiter oben, wenigstens nicht oberhalb Rudolstadt [1] —, im Salzkegebiete [2]), an einer Oertlichkeit an der Saale zwischen Wettin und Könnern, vielleicht bei Rothenburg, im oberen Bodegebiete, aber wohl nicht an seinen heutigen Wohnplätzen, sondern etwas weiter vom Harzrande entfernt an einer Oertlichkeit, von der es jetzt verschwunden ist. irgendwo zwischen der Wachsenburg bei Arnstadt und Treffurt a. d. W., sowie wahrscheinlich auch im unteren Unstrutthale erhalten [3]). In letzterer Gegend scheint es aber die Fähigkeit, sich später, in der zweiten heissen Periode, weiter auszubreiten, verloren zu haben, sonst würde es wohl bis nach der Saalegegend zwischen Weissenfels und Kösen oder nach der Finne und Schmücke, nach dem Kiffhäusergebirge und der Hainleite vorgedrungen sein, welche Gegenden durch bequeme Wege mit seinen Wohnstätten an der Unstrut verbunden waren; die Zeit war für so weite Wanderungen ausreichend, wie seine Wanderungen an der oberen Saale lehren. Auch im Gebiete der Nahe hat es während der kühlen Periode wohl nur an einer Stelle gelebt. Seine Neuausbreitung von diesen wenigen Oertlichkeiten, an denen es in der kühlen Periode gelebt hat, kann nur in einer Periode stattgefunden haben, welche wesentlich heissere und trockenere Sommer als die Jetztzeit besass, da die kleineren Lücken, welche ohne Zweifel zum grössten Teile erst nach dieser Periode entstanden sind, zum Teil — so z. B. manche der Lücken des nördlichen Böhmens, der obersten Saalegegend, des fränkischen Juras, des Neckargebietes und der Bodenseegegend — von ihm bei dem Klima der Jetztzeit nicht durchwandert werden können. Das Klima dieser Periode der Neuausbreitung kann aber weder so

---

[1]) Das Klima dieser Gegenden muss für *Erysimum* in der kühlen Periode sehr ungünstig gewesen sein; die Monatsmittel und Niederschlagshöhen betragen, nach allerdings nur 8—9jährigen Beobachtungen (vgl. Regel, Thüringen, 1. Teil [1892], S. 318—319 u. 345—346), in Rudolstadt, Leutenberg und Ziegenrück:

	April	Mai	Juni	Juli	August	März	September	Oktober	November	Dezember	Zahl der Beobachtungsjahre
Rudolstadt	7,5	12,8	15,8	17,1	15,9	2,3	12,9	7,7	3,0	— 0,3	9
Leutenberg	6,9	12,1	15,1	16,8	15,7	1,6	12,9	7,4	2,9	— 0,7	9
Ziegenrück	6,8	10,7	15,1	15,9	15,5	2,0	11,8	8,3	2,5	— 0,9	9
Rudolstadt	33	60	75	92	57	—	—	—	—	—	9
Leutenberg	43	60	100	81	62	—	—	—	—	—	8

[2]) Es ist jedoch denkbar, dass *Erysimum* sich nicht in diesem Gebiete gehalten hat, sondern von der Saale her in dies eingewandert ist; es wäre anderenfalls recht merkwürdig, dass es ihm nicht gelang, sich nach dem Muschelkalkgebiete von Cöllme und dem des Weidathales auszubreiten.

[3]) Es erscheint mir die Annahme, dass es sich in den Unterunstrutgegenden gehalten hat, wahrscheinlicher als die, dass es in diese erst aus dem Salzkegebiete eingewandert ist, da es dem Weidagebiete und auch den anderen Strichen zwischen dem engeren Salzkegebiete und der unteren Unstrut zu fehlen scheint.

extrem kontinental gewesen sein wie das der ersten heissen Periode, noch kann seine Herrschaft sehr lange gewährt haben. Denn während *Erysimum* in der ersten heissen Periode Mitteleuropa zu durchqueren vermocht hatte, konnte es sich jetzt nur über recht kleine Abschnitte dieses Landes ausbreiten. Die Ursache hierfür ist aber vielleicht **nicht nur** darin zu suchen, dass infolge der geringen Hitze und Trockenheit der Wald nur von stark besonnten, sehr trockenen Stellen verschwand und weite Niederungen sehr nass blieben, die Ausbreitungswege also viel ungünstiger als in der ersten heissen Periode waren, und dass die verhältnismässig wenigen günstigen Wege, welche entstanden, nur kurzen Bestand hatten, **sondern zum Teil**, wie schon angedeutet, **auch** darin, dass *Erysimum* an manchen Stellen während der kühlen Periode die Fähigkeit verloren hatte, sich später unter günstigen Verhältnissen energisch auszubreiten [1]). In einigen Gegenden, so z. B. in der doch weder hinsichtlich des Klimas noch des Bodens besonders günstigen obersten Saalegegend, hat es sich aber doch recht weit ausgebreitet. Aber auch in diesen ist es ebensowenig wie in den anderen bis nach seinen Grenzen vorgedrungen. So z. B. bestand schwerlich ein Hindernis, welches ihm nicht gestattete, über Gross-Wirschleben bei Alsleben an der Saale hinaus nach Norden, wenigstens bis Bernburg, vorzudringen; ebensowenig bestand ein solches, durch welches ihm ein Vordringen an der Saale über Mücheln hinaus nach Süden unmöglich gemacht worden wäre; im Gegenteil, von Mücheln führte in der zweiten heissen Periode mindestens bis nach Halle eine überaus günstige Wanderstrasse. Ebenso standen seiner weiteren Ausbreitung im Salzkegebiete, seiner Ausbreitung im Unter-Unstruttbale, einer Wanderung im oberen Bodegebiete im nächsten Harzvorlande, einer Einwanderung aus dem Nahethale in das Rheinthal [2]) keine Hindernisse im Wege. Auf vielen Strichen der Lücken der lokalen Gebiete vermag *Erysimum* aber gegenwärtig durchaus zu leben, es kann von ihnen also nicht dadurch verschwunden sein, dass das Klima der Periode seiner Neuausbreitung zum Zustande des der Jetztzeit zurückkehrte, sondern nur dadurch, dass es weit feuchter und kühler als dieses wurde. Damals muss es eine viel unbedeutendere Verbreitung als gegenwärtig besessen haben, überall muss die Individuenzahl eine sehr geringe, und an recht vielen Stellen müssen die vorhandenen sehr schwach und häufig dem Untergange nahe gewesen sein, so dass sie ein unbedeutendes ungünstiges Ereignis zu vernichten vermochte. Nur bei dieser Annahme lässt es sich verstehen, dass *Erysimum* von Oertlichkeiten verschwinden konnte, welche in jeder Beziehung ebenso günstig oder günstiger sind als solche, an denen es sich gehalten hat. Die weite Verbreitung an den einzelnen engbegrenzten Stellen hat sich *Erysimum* also erst nach Ausgang der zweiten kühlen Periode, in der Jetztzeit, erworben. Seine Ausbreitung schreitet ersichtlich noch immer fort. An manchen Stellen hat es bereits nach allen

---

[1]) Eine enge Anpassung an ganz bestimmte chemische oder physikalische Eigenschaften des Bodens scheint es sich nirgends erworben zu haben.
[2]) Nach Wirtgen (Flora d. preuss. Rheinlande, 1. Bd. [1870], S. 153) wächst es im Nahethale „von der Mündung der Simmer bis auf die Ecke, wo das Nahethal in das Rheinthal mündet"; auf der ganzen Strecke ist es überaus häufig.

Seiten hin seine Ausbreitungsschranken erreicht; an manchen Hängen an der Saale zwischen Wettin und Alsleben wächst es von der Grenze des Saale-Alluviums am Fusse bis zum Rande der mit Aeckern bedeckten Hochfläche, und von einem Querthale bis zum nächsten. An anderen Orten ist es jedoch noch weit von seinen Grenzen entfernt.

Die Verbreitung von *Hypericum elegans Steph.* ist ebenfalls in mancher Hinsicht derjenigen von *Seseli* und der von *Erysimum* ähnlich. *Hypericum* wächst im unteren Donaugebiete in Niederösterreich bei Krems an der Donau und in Mähren bei Czeitsch im Hradischer Kreise sowie bei Austerlitz. In den Gebieten der Weichsel[1]) und der Oder scheint es zu fehlen, in dem der Elbe wächst es nur in Böhmen und im Saalegebiete. In ersterem kommt es an der Beraun bei Karlstein, sowie in der Nähe der Elbe bei Raudnitz, Budin und Lobositz vor; im Saalegebiete wächst es in der Nähe der Saale bei Naumburg (Mertendorf), im Unstrutgebiete in der Nähe der Unter-Unstrut bei Nebra und Allstedt, an mehreren Stellen des Kiffhäusergebirges, bei Schlotheim (hier auch bei Marolterode), Tennstedt (bis nach Gebesee) und Erfurt, sowie an mehreren Stellen des Salzkegebietes. Im Wesergebiete tritt es nur[2]) im Werragebiete bei Schwarza westlich von Suhl, nordöstlich von Meiningen auf. Ausserdem wurde es in Mitteleuropa nur noch im Rheingebiete bei Odernheim im Grossherzogtume Hessen beobachtet. Es besitzt also auch wie die beiden soeben behandelten Formen eine Anzahl mehrere hundert Kilometer weite Gebietslücken — diejenige zwischen Krems und Odernheim ist über 500 km weit —, welche ebenso wie diejenigen jener keine ursprünglichen sein können. Es ist nicht denkbar, dass seine zwar recht kleinen, aber jeder besonderen Ausbreitungseinrichtung entbehrenden Samen über so weite Landflächen durch Tiere oder die bewegte Luft hinweggetragen sein können; auch für einen Wassertransport sind sie nicht geeignet. *Hypericum* muss sich also schrittweise, und zwar, wie die beiden behandelten Formen, nach der vierten kalten Periode und aus Osten, höchst wahrscheinlich aus Ungarn, über Mitteleuropa ausgebreitet und ehemals auf den Gebieten seiner heutigen Lücken gelebt haben. Bei seiner Ausbreitung hat es, wenigstens meist, dieselben Wege wie *Seseli Hippomarathrum* und *Erysimum crepidifolium* verfolgt. Es ist aus Ungarn längs der Donau durch Nieder- und Oberösterreich nach den bayerischen Donaugegenden und von diesen nach dem Rheingebiete gewandert; im oberen Donaugebiete wie im Rheingebiete war es ehemals ohne Zweifel recht weit verbreitet. Wahrscheinlich ist es aus dem Rheingebiete — wohl aus dem Gebiete des Maines — nach dem Wesergebiete — die bei Schwarza vorkommenden Individuen sind wahrscheinlich Nachkommen von solchen, welche damals nach der Umgebung dieses Ortes vom Maingebiete

---

[1]) In Galizien wächst es wohl nur im Dnjestrgebiete.
[2]) Das vermutete Vorkommen auf der Asse in Braunschweig — vgl. Bertram, Flora von Braunschweig, III. Aufl. (1885), S. 51 — scheint sich nicht bestätigt zu haben, in der vierten Auflage dieses Werkes — 1894 — fehlt jede Angabe über die Pflanze. Auch die übrigen Angaben aus dem Wesergebiete haben keine Bestätigung gefunden.

eingewandert sind — und aus diesem nach dem Gebiete der Saale gewandert. Nach diesem Gebiete ist *Hypericum* vielleicht auch aus Böhmen, wohin es aus Niederösterreich direkt oder über Mähren gelangt war, durch das sächsische Elbegebiet, oder aus Mähren durch das Odergebiet eingewandert. Der Umstand, dass es gegenwärtig in Mitteleuropa[1]) fast ausschliesslich auf sehr kalkreichem Boden vorkommt, würde dieser Annahme nicht widersprechen; es war zur Zeit seiner Wanderung offenbar ganz indifferent gegen höheren Kalkgehalt des Bodens, sonst hätte es wohl nicht nach seinen heutigen Wohnplätzen in Böhmen gelangen können. Diese Wanderungen von *Hypericum* konnten wie die der soeben behandelten Formen nur in einer heissen Periode stattfinden. Denn die Gebietslücken bieten in der Jetztzeit auf weiten Strecken für dieses, das als Wohnstätte stark besonnten, durchaus trockenen und recht stark kalkhaltigen Felsboden bedarf, keinerlei geeignete Wohnplätze. Anders müssen die Verhältnisse jedoch in einer Periode mit sehr heissen und trockenen Sommern und sehr kalten und trockenen Wintern gewesen sein. In einer solchen besassen die Gebirge auf dem Gebiete der Lücken bis weit hinauf ein warmes und trockenes Sommerklima, so dass *Hypericum*, welches ohne Zweifel recht hohe trockene Sommerwärme bedarf, aber sehr kalte Winter ertragen kann, auf ihnen zu leben vermochte; es waren in ihnen die der Sonne exponierten Felshänge der Thäler und in den niederen Lagen der Lücken auch ausgedehnte ebenere Striche nur mit ganz lichtem Walde bedeckt oder vollständig waldfrei. Auch die nassen Niederungen waren weithin ausgetrocknet. Und ausserdem war *Hypericum elegans* in einer solchen Periode, wie schon gesagt, hinsichtlich eines höheren Kalkgehaltes und wahrscheinlich noch hinsichtlich anderer Eigenschaften des Bodens, deren Vorhandensein heute für dasselbe unerlässlich ist, wie zahlreiche andere Formen dieser Anpassungshauptgruppe, durchaus indifferent. Das Aussterben, welches zur Entstehung der grossen Gebietslücken führte, kann ebensowenig wie bei den behandelten Formen durch ein Zurückgehen des Klimas zu seinem gegenwärtigen Zustande veranlasst worden sein. Ein solcher Rückgang würde zwar recht bedeutende Lücken geschaffen haben, doch keine von solcher Weite wie sie *Hypericum* gegenwärtig besitzt. Wäre er dazu im stande gewesen, so würde durch eine Verschlechterung des Klimas, wie man sie für die vierte kalte Periode voraussetzen muss, die Form auch in Ungarn und noch weiter nach Südosten hin vollständig vernichtet worden sein. Man muss also annehmen, dass die Sommer jener Periode bedeutend kühler und feuchter waren als die der Gegenwart. *Hypericum* kann während einer solchen Periode, welche es auf so weiten Strichen vollständig vernichtete, nicht seine heutige Verbreitung besessen haben; es kann nur an sehr wenigen Oertlichkeiten erhalten geblieben sein und muss sich an den meisten von diesen zur Zeit der höchsten Klimaverschlechterung dauernd in einem Zustande befunden haben, dass ein zufälliges, ganz unbedeutendes ungünstiges Ereignis es hätte vernichten können. Sein fast vollständiges Fehlen im unteren Donau-

---

[1]) Ob in Mitteleuropa nur auf Felsboden oder auch auf Mergel- und Lehmboden?

und im Rheingebiete und sein vollständiges Fehlen im oberen Donaugebiete verlangen diese Annahme. Die Hitze und Dürre des heissesten Abschnittes der heissen Periode können es in diesen Gegenden nicht vernichtet haben, denn es ist, nach seiner Verbreitung in Europa und Asien zu urteilen, durchaus im stande, ein so kontinentales Klima wie damals in Mitteleuropa geherrscht haben muss, zu ertragen. Im Gebiete des Rheines scheint es nur bei Odernheim in Hessen erhalten geblieben zu sein, obwohl die Umgebung dieses Ortes sich weder hinsichtlich ihres Bodens, noch hinsichtlich ihres Klimas — Näheres über letzteres scheint nicht bekannt zu sein — vor zahlreichen Oertlichkeiten des Mainzer Beckens und seiner Nachbarschaft, und vor Allem nicht vor den warmen Gegenden Niederösterreichs und Mährens, auszeichnen dürfte. Noch viel auffallender ist sein Vorkommen bei Schwarza. Es lässt sich freilich nicht mit Sicherheit behaupten, dass dieses Vorkommen aus der ersten heissen Periode stammt, doch scheint mir diese Annahme wahrscheinlicher zu sein als die, dass *Hypericum* bei Schwarza erst seit der zweiten heissen Periode lebt und dass es in dieser dorthin vom Saalegebiete her eingewandert ist. Denn in diesem Falle würde es wohl aus dem nordöstlichen Vorlande des Thüringerwaldes, dessen Boden seinen Anforderungen in jeder Beziehung entspricht und dessen Klima strichweise, z. B. sicher bei Arnstadt und wahrscheinlich auch bei Stadtilm, günstiger als bei Schwarza ist, nicht vollständig verschwunden sein — erst an der Schwellenburg nördlich von Erfurt und zwischen Gebesee und Tennstedt tritt es wieder auf — und es würde, wenn es sich soweit nach Süden ausgebreitet hätte, wohl auch nach anderen Richtungen weiter gewandert sein [1]). Ueber das Klima von Schwarza ist Genaueres nicht bekannt, wohl aber liegen über dasjenige des nahen Meiningen, welches wahrscheinlich etwas wärmer und trockener ist, Beobachtungen vor. Nach diesen [2]) ist es kühler und feuchter als das zahlreicher Oertlichkeiten, an denen *Hypericum* fehlt, an denen es aber ehemals gelebt hat und an denen auch die Eigenschaften des Bodens und der Organismenwelt durchaus seinen Anforderungen entsprechen [3]). Wie soeben gesagt wurde, kann *Hypericum* während der kühlen Periode nicht seine strichweise recht weite Verbreitung besessen haben; es kann also auch im Saalegebiete nur an wenigen Oertlichkeiten vorgekommen sein. Wahrscheinlich hat es die ungünstige Periode nur an einer Stelle im Salzke-

---

[1]) Gegen eine so weite Ausbreitung in Mitteldeutschland in der zweiten heissen Periode scheint mir auch der Umstand zu sprechen, dass es sich in Niederösterreich, Mähren und Böhmen so wenig ausgebreitet hat.
[2]) Vgl. Regel, Thüringen, 1. T. (1892), S. 318 u. 344.
[3]) Es besitzen in Meiningen nach 10jährigen Beobachtungen die Monate April bis September, welche für diese ausdauernde Pflanze, deren Blühen in die Monate Juni und Juli fällt, wahrscheinlich die wichtigsten sind, die folgenden Mittelwerte: $7,5°$, $11,7°$, $15,5°$, $17,2°$, $15,9°$, $13,1°$ C., bleiben also z. B. weit hinter denjenigen von Regensburg, Bamberg und Würzburg (vgl. S. 327 [99], Anm. 1) zurück, in deren Nähe *Hypericum* doch wohl gelebt hat. Die Niederschlagshöhen betragen in den sechs Monaten in Meiningen: 31 mm, 44 mm, 77 mm, 100 mm, 65 mm, 45 mm, also wahrscheinlich mehr oder ebensoviel als in Regensburg, Bamberg und Würzburg.

gebiete — wahrscheinlich auf dem Muschelkalkgebiete von Köllme [1]) —, bei Naumburg, bei Nebra [2]) und im südlichen Teile des Kiffhäusergebirges überlebt; von letzterem ist es vielleicht, wie manche andere Formen der gleichen Hauptgruppe [3]), bis nach Erfurt, Tennstedt und Schlotheim gewandert [4]). Wenn wirklich später eine Ausbreitung in der angedeuteten Weise stattgefunden hat, so kann sie nur in einer heissen Periode vor sich gegangen sein. Vorzüglich eine Wanderung vom Kiffhäusergebirge nach Erfurt, Tennstedt und Schlotheim würde während der Herrschaft des Klimas der Jetztzeit wohl unmöglich gewesen sein. Die kleinen Lücken, welche das Gebiet von *Hypericum* in Mitteleuropa besitzt, sind also wohl meist erst nach der zweiten heissen Zeit entstanden. Wie die grossen Lücken nicht einem Rückgange des Klimas der heissen Periode zum Zustande desjenigen der Jetztzeit, so können sie nicht einem Rückgange des Klimas der zweiten heissen Periode zu jenem, sondern nur einem viel kühleren Klima ihre Entstehung verdanken. Die Verhältnisse gestalteten sich für *Hypericum* in jener zweiten kühlen Periode wieder recht ungünstig, so dass es vielleicht auch jetzt wieder selbst an den am meisten begünstigten Oertlichkeiten vom Zufalle abhing, ob dasselbe erhalten blieb oder ausstarb. Eine Ausbreitung in der Jetztzeit lässt sich nicht erkennen, überall, wo ich *Hypericum* sah, war es auf einen engumgrenzten Raum beschränkt, obwohl, wenigstens an den meisten der Oertlichkeiten, seine Ausbreitung durch keine äusserlich sichtbare Schranke gehindert wurde.

Eine ähnliche Verbreitung wie die im Vorstehenden behandelten Formen besitzen auch noch manche andere, z. B. *Trifolium parviflorum* Ehrh. und *Astragalus exscapus* L., welche aber im Gebiete der oberen Donau und in dem des Rheines vollständig zu fehlen scheinen [5]).

Es sollen nunmehr einige Formen betrachtet werden, welche sich von den soeben behandelten vorzüglich dadurch unterscheiden, dass sie auch weiter nördlich im unteren Odergebiete und meist auch im Weichselgebiete wachsen.

Stipa capillata L. ist im unteren Donaugebiete in Niederösterreich im östlichen Teile bis zum Bisamberge und dem Wienerwalde weit verbreitet und tritt hier ausserdem noch bei Staatz und Hardegg sowie wohl auch noch an anderen Orten in der Nähe der mährischen Grenze auf, wächst an einigen Stellen in Oberösterreich

---

[1]) Auch in diesem, in welchem es an drei je ungefähr 1—2 km voneinander entfernten Stellen vorkommt bezw. bis vor kurzem vorkam, hat es sich später ausgebreitet.

[2]) Es ist hierhin wohl nicht aus dem Kiffhäusergebirge eingewandert, wie das wahrscheinlich bei *Gypsophila fastigiata* L. und *Oxytropis pilosa* (L.) der Fall ist.

[3]) Z. B. *Silene Otites* (L.), *Alyssum montanum* L. und *Oxytropis pilosa* (L.); vgl. über diese das in Abschn. *** Gesagte.

[4]) Und zwar vielleicht in einer Anpassung an den Gipsboden, welche es sich wie manche andere Gewächse während der ersten kühlen Periode im Kiffhäusergebirge erworben hatte, welche es später aber wieder teilweise verloren hat (es wächst bei Schlotheim und an einigen der Wohnplätze bei Tennstedt auf Muschelkalk).

[5]) Vgl. über sie Entw. d. ph. Pflzdecke des Saalebezirkes S. 164 u. fg. [61] u. fg.

und in weiter Verbreitung im südlichen und mittleren Mähren, nach Norden bis Olmütz — hier nur noch spärlich —. Im Elbegebiete wächst dies Gras an zahlreichen Stellen des nördlichen Böhmens von Kuttenberg und der Beraun ab, z. B. bei Jungbunzlau, an zahlreichen Stellen der weiteren Umgebung von Prag, in der Elbenähe bis zum Mittelgebirge, in diesem nach Norden bis Aussig, sowie im Eger- und Bielagebiete nach Westen bis Saaz und Priesen. Weiter elbeabwärts tritt es wahrscheinlich [1]) erst bei Barby auf, von hier ab ist es bis Burg (noch bei Parchau und Kehnert) [2]) weit verbreitet; links von der Elbe wächst es in grösserer Entfernung von ihr im Saalegebiete, und zwar in der Nähe der Saale von Ziegenrück bis Saalburg [3]), bei Saalfeld [4]) und Jena und von Naumburg bis zur Mündung — in letzterer Gegend ist es strichweise, z. B. zwischen Halle und Bernburg (nach Osten bis Landsberg und Schwerz) sehr häufig —, im Ilmgebiete bei Apolda (Zottelstedt), Weimar [5]) und Berka, im Unstrutgebiete an recht zahlreichen Stellen der unteren Unstrutgegenden, am südlichen Harzrande bei Sangerhausen und Nordhausen, an zahlreichen Stellen im Kiffhäusergebirge, an mehreren Stellen in der Hainleite, der Schmücke und der Finne, an recht zahlreichen Stellen des Beckens bis Mühlhausen, Gotha, zu den Gleichen und Arnstadt (Jungfernsprung), in weiter Verbreitung im Salzkegebiete, im Schlenzegebiete, an zahlreichen Stellen im Gebiete der Harzwipper aufwärts bis Mansfeld, ebenso im Bodegebiete aufwärts bis zum Harzrande — nach Norden bis Halberstadt, Derenburg und Heimburg — und im Harze selbst noch zwischen Rübeland und Elbingerode, sowie [6]) östlich von der Saale im Gebiete der Weissen Elster bei Gera und Krossen; nördlich vom Saalegebiete wächst das Gras, und zwar strichweise in weiter Verbreitung, im Gebiete der Ohre; rechts von der Elbe wächst es im Havel-Spreegebiete z. B. an einer Anzahl Stellen bei Brandenburg, Potsdam, Spandau und Treuenbriezen sowie bei Rüdersdorf. Im Gebiete der Oder tritt das Gras erst bei Grünberg oder [7]) vielleicht sogar erst bei Frankfurt auf und wächst von

---

[1]) Nach Garcke (Flora v. Deutschland, 18. Aufl. [1898], S. 677, auch schon in d. 13. Aufl.) auch bei Meissen, doch wird es von dort weder von Schlimpert (Die Flora v. Meissen, Deutsch. bot. Monatsschr., IX. Jahrg. [1891]), noch von Drude (Festschrift d. naturw. Gesellsch. Isis in Dresden [1885]) oder von Drude u. Schorler (Sitzberichte u. Abhdgn. d. naturw. Gesellsch. Isis in Dresden [1895]) erwähnt. Nach Löw (Ueber Perioden und Wege ehemaliger Pflanzenwanderungen im norddeutschen Tieflande, Linnaea 42. Bd., S. 511 u. fg. [612]) wächst es an der Elbe schon von Wittenberg ab.
[2]) Nach Löw a. a. O. bis Sandau.
[3]) Nach W. O. Müller, Flora d. reuss. Länder (1863), S. 241, ob wirklich vorhanden?
[4]) Hoë in Schönheit, Taschenbuch d. Flora Thüringens (1850), S. 512.
[5]) Schönheit a. a. O.
[6]) Wohl nicht ganz sicher, vgl. W. O. Müller u. a. O. S. 240—241, und dazu H. Müller, Flora d. Umgebung von Gera, 18.—20. Jahresber. d. Gesellsch. v. Freunden d. Naturw. in Gera (1875—1877), S. 173—262 [255] sowie F. Naumann, Beitrag z. westl. Grenzflora d. Kgr. Sachsen, Sitzb. u. Abh. d. naturw. Gesellsch. Isis in Dresden, Jahrg. 1890 (1891), Abh., S. 35—40 [40].
[7]) Vgl. Fiek, Flora v. Schlesien (1881), S. 506, und Schube, Die Verbreitung der Gefässpflanzen in Schlesien (1893), S. 26.

dort in der Odergegend an zahlreichen Stellen, und zum Teil in grosser Individuenzahl, bis Pommern — noch auf Wollin —; rechts von der Oder wächst es im Wartegebiete bei Landsberg und Driesen [1]) sowie im **Plönegebiete** bei **Pyritz**, links von ihr kommt es im Ukergebiete bei **Prenzlau** vor. Im **Weichselgebiete** wächst es in Südwestpolen, z. B. bei Pinczów, sowie in Westpreussen bei Kulm und Schwetz. Im **Wesergebiete** scheint *Stipa capillata* vollständig zu fehlen, im **Rheingebiete** wächst sie in der Nähe des Oberrheins in der Bodenseegegend bei Langenstein, im Schwarzwalde bei St. Wilhelm, am Kaiserstuhle — an mehreren Stellen —, von Schwetzingen bis Mannheim, an mehreren Stellen im nördlichen Teile der bayerischen Pfalz, an zahlreichen Stellen im Grossherzogtume Hessen auf beiden Rheinseiten sowie an einer Anzahl Stellen im unteren Nahegebiete bis Kirn aufwärts; ausserdem kommt sie im Maingebiete in der Nähe des Maines bei Flörsheim, Retzbach, Würzburg und Schweinfurt (Grettstadt, Sulzheim) und im Regnitzgebiete bei Windsheim vor; weiter abwärts wächst das Gras in der Nähe des Mittelrheines an einer Anzahl Stellen bis Erpel bei Linz und im untersten Moselthale. Im oberen Donaugebiete scheint es nur bei Heidenheim a. d. Brenz [2]) vorzukommen.

Wie aus dem Vorstehenden hervorgeht, besitzt auch das Gebiet dieser Form zahlreiche recht weite — zum Teil gegen 200 km und darüber weite — Lücken. Diese können ebensowenig wie diejenigen der behandelten Formen ursprünglich sein. Die Früchte von *Stipa capillata* sind zwar ohne Zweifel im stande, sich mit ihren langen Grannen, deren unterer Teil bei Trockenheit gerade, deren oberer Teil mehrfach, oft rechtwinklig, hin und her gebogen und gewöhnlich an der meist sehr dünnen Spitze gekräuselt ist, an das Gefieder von Vögeln fest anzuheften, doch ist es wenig wahrscheinlich, dass sie von diesen über so weite Strecken hinweggetragen sind; denn die Vögel, die an den Wohnplätzen des Grases, welches ausschliesslich freie oder leicht beschattete und sehr trockene Oertlichkeiten bewohnt, leben, machen wohl keine ununterbrochenen Flüge von mehreren hundert Kilometern Weite, werden also bald die grossen und recht schweren Früchte verlieren. Kurze Strecken sind diese aber wohl mehrfach von Vögeln und wahrscheinlich auch von Säugetieren verschleppt worden, manche der kleinen Lücken der lokalen, durch Ausbreitung in der zweiten heissen Periode entstandenen Gebiete sind wahrscheinlich auf solche Weise entstanden, somit ursprüngliche [3]). Auch die bewegte Luft vermag die Früchte wahrscheinlich immer nur kurze Strecken fortzuführen; einen weiten Transport durch Wasser dürften sie wohl nicht ertragen können. Man wird also wohl annehmen müssen, dass die grösseren Lücken keine

---

[1]) Ob auch in Pommern?, nach W. Müller, Flora v. Pommern (1898), S. 35, ist es „zerstreut in Hinterpommern".
[2]) Nach Schnizlein u. Frickhinger a. a O. S. 210.
[3]) Wahrscheinlich durch Verschleppung der Früchte durch Vögel (wohl nicht durch Windtransport) ist *Stipa* von dem einen ihrer westpreussischen Wohnplätze nach dem zweiten, welcher gerade gegenüber auf dem anderen Weichselufer liegt, gelangt; wahrscheinlich ist derjenige im Kreise Kulm der ursprüngliche, da dort auch *Adonis vernalis* wächst.

ursprünglichen sind, dass *Stipa* über sie schrittweise und zum Teil wohl auch in kleinen Sprüngen hinweggewandert ist, also ehemals auf ihren Gebieten gelebt hat und später von diesen verschwunden ist. Diese Wanderung kann erst nach der vierten kalten Periode, während welcher das Gras in Mitteleuropa nicht zu leben im stande war, stattgefunden haben, und zwar in einem Zeitabschnitte, welcher trockenere und heissere Sommer als die Jetztzeit besass. Denn es verlangt, wie soeben gesagt wurde, als Wohnstätte ganz freie oder nur wenig durch Bäume beschattete, trockene Oertlichkeiten, kann also ausser an ganz baum- und strauchlosen Stellen oder an ganz lichten Laubwald- und Gebüschrändern nur im Kiefernwalde¹), aber nicht im Laub- oder im Fichten- und Tannenwalde wachsen; bezüglich des Kalkgehaltes des Bodens ist es recht indifferent, strichweise scheint es einen nicht allzu kalkreichen Boden kalkreichem vorzuziehen. Solche ihm zusagenden Oertlichkeiten fehlen aber in der Gegenwart und fehlten auch in der Jetztzeit, bevor der Mensch die natürlichen Verhältnisse Mitteleuropas soweit umgestaltete, auf sehr weiten Strecken der Lücken, über welche die Früchte nicht hinweggelangen können. Die Ausbreitungshindernisse schwinden nur unter der Herrschaft eines extrem kontinentalen Klimas; ein solches muss also in der Periode der Einwanderung von *Stipa* geherrscht haben. Während die Einwanderung der drei zuerst betrachteten Formen ihren Ausgang nur aus dem Südosten genommen haben kann, da diese in der Nähe von Mitteleuropa nur hier während der vierten kalten Periode gelebt haben, und bei allen wahrscheinlich in erster Linie Ungarn als Ausgangsland der Wanderung angesehen werden muss, konnte *Stipa capillata* wohl auch aus dem Südwesten, aus dem Rhonegebiete einwandern, da sie wohl auch in diesem während der kalten Periode gelebt hat; vielleicht sind die Individuen, welche jetzt im Rheingebiete wachsen, wenigstens teilweise Nachkommen von aus dem Rhonegebiete eingewanderten Individuen. Nach dem Osten Mitteleuropas ist sie wahrscheinlich nicht ausschliesslich aus Ungarn, sondern auch aus Südrussland eingewandert. Es ist nicht unmöglich, dass diese Einwanderer bis nach der Oder, vielleicht sogar bis nach dem Gebiete der Elbe gelangt sind; es ist jedoch, wie sogleich gezeigt werden wird, sehr wahrscheinlich, dass die Individuen, welche gegenwärtig in den Odergegenden leben, zum grossen, vielleicht sogar grössten Teile Nachkommen von solchen sind, welche aus dem Gebiete der Donau, speziell dem der March oder dem der Waag, eingewandert sind, eine Annahme, welche auch für einen Theil der Individuen des Weichselgebietes durchaus zulässig ist. Die Ausbreitungswege von *Stipa capillata* in Mitteleuropa fallen im allgemeinen wohl mit denjenigen der behandelten Formen zusammen. Wie bei jenen so kann auch bei ihr das Aussterben in den Gebieten der Lücken nicht dadurch veranlasst sein, dass das heisse und trockene Klima der Zeit ihrer Einwanderung und Hauptausbreitung wieder zum Zustande des der Jetztzeit zurückkehrte. Wäre nur dies eingetreten, so würden nur

---

¹) Auch in diesem wächst es wohl meist nur an ganz lichten, stark besonnten Stellen, vorzüglich an steileren Hängen.

kleine Lücken entstanden sein. So würde in diesem Falle das Gras sich ohne Zweifel im schlesischen Odergebiete gehalten haben. Denn das Klima mancher Oertlichkeiten Schlesiens, an denen auch der Boden für *Stipa* wenigstens stellenweise recht geeignet ist, ist nur sehr wenig ungünstiger oder sogar ebenso günstig für dieses an warme, trockene Sommer angepasste Gras wie das der klimatisch am meisten begünstigten Oertlichkeiten des märkischen Odergebietes und mancher Striche des Havelgebietes, in denen dasselbe wächst[1]) und auch während der kühlen

---

[1]) Zum Beweise sollen die Angaben über die Wärmemittel, die Niederschlagshöhen und die Anzahl der Regentage der für *Stipa* wichtigsten Monate von Frankfurt a. O., Landsberg a. W. und Potsdam, in deren Nähe sie vorkommt und wo sie wahrscheinlich auch während der kühlen Periode gelebt hat, mit denjenigen von Guhrau, Breslau, Oppeln und Ratibor verglichen werden, in deren Nähe *Stipa* fehlt, aber ehemals gelebt hat. Das Blühen dieses ausdauernden Grases beginnt bei Halle in wärmeren Jahren im Anfange des Juli und währt ungefähr bis zur Mitte des August. Die Fruchtreife fällt vorzüglich in den August. Für das Blühen und Reifen sind also Juni, Juli und August die wichtigsten Monate. Die Wärmemittel, Niederschlagshöhen und die Anzahl der Regentage dieser Monate sowie die des Mai und des September sind in den bezeichneten Städten:

	Mai	Juni	Juli	August	September	Zahl der Beobachtungsjahre	
Frankfurt	12,7	17,2	17,9	17,6	14,1	38	nach Thiele a. a. O., S. 106–107.
	46	57	65	60	35		
	11,4	16,9	18,1	17,2	13,6		nach Thiele u. a. O.
Landsberg	38	68	74	78	45	10	
	12	12	16	15	11		
	11,8	15,9	17,5	16,5	13,9		nach Thiele a. a. O.
Potsdam	35	62	81	60	38	10	
	12	13	17	14	10		
Guhrau	12,6	16,1	17,9	17,1	13,5	38	nach Thiele a. a. O., S. 80–81.
	49	72	67	69	40		
	13,0	16,6	18,1	17,7	13,8	100	nach Galle, 69. Jahresbericht d. schles. Gesellsch. f. vaterl. Cultur im Jahre 1891 (1892), II. Naturw. Abt. S. 186–199 (186 u. 194).
Breslau	55	65	79	79	48	37	
	14	13	13	14	15		
Oppeln	13,5	17,0	18,8	18,1	14,8	25	nach Thiele a. a. O., S. 82–83.
	58	92	94	75	56		
	12,9	17,3	18,3	17,7	13,8		nach Thiele a. a. O.
Ratibor	56	74	71	85	52	32	
	12	13	13	13	10		

Es sind also in Ratibor und in Oppeln alle Monate wärmer als in Landsberg; in Breslau sind nur Mai, August und September wärmer, der Juli ist ebenso warm und der Juni ein wenig kühler als in Landsberg; in Guhrau sind alle Monate ausser Mai ein wenig kühler als in Landsberg. (Die Beobachtungen in Landsberg sind allerdings nur 10jährig, lassen sich also nicht direkt mit den sich über viel längere Zeiträume erstreckenden der anderen Orte vergleichen.) In Oppeln sind alle Monate, in Ratibor, Breslau und Guhrau alle mit Ausnahme des September

Periode gelebt hat. Ebenso würde sich das Gras wohl in den Elbegegenden von der Randumwallung bis zur Gegend von Wittenberg erhalten haben, in denen es ehemals ohne Zweifel reichlich wuchs[1]), ebenso würden wir es in manchen Gegenden des Neckargebietes vorfinden, durch welche es doch wohl, wenigstens zum Teil, nach dem Oberrheine gewandert ist, da es sich bei Würzburg und Retzbach und wahrscheinlich auch bei Boppard erhalten hat, deren Klima wohl nicht günstiger für dasselbe ist als das mancher Neckarstädte, z. B. das von Stuttgart und Heilbronn[2]). Es kann dies Aussterben seine Ursache also nur darin haben, dass das Klima für *Stipa* wesentlich ungünstiger als das der Gegenwart, also viel sommerkühler und feuchter als dieses wurde, so dass so unbedeutende Vorzüge, wie sie das Klima von Frankfurt und vielleicht auch das von Potsdam und Landsberg vor dem der

wärmer als in Potsdam, dessen Beobachtungsdauer sich aber ebenfalls nur über 10 Jahre erstreckt; in Ratibor sind alle Monate mit Ausnahme des September, in Oppeln alle mit Ausnahme des Juni, in Breslau alle mit Ausnahme des Juni und September wärmer als in Frankfurt, während in Guhrau der Juli ebenso warm wie in Frankfurt, die übrigen Monate aber kühler sind. Die Niederschlagshöhen sind nun freilich in Frankfurt in allen Monaten — bis über 30 mm — geringer als in allen vier schlesischen Städten; Potsdam hat im Mai, Juni, August und September weniger Niederschlag als die vier Städte, im Juli aber mehr als alle ausser Oppeln; Landsberg hat nur im Mai weniger Niederschlag als alle Städte, im Juni weniger als alle ausser Breslau, im Juli weniger als alle ausser Guhrau und ebenso viel wie Ratibor, im August weniger als Breslau und Ratibor und im September weniger als alle ausser Guhrau. Die Anzahl der Regentage ist in den wichtigsten Monaten Juni bis August in den schlesischen Städten geringer oder ebenso bedeutend als in Potsdam und Landsberg, nur der Juni hat in Landsberg nur 12 Regentage, während er in Breslau und Ratibor 13 besitzt. Es dürfte also das Klima der schlesischen Orte nur wenig ungünstiger als das von Frankfurt und vielleicht (mit Ausnahme von Guhrau, welches ungünstiger ist) ebenso günstig, wenn nicht sogar zum Teil günstiger, als das von Potsdam und Landsberg sein.

[1]) Ueber das Klima von Halle, Magdeburg, Torgau und Meissen vgl. S. 329 [101], Anm. 1. In Dresden sind nach 25jährigen Beobachtungen (nach Thiele a. a. O., S. 108—109) die Wärmemittel und Niederschlagshöhen der drei wichtigsten Monate:

Juni	Juli	August
16,5	18,2	17,3
85	77	61

Das Klima von Dresden ist also offenbar günstiger für *Stipa* als das von Potsdam (vgl. S. 339 [111], Anm. 1).

[2]) Vgl. S. 328 [100], Anm. 1. In Boppard sind nach 38jährigen Beobachtungen (vgl. Thiele a. a. O., S. 120—121) die Wärmemittel und Niederschlagshöhen der wichtigsten Monate:

Juni	Juli	August
16,3	17,8	17,2
69	75	69

behandelten schlesischen Orte, sowie das von Halle vor dem des Elbethales [1]) von der Randumwallung bis Wittenberg besitzt, für sie von grösster Bedeutung sein konnten, und dass sie selbst in den klimatisch am meisten begünstigten Strichen so geschwächt war, dass ganz unbedeutende Ereignisse genügten, um sie zu vernichten. Sie kann damals natürlich auch in diesen nur an sehr wenigen Orten und in unbedeutender Individuenzahl gelebt haben. Im Odergebiete wuchs sie vielleicht nur an wenigen Orten der Provinz Brandenburg, wahrscheinlich in der Gegend zwischen Frankfurt und Oderberg sowie vielleicht auch bei Landsberg. Doch ist es auch wohl möglich, dass sie nach letzterem Orte erst später gelangt ist; der Vergleich seines Klimas mit demjenigen der schlesischen Orte spricht sehr für diese Annahme. Auch im Saalegebiete war ihre Verbreitung eine beschränkte: schwerlich lebte sie am südlichen Harzrande und wahrscheinlich auch nicht bei Saalfeld, Arnstadt, Gotha und Mühlhausen und vielleicht auch nicht bei Sondershausen. Wahrscheinlich wuchs sie im Saalegebiete nur an einigen Stellen an der Saale von Jena abwärts, an der unteren Unstrut, im Kiffhäusergebirge, im Salzkegebiete sowie an einigen Stellen nördlich von diesem. Auch weiter im Westen und Südwesten, so z. B. vorzüglich am Mittelrheine, war ihre Verbreitung damals ohne Zweifel eine sehr beschränkte. Ihre heutige strichweise weite Verbreitung, z. B. im Grossherzogtume Hessen, im Saalegebiete und in den märkischen Odergegenden, hat sich *Stipa* somit erst durch Neuausbreitung nach der kühlen Periode erworben. Diese Ausbreitung kann nicht während eines der Jetztzeit in klimatischer Hinsicht gleichenden Zeitabschnittes vor sich gegangen sein, zu ihrer Zeit muss das Klima ein wesentlich trockeneres und heisseres gewesen sein als das der Gegenwart, welches die zahlreichen Wanderungshindernisse zwischen den heutigen Wohnplätzen beseitigte. Nur bei der Herrschaft eines solchen Klimas war *Stipa* im stande, sich z. B. so weit über das von ausgedehnten, noch in der Neuzeit sehr nassen Flussniederungen durchzogene thüringische zentrale Keuperbecken auszubreiten. Wahrscheinlich ist sie nach diesem vorzüglich aus dem Kiffhäusergebirge eingewandert. Wahrscheinlich hatte sie sich in diesem Gebirge eine Anpassung an den Gips erworben, welche zwar zur Zeit der Wanderung vollständig latent war, aber doch nachher, als das Klima seinen kontinentalen Charakter verlor, wieder hervortrat, wenn auch nicht in dem Masse, wie bei einigen anderen Formen, welche später behandelt werden sollen. Doch verschwanden auch die Nachkommen der aus dem Kiffhäusergebirge eingewanderten, an Gips angepassten *Stipa*-Individuen damals von den meisten Oertlichkeiten, deren Vegetationsboden nicht schwefelsauren Kalk in grösserer Menge enthält. Dies würde schwerlich in einem solchen weiten Umfange stattgefunden haben, wenn die

---

[1]) Wahrscheinlich nahm damals aber der Niederschlag in dem Vorlande der böhmisch-mährischen Randgebirge in höherem Masse zu als weiter im Norden, im märkischen Odergebiete, im Havelgebiete und im Saalegebiete, so dass also das Klima von Schlesien und das des sächsischen Elbethales dem der weiter nördlich gelegenen Gegenden gegenüber damals viel ungünstiger war als in der Gegenwart.

Sommer nicht feuchter und kühler geworden wären, als sie in der Gegenwart sind. Dass sich an die zweite heisse Periode ein Zeitabschnitt von solcher Beschaffenheit anschloss, das lehren auch die zahlreichen kleineren — natürlichen — Lücken in anderen Gegenden, deren Gebiete teilweise sowohl hinsichtlich ihres Klimas, wie hinsichtlich ihres Vegetationsbodens und ihrer Pflanzendecke für die Ansiedlung von *Stipa capillata* durchaus geeignet sind, die ihre Entstehung also nur einem kühlen Zeitabschnitte verdanken können, welcher überall die Verhältnisse für dies Gras wieder sehr ungünstig gestaltete. Einige der kleineren Lücken sind aber wohl als ursprünglich anzusehen. Mit Zunahme der sommerlichen Trockenheit und Wärme hat in der Jetztzeit von neuem die Ausbreitung von *Stipa* begonnen, welche noch in der Gegenwart fortdauert. An manchen engbegrenzten Oertlichkeiten hat sie bereits die ihr durch Klima, Boden und Organismenwelt gesetzten Schranken erreicht, meist ist sie aber noch mehr oder weniger weit von diesen entfernt.

Adonis vernalis L. ist im Unter-Donaugebiete häufig im östlichen Teile Niederösterreichs sowie zerstreut im südlichen und mittleren Mähren nach Norden bis zur Gegend von Brünn. Im Elbegebiete wächst er nur in Böhmen und im Saalebezirke. Im ersteren ist er im wärmeren Hügellande des Nordens, nach Osten bis Nimburg und Poděbrad, nach Süden bis Kuttenberg und bis zur Beraun, nach Westen bis Postelberg, nach Norden bis Brüx, Teplitz und Niemes ziemlich verbreitet; im Saalebezirke wächst er in der Nähe der Elbe bei Schönebeck, im Saalegebiete in der Nähe der Saale bei Jena, Kösen und Naumburg sowie an einer Anzahl Stellen zwischen Lettin nördlich von Halle und Bernburg — nach Osten entfernt er sich hier recht weit von der Saale bis Niemberg —, dann im Ilmgebiete bei Weimar, Berka und Kranichfeld, im Gebiete der Unstrut in der Nähe der unteren Unstrut z. B. bei Freiburg, Nebra und Allstedt, am südlichen Harzrande an mehreren Stellen von Sangerhausen bis Steigerthal bei Nordhausen, an zahlreichen Stellen des Kiffhäusergebirges, mehrfach im östlichen Teile der Hainleite, in der Schmücke und Finne, an zahlreichen Stellen des zentralen Keuperbeckens bis Schlotheim, Mühlhausen, Grossgottern, Langensalza, Gräfentonna, Gotha (Seeberg), Ohrdruf, zu den Gleichen und Arnstadt, an zahlreichen Stellen und zum Teil in sehr grosser Individuenzahl im Salzkegebiete, an mehreren Stellen im Schlenzegebiete, im Wippergebiete von Güsten bis Hettstedt an recht zahlreichen Stellen, im Bodegebiete bei Stassfurt, Kochstedt (auch bei Schadeleben), Egeln, Wanzleben, Seehausen, Crottorf, am Huy und in seiner Umgebung, bei Halberstadt, Wernigerode, Blankenburg, Quedlinburg und Gernrode. Nördlich vom Saalegebiete wächst er an einer Anzahl Stellen im Ohregebiete bei Neuhaldensleben. Im Wesergebiete wächst *Adonis* fast nur in dem zum Saalebezirke gehörenden Anteile, und zwar im Allergebiete bei Ostingersleben und Walbeck, im Okergebiete am Fallsteine, an der Asse, an mehreren Stellen südöstlich von ihr im Gebiete des Schiffgrabenbruches, und bei Königslutter, sowie im Hörselgebiete bei Eisenach (bis Thal) und bei Gotha; ausserdem soll er im Leinegebiete bei Duderstadt

(Wehnde)[1]) vorkommen. Im Odergebiete wächst *Adonis* in der Nähe der Oder erst in der Provinz Brandenburg, und zwar bei Krossen (Rüdnitz)[2], von Lebus bis Reitwein, bei Seelow, Oderberg[3]) und Angermünde; links der Oder scheint er nur im Bobergebiete bei Sorau[4]) beobachtet zu sein, rechts von ihr wurde er im Wartegebiete bei Meseritz, Driesen und Nakel[5]), sowie weiter nördlich bei Pyritz und bei Seelow an der Madue[6]) gefunden. Im Weichselgebiete wächst er im östlichen Galizien, im südlichen Polen, in der Provinz Posen im Kreise Bromberg[7]) und in Westpreussen im Kreise Kulm[8]). Westlich und südwestlich vom Gebiete der Elbe wächst *Adonis* im Rheingebiete, und zwar tritt er in der Nähe des Oberrheines bei Neubreisach (Hardt bei Heiteren), an einigen Stellen im nördlichen Teile der Pfalz, bei Worms und Pfeddersheim, an mehreren Stellen zwischen Mainz und Bingen, im unteren Nahethale (bis Oberstein?)[9]) und bei Wiesbaden auf; im Maingebiete wächst er in der Nähe des Maines bei Offenbach, Karlstadt (Aschfeld), Gerolzhofen und Schweinfurt, im Gebiete der fränkischen Saale bei Hammelburg, im Regnitzgebiete bei Lauf[10]), Windsheim und Ansbach[11]). Im oberen Donaugebiete wächst er nur bei Straubing[12]) in der Nähe der Donau und auf der Garchingerheide bei München. Ausserdem kommt *Adonis* in Mitteleuropa noch auf den schwedischen Inseln Oeland und Gotland vor.

Wie aus der vorstehenden Darstellung ersichtlich ist, ähnelt das Gebiet von *Adonis vernalis* L. sehr demjenigen von *Stipa capillata* L. Doch besitzt es Lücken von noch bedeutenderer Weite als dasjenige dieses Grases. Noch weniger als bei diesem lässt sich bei *Adonis* daran denken, dass die Lücken ursprüngliche sind; die recht grossen, ungefähr ellipsoidi-

---

[1]) Nach Brandes, Flora d. Prov. Hannover (1897), S. 5.
[2]) Nach Ascherson u. Graebner, Flora d. nordostd. Flachlandes (1898), S. 333.
[3]) Ob sicher? vgl. Grantzow, Flora d. Uckermark (1880), S. 4.
[4]) Nicht von Ascherson u. Graebner a. a. O. von dort angegeben.
[5]) Nach W. Müller, Flora v. Pommern (1898), S. 153.
[6]) Nach Kühling (Schriften d. phys.-ökonomischen Gesellsch. in Königsberg, VII. Jahrg. [1866], S. 2) bei Slesin und Trzeciewnica; auf diese Oertlichkeiten bezieht sich wohl auch die Angabe seines Vorkommens im Kr. Wirsitz, in d. Zeitschr. d. bot. Abt. d. naturw. Vereins d. Prov. Posen, III. Jahrg., 1. Heft (1896), S. 8.
[7]) Nach Zeitschr. d. bot. Abt. d. naturw. Ver. d. Pr. Posen a. a. O.; wohl identisch mit der erwähnten Angabe von Kühling, aber neben der Angabe „Kr. Wirsitz" aufgeführt.
[8]) Seine Verbreitung bei Scholz, Vegetationsverh. d. Weichselgeb. S. 120.
[9]) Nach Dosch u. Scriba, Excursions-Flora d. Grossh. Hessen, 3. Aufl. (1888), S. 494 u. H. Hoffmann, 18. Bericht d. Oberhess. Gesellschaft f. Natur- u. Heilkunde (1879), S. 32. vgl. dazu aber Geisenheyner, Deutsch. bot. Monatsschr., III. Jahrg. (1885), S. 81—82.
[10]) Nach Vorarbeiten zu einer Flora Bayerns, Berichte der bayerischen bot. Gesellsch., IV. Bd. (1896), S. 28, die Angabe findet sich aber nicht in A. F. Schwarz, Phanerogamen- und Gefässkryptogamen-Flora der Umgegend von Nürnberg-Erlangen. Spez. Teil (1897), S. 18.
[11]) Ueber die übrigen Angaben aus dem Maingebiete vgl. Berichte d. bayerischen bot. Gesellsch., IV. Bd. (1896), S. 28.
[12]) Nach Berichte d. bayerischen bot. Gesellsch., I. Bd. (1891), S. 44; das Vorkommen wird aber in den Vorarbeiten u. s. w. a. a. O. nicht wieder erwähnt.

schen (der basale Teil ist infolge des Druckes der Nachbarfrüchtchen unregelmässig polyedrisch) und recht schweren Früchtchen besitzen keine Kletteinrichtungen oder Einrichtungen für einen weiteren Transport durch die bewegte Luft. Dagegen sind sie ohne Zweifel durch ihr festes Perikarp für einen Transport durch strömendes Wasser sehr gut geeignet, doch dürfte *Adonis* auf Alluvialboden nicht festen Fuss fassen und sich von diesem nicht bis nach für ihn geeigneteren Oertlichkeiten in der Nähe ausbreiten können. Auch könnten auf diese Weise nur wenige seiner grösseren und kleineren Gebietslücken entstanden sein. Es bleibt also nur die Annahme übrig, dass *Adonis* sich ehemals schrittweise über Mitteleuropa ausgebreitet hat, also auf dem Gebiete seiner jetzigen Lücken gelebt hat und später von diesem verschwunden ist. Diese Ausbreitung kann ebenso wie diejenige des soeben behandelten Grases, dem *Adonis* in seinen Anforderungen an Klima, Boden und Organismenwelt sehr ähnlich ist — nur bevorzugt er im allgemeinen den kalkreichen Boden —, nur in einer Periode vor sich gegangen sein, deren Sommer viel trockener und heisser als die der Jetztzeit waren. Sie nahm ihren Ausgang ohne Zweifel vorzüglich aus Ungarn. Von hier ist *Adonis* nach Niederösterreich und Mähren und aus diesen Ländern ist er nach Böhmen gewandert; aus Böhmen ist er wahrscheinlich durch das sächsische Elbegebiet nach dem Saalegebiete und wahrscheinlich weit über dieses hinaus nach Norden und nach dem Wesergebiete vorgedrungen. Der Umstand, dass *Adonis*, wie soeben gesagt wurde, kalkreichen Boden bevorzugt, solcher aber dem sächsischen Elbegebiete fehlt, kann nicht gegen diese Annahme geltend gemacht werden, denn zur Zeit der Wanderung war er gegen höheren Kalkgehalt des Bodens vollständig indifferent. Sein Auftreten im Odergebiete zeigt, dass er selbst bei dem jetzigen Klima auf Boden mit geringem Kalkgehalte üppig zu gedeihen vermag. Aus Ungarn ist *Adonis* auch nach Norden, nach den Gebieten der Weichsel und der Oder, durch das Waag- und das Marchgebiet gewandert; in das Weichselgebiet und von diesem in das Odergebiet ist er wahrscheinlich auch von Südosten, aus dem Gebiete des Bug und dem des Dnjestr gelangt, in welchen er von den Küstenländern des Schwarzen Meeres her vorgedrungen war. In den Gebieten der Oder und Weichsel hat *Adonis* sich wohl bis nach der heutigen Ostseeküste ausgebreitet und ist von dieser über das damals zum grössten Teile trockene Ostseebecken nach der heutigen skandinavischen Halbinsel und den heutigen schwedischen Inseln vorgedrungen. Aus dem Odergebiete ist er ohne Zweifel auch in das Elbegebiet, vorzüglich in den nördlichen Teil unterhalb der Randgebirge, eingewandert. Aus dem österreichischen Donaugebiete ist *Adonis* auch nach dem oberen Donaugebiete gelangt, hat sich in diesem ausgebreitet und ist aus ihm nach dem Maingebiete, dem Neckargebiete und der Bodenseegegend, aus diesen Strichen nach den Gegenden des Oberrheines zwischen Basel und Bingen und von hier und aus dem Maingebiete wohl auch nach dem Mittelrheine vorgedrungen; ob er über die Rheingegend nach Westen gelangt ist, lässt sich nicht feststellen. Es erscheint mir wenig wahrscheinlich, dass er in das Rheingebiet auch aus dem Südwesten, aus dem Rhonegebiete, eingewandert ist, in dem er nur im

Wallis und im fr. Dép. Gard — auch im benachbarten, zum Garonnegebiete gehörenden Dép. Lozère wächst er — vorkommt. Wie bei *Stipa*, so kann auch bei *Adonis* nicht der Rückgang des Klimas der Periode seiner Ausbreitung zu dem Zustande des der Jetztzeit den grössten Teil seines mitteleuropäischen Gebietes vernichtet haben, sondern nur ein Zeitabschnitt mit wesentlich feuchteren und kühleren Sommern, welcher für diese an Trockenheit und höhere Sommerwärme angepasste Pflanze so ungünstige Verhältnisse schuf, dass schon ganz geringe klimatische Vorzüge einer Gegend vor einer anderen, welche in der Jetztzeit ganz ohne Bedeutung sind, für sie von höchstem Werte waren und über ihr Ueberleben entscheiden konnten, und dass sie selbst an den hinsichtlich des Klimas und der übrigen für sie bedeutungsvollen Verhältnisse am meisten begünstigten Oertlichkeiten ein einziges zufälliges und unbedeutendes ungünstiges Ereignis vernichten konnte. Nur bei dieser Annahme lässt es sich verstehen, wie *Adonis*, ebenso wie *Stipa capillata*, aus dem oberen Odergebiete vollständig verschwinden konnte, während er sich in den in klimatischer Hinsicht nur wenig, hinsichtlich der Verhältnisse des Bodens und der Organismenwelt aber wohl gar nicht für ihn günstigeren märkischen Odergegenden zu erhalten vermochte [1]); ebenso lässt es sich

---

[1]) Das Klima von Frankfurt, in dessen Nähe bei Lebus (das Klima diese Ortes dürfte von demjenigen Frankfurts wohl nicht abweichen) sich *Adonis* wahrscheinlich während der kühlen Periode erhalten hat, ist in den Monaten, welche für ihn hauptsächlich von Bedeutung sind, nur sehr wenig trockener und wärmer als das der wärmeren und trockeneren schlesischen Orte, z. B. das von Breslau, Oppeln und Ratibor. *Adonis* beginnt bei Halle in wärmeren Jahren, nachdem sich die krautigen Teile in kurzer Zeit entwickelt haben, in der zweiten Hälfte des März zu blühen; die Hauptblühzeit fällt in den April und die erste Dekade oder die erste Hälfte des Mai, dann nimmt die Zahl der Blüten meist schnell ab, vereinzelt findet man noch im Juni und später, vorzüglich im Herbste. Die Fruchtreife beginnt in der Regel am Ende des Mai und dauert ungefähr bis zur Mitte des Juni, einzelne Früchte reifen später. Es haben also wohl die Monate Februar bis Juli für dieses ausdauernde Gewächs die meiste Bedeutung. Die Wärmemittel und die Niederschlagshöhen dieser Monate sind in den oben bezeichneten Orten:

	Februar	März	April	Mai	Juni	Juli
Frankfurt	0,5	2,8	8,0	12,7	17,2	17,9
	33	35	38	46	57	65
Breslau	−1,1	1,9	7,7	13,0	16,6	18,1
	29	34	36	55	65	79
Oppeln	−0,4	3,7	8,5	13,5	17,0	18,8
	28	40	41	58	92	94
Ratibor	−1,2	2,2	7,8	12,9	17,3	18,3
	30	37	37	56	74	74

Es ist also in allen schlesischen Ortschaften der Februar wesentlich kühler als in Frankfurt, der viel wichtigere März ist aber in Oppeln wesentlich wärmer und in Ratibor fast ebenso warm als in Frankfurt. Dass die niedrige Februartemperatur nicht ausschlaggebend sein kann für das Fehlen von *Adonis*, zeigt ein Vergleich mit Bromberg (das Klima von Nakel dürfte nicht wesentlich von demjenigen von

nur bei dieser Annahme verstehen, wie er im Elbethale zwischen der Randumwallung und Schönebeck¹), im Donauthale bei Regens-

---

berg abweichen) und München, von denen der erstere Ort nach 32jährigen Beobachtungen (vgl. Meteorol. Zeitschr., 1881, S. 355) ein Februarmittel von — 1,7° (bei 1,2° Märzmittel), der andere nach 33jährigen Beobachtungen ein solches von — 1,1° (bei 2,3° Märzmittel) besitzt. Die übrigen Monate sind in Oppeln und Ratibor fast alle wärmer als in Frankfurt, in Breslau sind wenigstens Mai und Juli wärmer. Leider liegen mir keine Angaben über Spätfröste für diese Städte vor; nach meinen Beobachtungen scheint *Adonis* gegen diese aber auch nicht sehr empfindlich zu sein. Die Niederschlagsmengen weichen in den fünf Orten während der Monate Februar bis April nur ganz unbedeutend voneinander ab. In den folgenden drei Monaten ist die Niederschlagshöhe Breslaus um ungefähr je 10 mm grösser als diejenige Frankfurts (welches im Mai und im Juli kühler ist); in Oppeln übertrifft sie freilich die von Frankfurt im Juni und Juli, von denen der letztere aber wohl nur noch verhältnismässig wenig Bedeutung für die Pflanze hat, um 29—35 mm, während sie im Mai nur 12 mm höher ist; in Ratibor ist sie im Mai und Juli um 10 bezw. 9 mm, im Juni aber um 17 mm höher als in Frankfurt. In München besitzt schon der März eine Niederschlagshöhe von 46 mm, in den anderen Monaten übertrifft die Niederschlagsmenge dieses Ortes die von Frankfurt und die der schlesischen Städte sehr bedeutend, ihre Höhe beträgt im Mai 92 mm, im Juni 113 mm und im Juli 108 mm, während seine Wärme sehr bedeutend hinter der jener Städte zurückbleibt, ihr Mittel beträgt im März 2,3° (in diesem Monate ist das von Breslau allerdings nur 1,9°), im April 7,4°, im Mai 12,0°, im Juni 15,6°, im Juli 17,2°.

¹) Zum Vergleiche sind nachstehend die Wärmemittel und Niederschlagshöhen der wichtigsten Monate von Halle, Magdeburg (von dem Schönebeck nicht wesentlich verschieden sein dürfte), Torgau, Meissen und Dresden zusammengestellt; ihnen sind noch die Angaben über Wärmemittel und Niederschlagsmengen dieser Monate von Bromberg beigefügt:

	Februar	März	April	Mai	Juni	Juli
Halle	0,9 22	3,4 33	8,3 33	13,0 43	17,2 73	18,9 73
Magdeburg	0,8 25	3,1 42	8,3 31	12,9 46	17,0 56	18,4 68
Torgau	1,1 38	3,3 37	8,3 39	13,0 45	17,1 66	18,7 71
Meissen	0,7 34	3,3 42	8,2 41	12,6 51	16,7 67	18,4 71
Dresden	1,0 33	3,1 42	8,2 43	12,7 53	16,5 85	18,2 77
Bromberg	— 1,7 28	1,2 32	6,8 37	11,9 44	16,9 63	18,3 55

Das Klima von Torgau lässt sich wohl kaum als ungünstiger für *Adonis* bezeichnen als das von Magdeburg und Halle — sowie das von Frankfurt a. O., vgl. S. 345 [117]. Anm. 1 —; die Bodenverhältnisse sind bei Torgau freilich viel ungünstiger als bei den beiden anderen Städten, vorzüglich bei Halle, doch ist der Boden strichweise wohl ebenso günstig wie an einigen Oertlichkeiten des Odergebietes, an denen sich *Adonis* erhalten hat. Das Klima von Meissen und Dresden ist etwas ungünstiger als das von Torgau, der Boden ist dort jedoch viel geeigneter für *Adonis*; es ist merkwürdig, dass er dort zu Grunde gegangen ist, während z. B. *Odontites lutea (L.)* erhalten geblieben ist. Das Klima von Bromberg dürfte ungünstiger sein als das der Elbestädte.

burg[1]), im Neckargebiete bei Stuttgart und Heilbronn, im Maingebiete bei Wertheim, Mergentheim und Frankfurt, am Rheine bei Darmstadt[2])

[1])	Februar	März	April	Mai	Juni	Juli
Regensburg	— 1.6	2,5	8,3	12,8	16,9	18,4
München	— 1,1	2,3	7,4	12,0	15,0	17,2
	34	46	59	92	113	108

Leider liegen mir keine Angaben über die Niederschlagshöhen von Regensburg vor, sie werden wohl nicht die von München übertreffen; hinsichtlich seiner Wärme- und Niederschlagsverhältnisse muss also Regensburg wohl günstiger für *Adonis* angesehen werden als München. Die Umgebung des ersteren Ortes besitzt auch mindestens ebenso geeigneten Boden für ihn wie die von München. Das Klima von München ist für *Adonis* wohl auch ungünstiger oder nur ebenso günstig als das von Potsdam:

Februar	März	April	Mai	Juni	Juli
0,8	2,3	7,2	11,8	15,9	17,5
29	35	32	35	62	81

(Die Wärmemittel sind in diesem Orte im April und Mai niedriger als in München, dafür sind aber auch die Niederschlagshöhen dieser Monate in ihm wesentlich unbedeutender und ungünstiger als das der behandelten schlesischen Städte (vgl. S. 345 [117], Anm. 1), doch sind in der Umgebung von München die Bodenverhältnisse wesentlich günstiger als in der Umgebung dieser Orte und von Potsdam.)

[2]) In der nachstehenden Tabelle sind die Wärmemittel und Niederschlagshöhen von Ansbach, Kissingen, Würzburg (das Klima von Hammelburg, in dessen Nähe *Adonis* wächst, hält wohl ungefähr die Mitte zwischen dem der beiden letzten Orte, vielleicht steht es dem von Kissingen etwas näher) und Wiesbaden sowie diejenigen von Frankfurt a. M., Mergentheim, Darmstadt, Heilbronn und Stuttgart zusammengestellt. (Leider standen mir keine Angaben über die Niederschlagsmenge von Ansbach, Kissingen und Würzburg zur Verfügung.)

	Februar	März	April	Mai	Juni	Juli	Zahl der Beobachtungsjahre	
Ansbach	— 1,2	2,2	7,2	11,5	15,8	17,3	30	nach Thiele a. a. O., S. 158.
Kissingen ...	— 0,9	2,3	7,8	11,8	16,3	17,5	30	nach Thiele a. a. O., S. 146.
Würzburg ...	0,2	3,7	8,8	12,8	17,1	18,4	30	siehe oben.
Wiesbaden ...	2,9	4,7	9,3	13,5	17,5	19,0	29	nach Thiele a. a. O., S. 134—135.
	32	38	31	57	58	71		
Frankfurt ...	2,3	5,0	10,0	14,1	18,1	20,0	25	siehe oben.
	37	40	38	53	70	64		
Mergentheim .	1,6	4,0	9,3	13,9	17,5	18,7	17	nach Thiele a. a. O., S. 136—137.
	27	43	43	63	92	59		
Darmstadt ...	2,8	5,1	10,0	13,9	17,4	19,3	22	siehe oben.
	44	51	44	64	71	81		

zu Grunde gehen konnte¹), während er in der Umgegend von Halle und bei Schönebeck — vielleicht ist er hierher aber erst später gewandert —. bei München, im Maingebiete bei Ansbach, Schweinfurt und Hammelburg. sowie bei Wiesbaden die ungünstige Periode zu überdauern im stande war. Es ist selbstverständlich, dass *Adonis* in der ungünstigen Periode eine viel unbedeutendere Verbreitung als gegenwärtig besessen haben muss, dass er sich seine jetzige recht weite Verbreitung in manchen Gegenden erst in späterer Zeit durch Ausbreitung von wenigen Oertlichkeiten erworben haben kann. So hat er in den märkischen Odergegenden wohl nur an sehr wenigen Oertlichkeiten während der kühlen Periode gelebt; in dem kleinen Gebiete zwischen dem Unterkruge südlich von Lebus sowie Reitwein bei Küstrin und Dolgelin bei Seelow war er wohl nur an einer Stelle vorhanden, doch ist er wohl nicht von hier bis Angermünde oder Krossen und Sorau vorgedrungen. Seine recht weite Verbreitung in der Gegend von Schweinfurt, Karlstadt und Hammelburg hat er sich wohl durch Ausbreitung von einer Stelle aus erworben. Im Saalegebiete lebte er in der kühlen Periode wahrscheinlich an wenigen, zum Teil wohl nur an je einer Oertlichkeit an der Saale zwischen Halle und Bernburg sowie in der Gegend von Naumburg, im unteren Unstrutthale und im Südteile des Kiffhäusergebirges. und vielleicht auch an einigen Oertlichkeiten. wahrscheinlich aber mindestens an einer Oertlichkeit, weiter im Süden, dann auch weiter im Norden im Salzkegebiete, wohl auch im Wippergebiete, an mindestens einer Stelle im Bodegebiete sowie wohl auch im Ohregebiete und vielleicht auch bei Schönebeck. Seine Neuausbreitung kann wie diejenige der vorher behandelten Formen nur in einer Periode vor sich gegangen sein, deren Sommer wesentlich trockener und heisser als die der Jetztzeit waren, denn zahlreiche der heutigen Wohnplätze sind durch Lücken getrennt, auf denen *Adonis* auf weiten Strecken, über welche seine Früchtchen nicht hinweggelangt sein können, in der Jetztzeit nicht zu

	Februar	März	April	Mai	Juni	Juli	Zahl der Beobachtungsjahre	
Heilbronn	1,5 33	4,6 48	9,6 46	13,4 67	17,3 63	18,7 75	30	siehe oben.
Stuttgart	1,8 29	5,0 39	9,9 44	14,5 65	17,8 78	19,6 70	50	siehe oben.

In Ansbach, Kissingen und Würzburg sind die Wärmemittel recht bedeutend niedriger als in den anderen Städten; da wohl auch ihre Niederschlagsmengen — wenigstens die von Ansbach und Hammelburg — recht hohe sind, so dürfte ihr Klima für *Adonis* wesentlich ungünstiger sein als das der Städte, in deren Umgebung er fehlt. Dagegen ist das Klima von Wiesbaden wohl ein wenig günstiger als das einiger oder aller Städte, oder doch ebenso günstig. Seine Februartemperatur ist eine auffällig hohe. Das Klima aller Städte, denen *Adonis* fehlt, ist sicher wesentlich günstiger als das von München. Auch die Bodenverhältnisse genügen bei allen den Anforderungen von *Adonis* vollständig.

¹) In der Nähe aller dieser Oertlichkeiten hat *Adonis* ohne Zweifel gelebt.

leben vermag, auf denen er aber in einer heissen und trockenen Periode
zu leben im stande war. Dieser zweite heisse Zeitabschnitt muss aber
sowohl hinsichtlich der Hitze und Trockenheit seiner Sommer als auch
hinsichtlich seiner Dauer sehr weit hinter der ersten heissen Periode
zurückgeblieben sein; denn die Neuausbreitung steht sehr weit hinter
der Ausbreitung in der ersten heissen Periode zurück. Die Wanderwege
waren offenbar wesentlich ungünstiger als in jener; aber auch auf den
vorhandenen günstigen Wegen hat *Adonis* sich nicht weit auszubreiten
vermocht, er ist bedeutend hinter seinen Grenzen zurückgeblieben [1]).
So ist er z. B. nicht in den westlichen Teil der Hainleite gewandert
und ebenso im Saalethale nicht über Jena hinaus aufwärts vorgedrungen [2]), obwohl hier günstige Wanderwege vorhanden waren, wie die
Wanderung anderer Formen mit ähnlicher Anpassung beweist; er ist aber
nach anderen Gegenden gewandert, so nach den Gegenden von Braunschweig, Nordhausen und Eisenach, deren klimatische und Bodenverhältnisse sehr wenig günstiger oder noch nicht einmal so günstig
sind wie die jener Landstriche [3]), und nach denen auch keine bequemeren

---

[1]) Wahrscheinlich geht seine Wanderung nur sehr langsam vor sich.

[2]) Ich glaube nicht, dass er in diesen Gegenden gelebt hat und erst in
der zweiten kühlen Periode aus ihnen verschwunden ist; ganz unmöglich ist
das letztere freilich nicht.

[3]) Man vergleiche das Klima von Sondershausen und Rudolstadt, wo *Adonis*
fehlt, und wie eben bemerkt wurde, wohl auch nicht gelebt hat, mit demjenigen
von Braunschweig, Nordhausen und Eisenach, in deren Gegend er wächst und nach
welcher er offenbar erst in der zweiten heissen Periode eingewandert ist. Die
Wärmemittel und Niederschlagshöhen der wichtigsten Monate sind in diesen
Städten:

	Februar	März	April	Mai	Juni	Juli	Zahl der Beobachtungs-jahre	
Sondershausen . .	1,0 35	3,3 41	5,0 29	11,9 42	15,6 67	17,5 67	22	nach Regel, Thürin-gen, 1. T., S. 319 u. 346.
Rudolstadt . . .	−0,1 21	2,3 38	7,5 33	12,8 60	15,8 75	17,1 92	9	nach Regel a. a. O., S. 319 u. 346.
Braunschweig . .	1,4 38	3,7 50	8,0 33	12,0 48	16,1 64	17,7 66	40	nach Thiele a. u. O., S. 110–111.
Nordhausen . .	−0,04 32	2,4 45	7,5 30	12,2 42	16,1 72	17,4 68	20	nach P. Stern, Ergebn. 20jähr. meteor. Beob-achtungen d. Station Nordhausen (1893). S. 9 u. 24.
Eisenach	0,8 34	1,8 59	7,1 33	11,3 60	14,7 71	15,5 93	6 11	nach Regel a. a. O., S. 319 u. 344.

Es sind also in Sondershausen alle Monate wärmer und alle mit Ausnahme des
Februar, welcher eine sehr wenig grössere Niederschlagsmenge als in Eisenach
besitzt, trockener als diejenigen dieses Ortes. Weniger günstig ist das Klima
von Rudolstadt, doch übertreffen seine Monatsmittel auch, mit Ausnahme des des
Februar, welcher wesentlich kälter ist, die von Eisenach, zum Teil recht bedeutend.
Die Niederschläge sind in Rudolstadt mit Ausnahme des Juni, in welchem sie
um 4 mm höher sind (bei über 1° höherem Wärmemittel), niedriger oder nur

Wege als nach jenen führten. Aber nicht überall, sondern nur streckenweise sind die Lücken der lokalen Gebiete bei dem gegenwärtigen Klima für *Adonis* unbewohnbar, streckenweise vermag er auf ihnen sehr gut zu leben. Er kann also von ihnen nicht dadurch verschwunden sein, dass das Klima wieder zum Zustande des der Gegenwart zurückkehrte, sondern nur dadurch, dass es für *Adonis* ungünstiger wurde als das der Jetztzeit, dass seine Sommer feuchter und kühler wurden als die jetzigen. Das Klima dieser zweiten kühlen Periode muss so kühl und feucht gewesen sein, dass *Adonis* auch an den günstigsten Oertlichkeiten wieder recht geschwächt wurde, so dass selbst hier ein zufälliges ungünstiges Ereignis ihn vernichten konnte. In der Gegenwart scheint er, der jetzt natürlich geringere Ansprüche an das Klima stellt als in der ersten heissen Periode, fast überall wieder in der Ausbreitung begriffen zu sein; an manchen engbegrenzten Oertlichkeiten ist er bereits bis nach seinen Grenzen vorgedrungen [1]).

* *

Es wurden im vorigen Abschnitte die Gebiete einer Anzahl ausschliesslich baumlose oder nur wenig durch Bäume oder Sträucher beschattete Stellen bewohnender Formen der zweiten Hauptgruppe beschrieben, welche in Mitteleuropa während der vierten kalten Periode nicht gelebt haben, sondern erst nach deren Ausgange, und zwar in einem Zeitabschnitte mit extrem kontinentalem Klima, eingewandert sein und sich ausgebreitet haben können. Es wurde bei den einzelnen Formen kurz angedeutet, welche Wege sie bei ihrer Einwanderung eingeschlagen haben, wie weit sie sich damals ausgebreitet haben, in welchem Masse ihr Gebiet während der ersten kühlen Periode wieder verkleinert worden ist und wie weit sie sich von neuem in der zweiten heissen Periode ausgebreitet haben. Im folgenden sollen die Wanderungen der Formen dieser Anpassungsgruppe der zweiten Hauptgruppe während der ersten heissen Periode, ihr späteres Aussterben in der ersten kühlen Periode und ihre erneute Ausbreitung in der zweiten heissen Periode noch eingehender untersucht werden; es soll hierbei auch die Frage behandelt werden, ob die Formen in der ersten heissen Periode bis zu den ihnen durch Klima, Boden und Organismenwelt gesetzten Grenzen vorgedrungen waren.

Wie bereits mehrfach gesagt wurde, muss als Ausgangsland der

---

ebenso hoch als diejenigen von Eisenach. In Braunschweig sind die Wärmemittel in fünf Monaten grösser, in einem Monate ebenso gross wie in Sondershausen, die Niederschläge sind aber mit Ausnahme des Juni und des Juli, in denen sie ganz unbedeutend niedriger sind, höher als in dieser Stadt. In Nordhausen sind die drei ersten Monate und der Juli kühler als in Sondershausen, und sämtliche Monate mit Ausnahme des Februar niederschlagsreicher oder ebenso reich an Niederschlägen als in Sondershausen. In Rudolstadt ist der Mai wärmer als in Braunschweig und Nordhausen, die übrigen Monate sind aber kühler, drei Monate haben in Rudolstadt höhere, drei niedrigere oder ebenso hohe Niederschlagsmengen als in Braunschweig, zwei Monate haben niedrigere und vier höhere Niederschläge als in Nordhausen.

[1]) Sehr ähnlich dem Gebiete von *Adonis* ist das von *Oxytropis pilosa* (L.), welches ich an anderer Stelle (Entw. d. phan. Pflzdecke d. Saalebez. S. 169—172 [66—69], behandelt habe.

Einwanderung der Formen der zweiten Hauptgruppe nach Mitteleuropa nach der vierten kalten Periode vorzüglich Ungarn angesehen werden. Dieses Land hatte, durch die Karpatengebirge, die mährisch-böhmischen Randgebirge, das mährische Hügelland und die Alpen, welche alle dicht mit Wald bedeckt waren, vor den nasskalten, aus Nordwesten und Westen kommenden Winden geschützt, während der vierten kalten Periode wahrscheinlich ein verhältnismässig warmes und trockenes Klima besessen. welches, in Verbindung mit den günstigen Boden- und Oberflächenverhältnissen — es sind zahlreiche steile Felshänge und ausgedehnte trockene Sand- und Lehmflächen vorhanden, auf denen die Formen davor geschützt waren, durch Wald, Gesträuch oder hohe, stark schattende krautige Gewächse überwachsen zu werden —, der Mehrzahl seiner heutigen, höherer Sommerwärme und Trockenheit bedürftigen Bewohner eine Weiterexistenz gestattete, wenn auch wohl in ähnlicher beschränkter Verbreitung, wie sie die Formen dieser Hauptgruppe in Mitteleuropa während der ersten kühlen Periode besassen. Aus Ungarn ergoss sich nun, als in der ersten heissen Periode das Sommerklima immer trockener und heisser wurde, ein grosser Pflanzenstrom in die nördlichen und westlichen Vorlande, welche immer weiter nach Norden und Westen zur Aufnahme von Formen dieser Anpassungsgruppe geeignet wurden. Diese Formen folgten anfänglich den Thalwegen der Donau und ihrer Nebenflüsse, nach Norden vorzüglich denen der March und der Waag [1]). Sie breiteten sich in den Gebieten der March und der Waag aus und drangen aus diesen später, als das mährische Hügelland, die Landstriche zwischen dem Gesenke und dem Odergebirge einerseits, den Beskiden (im engeren Sinne) andererseits, sowie diejenigen zwischen diesem Gebirge einerseits, der Babia Góra, dem Kleinen Kriwangebirge, der Weterne Ilola und dem Inovecgebirge andererseits, trockener und wärmer wurden und sich ihr dichter Waldbestand immer mehr lichtete, in die im Westen und Norden vorliegenden Gegenden der Gebiete der Elbe, der Oder und der Weichsel ein, in denen sie sich weit ausbreiteten. Anfänglich folgten sie auch in diesen Gegenden den Thalwegen der grösseren Ströme, an denen sich weithin ohne grössere Unterbrechung für sie geeignete trockene, stark besonnte Hänge erstrecken, von welchen schon frühzeitig Bäume, höhere Sträucher und grössere, stark schattende krautige Gewächse auf weiten Strecken vollständig oder fast vollständig verschwanden. Als jedoch mit Zunahme des kontinentalen Charakters des Klimas auch zahlreiche weit ausgedehnte Strecken entfernt von den grösseren Stromthälern ihren Waldbestand ganz oder grösstenteils verloren, vermochten sich die Wanderer von den grösseren Thälern zu entfernen und sich weit über die Stromgebiete auszubreiten. Diejenigen von ihnen, welche im lichten, trockenen Kiefernwalde zu leben vermögen [2]), waren schon früher im stande, sich weit von den grösseren Stromthälern zu entfernen. Denn eine an warmes und trockenes Sommer-

---

[1]) Nach Westen vorzüglich dem der Drau, von welchem sie wahrscheinlich nach der Etsch und dem Inn gelangten.

[2]) Manche von den Gewächsen, welche gegenwärtig im Kiefernwalde wachsen, haben sich wohl erst nach ihrer Einwanderung und Hauptausbreitung an das Leben im Kiefernwalde gewöhnt.

klima angepasste Form der Kiefer war wohl schon frühzeitig aus dem östlichen Europa nach Mitteleuropa vorgedrungen und, zunächst in den niederen Strichen des Ostens mit armen Böden, in immer weiterem Umfange an die Stelle der bisherigen Waldbäume getreten; in dem heissesten Abschnitte der heissen Periode verschwand auch sie wieder von weiten Strichen der niederen heissen Gegenden Mitteleuropas. Als später nach Ausgang der heissen, in der kühlen Periode die Wälder wieder fast das ganze ebenere trockenere Gelände Mitteleuropas bedeckten, vermochten sich die Formen dieser Anpassungsgruppe meist nur — strichweise fast nur — an den steileren, stark besonnten Hängen der Stromthäler, hauptsächlich sogar nur an der grösseren von diesen, welche sich nicht mit Wald, dichtem Gesträuche und hohem Bestande krautiger Gewächse bedeckten und wegen ihrer Exposition ein verhältnismässig günstiges Klima besassen, zu erhalten; nur solche, welche auch im Kiefernwalde oder im lichten Eichenwalde zu leben vermögen, blieben in grösserer Verbreitung auch entfernt von den Thalhängen erhalten. Von diesen Oertlichkeiten an den Thalhängen haben sich die Formen in der zweiten heissen Periode vorzüglich längs der grösseren Thalwege, welche damals strichweise fast allein wieder günstige Wandergelegenheiten boten, ausgebreitet. Dieses Vorkommen, hauptsächlich, zum Teil ausschliesslich, in den grösseren Stromthälern und in den unteren Teilen kleinerer Nebenthäler, kann, vorzüglich wenn es sich weithin ausdehnt, wie z. B. an der Oder von nördlichen Schlesien bis nach Pommern, leicht zu der Meinung verleiten, dass die Einwanderung dieser Formen und anderer ähnlich angepasster nach Mitteleuropa und ihre Ausbreitung in diesem während der ersten heissen Periode fast ausschliesslich in den Thälern der grösseren Ströme erfolgt sei.

Mit absoluter Sicherheit lässt sich im Odergebiete die Einwanderung aus dem Süden, aus den Gebieten der Waag und March, nicht nachweisen, sämtliche in diesem vorkommende Formen der zweiten Hauptgruppe, deren Einwanderung aus jenen Stromgebieten stattgefunden haben kann — dies sind die weitaus meisten seiner Formen dieser Hauptgruppe —, können auch aus dem Gebiete der Elbe oder aus dem der Weichsel oder sowohl aus dem einen wie aus dem anderen gekommen sein. Zur Annahme, dass die Formen dieser Anpassungsgruppe, welche das Odergebiet, oder wenigstens diejenigen von ihnen, welche seinen unteren Teil ungefähr von der märkischen Grenze ab bewohnen, hauptsächlich oder fast ausnahmslos von Westen oder Osten eingewandert seien, kann leicht der Umstand verführen, dass nicht wenige der für die unteren Gebietsteile charakteristischen Formen dem oberen Teile des Gebietes vollständig oder fast vollständig fehlen, dass andere, welche im letzteren vorkommen, deutlich erkennen lassen, dass sie von Norden her eingewandert sind, und dass sie sämtlich auch im Gebiete der Elbe oder in demjenigen der Weichsel oder in beiden in recht weiter Verbreitung vorkommen [1]). Hierzu kommt

---

[1]) Loew (a. a. O., S. 591 u. fg.) liess sich hierdurch verleiten, eine sich bis ins Elbegebiet ausdehnende Einwanderung aus dem Weichselgebiete, und zwar längs der Thäler der Urströme des nördlichen Mitteleuropas, anzunehmen.

noch, dass sich wenigstens eine Einwanderung aus dem Osten
für eine Anzahl Formen des Odergebietes mit grösster Sicherheit nachweisen
lässt. Nun können schrittweise Wanderungen von solcher Ausdehnung,
wie vom Elbegebiete bis nach dem Weichselgebiete — und
umgekehrt —, in der zweiten heissen Periode nicht stattgefunden haben,
die Wanderungen dieser Periode können sich, wie schon mehrfach gesagt
wurde und sogleich noch eingehender dargelegt werden wird, meist nur
über kurze Strecken, etwa bis zu 100 km Länge, ausgedehnt haben;
nur bei Formen mit, meist erst in Mitteleuropa erworbener, Stromthalanpassung
lassen sich Wanderungen von einer Länge bis 200 und mehr
Kilometer — wenn auch meist nicht ganz bestimmt — nachweisen.
Es können also die meisten Formen dieser Anpassungsgruppe, welche
gegenwärtig das Odergebiet — mit Ausnahme seiner äussersten Grenzgegenden
— bewohnen, nicht in der zweiten, sondern nur in der ersten
heissen Periode in dieses eingewandert sein und müssen dort während
der ersten kühlen Periode gelebt haben. In der ersten heissen Periode
war aber eine Einwanderung in das Odergebiet von Süden her viel
leichter als eine Einwanderung aus dem Osten und dem Westen. Es
lässt sich deshalb mit Bestimmtheit annehmen, dass damals die
meisten Formen der zweiten Hauptgruppe, welche heute im Odergebiete
leben und auch in den Gebieten der March und der Waag vorkommen,
aus letzteren eingewandert sind; viele von ihnen mögen freilich später
auch noch von Osten und Westen in das Gebiet der Oder eingedrungen
sein. Ohne Zweifel war in der ersten heissen Periode das Odergebiet
sehr reich an Formen dieser Gruppe, wahrscheinlich viel reicher als
der nördliche Teil des Elbegebietes unterhalb der böhmischen Randgebirge [1]),
vielleicht sogar reicher als das Elbegebiet überhaupt. Denn
die Verbindung zwischen den Gebieten der March und der Waag und
dem Gebiete der Oder war eine bequemere als diejenige zwischen dem
Donaugebiete und Böhmen und vorzüglich als diejenige zwischen Böhmen
und dem nördlicheren Teile des Elbegebietes. Letztere war kaum oder
gar nicht bequemer als diejenige zwischen dem böhmischen Elbegebiete
und dem Odergebiete, vorzüglich dem Gebiete der Görlitzer Neisse;
wahrscheinlich sind zahlreiche von den Formen oder fast alle, welche
von Böhmen nach dem unteren Elbegebiete vordrangen, aus ersterem
Lande auch nach dem Odergebiete, und zwar hauptsächlich nach der
Görlitzer Neisse, gewandert. In das untere Elbegebiet fand allerdings
auch noch eine Einwanderung aus dem Südwesten und Westen,
aus den Gebieten des Rheines und der Weser, welche vom Donau-

---

Ich selbst nahm früher (Grundzüge einer Entwicklungsgeschichte der Pflanzenwelt
Mitteleuropas seit d. Ausgange d. Tertiärzeit [1894], S. 96 u. fg.) zwar eine Einwanderung
in das Odergebiet von Süden her in der ersten und zweiten heissen
Periode an, glaubte aber das Vorkommen der meisten Formen doch nur durch eine
Einwanderung aus dem Gebiete der Elbe oder dem der Weichsel, welche in der
zweiten heissen Periode stattfand, erklären zu können, da ich die unbedeutenden
klimatischen Vorzüge der unteren Teile des Odergebietes vor den oberen nicht für
ausreichend erachtete zur Erhaltung von Formen, die in den oberen Teilen vollständig
aussterben.

[1]) Dieser Teil des Elbegebietes ist im folgenden einfach als unteres Elbegebiet
bezeichnet worden.

und Rhonegebiete her besiedelt waren, statt; doch fällt diese Einwanderung wohl erst in recht späte Zeit. Ihr steht im Odergebiete aber die zweifellos sehr bedeutende Einwanderung gegenüber, welche aus dem Osten, aus dem Weichselgebiete, ausging, welches ohne Zweifel frühzeitig und reich von Süden und Osten besiedelt wurde. Es waren die Formen, welche von der Weichsel kamen, freilich, wie bereits gesagt wurde, zum grössten Teile schon früher vom Donaugebiete her eingewandert[1]), doch befand sich unter ihnen auch eine ganze Anzahl, welche diesem fremd war; nur ein, vielleicht recht kleiner. Teil von ihnen gelangte über das Odergebiet hinaus bis nach dem Gebiete der Elbe. Die Oberflächen- und Bodenverhältnisse sind freilich in weiten Strichen des Elbegebietes, vorzüglich in Böhmen und im Saalegebiete, in der Jetztzeit für einen sehr grossen Teil der Formen viel günstiger als diejenigen des Odergebietes. Erstere Gegenden besitzen zahlreiche stark besonnte unbewaldete oder ganz licht und unterbrochen bewaldete trockene Oertlichkeiten und ihr in sonstiger Beziehung recht verschiedenartiger Boden ist auf weiten Strichen sehr kalkreich, während der Boden des Odergebietes meist, und vorzüglich in den durch wärmeres, trockneres Klima ausgezeichneten Strichen, recht kalkarm ist, und unbeschattete oder wenig beschattete Oertlichkeiten, wenn wir von den Kiefernwäldern absehen, im Gebiete nur in recht geringer Anzahl und unbedeutender Ausdehnung vorhanden waren, bevor der Mensch den grössten Teil der Waldbedeckung zerstörte. In der heissen Periode besassen aber auch im Odergebiete weite Striche keine Waldbedeckung, und das Kalkbedürfnis sowie vielleicht auch das Bedürfnis nach anderen Bodenbestandteilen, an denen der Untergrund des Odergebietes nicht reich ist, war damals ein wesentlich geringeres als in der Jetztzeit[2]), so dass der unbedeutende Kalkgehalt des Bodens im Odergebiete für die meisten Formen durchaus ausreichend war. Die ungünstige Beschaffenheit der Oberfläche und des Vegetationsbodens machte sich aber in der ersten kühlen Periode geltend. Damals starb infolgedessen ein sehr grosser, vielleicht sogar der grösste, Teil der Einwanderer der ersten heissen Zeit wieder aus, und sehr viele der überlebenden wurden auf sehr wenige Oertlichkeiten beschränkt; während ein bedeutend grösserer Teil in Böhmen und auch in dem südwestlichen Abschnitte des unteren Elbegebietes, im Saalegebiete, deren Klima ausserdem infolge ihrer Lage an der Leeseite höherer, dichtbewaldeter Gebirge, welche die feuchten Nordwest-, West- und Südwestwinde abhielten[3]), ein viel günstigeres war, sich zu erhalten vermochte. Unter

---

[1]) Und zwar zum Teil vielleicht durch die obersten Gegenden des Weichselgebietes hindurch.

[2]) Es kann dies, wie schon mehrfach betont wurde, keinem Zweifel unterliegen; zahlreiche Formen hätten nicht nach ihren gegenwärtigen Wohnsitzen in Böhmen gelangen können, wenn sie damals so anspruchsvoll wie jetzt gewesen wären, da die böhmische Randumwallung fast überall recht kalkarmen Boden besitzt. Auch die meisten übrigen weiteren Wanderungen derjenigen Formen, welche heute einen kalkreichen Boden als Wohnstätte verlangen, wären unmöglich gewesen.

[3]) Bezüglich Böhmens vgl. z. B. Woeikof, Die Klimate der Erde, 2. Teil (1887), S. 144, bezügl. des Saalegebietes Assmann, Der Einfluss der Gebirge

der Klimaungunst litt vorzüglich der sich unmittelbar an der Luvseite [1]) der Sudeten ausbreitende Süden ungefähr bis zur Gegend von Krossen oder bis zur Neissemündung, von wo ab der Lauf der Oder ungefähr eine Südnordrichtung erhält: er verlor noch mehr von seinen Einwanderern als der Norden, und unter diesen befand sich gerade eine ganze Anzahl von solchen, welche zu den am meisten charakteristischen Formen der zweiten Hauptgruppe gehören. Freilich haben sich im Süden auch manche erhalten, welche im Norden, wo sie zweifellos gelebt haben, zu Grunde gegangen sind. Vorzüglich diese Thatsache lässt deutlich erkennen, wie ungünstig auch im nördlichen Teile des Odergebietes die Verhältnisse für diejenigen Formen dieser Anpassungsgruppe gewesen sein müssen, welche erhalten geblieben sind, und wie beschränkt ihre Verbreitung in der kühlen Periode selbst gegen die der Gegenwart gewesen sein muss, in der doch der Mensch ohne Zweifel einen grossen, zum Teil vielleicht den grössten Teil der Gebiete der Formen zerstört hat. Am reichsten an Formen und Individuen waren in der ersten kühlen Periode die Thalhänge und Höhen an der Oder zwischen Frankfurt und Schwedt. Von ihren Wohnplätzen aus haben sich in der zweiten heissen Periode viele Formen recht weit auf- und abwärts ausgebreitet. Auch in den übrigen Gegenden des Gebietes hat in dieser Periode eine mehr oder weniger weite Ausbreitung der Formen dieser Anpassungsgruppe, welche die kühle Periode überlebt hatten, stattgefunden. Ob in dieser Periode auch eine Einwanderung in das Gebiet aus den Nachbargebieten her stattgefunden hat, lässt sich nicht mit Bestimmtheit sagen; wenn es der Fall war, so sind doch die betreffenden neuen Einwanderer nirgends weit vorgedrungen.

Die in der ersten heissen Periode in den Gebieten der Oder und der Weichsel nach Norden vordringenden Formen der zweiten Hauptgruppe machten nicht an der heutigen Südküste der Ostsee Halt, sondern wanderten zum grossen Teile über deren Becken, welches, wie bereits gesagt wurde, im heissesten Abschnitte der heissen Periode zum grössten Teile trocken lag, nach der skandinavischen Halbinsel und den heutigen Ostseeinseln, vorzüglich nach Oeland und Gotland [2]). Diese, und zwar schrittweise erfolgte Einwanderung aus den Gebieten der Oder und der Weichsel lässt sich auf jenen beiden Inseln wie auf der Halbinsel aufs deutlichste erkennen.

Zu den Formen, welche meines Erachtens in der ersten heissen

---

auf das Klima von Mitteldeutschland, Forschungen z. deutsch. Landes- u. Volkskunde, 1. Bd., 6. Heft (1886), S. 371 [61] und Karte 7.

[1]) Wahrscheinlich war damals die niederschlagsreiche Zone an der Luvseite der böhmisch-mährischen Randgebirge — deren Niederschlagsmenge eine viel bedeutendere als gegenwärtig war — viel breiter als in der Jetztzeit; über den Einfluss der Gebirge auf die Menge des Niederschlags in ihrem Vorlande vgl. Assmann a. a. O., S. 378 [68].

[2]) Dass diese Inseln wirklich mit den Küstenländern im Süden und Osten der Ostsee und mit der skandinavischen Halbinsel verbunden waren, darauf lässt sich mit Sicherheit aus dem Vorkommen einer Anzahl Formen schliessen, welche nur schrittweise gewandert sein können, so z. B. aus dem des oben behandelten *Adonis vernalis* L. und dem des *Ranunculus illyricus* L. Näher werde ich auf diese Frage an anderer Stelle eingehen.

Periode in das Odergebiet aus den Gebieten der March und der Waag eingewandert sind, gehören unter anderen folgende:

Stipa capillata L. (siehe S. 339 [111]).

St. „*pennata L.*" Wahrscheinlich zerfällt diese Linnésche Art in eine Anzahl durchaus selbständiger Arten; welche von diesen im Odergebiete vorkommt bezw. vorkommen, scheint noch nicht festgestellt zu sein[1]). Sie erhielt sich sowohl im südlichen wie im nördlichen Teile des Gebietes. Im ersteren widerstand sie der klimatischen Ungunst der ersten kühlen Periode merkwürdigerweise gerade an zwei klimatisch — und wohl auch hinsichtlich des Bodens — sehr wenig begünstigten Oertlichkeiten in der Nähe der Sudeten: im Gebiete der Glatzer Neisse bei Weidenau und im Gebiete der Görlitzer Neisse bei Nieda unweit Ostritz[2]), während sie weiter im Norden bis zur Gegend von Frankfurt a. O.[3]) zu Grunde gegangen zu sein scheint — das angebliche Vorkommen bei Sprottau im Bobergebiete hat sich wohl nicht bestätigt —. Man könnte versucht sein, ihr Vorkommen an diesen beiden Orten oder wenigstens an einem ebenso wie das einiger anderer Formen[4]), welche ebenfalls weiter im Norden erst in grosser Entfernung und zum Teil nur an sehr wenigen Orten wachsen, an den gleichen oder

---

[1]) Ascherson und Graebner (Flora d. nordostdeutschen Flachlandes [1898], S. 86) bezeichnen die Pflanze des nördlichen Teiles als *St. pennata*.

[2]) Ueber das Klima von Weidenau scheint nichts Näheres bekannt zu sein; das Klima von Nieda wird wohl nicht bedeutend von demjenigen von Görlitz abweichen, welchem auch das von Zittau (zwischen beiden Städten liegt der Ort) recht ähnlich ist. In diesen beiden Städten betragen die Monatsmittel und die Niederschlagshöhen:

	Januar	Februar	März	April	Mai	Juni	Juli	August	September	Oktober	November	Dezember	Zahl der Beobachtungsjahre	
Görlitz .	−1,8	−0,1	2,3	7,6	12,2	16,5	17,9	17,2	13,8	8,5	2,6	−0,8	38	nach Thiele
	34	45	43	46	58	74	80	83	51	43	47	43		a. a. O., S. 82
Zittau . .	−1,0	−0,2	2,9	7,8	11,9	15,9	18,0	17,1	14,1	8,4	3,2	−0,9	19	bis 83.
	26	37	41	44	61	69	67	73	46	44	47	46		

Die für die in der Umgebung von Halle am häufigsten vorkommende Art der *Pennata*-Gruppe wichtigsten Monate sind wohl April bis August. In warmen Jahren beginnt sie bereits Ende Mai zu blühen, Ende Juni sind vielfach schon die Früchte abgefallen, in feuchten und kühlen Jahren jedoch tritt die Fruchtreife erst später ein, im Jahre 1898 z. B. erst in der letzten Dekade des Juli, und im Anfange des August waren noch sehr viele unreife Früchte vorhanden. Diese Monate sind in den beiden Städten sicher für die an höhere sommerliche Trockenheit und Wärme angepasste Pflanze ungünstiger als z. B. in Breslau und Ratibor (vgl. S. 345 [117]. Anm. 1).

[3]) Sie wächst gegenwärtig an einer Anzahl Stellen von Müllrose und Reppen ab bis Güstow bei Stettin, nach Westen geht sie bis Müncheberg, Buckow und zur Ukermark, im Osten wächst sie im Wartegebiete bei Landsberg, Meseritz und im Kreise Schrimm, sowie im Netzegebiete in den Kreisen Schubin und Inowrazlaw.

[4]) Z. B. *Ranunculus illyricus L.*, *Bupleurum falcatum L.*, *Veronica prostrata L.*, *Campanula bononiensis L.* und *Artemisia scoparia W. u. K.*; *Cirsium pannonicum (L. fil.)* und *Cirsium eriophorum (L.)* gehören wohl nicht zu dieser Gruppe.

an klimatisch ebenso wenig begünstigten Oertlichkeiten, auf eine spätere Einwanderung in der zweiten heissen Periode zurückzuführen. Hiergegen spricht aber der Umstand, dass *Stipa* sowie einige der anderen Formen nicht nur nördlich der Sudeten, sondern auch in den klimatisch mehr begünstigten Gegenden südlich von diesen recht weithin fehlen[1]), was nicht der Fall sein würde, wenn sie erst in der zweiten heissen Periode eingewandert wären; und ausserdem spricht dagegen, dass einige, z. B. *Bupleurum falcatum L.*[2]), hier in der Nähe der Sudeten kleine isolierte Lokalgebiete besitzen, welche nur durch spätere Ausbreitung nach der Zeit der Einwanderung, also in der zweiten heissen Periode, entstanden sein können. Dieses ungleichmässige Aussterben von *Stipa* und der anderen Formen weist meines Erachtens darauf hin, dass das Klima nach der Zeit ihrer Einwanderung und Ausbreitung sehr schnell seinen extrem kontinentalen Charakter verlor und in das des kühlsten Abschnittes der kühlen Periode überging. Es ist merkwürdig, dass sich *Stipa* und die übrigen Formen gerade in der Nähe der Haupteinwanderungswege aus dem Marchgebiete und aus dem böhmischen Elbegebiete nach dem Odergebiete erhalten haben. Man könnte versucht sein[3]), hieraus den Schluss zu ziehen, dass sie aus dieser Richtung nicht über diese Oertlichkeiten in der Nähe der Sudeten hinausgelangt, und dass die Individuen von ihnen, welche weiter im Norden im Odergebiete vorkommen, von solchen abstammen, welche

---

[1]) *Stipa „pennata"* wächst im Süden zunächst in Böhmen bei Tetschen (und weiter nördlich im sächsischen Elbethale bei Dresden), Böhm.-Leipa, Münchengrätz und Jungbunzlau, in Mähren erst bei Namiest und Brünn. *Ranunculus illyricus L.* wächst im Odergebiete in der Nähe der Sudeten bei Kutscher, weiter im Norden bei Bunzlau und Glogau sowie auf der Insel Oeland; im Süden tritt er in Böhmen im unteren Moldau- und Elbethale (bis Aussig, auch weiter abwärts im Elbethale bis Magdeburg), in Mähren bei Prossnitz auf. *Artemisia scoparia W. K.* wächst im Odergebiete auf der Landskrone bei Görlitz, fehlt weiter im Norden und Westen vollständig, tritt im Süden in Böhmen zunächst am Bösig, bei Münchengrätz, Jungbunzlau und Jičin, sowie in Mähren bei Olmütz, Fulnek und Stramberg auf.

[2]) *Bupleurum* wächst im Neissegebiete bei Grottau, Zittau, Ostritz (Nieda) und Görlitz (Biesnitzer Thal), sowie weiter im Norden bei Frankfurt a. O. — doch hierhin wohl nur verschleppt —, weiter im Westen bei Königstein a. E. — früher — und dann erst wieder im Saalegebiete — im Elstergebiete nur an seiner Westgrenze bei Eisenberg. Im Süden tritt es in Böhmen bereits bei Aussig, Niemes, Jungbunzlau, Jičin, Jaromeř, Dobruška und Solnic auf; im Osten wächst es im Odergebiete im Gebiete der Zinna bei Katscher — an mehreren Stellen, vorzüglich bei Dirschel — sowie im Oppagebiete bei Troppau und Jägerndorf — an mehreren Stellen —; südlich von dieser Gegend findet es sich erst wieder bei Olmütz in Mähren. Diese kleinen Lokalgebiete von *Bupleurum* im Odergebiete können sich nur in der zweiten heissen Periode durch Ausbreitung von je einer Oertlichkeit in ihnen gebildet haben; es ist ganz undenkbar, dass die Form nach ihnen erst in der zweiten heissen Periode eingewandert ist und sich in der heutigen Verbreitung erhalten hat, während sie aus der Nachbarschaft so weit verschwunden ist. Nach der zweiten heissen Periode kann sie sich aber ihre heutige Verbreitung in der Nähe der Sudeten nicht erworben haben, denn die einzelnen Wohnstätten sind durch Schranken voneinander getrennt, über die sie, die doch wohl nur schrittweise zu wandern vermag, nicht hinweg gelangen kann. Sie muss also bereits seit der ersten heissen Periode in jenen Gegenden leben; so gut wie sie können aber wohl auch die anderen seit jener Zeit diese Gegenden bewohnen.

[3]) Am meisten könnte hierzu das Verhalten von *Veronica prostrata* Veranlassung geben.

dorthin nicht von Süden, sondern aus dem Gebiete der Elbe oder dem der Weichsel eingewandert seien. Doch scheint mir eine solche Annahme sehr wenig Wahrscheinlichkeit zu besitzen.

Melica ciliata L. wächst im oberen Teile des Gebietes bis Schönau, Jauer und Striegau; sie war ehemals zweifellos auch im nördlichen Teile verbreitet. Sie ist in diesem wohl deswegen ausgestorben, weil ihr in der kühlen Periode der Diluvialboden nicht zusagte. Ihre heutige Verbreitung in der Nähe der Sudeten hat sie sich wohl zum grössten Teile in der zweiten heissen Periode erworben.

Poa badensis Haenke wächst nur im unteren Teile des Odergebietes bei Freienwalde a. O. Es ist das Vorkommen dieses Grases hier im Odergebiete — und im Havelgebiete bei Potsdam an mehreren Stellen — auf Diluvialboden recht merkwürdig, da es in klimatisch viel mehr begünstigten Gegenden, z. B. im Saalegebiete, in dessen mittlerem Teile es recht verbreitet ist, fast gar nicht auf Diluvialboden aufzutreten scheint. Sein Vorkommen im Saalegebiete und bei Potsdam könnte Veranlassung geben zu der Annahme, dass es nach Freienwalde nur aus dem Elbegebiete eingewandert sei. Zu dieser Annahme liegt meines Erachtens aber kein Grund vor; das Gras ist in die unteren Odergegenden und das Havelgebiet zuerst zweifellos von Süden, später vielleicht auch aus dem oberen und dem mittleren Teile des Elbegebietes eingewandert; in der ersten kühlen Periode ist es wie so zahlreiche andere Formen dieser Hauptgruppe im südlichen Teile des Odergebietes der Witterungsungunst erlegen. Seine unbedeutende Verbreitung in Mähren, wo es übrigens noch weit im Norden bei Stramberg vorkommt, widerspricht dieser Annahme nicht. In Böhmen scheint es nur eine sehr unbedeutende Verbreitung zu besitzen.

Carex supina Wahlbg. fehlt ebenfalls dem oberen Teile des Gebietes, wächst im unteren aber an einer grösseren Anzahl Stellen in der Nähe der Oder ungefähr von Frankfurt ab bis Garz, und an wenigen östlich von dieser. Sie ist fast kontinuierlich vom mittleren Teile des Saalegebietes durch das Havelgebiet bis zur Oder verbreitet und ohne Zweifel auch in dieser Richtung, von der Elbe her, nach der Oder, doch in späterer Zeit als von Süden her, gewandert; von Osten kann sie ebensowenig wie *Poa badensis* in das Odergebiet gelangt sein.

Carex humilis Leyss., Thesium intermedium Schrad.

Cerastium anomalum W.K. wächst, wie es scheint, nur im Oderthale in der Gegend von Breslau — an vielen Stellen —, bei Parchwitz, Steinau, Neusalz und Frankfurt. Diese Alsinacee war in der heissen Periode wahrscheinlich bis weit nach Norden verbreitet und starb in der kühlen Periode bis auf eine, vielleicht in der Gegend von Breslau gelegene Oertlichkeit aus, an welcher sie sich — wie auch mehrfach ausserhalb des Gebietes — eine Stromthalanpassung erworben hat, in der sie sich später, vorzüglich dadurch, dass ihre Samen durch die Oder hinabgeschwemmt wurden, ausgebreitet hat und wahrscheinlich in weitem Sprunge nach Frankfurt gewandert ist [1]).

---

[1]) Vielleicht kommt sie noch an Zwischenstationen vor, ist aber bisher übersehen worden.

Cerastium brachypetalum Desp.

Gypsophila fastigiata L. ist ohne Zweifel nicht nur von Süden, sondern auch von Osten, aus dem Weichselgebiete, eingewandert. Ihre recht weite Verbreitung im Odergebiete, vorzüglich im nördlichen Teile, kann sie sich nur in der zweiten heissen Periode erworben haben. Es ist wohl nicht denkbar, dass sie eine so weite Verbreitung in diesem Gebiete in einem Zeitabschnitte besass, in welchem die klimatischen Verhältnisse für sie so ungünstige waren, dass sie aus dem Gebiete zwischen Mähren und der Gegend von Mainz, und aus demjenigen zwischen dem Landstriche vom südlichen Harzrande bis zum Kiffhäusergebirge, zur Schmücke und zu der unteren Unstrut einerseits, Böhmen und mindestens der Linie Oranienburg-Nauen-Potsdam-Luckenwalde-Jüterbog-Golssen-Lübben-Niesky andererseits, also aus Gegenden, deren jetziges Klima vielerorts günstiger oder doch ebenso günstig für sie ist als das ihrer Wohnplätze im Odergebiete, vollständig verschwand. Sie bevorzugt gegenwärtig freilich lockeren, kalkarmen Sandboden, solcher ist aber in den Gebieten, in welchen sie zu Grunde ging, an zahlreichen Orten vorhanden. Ausserdem war sie aber, wie ihre vollkommene Anpassung an den Gips im Saalegebiete beweist[1]), in der kühlen Periode durchaus im stande, sich einem Boden von ganz abweichender Beschaffenheit anzupassen[2]). Wahrscheinlich war sie im Odergebiete auf wenige Oertlichkeiten beschränkt; ihre weite Verbreitung, durch welche sie sich scharf von zahlreichen anderen gegen sommerliche Kühle und Feuchtigkeit ungefähr ebenso empfindlichen Formen unterscheidet, konnte sie sich dadurch erwerben, dass sie mit armem, für zahlreiche andere Formen nicht geeignetem Boden vorlieb nimmt oder ihn sogar bevorzugt und auch im Kiefernwalde, welcher in der zweiten heissen Periode wahrscheinlich einen sehr grossen Teil des Odergebietes bedeckte, zu leben im stande ist.

Silene Otites (L.) ist sicher wie *Gypsophila fastigiata* nicht nur von Süden, sondern auch von Osten eingewandert. Wie jene ist sie in der ersten kühlen Periode ohne Zweifel weit ausgestorben und hat sich erst nach dieser, und zwar aus denselben Ursachen wie *Gypsophila*, weit ausgebreitet.

Pulsatilla pratensis (L.), *Adonis vernalis L.* (vgl. S. 342 [114]).

Ranunculus illyricus L. kommt, wie bereits gesagt wurde, im Odergebiete nur bei Katscher, Bunzlau und Glogau vor. Er besass ehemals wahrscheinlich eine weite Verbreitung im Gebiete, auch in dessen nördlichem Teile, denn er kommt — in weiter Verbreitung — auf der Insel Oeland vor, wohin er wahrscheinlich aus dem Odergebiete gelangt ist, da er im Weichselgebiete anscheinend nicht vorkommt[3]) und auch weiter im Osten in der Nähe der Ostsee fehlt. Nach dem Odergebiete ist er vielleicht, wie *Poa badensis* und *Carex supina*, auch

---

[1]) Vgl. über ihr Vorkommen im Saalegebiete den nächsten Abschnitt.
[2]) In der ersten heissen Periode muss sie vollständig indifferent gegen höheren Kalkgehalt des Bodens gewesen sein.
[3]) Es kann aber wohl keinem Zweifel unterliegen, dass er ehemals in diesem gelebt hat.

aus dem Elbegebiete gelangt, doch scheint es mir sehr wenig wahrscheinlich, dass er ausschliesslich von dorther eingewandert ist.

Alyssum montanum L. besitzt nur eine unbedeutende Verbreitung sowohl im oberen wie im unteren Teile des Gebietes. Es wächst in der Nähe der Oder bei Ohlau, Breslau — an mehreren Stellen — Guhrau, Glogau, Grünberg, Krossen, Küstrin, Oderberg, Zehden und Angermünde; ausserdem kommt es nur noch bei Prenzlau vor. Das Gebiet von *Alyssum* lässt so recht erkennen, wie ungleichmässig das Aussterben der Formen der zweiten Hauptgruppe in der ersten kühlen Periode vor sich ging, wie ungünstig damals im Odergebiete überall die Verhältnisse für diese waren und wie ungleichmässig ihre Neuausbreitung in der zweiten heissen Periode war. Während *Alyssum* in der für dasselbe hinsichtlich ihrer Bodenverhältnisse und ihrer Organismenwelt so geeigneten Umgebung von Frankfurt, Lebus und Eberswalde, wo sich zahlreiche Formen der Hauptgruppe erhalten haben, ausgestorben ist, hat es sich in dem klimatisch weniger begünstigten Striche zwischen Guhrau und Ohlau, allerdings vielleicht nur an einer Stelle, erhalten. Wie ungleichmässig die Ausbreitung in der zweiten heissen Periode war, lässt sich daraus ersehen, dass *Alyssum* nicht von Oderberg-Angermünde nach Schwedt, Garz und Eberswalde, oder von Küstrin nach Lebus vorgedrungen ist, zwischen welchen Orten ohne Zweifel recht günstige Wanderwege bestanden, auf denen sich recht zahlreiche Formen ausgebreitet haben.

Biscutella laevigata L. (vgl. S. 264 [36]), *Potentilla arenaria Borkh.*, *Medicago minima [L.]*, *Oxytropis pilosa (L.)* (vgl. S. 350 [122]), *Astragalus Cicer L.*

Astragalus danicus Retz.[1]). Wahrscheinlich gehört diejenige Form dieser in Europa, Asien und Nordamerika weit verbreiteten Art, welche in der ersten heissen Periode aus Ungarn in die Stromgebiete der Oder, der Elbe, der Weser, des Rheines und der Donau eingewandert ist, dieser Hauptgruppe an; es ist jedoch auch möglich, dass sie sich im heissesten Abschnitte der Periode nicht mehr oder wenigstens nur in bedeutenderem Umfange auszubreiten vermochte, also in ihrer klimatischen Anpassung den Formen der dritten Hauptgruppe gleicht oder sehr nahe steht. Im Ausgangslande der Wanderung, in Ungarn, bewohnt sie, wie es scheint, vorzüglich höhere Gegenden. Sie hat sich im oberen Teile des Gebietes wohl nur bei Breslau, wo sie jetzt an mehreren Stellen wächst, erhalten[2]); im unteren Teile wächst sie in der Nähe der Oder bei Krossen, Ziebingen, an mehreren Stellen bei Frankfurt und Stettin, westlich von dieser bei Müncheberg. sowie im Ukergebiete bei Gramzow, Prenzlau — mehrfach —, Strasburg und Lücknitz, östlich von ihr bei Sternberg, Schermeisel, im Wartegebiete im Kreise Wreschen, sowie in Pommern bei Pyritz und Zachan[3]). Das isolierte Vorkommen des *Astragalus danicus* bei Breslau

---

[1]) Betreffs des Namens vgl. Lange, Haandbog i den Danske Flora, 4. Aufl. (1886—1888), S. 855.

[2]) Sie soll (nach Jahresber. d. schles. Gesellsch. f. vaterl. Cultur f. 1882 [1883], S. 255) auch b. Mangschütz unweit Polnisch-Wartenberg beobachtet sein.

[3]) Ausserdem ist *Astragalus danicus* nach Mitteleuropa noch aus anderen

st sehr wichtig für die Beurteilung der Einwanderung derjenigen
m nördlichen Teile des Odergebietes vorkommenden Formen dieser

Richtungen eingewandert. Und zwar aus dem Osten, aus dem mittleren Russland, in welchem er weit verbreitet ist und noch im Westen (nach Lehmann, Flora v. Polnisch-Livland [1895], S. 423) in den Gouvernements Ingermanland, Pskow, Witebsk, Wilna und Minsk sowie in Estland, Livland — auch auf der Insel Oesel —, Curland und (nach Rostafiński a. a. O., S. 126) im nördlichen Polen im Gouvernement Suwalki — bei Suwalki und Augustów — vorkommt. Von hier ist er nach dem Weichselgebiete gewandert, in welchem er in der Provinz Ostpreussen bei Oletzko und Lyck vorkommt. Ob er noch über diese Orte hinaus nach Westen vorgedrungen ist, lässt sich nicht sagen. Wahrscheinlich ging diese Einwanderung ungefähr gleichzeitig mit derjenigen aus dem Süden in das Odergebiet vor sich. Er wurde auch in Westpreussen in den Kreisen Karthaus und Berent gefunden, doch weicht nach Abromeit (Schriften d. phys.-ökon. Gesellsch. zu Königsb. i. Pr., 34. Jahrg. [1893], S. 32 u. 37, sowie Flora von Ost- und Westpreussen, herausgegeben v. Preussischen bot. Verein zu Königsberg i. Pr., I. [1898], S. 188) die dort wachsende Pflanze durch drei- bis viersamige Hülsen von derjenigen Ostpreussens, welche je einen Samen in der Hülse besitzt, ab — er zieht sie zu dem nordamerikanischen *A. hypoglottis* § *polyspermus* Torr. u. Gray — und ist nach seiner Meinung vielleicht mit amerikanischer Kleesaat eingeschleppt. (Ich möchte hierzu bemerken, dass der mitteleuropäische *Astragalus danicus* nach meinen Untersuchungen — ich untersuchte Individuen aus dem Mainzer Becken, dem Saalegebiete, dem märkischen Spree- und Odergebiete sowie von der Insel Seeland — regelmässig mehrsamige, meist 4—12samige Hülsen besitzt; einsamige Hülsen, welche auch Ascherson und Graebner, Flora des nordostdeutschen Flachlandes [1898], S. 445, der Pflanze zuschreiben, habe ich nicht gefunden.) Vielleicht ist *Astragalus danicus* aus den russischen Ostseeländern, in denen er noch auf der Insel Oesel wächst, auch über das trockene Ostseebecken nach der skandinavischen Halbinsel vorgedrungen, auf welcher er (nach Hartman, Handbok i skand. Flora, 11. Aufl. [1879], 1. T., S. 304) in Schonen und Småland, und zwar auf Strandwiesen, vorkommt. (Nach Gotland ist er wohl nur mit Ballast eingeschleppt, vgl. K. Johansson, Hufvuddragen af Gotlands växttopografi och växtgeografi, Kongl. Svenska Vet.-Akademiens Handlingar, 29. Bd., Nr. 1 [1897], S. 208.) Doch ist es auch sehr wohl möglich, dass er nach der skandinavischen Halbinsel aus dem Westen, von den britischen Inseln, eingewandert ist. Von diesen, auf denen er eine recht weite Verbreitung besitzt — er kommt (nach H. C. Watson, Topographical botany, 2. Aufl. [1883], S. 117) vom südlichen England bis zum nördlichen Schottland sowie (nach D. Moore u. A. G. More, Contributions towards a Cybele hibernica [1866], S. 76 und Bentham, Handbook of the British Flora, 5. Aufl. [1881], S. 118) auf den Arraninseln (Sandy pastures near the sea) an der Westküste Irlands vor — und hinsichtlich seiner Anpassung an das Klima wohl von der aus Ungarn nach Mitteleuropa eingewanderten Form abweicht, scheint er aber sicher nach der cimbrischen Halbinsel und den dänischen Inseln gewandert zu sein. Er wächst (nach Lange a. a. O.) auf ersterer bei Glatved, Vejle und Ribe, auf den Inseln: auf Samsoe, Fünen und Seeland — auf dieser an einer grösseren Anzahl Stellen, und zwar vorzüglich in der Nähe der See. Diese Wanderung fand entweder ausschliesslich wie diejenige mancher anderer Formen, z. B. der Papilionacee *Ervum Orobus* (DC.), schrittweise über das in dem heissesten 'Abschnitte der heissen Periode trocken liegende Becken der Nordsee nach Norwegen und von dort nach Schweden sowie im letzten Abschnitte der heissen Periode, als auch im Süden das Sommerklima wieder kühler und feuchter wurde, nach der cimbrischen Halbinsel und den dänischen Inseln statt, oder sie ging wenigstens zum Teil durch Verschleppung von Samen der auch auf den britischen Inseln stellenweise vollständig zum Halophyten gewordenen Art durch Schwimm- oder Sumpfvögel, vielleicht erst während des letzten Abschnittes der heissen Periode — oder in noch späterer Zeit? — und direkt nach Dänemark und Schweden, vor sich. Schwimm- und Sumpfvögel sind sicher an der lokalen Ausbreitung auf den britischen Inseln, in Dänemark und in Schweden beteiligt. Eine vierte Form der Art, welche im Alpengebiete — zum Teil in be-

Hauptgruppe, welche aus den Gebieten der March und Waag in das der Oder eingewandert sein können, dessen oberem Teile aber vollständig fehlen.

Coronilla varia L.

Eryngium campestre L. besitzt im oberen Teile des Gebietes eine sehr unbedeutende Verbreitung. Es ist wahrscheinlich nur bei Teschen einheimisch [1]); nach den anderen Fundstätten (Ratibor und Breslau) war es wohl nur verschleppt [2]). Im unteren Teile wächst es an mehreren Stellen zwischen Frankfurt und Küstrin sowie auf dem gegenüberliegenden Oderufer bei Göritz (Stenzig) [3]). Es hat sich in dieser Gegend wohl nur an einer Stelle erhalten und von dieser vorzüglich in der zweiten heissen Periode ausgebreitet.

Bupleurum falcatum L. (vgl. S. 357 [129]), *Seseli annuum L., Peucedanum Cervaria (L.), P. Oreoselinum (L.), Androsace elongata L., Stachys germanicus L., St. rectus L.*

Verbascum phoeniceum L. scheint in der Nähe der Oder nur im oberen Teile des Gebietes vorzukommen, und zwar an einer Anzahl Stellen der näheren und weiteren Umgebung Breslaus bis zur Gegend von Zobten, Strehlen und Nimptsch, sodann an mehreren Stellen bei Bauerwitz und Katscher; weiter im Norden wächst es nur im Warte-Netzegebiete an einer Anzahl Orten in der Provinz Posen [4]). Diese merkwürdige Verbreitung von *Verbascum phoeniceum* — man würde es auf Grund eines Vergleiches mit anderen Formen mit ähnlicher Anpassung an Klima und Boden auch, oder sogar nur, in den märkischen Odergegenden erwarten — lässt wieder sehr deutlich erkennen, wie ungleichmässig das Aussterben der Formen der zweiten Hauptgruppe in der ersten kühlen Periode vor sich gegangen ist, wie ungünstig also damals die Verhältnisse für diese auch an Oertlichkeiten gewesen sein müssen, an denen sie sich erhalten haben. Es ist deshalb gar nicht denkbar, dass *Verbascum phoeniceum* damals seine heutige Verbreitung in Schlesien besessen hat; es hat in der Gegend zwischen Breslau, Zobten, Nimptsch und Strehlen wahrscheinlich nur an einer Oertlichkeit gelebt. Dass es im märkischen und wohl auch im pommerschen Odergebiete ehemals vorhanden war, scheint mir zweifellos, da es noch im Netzegebiete und im Havelgebiete bei Rhinow vorkommt. Vielleicht ist es, ausser aus dem Süden, auch aus dem Elbegebiete eingewandert.

Veronica spicata L., Veronica prostrata L. (vgl. S. 357 [129]).

Odontites lutea (L.) fehlt dem oberen Teile des Gebietes voll-

---

deutender Höhe —, z. B. in den französischen Alpen — aber nicht in denen der Schweiz —, sowie in den Pyrenäen vorkommt, scheint nicht nach Mitteleuropa gewandert zu sein.

[1]) Ob aber wirklich im Gebiete der Oder?

[2]) Nach Fiek (a. a. O., S. 172); dagegen scheint Schube (a. a. O., S. 72) das Breslauer Vorkommen für ein spontanes anzusehen.

[3]) Nach Usedom (W. Müller a. a. O., S. 241) war es wohl nur verschleppt.

[4]) Nach Zeitschr. d. bot. Abt. d. naturw. Vereins d. Prov. Posen, III. Jahrg., 1. Heft (1896), S. 41 scheint es aber zweifelhaft zu sein, ob das Vorkommen der Art in der Provinz Posen ein spontanes ist.

ständig, tritt im nördlichen Teile erst bei Frankfurt auf und wächst von hier bis Stettin an einigen Stellen.

Asperula tinctoria L.[1]) ist im oberen Teile des Gebietes weniger verbreitet als im unteren.

A. glauca (L.) fehlt im unteren Teile, doch auch im oberen Teile scheint ihr Indigenat ausser bei Troppau zweifelhaft zu sein [2]).

Scabiosa canescens W. K.

Campanula bononiensis L. wächst im Odergebiete in der Nähe der Oder an mehreren Stellen bei Katscher, bei Herrnstadt, Guhrau, Deutsch-Wartenberg und Grünberg, sowie an einer Anzahl Stellen bis Stettin und ausserdem im Uker- sowie im Warte-Netzegebiete.

C. sibirica L. wurde im oberen Odergebiete nur in der Umgebung von Oppeln (am Moritzberge und bei Gr. Stein) beobachtet; im unteren wächst sie dagegen an einer grösseren Anzahl Stellen in der Odergegend von Frankfurt bis nach Pommern (Stettin), ausserdem im Ukergebiete, Warte-Netzegebiete sowie bei Pyritz und Stargard. Das Klima von Oppeln dürfte für die Form kaum günstiger sein als das von Breslau; es ist zwar in den für dieselbe wichtigsten Monaten — wohl April bis August — bis fast 1° C. wärmer, dafür aber auch meist — vorzüglich in den Hauptblühmonaten Juni und Juli — wesentlich niederschlagsreicher. Wahrscheinlich gab für ihre Erhaltung bei Oppeln der dortige kalkreiche Felsboden den Ausschlag. Dass die Pflanze solches aber zur Existenz nicht notwendig bedarf, zeigt ihr Verhalten im nördlichen Teile des Gebietes, in welchem sie ausschliesslich Diluvialboden bewohnt. Ihr weites Aussterben im oberen Teile gestattet wohl den Schluss, dass sie sich auch in dem klimatisch nur wenig — hinsichtlich des Bodens gar nicht — mehr begünstigten unteren Teile nur an wenigen Orten erhalten haben und sich ihre heutige recht weite Verbreitung erst in späterer, und zwar heisser Zeit, erworben haben kann. Ihr ganz isoliertes Vorkommen im oberen Teile des Gebietes ist sehr wichtig für die Beurteilung der Frage nach den Wanderwegen, welche die Formen des unteren Odergebietes eingeschlagen haben.

Aster Linosyris (L.) wächst im oberen Teile nur bei Breslau, Zobten und Gnadenfrei [3]), im unteren in der Nähe der Oder an einer grösseren Anzahl Stellen von Neuzelle bis Garz und Pencun, sowie im Netzegebiete bei Labischin und bei Gross-Neudorf im Kreise Bromberg [4]). Während sich *Campanula sibirica L.* sowie *Aster Amellus L.* in dem Muschelkalkgebiete südöstlich von Oppeln — letzterer bei Gogolin — zu erhalten im stande waren, scheint *Aster Linosyris (L.)*, für welchen der Boden dort sehr geeignet war, dies nicht gelungen zu sein. Er hat sich aber bei Breslau und Zobten erhalten, wo die beiden anderen ausgestorben sind. Dies lässt erkennen, wie ungünstig auch für ihn

---

[1]) Gehört vielleicht nicht in diese Anpassungsgruppe.
[2]) Vgl. Schube (a. a. O., S. 86), welcher aber ausser dem Vorkommen bei Troppau auch das bei Breslau für ein spontanes ansieht.
[3]) Ob ganz sicher? vgl. Schube a. a. O., S. 89.
[4]) Ob im Gebiete?

hier, für jene bei Oppeln die Verhältnisse in der kühlen Periode gewesen sein müssen.

Aster Amellus L. wächst im oberen Teile des Gebietes nur bei Freistadt, Hultschin und Oppeln, im unteren dagegen an einer grösseren Anzahl Stellen von Guben bis Pommern (Garz), an mehreren Stellen im Gebiete der Uker sowie der Warte und Netze.

Inula germanica L. wächst nur bei Oderberg.

I. hirta L. wächst im oberen Teile des Gebietes in der Nähe der Oder bei Teschen[1]), Katscher, Bauerwitz, Kosel — an mehreren Stellen — und auf den Trebnitzer Hügeln, in weiterer Entfernung westlich von der Oder bei Strehlen, Gnadenfrei, Schweidnitz, Striegau — an mehreren Stellen — und Jauer, östlich von ihr nur bei Tarnowitz: im unteren Teile besitzt sie eine nicht nur relativ, sondern sogar absolut unbedeutendere Verbreitung, sie wurde nur in der Nähe der Oder bei Frankfurt, Angermünde — an beiden Orten wurde sie neuerdings nicht wiedergefunden — Garz und[2]) Stettin, westlich von dieser auf den Randowwiesen[3]), östlich von ihr im Wartegebiete bei Schwiebus und in den Kreisen Schrimm und Gnesen, im Netzegebiete in den Kreisen Schubin, Bromberg und Inowrazlaw, sowie[3]) auf den Madue- und Plönewiesen beobachtet. Ein Vergleich des Gebietes dieser Form mit denjenigen von *Aster Linosyris* und *Aster Amellus* lässt aufs deutlichste erkennen, wie ungleich das Aussterben derselben Form in verschiedenen Gegenden und der gleichangepassten Formen in derselben Gegend war. Das Klima von Bauerwitz, Katscher und Tarnowitz[4]) ist schwerlich günstiger als dasjenige Oppelns, in dessen Nähe sehr kalkreicher Felsboden vorhanden ist. Auch das Klima ihrer Wohnstätten zwischen Strehlen und Jauer dürfte demjenigen von Oppeln an Sommerwärme und Trockenheit wohl nicht überlegen sein. Es kann also nur eine Folge von rein zufälligen Ereignissen und Verhältnissen sein, dass sich *Inula* an wenigen Orten — oder nur an einem? — der Hügelgegenden des Westens sowie im Zinnagebiete und bei Tarnowitz erhalten hat, während sie bei Oppeln, wo sie

---

[1]) Ob im Gebiete?
[2]) Nach W. Müller a. a. O., S. 316, ob richtig?
[3]) Nach W. Müller a. a. O., ob wirklich?
[4]) Letzteres dürfte wohl nicht sehr verschieden von demjenigen Beuthens sein; hier sind (nach allerdings nur 10jährigen Beobachtungen, vgl. Thiele a. a. O., S. 80—81) die wichtigsten Monate, wohl April bis August, zum Teil wesentlich kühler und meist auch niederschlagsreicher als in Oppeln, der Juni allerdings, der Hauptblühmonat von *Inula* in Thüringen, hat bei nicht sehr viel niedrigerer Wärme 20 mm weniger Niederschlag als in Oppeln. Die Wärmemittel und Niederschlagshöhen der fünf Monate betragen in Beuthen:

April	Mai	Juni	Juli	August
7,4	11,7	16,6	18,0	16,5
33	72	72	98	90

ohne Zweifel gelebt hat, zu Grunde gegangen ist. Sie war an den Stellen, an denen sie erhalten geblieben ist, sicher ebenfalls dem Aussterben nahe, und es erscheint mir wenig wahrscheinlich, dass sie am Ausgange der kühlen Periode an mehr als zwei Oertlichkeiten zwischen Strehlen und Jauer gelebt hat. Hierfür spricht auch ihre unbedeutende Verbreitung in den märkischen Odergegenden[1]; sie fehlt in diesen ganz den an recht empfindlichen Formen dieser Gruppe so reichen Höhen auf der linken Oderseite zwischen Frankfurt und Küstrin — die Fundstätte dieser Gegend: Trettin, liegt auf der rechten Oderseite — und ist auf der an diesen Elementen noch reicheren Strecke zwischen Eberswalde und Schwedt nur an einer Stelle, und wohl nur in sehr geringer Individuenzahl, gefunden worden. Würde sie im oberen Teile des Gebietes am Ausgange der kühlen Periode an sämtlichen oder den meisten Stellen gelebt haben, an denen sie heute vorkommt, so würde sie wohl auch hier, wo sich eine ganze Anzahl Formen, welche im oberen Teile des Gebietes vollständig zu Grunde gegangen sind, und welche zum Teil offenbar bedeutend empfindlicher als *Inula* sind, an einer Anzahl Stellen erhalten haben, in weiterer Verbreitung erhalten geblieben sein. Sie bewohnt zwar mit Vorliebe kalkreichen Felsboden, kann sich aber zweifellos ebenso gut wie *Aster Linosyris* und *A. Amellus* kalkärmerem Diluvialboden anpassen.

Artemisia scoparia W. K. (vgl. S. 357 [129], *Centaurea rhenana* Bor., *Scorzonera purpurea* L. (im oberen Teile des Gebietes weniger verbreitet als im unteren).

Wie soeben gesagt wurde, sind in das Odergebiet von Osten, aus dem Weichselgebiete, ausser Formen, welche auch von Süden, aus den Gebieten der March und der Waag einwanderten, auch solche Formen eingedrungen, welche aus jenen nicht gekommen sein können, da sie jetzt in Ungarn fehlen und ohne Zweifel auch in der ersten heissen Periode dort nicht vorgekommen sind. Sie waren in der ersten heissen Periode in das Weichselgebiet zum Teil aus den Gegenden am Schwarzen Meere, zum Teil aber aus dem weiter nördlich gelegenen Teile des östlichen Russlands eingewandert. Manche der Formen, welche aus letzterem kamen, waren vielleicht zur Zeit der grössten sommerlichen Hitze und Trockenheit nicht mehr im stande, sich in bedeutenderem Umfange auszudehnen. In welchen Gegenden die einzelnen dieser Formen in das Odergebiet eingewandert sind, lässt sich nicht feststellen. Wegen des Vorkommens der meisten in den märkischen Odergegenden in der Nähe der Wartemündung und zum Teil auch an Zwischenstationen zwischen dieser und dem Weichselgebiete im Warte-Netzegebiete, sowie wegen ihres teilweisen vollständigen Fehlens im schlesischen Odergebiete oder wenigstens in seinem oberen Teile glaubte Loew eine Einwanderung mancher dieser Formen wie der vorherbetrachteten längs der Warte und Netze, bezw. längs der grossen Urströme annehmen zu müssen, und ich folgte ihm hierin, nur dass ich über den Vorgang der Wanderung anderer Meinung als er war. Es

---

[1] Ueber das Vorkommen im pommerschen Odergebiete vgl. S. 364 [136]. Anm. 2 u. 3.

liegt aber meines Erachtens gar kein Grund zu dieser Annahme vor, vielmehr haben wir hier dieselbe Erscheinung wie bei der Einwanderung aus dem Süden: die Einwanderer haben sich in den klimatisch am meisten begünstigten Gegenden, also im mittleren Odergebiete, allein oder hauptsächlich erhalten. Aus diesen haben sie sich, zum Teil in wohl erst während der ersten kühlen Periode erworbener Stromthalanpassung, aufwärts und abwärts mehr oder weniger weit ausgebreitet.

Wohl fast ebenso viele Formen wie das Odergebiet hat in der heissen Zeit das Weichselgebiet entweder direkt oder durch den obersten Teil des Odergebietes hindurch von den Gebieten der Waag und der March empfangen. Die meisten von diesen Formen sind in das Weichselgebiet freilich auch aus dem Südosten, wo in den Gegenden am Nord- und am Westufer des Schwarzen Meeres und an der untersten Donau in der vierten kalten Periode wohl auch wie in Ungarn ein so günstiges Klima herrschte, dass die meisten Formen, welche gegenwärtig diese Gegenden bewohnen, in ihnen, wenn auch in beschränkter Verbreitung, zu leben vermochten, vorzüglich durch die Gebiete des Pruth, des Dnjestr und des Bug, und zwar wahrscheinlich früher als aus Ungarn, manche von ihnen wahrscheinlich auch aus dem Osten eingewandert. Zahlreiche der direkt oder durch das oberste Odergebiet aus den Gebieten der Waag und der March in das Weichselgebiet eingewanderten Formen sind wahrscheinlich auch aus den weiter nördlich gelegenen Gegenden des Odergebietes in dieses eingedrungen. Doch braucht das Vorkommen mancher Formen in der Nähe der Weichsel in den Provinzen Posen und Westpreussen, welche erst wieder im südlichen Teile von Russischpolen auftreten, nicht auf eine solche Einwanderung zurückgeführt werden, wie dies früher [1]) von meiner Seite, vorzüglich auf Grund des Vorkommens mancher von diesen Formen an einer Anzahl Zwischenstationen zwischen den Gebieten reichlichen Auftretens an der Oder und der unteren Weichsel, geschah [2]). Diese Formen

---

[1]) Vgl. Grundzüge S. 99; ich verlegte diese Wanderung in die zweite heisse Periode.

[2]) Solche Formen sind z. B. *Stipa capillata L.* und *Stipa „pennata L."*, *Carex supina Wahlenbg.*, *Adonis vernalis L.* und *Scabiosa canescens W. K. Stipa capillata L.* wächst in der Nähe der unteren Weichsel in Westpreussen bei Kulm und Schwetz und dann, wie es scheint (vgl. Rostafiński a. a. O., S. 20), erst wieder im südwestlichen Russischpolen, vorzüglich im Nidagebiete; in Galizien soll sie (nach Knapp a. a. O., S. 15) nur am Dnjestr vorkommen. In der Nähe des Weichselgebietes fehlt sie im Odergebiete, in diesem geht sie nach Osten nur bis Driesen. *Stipa „pennata L."* wächst in der Nähe der Weichsel in Posen und Westpreussen an einer Anzahl Stellen in den Kreisen Thorn, Inowrazlaw, Kulm, Schwetz, Graudenz und Marienwerder sowie östlich von der Weichsel bei Wangerin im Briesener Kreise (nähere Angaben über das Vorkommen finden sich z. B. bei J. B. Scholz a. a. O., S. 105—106), und dann wieder an der oberen Weichsel in Russischpolen bei Sandomierz und vorzüglich im Nidagebiete (nach Rostafiński a. a. O., S. 19), sowie an der Ostgrenze des Buggebietes in Galizien (sonst wächst sie in Galizien wohl nur in den Gebieten des Dnjestr und des Pruth). Zwischen Weichsel und Oder wächst sie im Netzegebiete im Kreise Inowrazlaw, bei Labischin, Schubin, Nakel und Landsberg, im Wartegebiete im Kreise Schrimm und bei Meseritz. *Carex supina Wahlbg.* wächst in der Nähe der unteren Weichsel in den Kreisen Thorn und Kulm, sodann im oberen Teile des Gebietes in Russischpolen in den Kreisen Opatów und Sandomierz (nach K. Piotrowski, Verh. d.

können vielmehr sämtlich aus dem Süden in das Weichselgebiet eingewandert sein und sind auch wahrscheinlich grösstenteils ausschliesslich oder wenigstens auch aus diesem eingewandert und aus dem Weichselgebiete zum Teil nach dem Odergebiete vorgedrungen. Ihre eigentümliche Verbreitung im Weichselgebiete erklärt sich wohl daraus, dass das Klima in der ersten kühlen Periode im oberen Teile dieses Gebietes wegen seiner Lage an der Luvseite der Karpatengebirge und — vorzüglich der Teil nördlich und westlich von der oberen Weichsel — wegen seiner verhältnismässig recht bedeutenden Erhebung sehr ungünstig war, so dass in diesem manche Formen bis auf wenige besonders günstige Standorte, vorzüglich auf dem Kalkgebiete, ausstarben. Ebenso waren in den oberen Teilen der Gebiete des Dnjestr und des Pruth die klimatischen Verhältnisse in der kühlen Periode nicht günstig, auch hier sind zahlreiche Formen vollständig oder fast vollständig zu Grunde gegangen. Im nördlichen Teile des Weichselgebietes war das Klima wohl nicht so günstig wie im unteren Odergebiete; es gingen dort wahrscheinlich viel mehr von den vorhandenen Formen als im unteren Odergebiete zu Grunde und recht viele erhielten sich nur an sehr wenigen Stellen oder an einer einzigen [1]). Das Vorhandensein zahlreicher Zwischenstationen im Gebiete der Netze und der unteren Warte und die Seltenheit von solchen weiter im Süden erklären sich ebenfalls aus dem günstigeren Klima der nördlicheren Gegenden, welches den Formen gestattete, sich, wenn auch nur an wenigen Oertlichkeiten, zu erhalten, während sie im Süden meist der Ungunst des Klimas erlagen. Es lässt sich also nur behaupten, dass ein Austausch von Formen der zweiten Hauptgruppe in der ersten heissen Periode zwischen den Stromgebieten der Oder und der Weichsel stattgefunden hat, es lässt sich aber von keiner Form, welche aus dem Süden in das Weichselgebiet eingewandert sein kann, behaupten, dass sie, und noch dazu ausschliesslich, aus dem Odergebiete in jenes eingewandert ist, und dass diese Einwanderung durch das Warte-Netzegebiet stattgefunden hat. Manche der Formen, welche sowohl in das Gebiet der Oder wie in das der Weichsel aus dem Süden eingewandert sind, sind im Odergebiete ausgestorben, im Weichselgebiete aber erhalten geblieben. Zu diesen gehört z. B. *Inula ensifolia L.*, welche wohl aus den Oder-Weichselgegenden auch nach der Insel Gotland gewandert ist; sie hat wahrscheinlich ehemals im Odergebiete gelebt,

---

bot. Ver. d. Prov. Brandenburg, XXXIX. Jahrg. [1897]. S. XXVIII). Zwischen Weichsel und Oder wächst sie im Warte-Netzegebiete bei Landsberg, Driesen und Inowrazlaw (ob im Gebiete?), weiter im Norden nur noch bei Pyritz. Bezüglich *Adonis* vgl. S. 343 [115]. *Scabiosa canescens W. K.* wächst in der Nähe der unteren Weichsel in Posen und Westpreussen in den Kreisen Thorn, Inowrazlaw, Bromberg, Kulm und Schwetz an einer grösseren Anzahl Oertlichkeiten; im oberen Teile des Gebietes scheint sie nur eine unbedeutende Verbreitung zu besitzen, sie wächst hier z. B. zwischen Opatów und Sandomierz (nach Piotrowski a. a. O., S. XXX). Zwischen Weichsel und Oder wächst sie im Warte-Netzegebiete und auch weiter unterhalb und oberhalb an zahlreichen Stellen.

[1]) Auch hier tritt uns überall ein sehr ungleiches Aussterben und eine sehr ungleichmässige Neuausbreitung in der zweiten heissen Periode entgegen.

ist in ihm aber zu Grunde gegangen, während sich *Ranunculus illyricus L.*, der im Weichselgebiete, in welchem er in der heissen Periode wenigstens im oberen Teile vorkam, ausgestorben ist, in ihm erhalten hat. Ausser diesen beiden sind von Formen der zweiten Hauptgruppe wohl auch noch *Adonis vernalis L.* und *Aster Linosyris (L.)* aus dem Oder-Weichselgebiete nach den schwedischen Inseln gewandert.

Ausser durch Formen, welche aus dem Süden und dem Westen und grösstenteils auch aus dem Südosten und dem Osten eingewandert sein können, ist, wie bereits gesagt wurde, das Gebiet der Weichsel in der ersten heissen Periode auch durch Formen besiedelt worden, welche nur aus dem Südosten oder dem Osten gekommen sein können. Manche von ihnen sind, wie ebenfalls bereits erwähnt wurde, über das Weichselgebiet hinaus nach Westen, nach dem Odergebiete und zum Teil noch über dieses hinaus bis nach dem Rheingebiete vorgedrungen. Wenn diese Formen zu einer Wanderung nach Westen über das Weichselgebiet hinaus im stande waren, so werden dazu auch diejenigen, welche aus dem Süden in das Weichselgebiet eingewandert waren, im stande gewesen sein.

Sehr zahlreiche Formen sind aus dem Gebiete der March nach Westen, über das mährische Hügelland, nach dem böhmischen Elbegebiete gewandert; die weitaus meisten Formen der zweiten Hauptgruppe, welche diese Gegend bewohnen, sind ausschliesslich oder wenigstens auch von dort gekommen. Es lässt sich in Böhmen freilich auch eine Einwanderung aus dem Odergebiete — teils direkt, teils durch das sächsische Elbegebiet — nachweisen, doch hat diese wohl nicht den Umfang von jener erreicht, da die Einwanderungswege wesentlich ungünstiger waren; die meisten Formen, welche vom Odergebiete in das böhmische Elbegebiet eingewandert sind, sind wohl auch aus dem Gebiete der March, und zwar früher, in dieses eingedrungen. Zu den Formen, welche aus dem Gebiete der March nicht gekommen sein können, da sie in ihm wie im ganzen unteren Donaugebiete fehlen, und welche allein erkennen lassen, dass eine Einwanderung aus dem Nordosten oder Norden nach Böhmen stattgefunden hat, gehören z. B. *Astragalus arenarius L.*[1]) und *Jurinea cyanoides (DC.)*[2]). Wahrscheinlich gehört zu diesen Einwanderern auch die Ostform der Kiefer. Welchen Weg diese Einwanderer eingeschlagen haben, lässt sich nicht feststellen; das Vorkommen von *Jurinea* ausschliesslich in der Nähe der Elbe, welche auch nördlich der Randumwallung an mehreren Stellen im Elbethale von Mühlberg bis zum Sudegebiete wächst und deren andere Wohnstätten des Elbegebietes in der Nähe der Elbe, nach Westen bis Halle, Blankenburg a. H. und Neuhaldensleben, nach Osten bis Nauen, Brandenburg (Golzow) und Treuenbriezen, liegen, könnte zu der Annahme verleiten, dass die Formen, wenigstens zum grossen Teile, längs der Elbe eingewandert

---

[1]) Er wächst nur im nördlichen Böhmen bei Reichstadt, Habstein, Weisswasser und Lissa.
[2]) Sie wächst nur in der Nähe der Elbe bei Theresienstadt, Raudnitz — an mehreren Stellen —, Neratowitz — an mehreren Stellen —, Sadska und Nimburg.

seien. Es ist dies nicht unmöglich; wahrscheinlicher ist es jedoch, dass sie — auch *Jurinea* — hauptsächlich in der Gegend östlich von der Elbe bis zum Neissethale, wahrscheinlich vorzüglich durch dieses, nach Böhmen eingewandert sind.

Ebenso wie nach dem oberen Elbegebiete sind über die mährisch-böhmische Randumwallung wohl auch nach dem Marchgebiete Formen der zweiten Hauptgruppe eingewandert. Mit Sicherheit dürfte sich diese Einwanderung aber wohl nicht mehr feststellen lassen.

Aus Böhmen ist, wie vorher gesagt wurde, zweifellos eine grosse Anzahl Formen nach dem Odergebiete vorgedrungen; wohl sämtliche waren aber bereits früher aus den Gebieten der March und der Waag in dieses eingewandert. Vielleicht noch bedeutender war die Auswanderung aus Böhmen nach dem nördlicheren Teile des Elbegebietes. Diese kann aber erst spät, wohl erst im heissesten Abschnitte der heissen Periode, einen grösseren Umfang erreicht haben, denn die nördliche böhmische Randumwallung bildete ein bedeutendes Wanderungshindernis. Selbst in jenem Zeitabschnitte konnte sie wohl nur an sehr wenigen Stellen von den unbeschatteten oder wenig beschatteten trockenen Boden bewohnenden Formen der zweiten Hauptgruppe durchwandert werden. Die Haupteingangspforten aus Böhmen direkt nach dem nördlichen Elbegebiete bildeten wohl die Senke zwischen Erzgebirge und Elbesandsteingebirge, das Elbethal im Elbesandsteingebirge und einige Thäler weiter im Osten. Viele der Einwanderer sind aber wohl nicht durch diese hindurch gewandert, sondern auf dem kurzen Umwege durch das Thal der oberen Görlitzer Neisse, der Haupteingangspforte aus Böhmen nach dem Odergebiete, und aus diesem nach dem der Spree vorgedrungen. Wenn auch die Anzahl der Formen, welche aus Böhmen, direkt oder auf dem Umwege durch das Odergebiet, vorzüglich durch das obere Gebiet der Görlitzer Neisse, nach den unteren Elbegegenden vorgedrungen sind, ohne Zweifel recht bedeutend war, so blieb sie doch wohl hinter der Anzahl derjenigen zurück, welche aus dem Odergebiete, in das sie aus dem Gebiete der March und Waag oder aus dem Osten und Südosten eingewandert waren, in jene Gegenden eindrangen. Ausserdem sind die in dieser Richtung kommenden Formen wohl früher im unteren Elbegebiete angelangt als diejenigen, welche in dieses aus Böhmen eingewandert sind. Die Einwanderung aus dem Odergebiete dürfte wohl den Hauptanteil an der Besiedelung des unteren Elbegebietes mit Formen dieser Gruppe besitzen; dass dies nicht sofort in die Augen springt, liegt daran, dass das Odergebiet heute, nachdem es in der ersten kühlen Periode einen sehr grossen Teil seiner Formen verloren hat, ärmer an solchen ist als das untere Elbegebiet, und dass einige von denjenigen Formen, welche im Oberodergebiete vollständig zu Grunde gegangen sind, sich im sächsischen Elbethale erhalten haben[1]). Dass eine Einwanderung von Formen dieser Gruppe aus Osten in das untere Elbegebiet wirklich erfolgt ist, wird durch das

---

[1]) Zum Teil sind diese vielleicht gar nicht aus Böhmen eingewandert oder es sind die heute lebenden Individuen doch nicht oder nur zum Teil Nachkommen von solchen, welche aus Böhmen vorgedrungen sind.

Vorkommen von Formen wie *Silene chlorantha (Willd.)*, *Dianthus arenarius L.*, *Astragalus arenarius L.* und *Jurinea cyanoides (DC.)* [1]), welche nur von dort gekommen sein können, bewiesen. Die Einwanderung der Formen aus dem Odergebiete in das untere Elbegebiet ist wohl an sehr verschiedenen Stellen erfolgt. Es hat natürlich auch eine Einwanderung aus dem Gebiete der unteren Elbe in das der Oder stattgefunden, doch dürfte diese viel unbedeutender gewesen sein als diejenige, welche in umgekehrter Richtung erfolgt ist [2]). Die aus Süden und Osten — sowie die aus Südwesten und Westen — eingewanderten Formen haben sich im Elbegebiete, in welchem, vorzüglich im heissesten Abschnitte der heissen Periode, zahlreiche sehr günstige Wanderwege bestanden, weit ausgebreitet. Viele sind bis nach der jetzigen Küste vorgedrungen und zum Teil von dort über das trockene Nordseebecken sowie die cimbrische Halbinsel und das trockene Ostseebecken nach der skandinavischen Halbinsel und den dänischen Inseln gewandert; mit Sicherheit lässt sich das Letztere freilich wohl nicht mehr nachweisen. Zahlreiche sowohl der aus Osten wie der aus Böhmen

---

[1]) *Silene chlorantha* kommt im Elbegebiete bis zur Linie Luckau-Treuenbriezen-Potsdam-Spandau-Oranienburg vor; die Angaben über ein Vorkommen weiter im Westen scheinen keine Bestätigung gefunden zu haben. *Dianthus arenarius* wächst bis zur Linie Senftenberg-Luckau und ausserdem bei Fürstenberg in Mecklenburg. *Astragalus arenarius* geht bis zur Linie Niesky-Mücka-Uhyst-Ortrand-Ruhland-Kirchhain-Sonnewalde-Luckau-Golssen-Brück-Lehnin-Nauen-Kremmen-Mirow-Neustrelitz. Die Verbreitung von *Jurinea*, welche heute im Oder- und auch im Weichselgebiete fehlt, ist bereits S. 368 [140] dargestellt worden. Das Fehlen der drei ersten Formen westlich von ihren Grenzen ist sehr merkwürdig, es kontrastiert auffällig mit ihrer recht weiten Verbreitung östlich von diesen. Namentlich ist das Fehlen von *Astragalus* merkwürdig, da diese Form doch nach Böhmen und selbst nach dem Maingebiete — in diesem wächst sie bei Windsheim, Nürnberg, Schwabach und Roth, aber wohl nicht am Maine (vgl. Prantl a. a. O., S. 366, Bottler, Exkursions-Flora von Unterfranken [1882], S. 72 dagegen führt sie als an mehreren Stellen vorkommend auf, auch dem Donau-Wörnitzgebiete — bei Dinkelsbühl — gelangt ist und sich in diesen erhalten hat. Wahrscheinlich ist sie nach ihren bayerischen Wohnstätten nicht durch das Saalegebiet, sondern zusammen mit *Jurinea* aus Böhmen gewandert. Ich glaube aber, dass sie wie die beiden anderen Formen ehemals im Saalegebiete gelebt hat. Mit ihnen zusammen ist wahrscheinlich auch *Gypsophila fastigiata L.* gewandert, welche sich im Saalegebiete nur an einer Stelle in dem Striche zwischen dem südlichen Harzrande, dem Kiffhäusergebirge, der Schmücke und der unteren Unstrut, wahrscheinlich im Kiffhäusergebirge, erhalten, vollkommen an den Gips angepasst und in dieser Anpassung wieder ausgebreitet hat (vgl. hierüber Entw. d. ph. Pfizdecke d. Saaleb., S. 172—174 [69—71]), weiter im Osten aber mindestens bis zur Linie Golssen-Jüterbog-Luckenwalde-Potsdam-Oranienburg ausgestorben ist. Wahrscheinlich ist sie in das Saalegebiet nur aus dem Osten eingewandert, vielleicht ist sie auch nach Böhmen nur aus dieser Richtung gelangt. Ohne Zweifel sind diese Formen auch im Osten, im Oder- und im Weichselgebiete, weithin — *Jurinea* sogar vollständig — ausgestorben und haben sich ihre recht weite Verbreitung in diesen erst durch Neuausbreitung während der zweiten heissen Periode erworben. Da sie in ziemlich dichten Kiefernwäldern zu leben im stande sind, so waren ihrer Wanderung viel weniger Schranken gesetzt als derjenigen zahlreicher anderer Formen, und sie haben sich deshalb ein viel grösseres Gebiet erworben als viele andere.

[2]) Ich nahm früher — vgl. Grundzüge — an, dass ein grosser Teil der Formen dieser Gruppe des Odergebietes ausschliesslich aus dem Elbegebiete, freilich erst in der zweiten heissen Periode, eingewandert sei.

eingewanderten Formen sind aus dem unteren Elbegebiete nach dem Wesergebiete vorgedrungen. Mit Sicherheit lässt sich eine solche Einwanderung allerdings wohl von keiner Form behaupten, sämtliche können auch von Süden und Westen, aus dem Gebiete der Donau und dem des Rheines durch das Gebiet des Maines oder das der Rheinnebenflüsse unterhalb des Maines eingewandert sein. Manche sind wohl sogar ausschliesslich von dort eingewandert; sehr viele sind von dort wenigstens früher selbst bis in die nördlicheren Gegenden des Wesergebietes gelangt als aus dem Elbegebiete. Es kann keinem Zweifel unterliegen, dass zahlreiche von denjenigen Formen, welche vom Rheine und von der oberen Donau in das Wesergebiet eingewandert waren, aus diesem auch in das Elbegebiet, vorzüglich in das Saalegebiet, vorgedrungen sind. Wie viele und welche Formen aus dem Wesergebiete in das Elbegebiet eingewandert sind, lässt sich aber nicht feststellen. Man hat angenommen[1]), dass die Einwanderung derjenigen Formen des unteren Elbegebietes, vorzüglich des Saalegebietes, welche stärker kalkhaltigen Boden bewohnen, nicht aus Böhmen durch das süchsische Elbegebiet oder aus Osten stattgefunden habe, da der Boden jener Landstriche ein sehr kalkarmer ist, sondern aus dem Südwesten, aus dem Rheingebiete, da in den Landstrichen zwischen diesem und dem Elbegebiete fast ununterbrochen kalkreicher Boden vorhanden ist. Dieser Grund ist aber, wie schon mehrfach erklärt wurde, nicht stichhaltig, denn in der Periode der Wanderung waren die Anforderungen der Formen an den Boden wesentlich andere als in der Jetztzeit, vor allem war das Kalkbedürfnis ein wesentlich geringeres als gegenwärtig und vorzüglich in den kühlen Perioden. Wäre dies nicht der Fall gewesen, so würden zahlreiche Formen nicht weit nach Mitteleuropa hinein gelangt sein; viele hätten z. B. nicht nach ihren heutigen Wohnplätzen in Böhmen vorzudringen vermocht, da die Randumwallung fast überall recht kalkarmen Boden besitzt. Wahrscheinlich sind alle oder fast alle Formen, welche aus dem Rhein-Wesergebiete in das untere Elbegebiet eingewandert sind, auch aus Böhmen oder aus dem Odergebiete nach diesem gelangt. Wie das Odergebiet, so hat auch das Elbegebiet in der ersten kühlen Periode zweifellos einen sehr grossen Teil seiner Einwanderer der ersten heissen Zeit verloren, doch war der Verlust nicht so bedeutend wie derjenige des Odergebietes. Vorzüglich in Böhmen und im Saalebezirke haben sich zahlreiche Formen erhalten; bedeutend mehr als diese Landstriche haben die übrigen Gegenden verloren, welche zum Teil — so das sächsische Elbegebiet und das Havel-Unterspreegebiet — wohl reicher an solchen als der Saalebezirk waren. Am reichsten von diesen war wohl das erstere, d. h. die Gegend zwischen den Randgebirgen und der Saalemündung, zwischen der Weissen und der Schwarzen Elster sowie der oberen Spree — einschliesslich des Gebietes dieser Flüsse —. Es hat dieses Gebiet aber einen grösseren Teil seiner Formen verloren als das Havel-Unterspreegebiet, so dass es heute nicht reicher an solchen ist als jenes[2]); zahl-

---

[1]) Vgl. Grundzüge S. 104 u. 188.
[2]) Es starben in ihm z. B. folgende Formen aus, welche sich im Havel-

reiche seiner Formen haben sich nur an sehr wenigen Stellen erhalten und von diesen zum Teil auch später nicht oder nur unbedeutend ausgebreitet. Das Klima des Elbegebietes ist gegenwärtig strichweise, im Elbethale, günstiger als das des Havel-Unterspreegebietes, doch war es in der kühlen Periode wohl wegen der Lage des Landstriches an der Luvseite der Randumwallung ungünstiger als jenes.

Weniger von seinen Einwanderern hat der Saalebezirk verloren, dessen niedere Striche infolge ihrer Lage an der Leeseite des Harzes, des Eichsfeldes, des Thüringerwaldes und des Frankenwaldes, welche sie vor den feuchten West- und Südwestwinden schützten[1]), ein wärmeres und trockeneres Klima besassen als die weiter im Osten und Norden gelegenen Teile des Elbegebietes sowie das Odergebiet. Ausserdem sind in ihm sowohl die Oberflächenbeschaffenheit als auch die Bodenverhältnisse durchaus günstigere als in jenen Gegenden. Er besitzt fast überall ausgedehnte günstig exponierte, im südlichen Teile vorzüglich felsige, im nördlichen vorzüglich lehmige, kiesige oder sandige Steilhänge, welche sich auch in der kühlen Periode nur stellenweise mit dichterem Walde und Gebüsche oder hohen, stark schattenden Kräutern bedeckten, und deren Untergrund recht verschiedenartige chemische und physikalische Eigenschaften besitzt, in der Regel aber reich an kohlensaurem, seltener reich an schwefelsaurem Kalke ist. Doch sind diese in der Beschaffenheit des Klimas, der Oberfläche und des Bodens liegenden Vorzüge des Saalebezirkes vor den weiter im Norden und Osten gelegenen Gegenden des Elbegebietes und vor dem Odergebiete nicht so bedeutende, dass zahlreiche Formen der zweiten Hauptgruppe in ihm während der kühlen Periode in der heutigen oder in annähernd so weiter Verbreitung gelebt haben können, während sie weiter im Osten und Norden ganz oder fast ganz zu Grunde gingen. Die Verbreitung der Formen dieser Gruppe war damals im Saalebezirke zweifellos eine viel unbedeutendere als gegenwärtig. Zahlreiche waren wahrscheinlich überall, selbst an den meisten begünstigten Oertlichkeiten, dem Aussterben nahe, so dass schon ein verhältnismässig unwesentliches ungünstiges Ereignis sie an diesen Stellen hätte vernichten können. Nur bei einer solchen Annahme lässt sich die ungleichmässige, zum Teil von der erwarteten ganz abweichende Verbreitung der Formen verstehen, welche uns auch im Saalegebiete überall entgegentritt. Die Ungleichmässigkeit in der Verbreitung wurde noch dadurch vergrössert, dass

---

Unterspreegebiete erhalten haben: *Stipa capillata* L. (vgl. S. 336 [108]), *Poa badensis Haenke* (mehrfach bei Potsdam), *Carex supina Wahlenbg.* (bei Rathenow, Nauen, Potsdam, Spandau und Treuenbriezen — bei den meisten in recht bedeutender Verbreitung — sowie vielleicht auch bei Luckau, im sächsischen Elbegebiete am Spitzberge bei Oelsa unweit Gottleuba), *Oxytropis pilosa (L.)* (nur bei Potsdam), *Inula germanica L.* (desgl.; im sächsischen Elbegebiete nur an der Westgrenze bei Eisenberg), *Scorzonera purpurea* L. (bei Brandenburg, Potsdam, Spandau, Nauen und Berlin, zum Teil an einer Anzahl Stellen). Es hat sich in ihm aber auch eine Anzahl Formen gehalten, welche aus dem Havel-Unterspreegebiete, in welchem sie ohne Zweifel oder wahrscheinlich ehemals gelebt haben, verschwunden sind; dazu gehören *Bupleurum falcatum L.* (vgl. S. 357 [129] in das Havel-Spreegebiet nur eingeschleppt) und *Odontites lutea (L.)*.

[1]) Vgl. Assmann a. a. O., S. 371 [61].

der zweiten heissen Periode sehr ungleichmässig
Vielfach ist freilich die Ungleichmässigkeit der
ier zweiten heissen Periode nicht so bedeutend wie
Blick erscheinen kann. Es haben sich nämlich
: bereits gesagt wurde und sogleich noch ausführ-
rden wird, während der ersten kühlen Periode
der weniger vollkommen an ganz bestimmte, zum
r abweichende, Eigenschaften des Bodens angepasst.
:ren Stellen mehr oder weniger indifferent blieben.
wurden, wie es scheint, in der zweiten heissen
:der vollständig latent ¹), traten aber in der zweiten
neuem mehr oder weniger scharf hervor, so dass
ormen damals vollständig oder fast vollständig
Beschaffenheit verschwanden; auch gegenwärtig
iicht oder fast nicht im stande, auf andere Böden
weise jedoch wurden die Anpassungen auch in der
iode nicht wieder latent, so dass also schon die
rt von einer Oertlichkeit aus, an der sie sich eine
rworben hatte, eine wesentlich andere sein musste
1 aus, wo sie sich nicht in dieser Weise dem Boden
beiden Fällen müssen also die Individuen, welche
haben sowie ihre Nachkommen als eine durchaus
:t werden, aus deren Verbreitung keinerlei Schlüsse
ifähigkeit ihrer Stammform gestattet sind, wie um-
:rbreitung der Stammform nicht diejenige der neuen
en darf. Wahrscheinlich hat an der Ungleichheit der
'men der zweiten Hauptgruppe im Saalebezirke auch
itung während der ersten heissen Periode einen An-
t sich jedoch darüber nichts aussagen, denn es lässt
ie mit Sicherheit feststellen, wie weit in der ersten
:inzelnen Formen vorgedrungen sind. Wie leicht in
ungen möglich sind, soll an einigen Beispielen ge-
er:its eingehend betrachtete *Hypericum elegans Steph.*
Gebirgswalles vom Greinerwalde an der Donau bis
des Thüringerwaldes ausser bei Schwarza in der
r bei Odernheim im Grossherzogtume Hessen vor-
rgekommen zu sein. Wäre die Pflanze auch an letz-
:u Grunde gegangen — dass dies nicht stattfand,
nur ganz zufälligen günstigen Umständen —, so
ht vermuten, dass sie ehemals über einen grossen
:ingebietes verbreitet gewesen ist. Ebenso gut wie
können z. B. auch *Astragalus exscapus L.* und

Periode ihrer Einwanderung waren sie hinsichtlich vieler,
Eigenschaften des Bodens sehr indifferent. Nur bei der
twerdens der neuerworbenen Eigenschaften während der
e lässt es sich verstehen, wie z. B. manche Formen, welche
:epasst haben und heute strichweise nur oder fast nur auf
:h ihre zum Teil recht weite Verbreitung in einzelnen
en können.

Trifolium parviflorum Ehrh. ¹), welche heute jenseits des bezeichneten Gebirgswalles vollständig zu fehlen scheinen, dort weit, vielleicht bis zum Oberrheine, verbreitet gewesen sein. *Ranunculus illyricus L.* wächst, wie soeben gesagt wurde, im Gebiete der Oder ausser bei Katscher nur noch bei Bunzlau und Glogau; ausserdem tritt er nördlich der böhmischmährischen Randumwallung nur noch im Elbegebiete in der Nähe der Elbe bis Magdeburg und westlich von dieser im nördlichen Teile des Saalegebietes und im Ohregebiete, sowie auf der Insel Oeland auf. Auf dieser wächst er jetzt freilich in recht weiter Verbreitung, in der ersten kühlen Periode war er aber wohl auch auf ihr dem Aussterben nahe. Wenn er damals von ihr verschwunden wäre, so würde wahrscheinlich niemand vermuten, dass er so weit nach Norden, und zwar schrittweise, vorgedrungen sei. Ebenso gut wie *Ranunculus illyricus* nach Norden bis Oeland — und dies war wohl nicht der Endpunkt seiner Wanderung in dieser Richtung — vorgedrungen ist, kann er auch nach dem Weichselgebiete gewandert und in diesem weit nach Norden vorgedrungen sein oder er kann aus dem unteren Donaugebiete nach dem Oberrheine gewandert sein. Ebenso gut wie es diesem Hahnenfusse gelungen ist, aus Ungarn nach der skandinavischen Halbinsel vorzudringen, wird dies auch anderen Formen geglückt sein, welche jetzt nicht nördlich der Havel und der märkischen Odergegenden vorkommen, z. B. *Poa badensis Haenke*, *Astragalus exscapus L.*, *Trifolium parviflorum Ehrh.* und *Inula germanica L.* ²). Noch auffälliger ist die Verbreitung³) von *Lactuca quercina L.*, welche wohl auch zu dieser Hauptgruppe gerechnet werden muss, wenn sie auch zu einer anderen Gruppe gehört, welche sogleich betrachtet werden soll. Diese fehlt, wie es scheint, sowohl dem Gebiete der Weichsel wie auch demjenigen der Oder, wächst im Elbegebiete fast nur in Böhmen und im Saalegebiete, kommt westlich des erwähnten Gebirgswalles nur bei Eschwege und im Main-Wettergebiete an einer Stelle vor und tritt ausserdem weit im Norden auf der Insel Lilla Carlsoe bei Gotland auf. Schwerlich ist sie nach ihren beiden äussersten Wohnplätzen im Westen und Norden durch Zufall verschlagen, wahrscheinlich ist sie nach ihnen nur schrittweise und in kleinen Sprüngen gewandert, hat also in den Zwischenräumen zwischen ihnen und den nächsten Wohnplätzen im Südosten, also ohne Zweifel auch in den Gebieten der Oder und der Weichsel bis zur Ostseeküste, sowie in demjenigen der Donau westlich von Oberösterreich und in dem des Rheines südlich der Wetter gelebt. Hätte sie sich nicht an den beiden weit vorgeschobenen Punkten erhalten, so würde man auf eine ehemalige so weite Verbreitung gar nicht schliessen.

Solche isolierten Vorkommnisse können aber auch Veranlassung zu

---

¹) Ihre Verbreitung habe ich Entw. d. ph. Pflzdecke d. Saalebez., S. 164 bis 169 [61—66] dargestellt.

²) *P. badensis* kommt nicht nördlich von Potsdam und Freienwalde, *I. germanica* nicht nördlich von Potsdam und Oderberg, *A. exscapus* und *T. parviflorum* kommen nicht nördlich von Magdeburg vor.

³) Vgl. die ausführliche Darstellung im folgenden Abschnitte.

ganz falschen Schlüssen bezüglich der ehemaligen Verbreitung der Formen geben, diese als eine wesentlich bedeutendere erscheinen lassen als sie wirklich war. Drei Formen dieser Hauptgruppe: *Kochia arenaria Rth.*, *Herniaria incana Lam.* und *Onosma arenarium W. K.*[1]) wachsen ganz isolirt im Mainzer Becken; alle drei finden sich im Osten vereinigt zunächst in Niederösterreich[2]) — *Kochia* und *Onosma* auch im südlichen Mähren — und dann in weiter Verbreitung — vorzüglich *Kochia* — in Ungarn. *Kochia* kommt auch im Weichselgebiete Polens vor. Alle drei wachsen aber auch südwestlich vom Mainzer Becken im Gebiete der Rhone, und zwar kommt *Onosma* noch im Wallis vor[3]), während die beiden anderen nicht so weit nach Norden verbreitet sind[4]). Man könnte nun annehmen, dass alle drei aus Ungarn durch das bayerische Donaugebiet nach dem Rheingebiete (Main- oder Neckargebiete) vorgedrungen, in diesem bis nach dem Mainzer Becken gelangt und später in dem Zwischenraume zwischen letzterem und Niederösterreich-Mähren vollständig ausgestorben seien, wie z. B. *Gypsophila fastigiata*, *Hypericum elegans* und andere Formen. Da nun fast alle sicher aus Ungarn eingewanderten Gewächse dieser Gruppe, welche sich am Oberrheine erhalten haben, auch im Elbegebiete, und zwar meist in weiterer Verbreitung als an jenem vorkommen, so könnte man aus dem Fehlen der drei Formen im Elbegebiete, zumal eine von ihnen auch in Mähren fehlt und in Niederösterreich nur an einer Stelle in der Nähe der ungarischen Grenze vorkommt, schliessen, diese gar nicht in das Elbegebiet vorgedrungen seien. Es ist möglich, dass dieser Schluss richtig ist. Es ist aber auch denkbar, dass die drei Formen doch sowohl nach Böhmen als auch selbst nach dem Saalegebiete aus Ungarn, und zwar schrittweise, vorgedrungen waren — fähig waren sie zu dieser Wanderung durchaus —, dass sie nach dem Oberrheine aber ausschliesslich oder wenigstens auch aus dem Rhonegebiete eingewandert waren, und dass die aus diesem eingewanderten Individuen bez. ihre Nachkommen weniger empfindlich gegen die feuchten Sommer der ersten kühlen Periode waren als die aus Ungarn stammenden im Gebiete der Elbe und wohl auch in demjenigen des Rheines lebenden Individuen bezw. deren Nachkommen, so dass sie, und damit die Arten überhaupt, im Mainzer Becken erhalten blieben, während jene ausserhalb des unteren Donaugebietes vollständig zu Grunde gingen, und damit die Arten aus den Gebieten der oberen Donau und der Elbe

---

[1]) *Herniaria* wächst nur zwischen Rhein und Main in der Nähe der Mündung des letzteren, *Onosma* kommt nur zwischen Mainz und Ingelheim vor, *Kochia* dagegen wächst an einer grösseren Anzahl Stellen im Grossherzogtume Hessen und im nördlichsten Teile Badens.
[2]) Nach Beck v. Mannagetta wächst *Herniaria* nur bei Breitensee im Marchfelde, die beiden anderen wachsen in etwas weiterer Verbreitung im östlichen Teile; *Onosma* wächst in etwas abweichender Gestalt (*Onosma austriacum Beck*) noch an der Donau bei Krems.
[3]) In der Schweiz tritt es nach Gremli (Excursionsflora f. d. Schweiz, 5. Aufl. [1885], S. 311) freilich in zwei von der gewöhnlichen Form abweichenden Formen auf.
[4]) Bezüglich ihrer Verbreitung vgl. Saint-Lager, Catalogue des plantes vasculaires de la flore du bassin du Rhône (1883).

ganz verschwunden. Es lässt sich somit etwas Sicheres über die ehemalige Verbreitung der drei Arten nicht aussagen. Das Gleiche gilt von den übrigen Formen dieser Gruppe. Doch möchte ich auf Grund gewisser Erscheinungen die Vermutung aussprechen, dass die Ausbreitung wenigstens eines Teiles dieser Formen in der ersten heissen Periode hinter den ihnen durch ihre Anforderungen an das Klima und den Boden und ihr Verhältnis zu der Organismenwelt gesetzten Grenzen zurückblieb, also eine mehr oder weniger ungleichmässige war, und dass auch die Ungleichmässigkeit in der Verbreitung mancher Formen im Saalebezirke hierauf zum Teil zurückgeführt werden muss. Dies möchte ich z. B. bezüglich *Erysimum odoratum Ehrh.* annehmen. Diese Art wächst in Ungarn — in weiter Verbreitung —, in Niederösterreich, Oberösterreich, Mähren und im nördlichen Böhmen; weiter nördlich tritt sie im Elbethale des Königreichs Sachsen nur in derselben Weise wie *E. crepidifolium Rchb.*[1]) auf, wächst aber strichweise im südlichen Teile des Saalegebietes — mit Ausnahme des Gebietes der Weissen Elster — und der angrenzenden Gegenden des Wesergebietes in recht weiter Verbreitung und sehr grosser Individuenzahl, und zwar bis zur Linie: Treffurt-Gleichen-Erfurt(Urbich)-Berka(z. B. Legefeld)-Dornburg; nördlich von dieser Linie wurde sie vorübergehend an der Saale bei Naumburg gefunden[2]) und angeblich bei Urbach unweit Schlotheim[3]) sowie bei Neustadt unweit Nordhausen[4]) beobachtet. Ich glaube, dass man aus dieser Verbreitung des *Erysimum* schliessen darf, dass es in der ersten heissen Periode weit hinter seinen Grenzen zurückgeblieben ist. Wäre es bis nach den Saalegegenden unterhalb Dornburgs, nach dem Kiffhäusergebirge, der Unter-Unstrutgegend und den sich anschliessenden Gebieten der Salzke, Wipper und Bode vorgedrungen, so würde es sich zweifellos irgendwo in diesen Gegenden erhalten haben, denn in ihnen, welche jetzt klimatisch mehr begünstigt sind und in der kühlen Periode vielleicht in noch höherem Masse mehr begünstigt

---

[1]) Vgl. S. 323 [95].
[2]) Vgl. Garcke, Flora v. Halle, 1. Teil (1848), S. 36.
[3]) Von Buddensieg (bei Ilse a. u. O., S. 47), also nicht zweifellos; auf diese Oertlichkeit bezieht sich wohl auch die angeblich auf Irmisch zurückgehende Angabe von Vocke u. Angelrodt (Flora v. Nordhausen [1886], S. 20) über das Vorkommen von *Erysimum* in der Huinleite; von Lutze (Flora v. Nordthüringen [1892]) wird es nicht aus dieser erwähnt.
[4]) Von hier — und zwar als „in sylvis prope Neustadium" wachsend — wird sie nach Wallroth (Linnaea XIV [1840], S. 32—33, 127 u. 602—603) zuerst von C. Bauhin (Prodromos theatri botanici [in der 2. Ausg. v. 1671 auf S. 102]) als Levcoium luteum sylvestre hieracifolium aufgeführt; Bauhin hatte sie von Fürer aus Nordhausen erhalten. Dann beschreibt sie Wallroth (Schedulae criticae [1822], S. 367) als neue Art: *E. cheiriflorum*, mit der Fundortsangabe: in collibus gypsaceis unweit Neustadt infra arcem Hohnstein. Eine genauere Angabe über die Fundstätte findet sich bei G. F. W. Meyer (Chloris hanoverana [1836], S. 131): auf einem Hügel südlich von Neustadt. Später, zuerst anscheinend von Hampe (Flora hercynica [1873], S. 24), wird dieses *Erysimum* auch noch als bei dem nahen Ilfeld vorkommend angegeben. In neuerer Zeit scheint es an keiner der Stellen wieder aufgefunden zu sein, vgl. z. B. Vocke u. Angelrodt a. a. O., Bertram a. a. O., S. 43, auch aus Hampes Worten scheint mir nicht mit Sicherheit hervorzugehen, dass er es an den Orten wirklich gesehen hat.

waren als die weiter südlich gelegenen Striche des Gebietes, in denen *Erysimum* lebt, und welche ausserdem sehr geeigneten Boden[1]) für dieses besitzen, haben sich doch alle anderen Formen jener Gruppe erhalten, welche überhaupt im Saalegebiete erhalten geblieben sind. Das Vorkommen am Südharze und bei Schlotheim, falls es auf Wahrheit beruht, würde dieser Annahme nicht widersprechen. Denn es wäre denkbar, dass *Erysimum odoratum* von der Werra[2]), an der es noch jetzt bei Treffurt wächst, durch das Leinegebiet nach den Gebieten der Helbe, der Wipper und der Helme gewandert sei, in diesen bis zur Gegend von Nordhausen und Schlotheim[3]) vorgedrungen sei und sich in diesen Flussgebieten an den am meisten östlich gelegenen Wohnstätten, den wärmsten und trockensten, erhalten habe. Möglich war der Form eine Einwanderung in die bezeichneten Gebiete nördlich von ihrer Nordgrenze zweifellos; sie kann zwar wohl nicht in einem so extrem kontinentalen Klima leben wie zahlreiche andere Formen dieser Hauptgruppe, z. B. die *Stipa*-Arten, sie ist aber doch nicht so empfindlich, dass sie sich in dem heissesten Abschnitte im nördlichen Teile des Saalegebietes nicht ebenso gut wie *Erysimum crepidifolium Rchb.* und *E. virgatum Rth.* hätte ausbreiten können. Ich glaube also, dass ihr Fehlen im Norden auf unvollendete Ausbreitung in der ersten heissen Periode zurückgeführt werden muss.

Noch reicher an Formen dieser Hauptgruppe als das Saalegebiet blieb Böhmen, doch hat auch dies ohne Zweifel einen sehr grossen Teil seiner Einwanderer verloren. Zahlreiche wurden in ihrem Vorkommen auf die wärmsten Striche des Nordens, vorzüglich auf die Gegend der unteren Elbe, Moldau, Beraun und Eger sowie das Bielagebiet beschränkt. Auch im böhmischen Elbegebiete ging das Aussterben sehr ungleichmässig vor sich, auch hier war eine grosse Anzahl der Formen wohl selbst an ihren günstigsten Wohnplätzen dem Aussterben nahe. Auch in ihm lässt sich nicht deutlich erkennen, an welchen von ihren heutigen Wohnplätzen die Formen in der ersten kühlen Periode gelebt haben, nach welchen sie erst nach deren Ausgange, vorzüglich in der zweiten heissen Periode gelangt sind. Die Ausbreitung in der zweiten heissen Periode war ebenfalls eine sehr ungleichmässige.

Mindestens ebenso bedeutend, vielleicht noch bedeutender als die Auswanderung aus dem ungarischen Donaugebiete durch die Gebiete der Waag und March nach Norden, war die Auswanderung aus diesem durch das österreichische Donaugebiet nach dem oberen Donaugebiete. Wohl schon frühzeitig waren in letzterem längs der Donau selbst und längs ihrer grösseren Nebenflüsse günstige Wanderwege vorhanden, auf denen sich die Formen schnell bis in das Alpengebiet und bis an die Grenzen des Rheingebietes ausbreiteten. Bald drangen sie auch in das

---

[1]) Es wächst fast ausschliesslich auf stark kalkhaltigem Boden.
[2]) Nach dieser war es wahrscheinlich aus dem Maingebiete eingewandert; in dieses war es entweder aus dem Gebiete der Donau oder aus demjenigen des Oberrheines, und in letzteres entweder aus dem Gebiete der Donau oder aus demjenigen der Rhone gelangt.
[3]) Und vielleicht auch nach der Hainleite, vgl. S. 376 [148], Anm. 3.

Rheingebiet ein, breiteten sich in ihm aus und wanderten aus ihm in die angrenzenden Gebiete der Maas und der Weser — und aus diesem in das der Elbe, vorzüglich das der Saale, wie bereits gesagt wurde, sowie in das der Ems — und ausserdem wohl auch in das der Rhone ein. Am Oberrheine vom Bodensee bis Bingen lässt sich noch deutlich die Einwanderung aus Ungarn erkennen, Formen wie *Astragalus danicus*, *Hypericum elegans* und *Seseli Hippomarathrum* können wohl nur von dort eingewandert sein. Für die weiter westlich und nördlich gelegenen Teile des Gebietes und für das Maasgebiet lässt sich die Annahme einer Einwanderung aus Osten nicht mehr mit völliger Sicherheit beweisen. Denn in die Gebiete des Rheines und der Maas hat neben der Einwanderung aus dem Donaugebiete ohne Zweifel auch eine sehr bedeutende Einwanderung von Formen dieser Gruppe aus dem Rhonegebiete stattgefunden, in welchem, vorzüglich in seinem unteren, südlichen Teile, sehr zahlreiche höherer Wärme und Trockenheit bedürftige Formen während der vierten kalten Periode gelebt haben, und sämtliche Formen, welche jene Teile des Rheingebietes und das Maasgebiet bewohnen, können wohl auch aus dem Rhonegebiete gekommen sein. Mit Sicherheit lässt sich auch diese Einwanderung in jenen Gegenden wohl nicht nachweisen, selbst nicht am Oberrheine; denn *Armeria plantaginea* (*All.*) z. B., welche zusammen mit *Kochia* und *Onosma* zwischen Mainz und Ingelheim wächst und wohl nur aus dem Rhonegebiete eingewandert sein kann, gehört der dritten Hauptgruppe an. Von einigen Formen, so von *Kochia*, *Herniaria* und *Onosma*, welche aus dem Donaugebiete eingewandert sein können und wohl auch eingewandert sind, lässt sich aber wenigstens vermuten, dass ihre heute im Rheingebiete wachsenden Individuen Nachkommen von solchen sind, welche aus dem Gebiete der Rhone eingewandert sind. Es lässt sich somit nicht feststellen, welchen Anteil an der Besiedelung des Rheingebietes mit Formen dieser Gruppe das ungarische Donaugebiet, welchen das Rhonegebiet besitzt. Ohne Zweifel sind die aus dem Südwesten vorgedrungenen Formen zum Teil auch über das Rheingebiet hinaus nach Osten nach den Gebieten der Donau, der Weser, der Ems und der Elbe vorgedrungen, doch lässt sich diese Einwanderung mit Sicherheit nicht mehr nachweisen. Dass eine solche aber stattgefunden hat, darauf lässt sich aus den Wanderungen mancher Formen der dritten Hauptgruppe mit Sicherheit schliessen.

Zahlreiche der Formen, welche aus dem unteren Donaugebiete direkt in das obere Donaugebiet und aus diesem in die im Norden und Westen angrenzenden Gegenden einwanderten oder welche vom Rhonegebiete hierher kamen, sind ohne Zweifel auch aus dem Elbegebiete, nach welchem sie aus dem unteren Donaugebiete gelangt waren, in diese Gegenden eingewandert. Welchen Umfang diese Einwanderung aber erreicht hat, welche Formen eingewandert und wie weit sie gelangt sind, lässt sich nicht mehr feststellen. Dass eine Einwanderung aus jenem Gebiete in die Gebiete der oberen Donau und des Rheines wirklich stattgefunden hat, das wird bewiesen durch das Vorkommen mehrerer Formen in diesen, welche nur aus dem Elbegebiete gekommen sein können, da sie dem unteren Donaugebiete fehlen; in das Elbegebiet waren sie aus dem Oder-Weichselgebiete gelangt. Zu diesen Formen gehören *Astragalus arc-*

varius L.[1]) und *Jurinea cyanoides* (DC.)[2]). Wie bereits gesagt wurde, sind diese wahrscheinlich nicht aus dem Saalegebiete, sondern aus Böhmen nach dem Rheingebiete — *Astragalus* auch nach dem Donaugebiete — vorgedrungen. Wenn es diesen Formen aber gelang, aus dem Elbegebiete nach dem Gebiete des Oberrheines vorzudringen, so gelang dies zweifellos auch zahlreichen der Formen, welche in das Elbegebiet aus dem unteren Donaugebiete eingewandert waren.

Wie die Pflanzenwelt des Ostens Mitteleuropas, so hat auch diejenige des Westens in der ersten kühlen Periode viel durch die Ungunst des Klimas zu leiden gehabt. Sehr heftig äusserte sich diese im Oberdonaugebiete und in den unmittelbar angrenzenden Teilen des Rheingebietes, so dass diese Gegenden, welche in der heissen Periode wohl die reichsten des Westens an unbeschatteten oder wenig beschatteten trockenen Boden bewohnenden Formen der zweiten Hauptgruppe

---

[1]) Vgl. S. 370 [142]. Anm. 1.
[2]) Vgl. S. 370 [142]. Anm. 1. Interessant ist ein Vergleich beider Formen, deren Anforderungen an den Boden und die Organismenwelt wohl die gleichen sind. *Astragalus* ist wohl nicht bis nach dem nördlichen Teile der oberrheinischen Tiefebene vorgedrungen, er würde sich sonst sicher in dieser für ihn hinsichtlich des Klimas und des Bodens so günstigen Gegend erhalten haben, da es ihm gelang, in dem klimatisch viel weniger begünstigten Regnitzgebiete und wahrscheinlich auch im Donaugebiete die erste kühle Periode zu überdauern. Die Wege waren für ihn durchaus geeignet, er vermochte sich aber vielleicht in dem heissesten Abschnitte der heissen Periode nur noch unbedeutend auszubreiten, während sich *Jurinea* in diesem noch ausgiebig ausbreiten konnte. Ausserdem schreitet seine Ausbreitung wohl viel langsamer fort als diejenige der *Jurinea*, da seine Samen keine Einrichtungen für einen weiteren Transport besitzen, während die Früchte von *Jurinea* durch ihren Pappus befähigt sind, vom Winde wenigstens über kürzere Strecken hinweggeführt zu werden. Ob *Jurinea* bis nach der Gegend von Nürnberg gelangt ist, lässt sich nicht entscheiden. Wenn sie dorthin gelangt wäre, so hätte sie sich dort sehr gut erhalten können, denn das Klima von Nürnberg ist wohl nicht ungünstiger als dasjenige von Würzburg und Wertheim, in deren Nähe — wenigstens in der Nähe eines von beiden Orten — sie während der kühlen Periode gelebt zu haben scheint. *Jurinea* blüht nach den Angaben der Floren — ich habe sie nur vorübergehend beobachten können — vom Juli bis zum September und reift ihre Früchte wahrscheinlich vom August bis zum Oktober; die wichtigsten Monate sind für sie somit wahrscheinlich Juni bis Oktober. In diesen Monaten betragen die Wärmemittel und die Niederschlagshöhen jener drei Städte:

	Juni	Juli	August	September	Oktober	Zahl der Beobachtungsjahre	
Nürnberg ...	17,3	18,5	17,7	14,0	8,8	50	nach Thiele a. a. O., S. 136—137.
	88	61	66	51	41		
	16,1	17,6	16,6	13,2	7,2	13	nach Staudacher a. a. O.
	82	69	65	49	49	30	
Würzburg ..	17,1	18,4	17,8	14,0	9,0	30	vgl. S. 327 [99]. Anm. 1.
	—	—	—	—	—		
Wertheim ...	16,9	18,2	17,3	13,7	8,9	30	nach Thiele a. a. O., S. 136—137.
	113	120	100	89	90		

waren, einen sehr grossen Teil von diesen verloren haben und formenärmer geworden sind als die infolge der im Norden und Westen vorgelagerten Gebirgswälle klimatisch mehr begünstigten Gegenden des Oberrheines, vorzüglich als deren nördlicher Teil[1]). Zahlreiche Formen, welche nicht ausstarben, erfuhren eine weite Verkleinerung ihres Gebietes. Noch bedeutender waren die Verluste weiter im Norden, in den Gebieten des Mittelrheines, der Weser und der Ems. Ueberall tritt uns auch in diesem Teile ein ungleichmässiges Aussterben in der ersten kühlen Periode und eine ungleichmässige unvollendete Ausbreitung in der zweiten, bei manchen Formen wohl auch schon in der ersten heissen Periode entgegen. Es wurden bereits mehrere Beispiele angeführt, welche das Gesagte bestätigen; einige sollen noch im folgenden betrachtet werden. *Alsine setacea Thuill.* wächst im Oberdonaugebiete in der Nähe der Donau bei Abbach, Kelheim und Weltenburg, im Naabgebiete bei Kalmünz und Hohenburg, sowie im Altmühlgebiete im unteren Altmühlthale an verschiedenen Stellen bis Arnsberg aufwärts; im Gebiete des Rheines scheint sie nur im Kaiserstuhlgebirge (Limburg) beobachtet worden zu sein. Diese Verbreitung entspricht in keiner Weise den Anforderungen der Form an Klima und Boden und deren Verhältnisse zu der Organismenwelt, weder in der Jetztzeit noch in einer anderen Periode seit ihrer Einwanderung. Vielleicht liegt unvollendete Ausbreitung in der ersten heissen Periode vor. Vielleicht ist die Form damals längs der Donau bis zur Bodenseegegend vorgedrungen und aus dieser am Schwarzwaldfusse entlang bis nach dem Kaiserstuhlgebirge gewandert. Es lässt sich jedoch wohl auch annehmen, dass sie von Osten gar nicht bis nach letzterer Gegend gelangte, dass sie nach dieser vielmehr aus dem Rhonegebiete vorgedrungen ist, in welchem sie allerdings nur eine unbedeutende Verbreitung besitzt[2]). Wenn sie aus diesem kam, dann standen ihr bequeme Wege nach dem Norden, nach dem Mainzer Becken, offen, auf welchen zahlreiche Formen dieser Gruppe in dieser und in umgekehrter Richtung gewandert sind. Wenn sie bis nach jenem gelangt wäre, so würde sie sich in ihm wohl ebenso wie zahlreiche andere Formen erhalten haben, welche auf dieser Strasse gewandert sind[3]). Es würde dies schon deshalb zu erwarten sein, weil sich die Nachkommen der gegen sommerliche Kühle und Feuchtigkeit doch wohl empfindlicheren aus dem Südosten eingewanderten Individuen in dem erheblich ungünstigeren Donauthale zwischen Regensburg und Ingolstadt erhalten haben[4]). Die

---

[1]) Vgl. bezüglich der Einzelheiten Grundzüge S. 109—110, 133, 190—191 u. 203—204.

[2]) Sie wächst in ihm nach St.-Luger (a. a. O., S. 91—92) aber noch in den Dép. Côte-d'Or und Saône-et-Loire, dann aber erst wieder im südlichsten Teile; ausserdem kommt sie noch weiter im Westen, z. B. in den Dép. Indre-et-Loire und Vienne sowie in der Umgebung von Paris vor. Aus dem Vorkommen in letzteren Gegenden lässt sich schliessen, dass ihre Einwanderung nach Frankreich nicht erst in die erste heisse Periode fällt.

[3]) So z. B. *Kochia*, *Herniaria* und *Onosma*, für welche ich, wie oben dargelegt wurde, eine solche Einwanderung annehmen möchte.

[4]) Dass die Vorfahren der heute hier wachsenden Individuen aus dem Südosten eingewandert sind, lässt sich wohl kaum bezweifeln.

gleichen Wege standen ihr zur Verfügung, wenn sie von der Donau nach dem oberen Teile der oberrheinischen Tiefebene gelangt war. Auch durch die Gebiete des Neckars und des Maines führten bequeme Wege vom Donaugebiete nach dem Norden der oberrheinischen Tiefebene. Wenn sie auf einem von diesen bis nach dem Mainzer Becken gelangt wäre, so würde sie sich in diesem wohl ebensogut wie an der Donau erhalten haben, denn sein Klima ist wesentlich günstiger als das der letzteren Gegend. Ganz unmöglich ist es nun freilich nicht, dass sie doch im Mainzer Becken gelebt hat und später, trotz der verhältnismässig günstigen Verhältnisse, dort ausgestorben ist; doch scheint mir die Annahme einer unvollendet gebliebenen Ausbreitung grösserer Wahrscheinlichkeit zu besitzen. Auch nach dem Maingebiete scheint sie von der Donau nicht vorgedrungen zu sein, sie würde sich sonst doch wohl irgendwo in ihm erhalten haben. Es würde diese unbedeutende Ausbreitung aus dem Gebiete der oberen Donau freilich recht merkwürdig sein, da es ihr gelang, nach Böhmen vorzudringen, wo sie heute in der Prager Gegend und bei Gross-Priesen vorkommt.

Die verwandte *Alsine Jacquini* Krh. kommt im Oberdonaugebiete an der Donau bei Regensburg und Kelheim, im Isargebiete bei Landshut und München — vorzüglich auf der Garchingerheide — und im Lechgebiete bei Augsburg — Mering und Lechfeld — vor; sie wächst im Rheingebiete in der Nähe des Oberrheines am Rande des Schwarzwaldes bei Grenzach südlich und Istein nördlich von Lörrach, im Kaiserstuhlgebirge, gegenüber im Elsass an mehreren Stellen in der Umgebung von Rufach und Neu-Breisach, im nördlichen Teile der Pfalz, im Grossherzogtume Hessen rechts und links des Rheines, auf letzterer Seite bis Bingen, sowie im Nahethale bis oder bei Kreuznach [1]). Auch bei dieser Form liegt wahrscheinlich unvollendete, ungleichmässige Ausbreitung und ungleiches Aussterben vor. Wahrscheinlich ist sie von der Donau nach Norden nicht bis in das Maingebiet gelangt. Wenn sie in dieses gelangt wäre, so würde sie sich dort wahrscheinlich erhalten haben, da in ihm doch vielerorts das Klima günstiger ist als bei München und Augsburg [2]), und sie hinsichtlich ihrer Anforderungen

---

[1]) Nach F. W. Schultz, Grundzüge z. Phytostatik d. Pfalz (1863), S. 22, dagegen Wirtgen, Flora d. preuss. Rheinlande, 1. Bd. (1870), S. 298 u. Geisenheyner, Flora v. Kreuznach (1881), S. 225.

[2]) Das Klima von Augsburg ist nach 52jährigen Beobachtungen (vgl. Thiele u. a. O., S. 168—169) wärmer aber niederschlagsreicher als das von München; die Wärmemittel und Niederschlagshöhen der für *Alsine Jacquini* wichtigsten Monate — sie blüht nach Angabe der Floren von Juni bis August — Mai bis September, sind in beiden Orten:

	Mai	Juni	Juli	August	September	Zahl der Beobachtungsjahre	
München	12,0 / 92	15,6 / 113	17,2 / 108	16,5 / 107	12,9 / 63	33	vgl. S. 345 [117], Anm. 1.
Augsburg . . .	12,3 / 101	15,8 / 134	17,5 / 123	17,1 / 113	13,7 / 78	52	vgl. oben.

an den Boden nicht sehr wählerisch zu sein scheint. Ob sie vom
Donaugebiete durch das Neckargebiet oder die Bodenseegegend nach
dem Oberrheine vorgedrungen ist, lässt sich nicht sagen, da sie nach
diesem auch aus dem Rhonegebiete gelangt sein kann, in dessen nördlichem Teile sie in Frankreich im Dép. Côte-d'Or und im Jura, sowie
in der Schweiz in den Kantonen Wallis und Waadt wächst. Aus dem
Rhonegebiete ist sie wenigstens in das Gebiet der Aare eingewandert,
in welchem sie z. B. in der Nähe des Neuchâteler Seees wächst. Wenn
sie wirklich vom Rhonegebiete, etwa durch das Aarethal oder vom
Doubs her, nach dem Oberrheine gewandert und an diesem bis zum
Mainzer Becken vorgedrungen ist, so ist sie später recht ungleichmässig
ausgestorben; denn die Gegend zwischen Neu-Breisach und dem Kaiserstuhle einerseits, der nördlichen Pfalz und der Südgrenze des Grossherzogtums Hessen andererseits bietet doch manche für sie, die bei
München und Augsburg, und noch dazu in der doch gegen sommerliche Kühle und Feuchtigkeit wohl empfindlicheren aus Südosten eingewanderten Form, sich zu erhalten vermochte, durchaus geeignete
Wohnplätze. Vielleicht deutet diese grosse Lücke darauf hin, dass
ihre Einwanderung nach dem Oberrheine auf doppeltem Wege vor sich
ging: nach dem Süden aus dem Rhonegebiete, vorzüglich längs der
Aare und des Doubs, nach dem Norden aus dem Oberdonaugebiete
durch das Gebiet des Neckars oder das des Maines. In diesem Falle
würde von beiden Seiten her unvollendete Ausbreitung und ein vollständiges Aussterben im Norden zwischen Donau und Rhein vorliegen.

Veronica spicata L. wächst im Wesergebiete nur an wenigen
Stellen: im Fuldagebiete bei Homberg, im Werragebiete bei Eisenach[1]), im Diemelgebiete bei Hofgeismar[2]) und bei Burghasungen

Das Klima beider Städte ist also wesentlich ungünstiger als z. B. das von Mergentheim und wohl auch das von Würzburg. Die Wärmemittel und Niederschlagshöhen dieser Städte betragen:

	Mai	Juni	Juli	August	September	Zahl der Beobachtungsjahre	
Mergentheim	13.9 63	17.5 92	18.7 59	18.1 73	14.5 39	17	vgl. S. 327 [99]. Anm. 1.
Würzburg ...	12.8	17.1	18.4	17.8	14.0	30	

[1]) Nach Senft, Die Vegetationsverhältnisse der Umgebung Eisenachs (1865),
S. 25 u. 37, am Gefildehölzchen bei Eisenach; sie wird aber von **M. Osswald**
in seinem „Verzeichnis seltener Pflanzen der Umgegend Eisenachs, Kreutzburg
und des Werrathales" (Irmischia, II. u. III. Jahrg. [1882 u. 1883], und zwar III.
S. 3) nicht erwähnt, wohl aber wird von gleichem Orte *Veronica „latifolia L."*
also *V. Teucrium L.*, aufgeführt. Auch Bliedner (Flora v. Eisenach [1892], S. 161)
kennt *V. spicata* nicht aus seinem Gebiete.

[2]) Meurer, Jahresb. über d. kurf. Gymnasium zu Rinteln 1848, S. 20 (ob
wirklich und nicht *V. Teucrium*?).

unweit Zierenberg sowie wahrscheinlich auch bei Brilon — hier auch im Rheingebiete —. Auch in den umliegenden Gebieten ist sie nur wenig verbreitet; sie wächst im Gebiete des Rheines unterhalb des Maingebietes in der Nähe des Rheines, wie es scheint, nur zwischen Mainz und Bingen sowie bei Hammerstein unweit Neuwied — aber wohl nicht bei Düsseldorf —, links des Rheines im unteren Nahegebiete, im Moselthale — aber wohl nicht mehr im Moselgebiete des Regierungsbezirks Trier [1]) —, im Ahrthale bei Altenahr [2]) (bei Reimerzhoven und oberhalb Altenahr [3]) sowie im Erftgebiete bei Münstereifel, rechts des Rheines im Lahngebiete bei Giessen und im oberen Lippegebiete bei Brilon [4]) — hier vielleicht auch im Ruhrgebiete —, Büren — an mehreren Stellen — und in der Senne bei Lippspringe — ebenfalls an mehreren Stellen — [5]). Im Maingebiete wächst sie in der Nähe des Maines bei Flörsheim, Höchst, Frankfurt, Offenbach, Hanau, im Spessarte, bei Würzburg, Marktsteft, Kitzingen, Dettelbach und Schweinfurt und nördlich des Maines im Wettergebiete bei Münzenberg sowie im Gebiete der fränkischen Saale und der Itz mehrfach in der Gegend zwischen Römhild, Hildburghausen und Heldburg. Im Saalegebiete reicht ihre Verbreitung nach Westen bis Nordhausen, Sondershausen, Gotha, bis zu den Gleichen — hier wächst sie an mehreren Stellen — und Arnstadt. Im Norden des Wesergebietes wächst sie noch im Emsgebiete, und zwar in der Senne bei Augustdorf am Fusse des Teutoburgerwaldes ungefähr halbwegs zwischen Bielefeld und Lippspringe sowie bei Meppen [6]), und zwar an zahlreichen Stellen [7]). Schon eine flüchtige Betrachtung des Gebietes lässt erkennen, dass dieses nicht den Ansprüchen der Form an das Klima und den Boden sowie ihrem Verhältnisse zu der Organismenwelt entspricht, dass es vielmehr seine Entstehung nur ungleich-

---

[1]) Vgl. Rosbach, Flora v. Trier. 2. Teil (1880), S. 102 und Wirtgen, Verh. d. naturh. Vereins d. preuss. Rheinlande und Westfalens, XXII. Jahrg. (1865), S. 237.
[2]) Vielleicht auch im Elzthale bei Monreal, denn Thisquen (Geogn.-bot. Verzeichniss d. in d. Eifel aufgef. Gefässpflanzen-Species mit eingeh. Berücksichtigung d. Flora v. Münstereifel, Progr. d. kgl. Gymnasiums z. Münstereifel, 1874—1876 [1876], S. 1—27 [3]) sagt von *V. spicata*: Hier und ...; das Wort „hier" kann sich auf die beiden vorausgehenden Fundortsangaben (von *V. Teucrium*) „Eschweiler Thal und Monreal" beziehen, aber auch einfach Münstereifel bedeuten.
[3]) Nach Thisquen a. a. O.
[4]) Vgl. E. Schmitz, Einige seltenere Pflanzen der Briloner Gemarkung, Bericht über d. Gymnasium z. Brilon 1895—6 [1896], S. 3—7 (7).
[5]) Aber wohl nicht im Bergischen Lande, wie Müller und Hintzmann (Flora d. Blütenpflanzen des bergischen Landes, 2. Aufl. [1885], S. 110), bei Hilchenbach, wie Beckhaus (Flora v. Westfalen [1893], S. 666) und im Ruhr-Lennegebiete bei Altenhundem östl. v. Attendorn, wie H. Forck (Verzeichnis d. in d. Umgegend v. Attendorn wachsenden Phanerogamen u. Gefässkryptogamen [1891], S. 41) angeben.
[6]) Die Richtigkeit der Angaben über das Vorkommen der Art bei Meppen — vgl. z. B. Buschbaum, Flora d. Regierungsbezirks Osnabrück, 2. Aufl. (1891), S. 213 u. Buchenau, Flora d. nordwestdeutschen Tiefebene (1894), S. 447—448 — lässt sich wohl nicht bezweifeln; neuerdings scheint diese dort allerdings niemand mehr beobachtet zu haben; auch ich habe an mehreren der angegebenen Fundorte vergeblich nach ihr gesucht.
[7]) Im nördlichen Teile des Maasgebietes — in Belgien, der Rheinprovinz und den Niederlanden — wächst sie wohl nicht.

mässigem Aussterben in der ersten kühlen Periode und wahrscheinlich unvollendeter und deshalb ungleichmässiger Ausbreitung in der ersten heissen Periode — und ausserdem ungleichmässiger Ausbreitung in der zweiten heissen Periode — verdanken kann. Am Rheine muss *Veronica spicata* ehemals mindestens bis zur Ahr und oberen Erft ziemlich kontinuierlich verbreitet gewesen sein, denn sie vermag wohl nur schrittweise oder höchstens in kleinen Sprüngen zu wandern, muss also in den Gebietslücken ehemals gelebt haben. Warum sie am Rheine so weit ausgestorben ist, lässt sich nicht sagen; das Klima zahlreicher Oertlichkeiten dieser Gegend mit für sie sehr geeignetem Boden ist doch ebenso günstig oder sogar günstiger für sie als dasjenige von Giessen, das von Brilon[1]), von Homberg, Burghasungen,

---

[1]) Ueber das Klima von Brilon scheint Näheres nicht bekannt zu sein, es ist wohl nicht günstiger als dasjenige von Arnsberg; das Klima von Homberg und das von Burghasungen entspricht wahrscheinlich ungefähr dem des 30 bezw. 15 km entfernten Kassel, wenigstens dürfte es nicht wärmer und trockener sein (von dem ungef. 15 km von Homberg entfernten Altmorschen sind nur die Niederschlagshöhen bekannt, welche diejenigen Kassels bedeutend übertreffen); dasjenige Lippspringes gleicht wohl fast vollständig dem des ungef. 7 km entfernten Paderborn, dessen Klima nur unbedeutend von demjenigen des am Westrande der Senne gelegenen Gütersloh abweicht; das Sommerklima von Meppen ist wahrscheinlich etwas kühler und feuchter als das des nicht ganz 20 km weiter südlich gelegenen Lingen. *Veronica spicata* beginnt bei Halle in warmen Jahren an sonnigen Stellen bereits in der zweiten Hälfte des Juni zu blühen; das allgemeine Blühen beginnt im Juli und dauert bis in den September, vereinzelte blühende Individuen findet man noch im Oktober und selbst — bei günstiger Witterung — im November. Die Fruchtreife findet vom Anfange des August ab statt, in normalen Jahren reift die Hauptmasse der Samen wohl gegen Ende des August. Die wichtigsten Monate für *Veronica spicata* sind also wohl Mai bis Oktober; in diesen Monaten verhalten sich die Wärmemittel und Niederschlagshöhen in den aufgeführten Städten zu denjenigen z. B. von Boppard, in dessen Nähe *V. spicata* gegenwärtig zu fehlen scheint:

	Mai	Juni	Juli	August	September	Oktober	Zahl der Beobachtungsjahre	
Boppard ..	12,3 / 60	16,3 / 69	17,8 / 75	17,2 / 69	14,2 / 48	9,8 / 50	38	nach Thiele a. a. O., S. 120—121.
Arnsberg ..	11,6 / 76	15,1 / 85	16,9 / 84	15,9 / 85	13,4 / 70	8,6 / 72	23	nach Meteor. Zeitschr. 1894, S. 150.
Kassel	12,3 / 46	15,7 / 61	17,5 / 68	16,5 / 67	13,6 / 42	8,4 / 52	28	nach Thiele a. a. O., S. 146—147.
Altmorschen	— / 70	— / 88	— / 83	— / 77	— / 50	— / 60	14	nach Thiele a. a. O., S. 147.
Paderborn .	12,5 / 57	16,3 / 77	17,2 / 80	16,8 / 82	13,9 / 53	10,4 / 49	19	nach Thiele a. a. O., S. 110—111.
Gütersloh..	12,5 / 57	16,3 / 75	17,7 / 80	16,9 / 76	13,4 / 56	9,5 / 59	38	nach Thiele a. a. O., S. 34—35.
Lingen	11,4 / 54	15,6 / 66	17,2 / 81	16,7 / 77	13,6 / 65	9,3 / 54	29	

Boppard hat somit offenbar ein für *Veronica spicata* günstigeres Klima als die aufgeführten anderen Städte. Das Klima von Giessen ist in den ersten drei Monaten

Büren, Lippspringe und Meppen, bei welchen Orten sie ohne Zweifel in der kühlen Periode gelebt hat. Bei zwei von diesen Orten, bei Lippspringe und Meppen, hat *Veronica spicata* wahrscheinlich, vorzüglich in der ersten kühlen Periode, viel durch pflanzliche Konkurrenten zu leiden gehabt. Sie wuchs bei Lippspringe ursprünglich wahrscheinlich ausschliesslich im Callunetum. Wahrscheinlich erhielt sie sich nur kümmerlich und vermehrte sich nur spärlich auf vegetativem Wege im geschlossenen *Calluna*-Verbande und gelangte nur zum Blühen, wenn die *Calluna*-Individuen in ihrer Umgebung abstarben, sie also stärker belichtet wurde [1]. An solchen Stellen gingen und gehen wohl auch im Boden ruhende oder erst nach Absterben der Heidesträucher durch Wind oder auf andere Weise herbeigeführte Samen der *Veronica* auf. In dieser Weise lebt in der Senne in recht weiter Verbreitung *Pulsatilla vulgaris Mill*. *Veronica spicata* sah ich nur an einer wenig ausgedehnten Stelle im alten, geschlossenen, hohen Callunetum, meist wuchs sie auf vor wenigen Jahren abgeplaggtem Heideboden, auf älteren Brachäckern — auf beiden bedeckte sie stellenweise mehrere Quadratmeter grosse Flächen allein oder in Gesellschaft von *Pulsatilla vulgaris Mill.*, *Galium boreale L.*, *Aster Linosyris (L.)* und *Achyrophorus maculatus (L.)* ganz dicht —, an Wege-, Acker- und Grabenrändern sowie am Rande lichter Eichen- und Kiefernwälder und vereinzelt auch in diesen. Es ist jedoch auch nicht unmöglich, dass sie ursprünglich im lichten Eichenwalde wuchs und erst nach dessen Vernichtung durch den Menschen in die Heide gelangt ist [2]. Am Rheine dagegen sind an den Steilhängen des Rheinthales und seiner Nebenthäler zahlreiche Stellen vorhanden, an denen *Veronica spicata*, die ihre Wurzeln in recht enge Spalten drängen und mit sehr dünner Humusdecke vorlieb nehmen kann, von Konkurrenten, selbst in der ersten kühlen Periode, fast vollständig verschont geblieben wäre. Ob sie am Rheine über das Ahrthal und das obere Erftthal

etwas günstiger als dasjenige von Boppard, in den drei letzten aber höchstens ebenso günstig als das jener Stadt, ohne Zweifel ist es in allen Monaten ungünstiger als das zahlreicher Oertlichkeiten zwischen Bingen und dem Ahrthale; seine Monatsmittel und Niederschlagshöhen betragen nach 37jährigen Beobachtungen (vgl. Thiele a. a. O., S. 144—145):

Mai	Juni	Juli	August	September	Oktober
12.6	16.5	18.1	17.2	13.8	9.0
54	78	76	63	47	53

Auch das Klima von Münstereifel und Altenahr ist wohl ungünstiger als dasjenige Boppards und zahlreicher anderer Oertlichkeiten des Rheinthales zwischen Bingen und der Ahrmündung, denen *Veronica spicata* fehlt.

[1] In der Gegenwart pflegt in jenen Gegenden in normalen Perioden das Absterben der *Calluna*-Individuen nach 10—20jähriger Lebensdauer einzutreten; in kalten Jahren sterben aber fleckweise die meisten älteren und viele jüngeren Individuen ab. Folgen mehrere ungünstige Jahre aufeinander, so können recht ausgedehnte Stellen fast ihren ganzen *Calluna*-Bestand einbüssen.

[2] Das Auftreten der *Veronica* bei Meppen wird wohl ein ähnliches sein.

hinaus, und ob sie an den anderen Nebenflüssen ausser der Ahr und Erft [1]) — an der Mosel wenigstens über den Unterlauf hinaus — vorgedrungen ist, lässt sich nicht feststellen. Nach Giessen kann sie direkt vom Maine durch das Niddagebiet, in welchem sie noch gegenwärtig bei Münzenberg und vielleicht auch noch an anderen Orten lebt, eingewandert sein. Dass die Wege längs des Rheines bis nach den Niederlanden, längs der Mosel und der Lahn für sie geeignet waren, das zeigt das Vorkommen zahlreicher Formen, welche in gleicher Weise wie *Veronica* wanderten und gleiche Ansprüche an ihre Umgebung stellen, bis weit abwärts und aufwärts in diesen Thälern. Da *Veronica* ohne Zweifel frühzeitig an den Rhein gelangt ist, so ist es sehr wahrscheinlich, dass sie an ihm und an den erwähnten beiden Nebenflüssen weit vorgedrungen ist. Unerklärt freilich bleibt es in diesem Falle, warum sie heute in diesen Gegenden fehlt, deren Klima stellenweise ebenso günstig oder günstiger ist [2]) als das der bezeichneten Wohnstätten der Gebiete der Weser, der Ems, der Lippe, der Ruhr [3]) und der Gegend von Giessen, und deren Bodenverhältnisse ihren Ansprüchen durchaus genügen. Nach ihren Wohnstätten in den Gebieten der Weser, der Ems, der Lippe und der Ruhr [3]) kann sie auf sehr verschiedenen Wegen gelangt sein. Wie soeben gesagt wurde, ist es nicht unmöglich, dass sie nach Giessen direkt vom Maine her gewandert ist. Vielleicht wanderte sie von Giessen lahnaufwärts, von der Lahn nach dem Fuldagebiete, von diesem nach der Diemel und von der Diemel nach der Ruhr, der Lippe und der Ems. Wenn sie diese Wege gewandert ist, dann ist es merkwürdig, dass sie sich z. B. nicht bei Marburg erhalten hat. Sie kann aber auch vom Maine durch das Werragebiet oder aus dem Saalegebiete gekommen sein.

---

[1]) An die obere Erft ist sie vielleicht direkt von der Ahr gelangt.
[2]) Man vergleiche die Wärmemittel und Niederschlagshöhen von Köln, Krefeld und Trier mit denjenigen der weiter östlich gelegenen oben aufgeführten Oertlichkeiten (vgl. S. 384 (156), Anm. 1):

	Mai	Juni	Juli	August	September	Oktober	Zahl der Beobachtungsjahre	
Köln	13.2 52	17.1 62	18.7 67	18.1 64	15.3 46	10.6 48	38	nach Thiele, a. O., S. 120—121.
Krefeld	13.3 55	16.8 63	18.4 71	17.5 74	14.6 53	9.9 61	32	
Trier	13.2 64	17.1 70	18.7 73	17.9 67	14.6 55	10.1 59	30	

Das Klima des unteren Lahnthales ist wohl nicht ungünstiger als das von Giessen; es lebt im unteren Lahnthale z. B. *Aster Linosyris (L.)*, welcher bei Giessen fehlt, aber bei Wildungen und Paderborn, sowie am Rheine wächst, also wohl auch bei Giessen gelebt hat.
[3]) Vorausgesetzt, dass sie im Gebiete dieses Flusses überhaupt vorkommt.

Merkwürdig ist es auch, dass *Veronica spicata* im Leinegebiete[1]) vollständig fehlt, nach welchem ihr gute Wege zur Verfügung standen. Ich glaube, dass es sich nicht leugnen lässt, dass hier ein sehr ungleichmässiges Aussterben in der ersten kühlen Periode vorliegt, dem wahrscheinlich eine unvollendete, ungleichmässige Ausbreitung in der ersten heissen Periode vorausging. Aus diesem weiten und ungleichmässigen Aussterben der *Veronica spicata* im nordwestlichen Mitteleuropa lässt sich der Schluss ziehen, dass das Klima dieser Gegenden recht ungünstig für sie gewesen sein muss, und dass sie in den engbegrenzten Strichen dieser Gegenden, in denen sie gegenwärtig in etwas weiterer Verbreitung auftritt, so bei Meppen, wo sie an sieben Stellen wachsen soll, in der Senne, bei Brilon, an der Ahr u. s. w., damals nur an je einer Stelle gelebt haben kann, auch an dieser wohl häufig dem Aussterben nahe war und sich von ihr in der zweiten heissen Periode ausgebreitet hat. Auch diese Ausbreitung war eine sehr ungleichmässige.

Aster Linosyris (L.) wurde soeben bereits als Genosse der *Veronica spicata* in der Senne erwähnt. Er wächst ausser in dieser Gegend, und zwar, wie es scheint, hier ausschliesslich bei Lippspringe, im nördlichen Theile des Rheingebietes — unterhalb des Maingebietes — in grösserer Entfernung vom Rheine, an welchem er bis zum Siebengebirge an zahlreichen Stellen und zum Teil in grosser Individuenzahl, schwerlich aber — oder wenigstens nicht spontan — noch bei Düsseldorf[2]) vorkommt, wohl nur noch an der unteren Lahn bei Unterlahnstein, Ems, Diez, Cramberg und Runkel[3]). Er wächst ausserdem im Maingebiete in der Nähe des Maines bei Obernburg, in weiter Verbreitung im Muschelkalkgebiete, bei Kitzingen, im Steigerwalde, bei Schweinfurt und Eltmann, nördlich des Maines im Gebiete der fränkischen Saale bei Königshofen[4]) und im Gebiete der Itz bei Koburg[5]).

---

[1]) In Göttingen und Hannover betragen die Wärmemittel und Niederschlagshöhen in den sechs Monaten:

	Mai	Juni	Juli	August	September	Oktober	Zahl der Beobachtungsjahre	
Göttingen .	12,1 41	16,1 56	17,7 67	16,9 66	14,0 41	9,0 44	25	nach Thiele a. a. O., S. 144—145.
Hannover . .	12,4 46	16,5 68	18,1 68	17,4 66	14,5 45	9,5 45	30	nach Thiele a. a. O., S. 110—111.

[2]) Vgl. H. Schmidt, Flora von Elberfeld und Umgebung (1887), S. 247.
[3]) Die Angabe eines Vorkommens im Wuppergebiete bei Elberfeld — vgl. Jüngst, Flora Westfalens, 3. Aufl. (1869), S. 317—318, wiederholt bei Beckhaus a. a. O., S. 563 — ist entweder irrtümlich oder bezieht sich auf verwilderte Individuen.
[4]) Mitth. d. thür. bot. Vereins. N. F., XI. Heft (1897), S. 28.
[5]) Mitt. d. geogr. Gesellsch. (f. Thüringen) zu Jena, IX. Bd. (1891), S. 8 d. bot. Teiles.

Im Saalegebiete reicht seine Verbreitung nach Westen bis Nordhausen. Sondershausen, Gotha, zu den Gleichen — hier tritt er an einer grösseren Anzahl Stellen auf — und Arnstadt. Im Wesergebiete kommt er nur an wenigen Stellen, wahrscheinlich sogar nur an einer einzigen, am Bilsteine bei Wildungen, vor¹). Auch dieses Gebiet verdankt seine Gestalt ungleichmässigem Aussterben in der ersten kühlen Periode und wahrscheinlich auch unvollendeter, ungleichmässiger Ausbreitung in der ersten heissen Periode. Das Klima von Wildungen ist schwerlich für *Aster Linosyris* günstiger als z. B. dasjenige von Giessen, in dessen Nähe die Art fehlt; auch dasjenige von Paderborn kann wohl kaum als günstiger als das des letzteren Ortes bezeichnet werden²). Auffallend ist das Fehlen dieser Pflanze bei Köln und bei Trier³); namentlich in der Umgebung des letzteren Ortes sind die Bodenverhältnisse für *Aster Linosyris* die denkbar günstigsten. Während es zweifelhaft gelassen werden muss, ob er in der Nähe des zuerst genannten Ortes gelebt hat, lässt sich an seiner früheren Anwesenheit bei Trier wohl nicht zweifeln.

Auch nördlich von dem heutigen Rheingebiete haben in dem heissesten Abschnitte der heissen Periode Wanderungen nach Mitteleuropa, vorzüglich nach der skandinavischen Halbinsel, den dänischen Inseln und Jütland, meist von den britischen Inseln her stattgefunden⁴), und zwar durch das Becken der Nordsee, welches wahrscheinlich bis zur Breite des südlichen Norwegens nach Norden bis auf eine Anzahl von Seeen und Flussläufen ausgetrocknet war. Manche der Einwanderer überschritten die ganze Breite der skandinavischen Halbinsel und drangen auch über das trocken liegende Ostseebecken nach den östlichen Küstenländern der Ostsee vor; in den russischen Ostseeprovinzen, vielleicht selbst in Finnland⁵), lassen sich meines Erachtens die Spuren dieser Einwanderung noch erkennen. Die Formen, welche in dieser Richtung wanderten, gehörten allerdings wohl nicht der zweiten, sondern der dritten Hauptgruppe an, gehören aber zum Teil zu Arten, von denen auch der zweiten Hauptgruppe angehörende Formen aus dem Südosten oder Südwesten nach Mitteleuropa eingewandert sind. Auf eine wahrscheinlich damals von den britischen Inseln schrittweise eingewanderte Form des *Astragalus danicus Retz.* sowie auf *Ervum Orobus (DC.)* wurde bereits hingewiesen⁶). Ausser diesen Formen gehören wohl auch zu dieser Wandergenossenschaft *Hutchinsia petraea*

---

¹) Ob auch bei Waldeck? vgl. Karsch, Phanerogamen-Flora d. Prov. Westfalen (1853), S. 276.
²) *Aster Linosyris* blüht sehr spät, gewöhnlich erst vom Ausgange des Juli bis zum Ausgange des September — vereinzelt noch im Oktober —; die wichtigsten Monate für ihn sind wohl Juni bis Oktober. Die Wärmemittel und Niederschlagshöhen dieser Monate in jenen Städten sind in der Anm. 1 auf S. 384 [156] aufgeführt.
³) Ueber das Klima vgl. S. 386 [158], Anm. 2.
⁴) Nach Jütland, den dänischen Inseln sowie weiter nach Süden sind diese Formen meist aber wohl erst im letzten Abschnitte der heissen Periode von der skandinavischen Halbinsel vorgedrungen.
⁵) Vielleicht ist die hier und noch weiter im Osten wachsende Form von *Ophrys muscifera Huds.* auf diesem Wege eingewandert.
⁶) Auf S. 361 [133].

(L.)[1]), *Helianthemum Fumana (L.)*[2]), *Globularia vulgaris L.*[3]) und vielleicht auch *Teucrium Chamaedrys L.*[4]).

* * *

Es wurde bereits kurz angedeutet, dass manche der in der ersten heissen Periode in Anpassung an trockenen Boden eingewanderten Formen der zweiten Hauptgruppe sich in der ersten kühlen Periode streckenweise in recht verschiedener Weise an den Boden, sowohl an seine physikalischen wie an seine chemischen Eigenschaften, angepasst haben. In der ersten heissen Periode verhielten sich wohl die meisten Formen manchen chemischen Eigenschaften des Bodens, vorzüglich, wie bereits dargelegt wurde, der Höhe seines Kalkgehaltes gegenüber ganz indifferent. Dies änderte sich in der ersten kühlen Periode. Viele Formen erhielten sich während dieser in Mitteleuropa ausschliesslich auf Böden, welche reichlich kohlensauren Kalk enthalten, viele wenigstens strichweise nur auf solchen, während sie in anderen, zum Teil benachbarten Strichen sowohl auf kalkreichen wie auf kalkarmen Böden oder sogar nur auf kalkarmen erhalten blieben. Manche Formen blieben strichweise nur auf reichlich schwefelsauren Kalk enthaltendem Boden erhalten. Während sich viele Formen deshalb überhaupt oder wenigstens in klimatisch ungünstigen Strichen nur auf reichlich kohlensauren oder schwefelsauren Kalk enthaltendem Boden erhielten, weil in jener ungünstigen Periode ihr Kalkbedürfnis

---

[1]) Sie wächst auf der skandinavischen Halbinsel im südlichen Norwegen — aber vielleicht nicht spontan, vgl. A. Blytt, Christiania omegns Phanerogamer og Bregner (1870), S. 94 — und in mehreren Provinzen des südlichen Schwedens (auch auf Oeland, Gotland — auf beiden in weiter Verbreitung — und den benachbarten Inseln); ausserdem wächst sie auf den Inseln Oesel und Moon an der Ostküste der Ostsee —, ob auch auf dem Festlande? vgl. Lehmann, Flora v. Polnisch-Livland (1895), S. 317 —. Auf den britischen Inseln ist sie wenig verbreitet bis zum südlichen Schottland. Sie wächst vielerorts auf Stranddünen, und es ist deshalb sehr wahrscheinlich, dass ihre winzigen Samen vielfach durch Vögel verschleppt worden sind und dass auf solche Verschleppung ein grosser Teil ihrer Verbreitung vorzüglich in Schweden zurückgeführt werden muss; doch ist sie wohl ebensowenig wie *Astragalus danicus*, welcher auch höchst wahrscheinlich durch Vögel auf der skandinavischen Halbinsel und in Dänemark ausgebreitet worden ist, ausschliesslich — vielleicht überhaupt nicht — durch Vögel von den britischen Inseln nach jenen Ländern östlich der Nordsee gelangt. *Hutchinsia* ist auch weiter im Süden in Mitteleuropa im heissesten Abschnitte der heissen Periode gewandert; die Form ihres Gebietes in jenem Teile Mitteleuropas entspricht durchaus nicht ihren Anforderungen an Klima und Boden und ihrem Verhältnisse zu der Organismenwelt.

[2]) Es wächst nur auf der Insel Gotland an einer Anzahl Oertlichkeiten; es fehlt jetzt den britischen Inseln, ist aber ohne Zweifel von dort, und zwar schrittweise, eingewandert.

[3]) Wächst nur auf den Inseln Oeland und Gotland, vorzüglich auf letzterer aber in weiter Verbreitung. Sie fehlt wie *Helianthemum Fumana* den britischen Inseln, ist aber sicher ebenfalls von dort schrittweise nach den skandinavischen Ländern eingewandert.

[4]) Es wächst nicht auf der skandinavischen Halbinsel und den anliegenden Inseln, aber angeblich auf der Insel Oesel, und wuchs früher in Livland bei Kokenhusen, doch war es hier vielleicht nur verwildert — vgl. Lehmann a. a. O., S. 233 und A. v. Sass, Archiv f. Naturkunde Liv-, Ehst- und Kurlands, 2. Ser., II. Bd. (1860), S. 636. Auch auf den britischen Inseln scheint es spontan nicht vorzukommen.

bedeutend war, und zwar um so bedeutender, je ungünstiger das Klima war, blieben andere nur deshalb strichweise ausschliesslich auf solchem Boden erhalten, weil die betreffende Oertlichkeit sich durch besonders günstiges Klima, durch günstige Oberflächenbeschaffenheit und Pflanzendecke vor der Umgebung auszeichnete. Diese letzteren scheinen sich damals aber zum Teil so vollkommen an die Eigenschaften ihrer Nährböden angepasst zu haben, dass sie selbst in der zweiten heissen Periode nicht im stande waren, auf Böden von anderer Beschaffenheit überzusiedeln; meist war ihre Anpassung aber nicht eine so enge und wurde in der zweiten heissen Periode, wenn auch grossenteils wohl erst in deren heissestem, nur kurz dauerndem Abschnitte, mehr oder weniger latent — zum Teil ging sie damals sogar vollständig verloren —, so dass die betreffenden Formen auch auf Böden von anderer Beschaffenheit überzusiedeln im stande waren, machte sich aber in der zweiten kühlen Periode in verschieden hohem Masse wieder geltend, so dass die Formen von den der Anpassung nicht entsprechenden Böden wieder vollständig oder fast vollständig verschwanden. Viele konnten sich auch später, in der Jetztzeit, nicht oder nur in ganz beschränktem Masse auf anderen Böden ansiedeln. Auch hinsichtlich der physikalischen Eigenschaften des Bodens waren die Formen der zweiten Hauptgruppe zur Zeit ihrer Einwanderung recht indifferent. Auch dies änderte sich in der ersten kühlen Periode. Manche Formen erhielten sich nur oder fast nur auf Felsboden, manche sogar vorzüglich oder ausschliesslich auf solchem von ganz bestimmter Beschaffenheit, andere nur oder fast nur auf Lehm-, Sand- oder Kiesboden und passten sich mehr oder weniger den Eigenschaften dieser Böden an. Manche passten sich stellenweise sogar dem dauernd oder wenigstens periodisch durch Grundwasser nassen und zum Teil auch periodisch überschwemmten Boden an, erhielten eine sogenannte Stromthalanpassung. Auch diese Anpassungen wurden teilweise in der zweiten heissen Periode latent und gelangten erst in der zweiten kühlen Periode wieder zur Geltung, teilweise erhielten sie sich aber wohl auch in der ersteren; dies scheint bei der Stromthalanpassung meist der Fall gewesen zu sein. Es ist selbstverständlich, dass infolge dieser verschiedenartigen Anpassung, welche sich viele der Formen der zweiten Hauptgruppe in der ersten kühlen Periode erwarben, deren Neuausbreitung in der zweiten heissen Periode und in der Jetztzeit und vorzüglich deren Aussterben in der zweiten kühlen Periode strichweise sehr verschiedenartig sein mussten.

Ich will mich hier auf die Behandlung weniger Fälle solcher Neuanpassung in der ersten kühlen Periode beschränken.

Eines der interessantesten Beispiele bietet *Gypsophila fastigiata L.*, welche sich in der Gegend zwischen dem Südharze, dem Kiffhäusergebirge, der Schmücke und der unteren Unstrut, wahrscheinlich im Kiffhäusergebirge, eine Anpassung an den Gips erworben hat und jetzt in dieser Gegend fast ausschliesslich auf diesem vorkommt. Da ich diese Pflanze an anderer Stelle behandelt habe [1]), so will ich hier nicht

---

[1]) Entw. d. phan. Pflzdecke d. Saalebez. S. 172—174 [69—71].

wieder auf sie zurückkommen. An derselben Oertlichkeit wie *Gypsophila* haben sich wohl auch einige andere Arten eine gleiche Anpassung erworben, z. B. *Silene Otites (L.)*, *Alyssum montanum L.*, *Oxytropis pilosa (L.)*[1]) und *Helianthemum Fumana (L.)*.

Silene Otites wächst im Zechsteingipsgebiete des Kiffhäusergebirges an mehreren Stellen, auf Zechsteingips bei Wendelstein und [2]) wahrscheinlich auf gleicher Unterlage am Galgenberge bei Bottendorf an der unteren Unstrut, auf Keupergips am Südrande der Schmücke nach Osten bis Cölleda, z. B. bei Henleben, Schillingstedt und Battgendorf, bei Vogelsberg südlich von Cölleda, sowie in der Gegend von Erfurt an der Schwellenburg, dem Hippelborne und — früher — dem Stollberge. Nur in dem westlichen Teile der Schmücke, zwischen dem hohen Steine und Harras, sah ich sie, doch nur in unbedeutender Individuenanzahl, auf Muschelkalk[3]). Erst auf der Allstedt-Querfurter Platte, im untersten Unstrutthale unterhalb von Wendelstein und im benachbarten Saalethale bis Naumburg aufwärts tritt sie dann wieder in weiterer Verbreitung auf nicht oder nur wenig schwefelsauren Kalk enthaltendem Boden auf. An anderen Stellen als den aufgeführten scheint sie südlich vom Harze und der unteren Unstrut im Saalegebiete nicht beobachtet zu sein.

Alyssum montanum L. tritt im Kiffhäusergebirge in weiter Verbreitung auf Gips auf, wächst aber auch auf den übrigen Gliedern der Zechsteinformation dieses Gebirges. Es wächst ausserdem am südlichen Harzrande auf Zechsteingips bei Haynrode und Questenberg[4]), im unteren Unstrutthale ebenfalls auf Zechsteingips bei Bottendorf (Galgenberg)[5]) und Wendelstein sowie, und zwar wohl ausschliesslich auf Buntsandsteingips, an der Vitzenburg bei Nebra, und dann im Becken auf Keupergips bei Schillingstedt unweit Cölleda — wenig —, bei Klein Brembach unweit Buttstedt, bei Greussen (Hoher Berg) sowie bei Erfurt (zwischen Witterda und Elxleben, am Hippelborne und an der Schwellenburg). Südlich des Beckens soll *Alyssum* bei Arnstadt[6]) (offenbar auf Muschelkalk) und bei Eisenach[7]) (ebenfalls auf Muschelkalk) vorkommen.

---

[1]) Ebendas. S. 171—172 [68—69].
[2]) Nach Mitteilung von E. Wüst.
[3]) Die Angaben des Vorkommens bei Arnstadt (vgl. Nicolai, Verz. d. in d. Umgegend von Arnstadt wildwachs. u. wichtig. kultivirten Pfl., 2. Aufl. [1872]. S. 11) sowie Eisenach und Jena (vgl. Reichenbach, Flora saxonica [1842]. S. 443 u. Schoenheit a. a. O., S. 67, sowie dazu M. Osswald a. a. O. und Bliedner a. a. O., S. 101. die beiden letzteren kennen die Pflanze nicht von Eisenach) scheinen keine neuere Bestätigung gefunden zu haben. In der Umgebung dieser drei Städte ist Gips nur in sehr unbedeutender Verbreitung vorhanden oder fehlt ganz.
[4]) Nach Staritz (Deutsch. bot. Monatsschr., II. Jahrg. [1884], S. 121) auch bei Görsbach unweit Heringen.
[5]) Nach Mitteilung von E. Wüst.
[6]) Nach Nicolai b. Reichenbach a. a. O., S. 371 und Nicolai a. a. O., S. 7, dagegen Schoenheit a. a. O., S. 41 u. Ilse a. a. O., S. 50. Die Angabe: „Stadtilm; spärlich am Willinger Berge ll.", bei Vogel (Flora von Thüringen [1875], S. 140) beruht auf einem Schreib- oder Druckfehler und bezieht sich auf *Thlaspi montanum L.*
[7]) Schon Dietrich bei Reichenbach a. a. O. und noch Bliedner a. a. O., S. 125, dagegen kennt Osswald die Pflanze nicht aus der Eisenacher Gegend.

Oestlich und nordöstlich des Beckens und der unteren Unstrut wächst es in der Saalenähe bei Jena, bei Naumburg (wohl nur auf Buntsandstein) sowie an zahlreichen Stellen und in grosser Individuenanzahl von Halle bis Bernburg, und zwar auf den verschiedensten Bodenarten, auf Porphyr, den Gliedern des Karbons, Rotliegendem, den Gliedern der Zechsteinformation, Buntsandstein — aber wohl nicht auf Muschelkalk — sowie selbst auf Diluvium. Nördlich des Beckens und der unteren Unstrut tritt es zunächst im oberen Selkegebiete, im Harzvorlande, meist wohl auf Sandstein auf.

Helianthemum Fumana (L.) ist auf dem Zechsteingipse des Kiffhäusergebirges weit verbreitet, scheint aber den übrigen Gliedern der Zechsteinformation dieses Gebirges zu fehlen. Es wächst auf Zechsteingips ausserdem bei Nordhausen (an mehreren Stellen) und Haynrode sowie im unteren Unstrutthale bei Wendelstein [1]); in diesem Thale tritt es auch auf Buntsandsteingips an der Vitzenburg bei Nebra auf. Ausserdem wächst es in der Nähe nur noch bei Hachelbich, wohl auf dem Muschelkalke der Hainleite. Weiter im Süden kommt es im Saalebezirke noch bei Eisenach (am Gr. Reihersberge) vor [2]); im Norden von der unteren Unstrut wächst es in der Saalenähe bei Wettin und Könnern, im Salzkegebiete an mehreren Stellen, im Schlenzegebiete und im Gebiete der Harzwipper bei Sandersleben — früher —, und zwar an allen diesen Orten auf Zechsteinkalk oder Muschelkalk [3]).

Alle drei im vorstehenden behandelten Gewächse verhielten sich bei ihrer Einwanderung in das Gebiet der Saale ohne Zweifel ebenso indifferent gegen die Höhe des Kalkgehaltes des Bodens wie *Gypsophila fastigiata* L. und *Oxytropis pilosa* (L.): wenn dies nicht der Fall gewesen wäre, so würden sie wohl nicht bis nach dem Saalegebiete haben vordringen können. Alle drei haben sich während der kühlen Periode im Becken — mit Ausnahme vielleicht seiner Umrandung im Südwesten, Süden und Osten — und in seinem nächsten Vorlande im Norden nur oder — so wahrscheinlich *Helianthemum* — fast nur in dem damals durch verhältnismässig warmes und trockenes Sommerklima vor der Umgebung ausgezeichneten südlichen Teile des Kiffhäusergebirges, in welchem wohl grössere Strecken der steilen Gipshänge waldfrei blieben, zusammen mit noch manchen anderen Formen dieser Hauptgruppe erhalten. Durch das Leben auf dem Gipse, welcher im Beginne der kühlen Periode schwerlich ein günstiger Vegetationsboden für sie war — in der heissen Periode verhielten sie sich wahrscheinlich ganz indifferent gegen ihn —, d. h. durch die Einwirkung des schwefelsauren Kalkes, wurde im Verlaufe dieser Periode ihre Konstitution so vollständig verändert, dass sie bei gleichem oder nur wenig wärmerem und trockenerem Sommerklima, als damals herrschte, wahrscheinlich nur bei Gegenwart grösserer Mengen dieses Stoffes in ihrem Nährboden zu

---

[1]) Hiermit ist wohl die Angabe Härtels (bei Ilse a. a. O., S. 55): Rossleben, identisch.
[2]) Vgl. Zimmermann, Naturw. Wochenschr., X. Bd. (1895), S. 173.
[3]) Die vorstehend aufgeführten Wohnstätten bilden die Gesamtverbreitung der Art im Saalebezirke.

leben im stande sind. Diese Gipsformen haben sich vom Kiffhäusergebirge in der zweiten heissen Periode ausgebreitet. In dieser Zeit wurde ihre Anpassung an den Gips ebenso wie bei *Gypsophila* und *Oxytropis* latent, so dass sie trockenen Boden ohne jeden Gehalt an schwefelsaurem Kalk zu bewohnen vermochten. Auch hinsichtlich anderer chemischer sowie vieler physikalischer Eigenschaften des Bodens waren sie ganz indifferent. In der zweiten kühlen Periode machte sich bei ihnen das Bedürfnis nach schwefelsaurem Kalke wieder geltend, was zur Folge hatte, dass *Alyssum* und *Gypsophila*, wie es scheint, vollständig, die anderen fast vollständig von Böden, die diesen Stoff nicht in grösserer Menge enthalten, verschwanden. Wohl nur unter ganz besonders günstigen Verhältnissen vermochten sich die letzteren auf Böden anderer Beschaffenheit zu erhalten. Auch in der Jetztzeit ist es *Gypsophila* nur an sehr wenigen Stellen gelungen, auf anderen Boden überzusiedeln, trotzdem ihre Wohnplätze vielfach unmittelbar an Oertlichkeiten mit kalkarmem oder kalkreichem Boden angrenzen, deren Pflanzendecke ihr eine Ansiedlung durchaus gestatten würde. Viel leichter scheint *Alyssum* — im Kiffhäusergebirge — auf nicht schwefelsauren Kalk enthaltenden Boden übergehen zu können. Meines Erachtens lässt sich nicht daran denken, dass diese fünf Arten an allen oder fast allen ihren heutigen Wohnplätzen auf Gipsboden während der ersten kühlen Periode gelebt haben. Wäre dies der Fall gewesen, so würden sich die Arten in der nächsten Umgebung ihrer heutigen auf Gipsboden gelegenen Wohnplätze auch an vielen gipsfreien Stellen erhalten haben, welche sie bewohnt haben, deren Klima für sie ebenso günstig oder günstiger ist als das ihrer heutigen Wohnstätten auf Gips und deren Boden in chemischer wie in physikalischer Hinsicht ihren Ansprüchen viel mehr genügt als der Gipsboden. Ich glaube, dass in diesem Falle die im östlichen Mitteleuropa hauptsächlich auf kalkarmem Sandboden wachsende *Gypsophila* auch auf kalkarmem Boden der Saalegegend bei Halle und im Salzkegebiete, an manchen Stellen der unteren Unstrutgegenden (auf der Allstedter Platte, in der Schrecke, Schmücke und Finne), in der Gegend von Sangerhausen, in der Windleite sowie auf dem Karbonboden des Kiffhäusergebirges erhalten geblieben wäre. *Silene Otites* würde sich an den gleichen Stellen der Unstrut- und Helmegegenden, aber auch an solchen mit kalkreicherem Boden, *Alyssum montanum*, *Oxytropis pilosa* und *Helianthemum Fumana* würden sich vorzüglich an Oertlichkeiten mit kalkreicherem Boden in grösserer Verbreitung erhalten haben [1]). Es ist möglich, dass die letztere Art auf dem Muschelkalke der Hainleite seit der ersten heissen Periode lebt [2]). Auch das Vorkommen von *Silene Otites*, *Alyssum montanum* und *Helianthemum Fumana* [3]) in der Gegend von Arnstadt und Eisen-

---

[1]) So z. B. an der Steinklöbe, in der Finne und Schmücke, in der Windleite an den Südhängen des Wipperthales, in der Hainleite und wohl auch auf manchen der Keupermergelhöhen des Beckens.

[2]) Weniger wahrscheinlich erscheint es mir, dass sich *Silene* in der Schmücke erhalten hat.

[3]) Sowie desjenige von *Oxytropis* im Süden des Beckens, vgl. Entw. d. phan. Pfzdecke des Saalebez., S. 171—172 [68—69].

ach — wohl nur das letztere, das Vorkommen von *Helianthemum* bei Eisenach ist ganz sicher — stammt wahrscheinlich aus jener Zeit [1]). Die Ausbreitung dieser fünf Gipsformen in der zweiten heissen Periode war eine ganz unvollendete und sehr ungleichmässige. Während *Gypsophila* nach Westen bis Walkenried vordrang, vermochte *Alyssum*, welches doch schwerlich empfindlicher gegen Sommerkühle und Feuchtigkeit ist, nicht einmal Nordhausen, bei welchem Orte *Oxytropis* ihre einzige Wohnstätte am Südharze besitzt, zu erreichen; *Silene* gelangte nicht einmal bis nach dem südlichen Harzrande. Es scheint mir wahrscheinlicher zu sein, dass hier eine unvollendete, ungleichmässige Ausbreitung, als dass ein ungleichmässiges Aussterben vorliegt. Dass aber auch ungleichmässiges Aussterben Anteil an der heutigen Gebietsform dieser Arten sowohl auf dem Gipsboden als auch auf dem gipsfreien Boden hat, ist sehr wahrscheinlich. Wie soeben gesagt wurde, ist es sehr wahrscheinlich, dass *Silene* auf dem Muschelkalke der Schmücke erst seit der zweiten heissen Periode lebt. Ebensogut wie in jenem Gebirge hätte sie sich z. B. auch in der Hainleite halten können, in welcher sie ohne Zweifel während der zweiten heissen Periode gelebt hat. Auch das Vorkommen von *Helianthemum* in der Hainleite stammt vielleicht aus der zweiten heissen Periode. Manche andere Gegenden, in denen diese Art ohne Zweifel in der zweiten heissen Periode gelebt hat. z. B. die Kalkhöhen der Schmücke, waren ebenso geeignet für sie wie die Hainleite. *Silene Otites* ist bereits im unteren Unstrutthale unterhalb Nebra und in den sich im Norden an das untere Unstrutthal anschliessenden Gegenden vollständig indifferent. *Alyssum* scheint bei Naumburg ausschliesslich auf Sandstein vorzukommen [2]); diesen bevorzugt es auch im östlichen Harzvorlande, in der Saalegegend nördlich von Halle ist es vollständig indifferent. *Helianthemum* kommt in der weiteren Umgebung von Halle bis Sandersleben nur auf Muschelkalk und Zechsteinkalk vor; *Oxytropis* beansprucht in dieser Gegend höheren Kalkgehalt, findet sich aber nur in sehr geringer Verbreitung auf Böden mit sehr hohem Kalkgehalte.

Wahrscheinlich haben sich auch noch einige andere Arten im Kiffhäusergebirge eine Anpassung an den Gips erworben, welche später aber mehr oder weniger verloren ging, so z. B. die *Stipa*-Arten und *Hypericum elegans Steph.*

Die am meisten in die Augen fallende Neuanpassung derjenigen Formen der zweiten Hauptgruppe, welche auf trockenem Boden eingewandert sind, ist die Anpassung an das Leben in stets oder wenigstens periodisch durch höheren Grundwasserstand nassen und zum grossen Teile auch periodisch überschwemmten Niederungen, vorzüglich Flussthälern: die **Stromthalanpassung**. In dieser Anpassung vermochten sich die betreffenden Arten nach der ersten kühlen Periode viel weiter auszubreiten als in ihrer ursprünglichen, denn jetzt nahm und

---

[1]) Auch *Gypsophila* soll am Südrande des Beckens wachsen, vgl. ebendas. S. 173 [70].
[2]) Es wird aber auch als bei Pforta vorkommend angegeben, wo Sandsteinboden fehlt.

nimmt das strömende Wasser durch Verschwemmung von Samen, Früchten oder entwicklungsfähigen vegetativen Teilen einen hervorragenden Anteil an ihrer Ausbreitung. Diese schritt infolgedessen vorzüglich stromabwärts fort, während sie in umgekehrter Richtung viel langsamere Fortschritte machte. In den unteren Teilen der Gebiete der Hauptströme blieben manche Arten auf das Hauptthal beschränkt. Teilweise liegt die Ursache dieser Erscheinung darin, dass die Formen erst sehr spät an die Mündungen der Nebenthäler des Unterlaufes gelangt sind oder sich wenigstens erst spät an diesen weiter ausgebreitet haben und die Aufwärtswanderung in Thälern überall nur langsam vor sich geht, vorzüglich ist sie aber wohl darin zu suchen, dass die Thalböden der Nebenthäler des Unterlaufes meist einen sehr unbedeutenden Gehalt an Nährsalzen, vorzüglich an Kalk, besitzen, jene Formen aber diese Stoffe in reicherer Menge im Nährboden verlangen. Manche Arten sind nach Mitteleuropa wahrscheinlich schon in doppelter Anpassung eingewandert, haben sich aber teilweise eine Stromthalanpassung auch noch in Mitteleuropa erworben.

Ich will hier nur einige Beispiele von Neuerwerbung der Stromthalanpassung besprechen.

Sisymbrium strictissimum L. scheint nur als Bewohner des trockenen Bodens nach Mitteleuropa eingewandert zu sein. Hinsichtlich der übrigen physikalischen sowie hinsichtlich der chemischen Eigenschaften des Bodens war es zur Zeit seiner Einwanderung wahrscheinlich recht indifferent. In der ersten kühlen Periode vermochte es sich aber, wie es scheint, ausser auf Alluvium, nur auf kalkreichem Felsboden zu erhalten. Auf letzterem wächst es im Saalegebiete auf den das Rösethal zwischen Finne und Schmücke bildenden Muschelkalkbergen, nämlich auf der Monraburg, der Wendenburg und dem Finnberge, sowie im Kiffhäusergebirge bei Udersleben, hier auf Zechsteingips. Die Stromthalpflanze kommt im Saalegebiete an der Ilm, und zwar wohl ausschliesslich im Gebüsche unmittelbar am Ufer, bei Stadtilm (Grosshettstedt), Kranichfeld und Weimar vor. Im benachbarten Elbethale wurde sie bei Barby und Magdeburg gefunden, doch scheint ihr dortiges Vorkommen kein beständiges zu sein; bei Magdeburg wurde nur ein Stock beobachtet[1]). Die an diesen Oertlichkeiten des Elbethales beobachteten Individuen stammen offenbar aus Samen, welche aus dem Elbethale des Königreichs Sachsen — oder aus Böhmen — herabgeschwemmt worden sind. Im ersteren wächst *Sisymbrium strictissimum* von Königstein bis Meissen an verschiedenen Stellen, wie es scheint, ausschliesslich am Flussufer. In Böhmen dagegen scheint es nur an wenigen Stellen, z. B. bei Bodenbach, im Stromthale vorzukommen. Dem Odergebiete fehlt die Art vollständig, dagegen wächst sie im Weichselgebiete, und zwar, wie es scheint, in beiden Anpassungsformen. Im Weser- und im Rheingebiete kommt sie sowohl auf Felsboden als auch auf Alluvium am Flussufer vor; die Angaben der Floren

---

[1]) Vgl. Ascherson, Flora d. Prov. Brandenburg. 1. Abt. (1864), S. 44. Festschrift d. naturw. Vereins z. Magdeburg (1894), S. 87 sowie Ascherson u. Graebner. Flora des nordostdeutschen Flachlandes (1899), S. 357.

sind aber nicht genau genug, um die Natur jeder einzelnen Wohnstätte beurteilen zu können.

Clematis recta besitzt in der Verbreitung manche Aehnlichkeit mit *Sisymbrium*; auch sie gehört wohl zur zweiten Hauptgruppe. Sie wächst im Saalegebiete auf Felsboden nur an den drei Oertlichkeiten an der Röse, an denen *Sisymbrium* vorkommt. Ein sicheres spontanes Vorkommen der Stromthalpflanze im Saalegebiete scheint nicht bekannt zu sein, denn an der wilden Gera bei Erfurt ist sie ebenso wie bei Weimar wohl nur verwildert [1]). Dagegen wächst sie im benachbarten Elbethale in recht weiter Verbreitung von Aken bis Rogätz. Sie scheint hier die Grenzen des Alluvialgebietes nicht zu überschreiten [2]). In gleicher Weise tritt sie an der Elbe auch nördlich von Rogätz bis Gorleben und bis zu dem Amte Neuhaus auf. Oberhalb von Aken wächst sie bis zur böhmischen Randumwallung ebenfalls an zahlreichen Stellen in der Nähe der Elbe, doch, wie es scheint, wenigstens im Königreiche Sachsen vorzüglich auf den Thalhängen. Auch in Böhmen scheint das Vorkommen auf nicht alluvialem Boden zu überwiegen. Ebenso kommt sie im Gebiete der Weichsel wie in dem der Donau und dem des Rheines sowohl auf alluvialem wie auf nicht alluvialem Boden vor; im Odergebiete wächst sie wohl nur auf letzterem. Während *Sisymbrium* wahrscheinlich aus dem sächsischen Elbethale, wo es sich eine Stromthalanpassung erworben hatte [3]), durch Verschwemmung von Samen in das Elbethal abwärts von Aken gelangt ist, hat *Clematis* sich wohl in diesem selbst, wahrscheinlich zwischen Aken und Burg, eine Stromthalanpassung erworben und sich von hier über den Thalabschnitt zwischen Burg und Aken und vielleicht noch über Aken hinaus aufwärts, sicher aber — vielleicht ausserdem noch von weiter oberhalb im Königreich Sachsen und in Böhmen gelegenen Wohnplätzen — über Burg hinaus abwärts ausgebreitet. Es ist nicht denkbar, dass *Clematis* ihre heutige Verbreitung an der Elbe vollständig oder annähernd bereits in der ersten kühlen Periode besass. Hätte sie sich in diesem oder in einem auch nur annähernd gleich weiten Umfange erhalten, so würde sie wohl auch im Saalegebiete an mehr als einer Stelle erhalten geblieben sein. Dass sie ehemals im Saalegebiete, vorzüglich wohl in der Saalenähe, eine recht weite Verbreitung besessen hat, lässt sich als sicher annehmen. Da sie im Saalegebiete fast vollständig zu Grunde ging, so war sie ohne Zweifel auch an der Elbe bis auf wenige Stellen ausgestorben und hat sich ihre heutige Verbreitung nicht nur im Alluvialgebiete, sondern auch auf den Thalhängen erst nach der ersten kühlen Periode erworben. Dass sie sich überhaupt im Elbegebiete des König-

---

[1]) Näheres hierüber wie über einige ältere, neuerdings nicht bestätigte Angaben enthält meine Abhandlg. über die phanerogame Pflanzendecke des Saalebezirkes.

[2]) Nach Schneider, Beschreibg. d. Gefässpfl. d. Florengebiets von Magdeburg, Bernburg und Zerbst, 2. Aufl. (1891). S. 3.

[3]) Es ist jedoch möglich, dass sich *Sisymbrium* nicht im Elbethale des Königreichs Sachsen erhalten und nicht hier eine Stromthalanpassung erworben hat, sondern hierhin erst nach der ersten kühlen Periode wie manche andere Arten, z. B. die S. 323 [95] erwähnten *Erysimum*-Arten und *Tithymalus Gerardianus (Jacq.)* aus Böhmen eingewandert ist.

reichs Sachsen und in der Gegend von Magdeburg erhielt — und dies ist zweifellos —, während sie im Saalegebiete fast vollständig ausstarb, zeigt, wie ungleichmässig das Aussterben der Formen der zweiten Hauptgruppe in der ersten kühlen Periode war. An ihrer einzigen Wohnstätte im Saalegebiete hat sie während der kühlen Periode auch nicht in ihrer heutigen Verbreitung gelebt; wahrscheinlich wuchs sie nur an einem der drei das Rösethal bildenden Muschelkalkberge und auch hier wohl nur in geringer Individuenzahl. Trotzdem ist es merkwürdig, dass es ihr in der zweiten heissen Periode hier nicht gelang, sich weit auszubreiten, was ihr doch im sächsischen Elbethale möglich war.

Aehnlich wie es den Stromthalformen von *Clematis recta* und manchen anderen Arten im Elbethale gelang, sich weit über die Wohnplätze der trockenen Boden bewohnenden Formen der gleichen Arten hinaus auszubreiten, gelang es auch den Stromthalformen einer Anzahl Arten an den übrigen Hauptströmen, vorzüglich am Rheine; am Rheine waren es z. B. *Eryngium campestre* L. und *Artemisia campestris* L.

b) Die Bewohner des dauernd nassen und die des stärker beschatteten Bodens.

Während für die soeben behandelte Formengruppe der zweiten Hauptgruppe der heisseste Abschnitt der heissen Periode die günstigsten Ausbreitungsbedingungen schuf, da damals die Wälder am weitesten schwanden, die Austrocknung der nassen Niederungen und der Hochmoore den grössten Umfang erreichte und das Sommerklima der höheren Gegenden am trockensten und wärmsten war, stellten andere Formen, welche wohl meist ebenso oder annähernd ebenso bedeutende Lufttrockenheit, sommerliche Hitze und winterliche Kälte wie jene zu ertragen vermögen, welche aber nur im wenn auch nicht sehr dichten Schatten oder auf dauernd nassem Boden — oder im Wasser selbst — zu leben im stande sind, in jenem Abschnitte in den niederen, heisseren Strichen des südlichen und östlichen Mitteleuropas ihre Wanderung nicht nur fast vollständig ein, sondern sie starben auch streckenweise wieder aus und vermochten sich erst nach Ausgang dieses Zeitabschnittes, im letzten Teile der heissen Periode, von neuem auszubreiten.

*

Zu den waldbewohnenden Formen dieser Hauptgruppe gehört wahrscheinlich *Lactuca quercina* L.[1]). Sie wächst im unteren Donaugebiete in Niederösterreich und im südlichsten Mähren. Im Elbegebiete kommt sie in Böhmen vor, und zwar im Nordosten bei Křinec, Rožďalovic, Dobrovic und Jungbunzlau, in der Gegend von Prag nach Süden bis Karlstein, bei Welwarn und Budin, im Mittelgebirge sowie am Südfusse des Erzgebirges z. B. bei Bilin und Eidlitz (im Eichbuche,

---

[1]) Es ist jedoch möglich, dass sie nicht ein so extrem kontinentales Klima wie die meisten übrigen Formen der Hauptgruppe zu ertragen vermag und sich den Formen der dritten Hauptgruppe nähert; viel extremeres Klima vermag offenbar *Veronica spuria* L. zu ertragen, welche ich Entw. d. ph. Pflzdecke d. Saalebez., S. 178 bis 179 [75—76] behandelt habe.

in welchem auch *Veronica spuria L.* wächst); nördlich der Randumwallung wächst sie an der Elbe bei Dessau[1]) und Barby sowie im Saalegebiete, und zwar in der Nähe der Saale bei Jena, Naumburg, Weissenfels, Merseburg, an der untersten Elster — hier überall an mehreren Stellen —, an zahlreichen Stellen in der Umgebung von Halle und von dort bis Alsleben — im Osten in der Fuhnenlederung z. B. bei Körmigk —, in der Nähe der Ilm bei Magdala und Berka, im Unstrutgebiete in der Nähe der unteren Unstrut bei Freiburg — nach Norden bis Branderode — und Nebra, im Helmegebiete bei Allstedt sowie am südlichen Harzrande bei Sangerhausen — an mehreren Stellen — und Rossla, an mehreren Stellen im Kiffhäusergebirge und in der Hainleite, nach Westen bis Sondershausen, in der Schmücke und Finne, südlich hiervon bei Buttstedt sowie an der Wanderslebener Gleiche und der Wachsenburg bei Arnstadt, nördlich des Unstrutgebietes an verschiedenen Stellen im Salzkegebiete, im Wippergebiete bei Sandersleben, im Bodegebiete bei Stassfurt und Egeln an mehreren Stellen, bei Halberstadt und an der Rosstrappe, und ausserdem östlich der Saale im Gebiete der Weissen Elster bei Crossen und Gera. Ausserdem wächst *Lactuca* in Mitteleuropa nur noch an wenigen Stellen, und zwar im **Wesergebiete bei Eschwege an der Werra, im Main-Wettergebiete bei Butzbach (Bodenrod), auf der kleinen Insel Lilla Karlsö bei Gotland, im Gebiete der Görlitzer Neisse bei Bernstadt** und wohl auch im galizischen Weichselgebiete.

An den meisten von diesen Oertlichkeiten wächst *Lactuca quercina* am Laubwaldrande, im, zum Teil recht schattigen, Laubwalde sowie am und im Laubgebüsche, sowohl auf trockenem Fels- und Lehmboden als auch auf feuchtem, zum Teil periodisch überschwemmtem Aueboden; nur an sehr wenigen Oertlichkeiten habe ich sie an ganz unbeschatteten Stellen angetroffen. Ohne Zweifel konnte sie in einer Periode, deren Sommerklima trockener und heisser als das der Gegenwart war, nur an recht stark beschatteten Stellen — im Laubwalde und im Gebüsche — leben. Ihre Einwanderung nach Mitteleuropa erfolgte aus Ungarn und den Gegenden am Schwarzen Meere. *Lactuca* muss, da sie wahrscheinlich nur schrittweise und in kleinen Sprüngen wandert, das südliche und östliche Mitteleuropa schon durchwandert haben, bevor die sommerliche Hitze und Trockenheit ihren höchsten Stand erreichten. Denn in dem heissesten Abschnitte der heissen Periode schwanden in diesen Strichen Mitteleuropas die Laubwälder weithin oder lichteten sich sehr, so dass eine schrittweise Ausbreitung oder eine solche in kleinen Sprüngen über weitere Strecken vollständig unmöglich war. Die Pflanze kann aber den Süden und den Osten Mitteleuropas nicht erst nach dem heissesten Abschnitte durchwandert haben, denn schwerlich besass der letzte Zeitabschnitt der heissen Periode eine so lange Dauer, dass *Lactuca* in ihm bis Südschweden und nach dem Wettergebiete hätte vordringen können. In einer anderen Periode als der ersten heissen Periode kann ihre Hauptausbreitung nicht stattgefunden haben. Aus

---

[1]) Aber wohl nicht bei Pirna (am Birkwitzer See), wie angegeben wurde: vgl. Jahresb. d. Vereins f. Naturk. zu Zwickau i. S. 1891 (1892), S. 21.

Ungarn und den Gegenden am Schwarzen Meere wanderte *Lactuca* auf von dieser verschiedenen Wegen nach den Gebieten der Weichsel und der Oder und drang in diesen nach Norden bis zur heutigen Ostseeküste und von dieser durch das damals trockene Ostseebecken nach der skandinavischen Halbinsel vor, auf welcher sie sich wahrscheinlich recht weit ausbreitete. Im heissesten Abschnitte der heissen Periode, in welchem ohne Zweifel ein grosser Teil der Stromgebiete der Weichsel und der Oder seinen früheren dichten Waldbestand vollständig verlor, ein anderer grosser Teil sich mit lichten Kiefernwäldern bedeckte, in denen *Lactuca* nicht zu wachsen vermag, und sich auch die meisten Laubwälder, welche erhalten blieben, sehr lichteten und ihr Untergrund strichweise sehr trocken und dadurch für *Lactuca* ungeeignet wurde, vermochte sich diese wohl nicht nur fast gar nicht mehr in beiden Gebieten auszubreiten, sondern sie verschwand sogar aus weiten Strichen derselben. Nördlich von ihnen, auf der skandinavischen Halbinsel und vielleicht auch in dem trockenen Ostseebecken, war ihr zu jener Zeit noch eine Ausbreitung über Strecken von etwas grösserer Ausdehnung möglich. Wahrscheinlich nahmen, wie soeben gesagt wurde, die sommerliche Hitze und Trockenheit schnell ab, nachdem sie ihre grösste Höhe erreicht hatten, so dass *Lactuca* nicht Zeit hatte, wieder weit in beiden Stromgebieten vorzudringen, bevor die unter das heutige Mass sinkende Sommerwärme und die vermehrte sommerliche Feuchtigkeit ihrer Ausbreitung ein Ende bereiteten. Die kühle Periode scheint dann die Pflanze fast vollständig in beiden Gebieten vernichtet zu haben. Dagegen vermochte sie sich noch nördlich von beiden Gebieten auf der kleinen Insel Lilla Karlsö, wahrscheinlich an einer ihr besonders ansprechenden Stelle, zu erhalten [1]).
Viel günstiger lagen für *Lactuca* während des heissesten Abschnittes der ersten heissen Periode die Verhältnisse in den Berggegenden des Saalegebietes, in denen auch damals auf günstigem, kalkreichem Felsboden wohl recht ausgedehnte Laubwälder vorhanden waren. Eingewandert war sie in das Saalegebiet teils aus Böhmen durch das sächsische Elbegebiet, teils — wahrscheinlich hauptsächlich — aus Osten, aus dem Odergebiete, durch das Spreegebiet, das sächsische Elbegebiet und die angrenzenden Gegenden; wahrscheinlich war sie ausserdem auch aus dem Donaugebiete durch die Gebiete des Maines und der Werra nach dem Saalegebiete gelangt. In diesem vermochte sie sich wohl selbst im heissesten Abschnitte noch über etwas grössere Strecken auszubreiten; in den niederen Gegenden des Gebietes freilich zwischen dem Harze, der unteren Unstrut und der Elbe — sowie weiter östlich, nordöstlich und nördlich im Elbegebiete — waren die Verhältnisse ebenso ungünstig wie im Odergebiete; aus diesen Gegenden verschwand *Lactuca* deshalb wohl fast vollständig. Im letzten Abschnitte der ersten heissen Periode drang sie in diesen niederen Strichen von den Berggegenden her wieder ein wenig vor, verlor den grössten Teil ihres damals erworbenen Gebietes aber wieder in der kühlen Periode; in dieser schwand sie aus

---

[1]) Ueber ihr heutiges Vorkommen auf jener Insel vgl. K. Hedbom, Botaniska Notiser 1891. S. 73—76 und R. Sernander, Studier öfver den gotländska vegetationens utvecklingshistoria (1894), S. 84.

den meisten der höheren Gegenden, in welchen sie während der ersten
heissen Periode gelebt hatte. In der zweiten heissen Periode breitete
sie sich wieder etwas in den niederen Gegenden aus; ihre heutige, strichweise recht weite Verbreitung im Saalegebiete hat sie sich wohl damals —
und in der Jetztzeit — erworben. Wohl ebenso früh wie in die Gebiete der Weichsel und der Oder, und früher als in das der Elbe,
wanderte *Lactuca* in das obere Donaugebiet ein, aus welchem sie in
das Gebiet des Rheines und wohl auch in das der Weser vordrang.
Während sie in der Folgezeit im oberen Donaugebiete vollständig zu
Grunde ging, hat sie sich im Rheingebiete wenigstens an einer Stelle
zu erhalten vermocht. Vielleicht ist aber ihre heutige Wohnstätte in
diesem Gebiete nicht die ursprüngliche, an welcher sie während der
kühlen Periode lebte, sondern diese befand sich in der Nähe und
wurde später durch den Menschen vernichtet; vielleicht hatte sich an
dieser auch, weit von seinen nächsten Wohnstätten entfernt, *Bupleurum
longifolium* L. erhalten, welches später, im Verlaufe der zweiten heissen
Zeit, nach Espa, Oes und dem Butzbacher Walde bei Butzbach wanderte,
während *Lactuca* nach dem nahen Bodenrod vordrang. Im Wesergebiete
scheint *Lactuca* nur in der Nähe des Saalegebietes vorzukommen; vielleicht ist sie an ihre einzige Wohnstätte in diesem Gebiete erst im
Ausgange der ersten heissen Periode aus dem Saalegebiete gelangt.

Adenophora liliifolia (L.) wächst im unteren Donaugebiete
nur an einer Anzahl Stellen in Niederösterreich, im oberen Donaugebiete nur bei Deggendorf. Im Weichselgebiete kommt sie in
Galizien, in Polen sowie in Westpreussen bei Thorn und Marienwerder,
und in Ostpreussen, z. B. im Buggebiete in den Kreisen Soldau, Neiden-
burg, Ortelsburg und Johannisburg — im angrenzenden Pregelgebiete
bei Sensburg, Rastenburg und Allenstein — vor. Im Odergebiete
wächst sie in Schlesien im Kreise Ratibor an mehreren Stellen, bei
Deutsch-Neukirch, Strehlen, Zobten (Geiersberg) und Oels[1], sowie im
Wartegebiete bei Posen und Gnesen. Im Elbegebiete wächst sie nur
in Böhmen bei Karlstein, bei Bilischau unweit Schlan sowie an mehreren
Stellen des Leitmeritzer Mittelgebirges.

Diese Pflanze kann nur im Beginne oder im Ausgange der ersten
heissen Periode nach Mitteleuropa eingewandert sein und sich ihre
heutige Verbreitung in diesem der Hauptsache nach erworben haben.
Denn sie bewohnt lichte Wälder, Waldränder und Gebüsche, seltener
Wiesen[2]), und vermag ohne Zweifel nur schrittweise zu wandern. Sie
kann also erst eingewandert sein und sich ausgebreitet haben, als die
dichten Wälder des letzten Abschnittes der kalten Periode sich mehr
und mehr lichteten, in einer Periode, welche trockenere und heissere
Sommer als die Gegenwart besass[3]). Sie scheint aber stärkere Be-
sonnung und wohl auch grosse Bodentrockenheit nicht ertragen zu
können, konnte sich also im heissesten Abschnitte der heissen Periode

---

[1]) Jahresb. d. schles. Gesellsch. f. vaterl. Cultur 1891 (1892), II, S. 170; dieser
Fundort wird nicht von Schube a. a. O., S. 89 erwähnt.
[2]) Nach Beck v. Mannagetta a. a. O., S. 1107.
[3]) Nicht etwa im Ausgange des kältesten Abschnittes der kalten Periode.

in den heisseren Strichen nicht nur nicht mehr über weitere Strecken ausbreiten, sondern starb damals in diesen sogar weithin wieder aus und blieb nur an günstigen, vorzüglich höher gelegenen, Oertlichkeiten erhalten — aus Mähren, durch welches sie wahrscheinlich nach dem Odergebiete gewandert ist[1]), verschwand sie vollständig —, von denen sie sich, wahrscheinlich hauptsächlich im letzten Abschnitte der heissen Periode, wieder ausbreitete. An den meisten höher gelegenen Orten, an denen sie während des heissesten Zeitabschnittes lebte, ging sie wohl in der ersten kühlen Periode zu Grunde, in welcher sie ohne Zweifel auch einen grossen Teil ihres in dem letzten Abschnitte der heissen Periode erworbenen Gebietes wieder verlor. Vielleicht hatte sich *Adenophora* wie *Lactuca quercina* im ersten Abschnitte der heissen Periode über ihre heutigen Grenzen hinaus nach Norden bis nach den unteren Teilen der Gebiete der Oder und der Elbe — und darüber hinaus —, sowie vielleicht auch bis nach dem Oberrheine ausgebreitet, ist aber in diesen Gegenden im heissesten Zeitabschnitte und in der ersten kühlen Periode wieder vollständig zu Grunde gegangen. Vielleicht wanderte sie jedoch nur langsam und vermochte deshalb vor Beginn des heissesten Zeitabschnittes und in dem letzten, gemässigteren, wahrscheinlich nur kurzen Abschnitte der Periode bis nach jenen Gegenden — und auch bis nach dem Saalegebiete, welches ihr in seinem südlichen Teile und im Harze sowohl während des heissesten Abschnittes als auch während der kühlen Periode so zahlreiche geeignete Wohnstätten, mindestens ebenso geeignete wie Schlesien, geboten hätte — nicht vorzudringen. Die Ausbreitung und das Aussterben in den südöstlich von der heutigen Nordwestgrenze von *Adenophora* gelegenen Gebietsteilen gingen recht ungleichmässig vor sich, wie ein Blick auf die obige Gebietsdarstellung sofort erkennen lässt.

Es lässt sich somit auch an der Verbreitung von *Adenophora liliifolia* wie an derjenigen von *Lactuca quercina* der im vorigen Abschnitte eingehend dargelegte Wechsel der klimatischen Perioden erkennen, wenn auch nicht annähernd so deutlich, wie an der Verbreitung der in jenem behandelten Formengruppe.

*   *

Tithymalus paluster (L.) wächst im unteren Donaugebiete in weiter Verbreitung in Mähren, Niederösterreich und Oberösterreich. Im Weichselgebiete wächst die Form in Galizien — wie es scheint, in unbedeutender Verbreitung —, in Polen, sowie an der Weichsel in Westpreussen, bei Graudenz, Neuenburg, Mewe (Montau) und Danzig. Im Odergebiete kommt sie von der Gegend von Ohlau abwärts bis zur Mündung vor, tritt aber in Schlesien bis zur Bartsch nur im Oderthale oder in seiner Nähe, z. B. an der Lohe bis Koberwitz, an der Weistritz bis Kanth auf; erst von der Bartsch ab wächst sie auch in grösserer Entfernung von der Oder, so rechts von ihr in den Gebieten der Bartsch, z. B. bei Trachenberg, der Warte und Netze — in diesen

---

[1]) Sie kann in dieses allerdings auch aus dem Weichselgebiete eingewandert sein.

beiden ist sie verbreitet —, links von der Oder im Gebiete des Bobers
bei Sorau — früher —, im Gebiete der Neisse bei Guben, im Gebiete
des Finowkanals bei Eberswalde und im Gebiete der Peene bei Anklam
und Friedland. Nördlich vom Odergebiete wächst sie im Gebiete
der pommerschen Küstenflüsse, z. B. bei Stolp. Im Elbegebiete
wächst sie im nördlichen Böhmen in der Elbeniederung zwischen
Melník und Pardubic sowie — wohl im Isergebiete — bei Liebenau
südlich von Reichenberg; im Elbegebiete des Königreichs Sachsen
scheint sie zu fehlen und in der Nähe der Elbe unterhalb der Randumwallung erst wieder bei Torgau [1]) aufzutreten; von hier ab ist sie
an dieser bis zur Mündung verbreitet. Rechts von der Elbe wächst sie
in grösserer Entfernung von dieser im Gebiete der Schwarzen Elster
bei Schönewalde, im Havelgebiete an zahlreichen Stellen in der Nähe
der Havel bis Zehdenik aufwärts und im Havelbruche, aber auch bei
Belzig und Trebbin, ausserdem im Eldethale bei Grabow; links der
Elbe wächst sie im Saalegebiete an der Saale aufwärts bis Naumburg — im Osten an der Fuhne, und an der Elster bis Leipzig —, im
Bodegebiete an einer Anzahl Stellen aufwärts bis Oschersleben und
zum Schiffgrabenbruche, sowie bei Blankenburg (Helsunger Bruch) [2]) und
im Unstrutgebiete an der Unstrut bei Laucha, Wiehe, Rossleben, Artern.
Leubingen sowie zwischen Sömmerda und Gross-Vargula, im Thale der
Frankenhäuser Wipper, in der Lossaniederung aufwärts bis Cölleda.
vielleicht sogar bis Brembach [3]) sowie in der Geraniederung bis fast
nach Erfurt [4]). Nördlich vom Saalegebiete scheint sie sich nur unbedeutend von der Elbe zu entfernen; im Medemgebiete wächst sie noch
bei Ihlienworth. Nordöstlich vom Elbegebiete wächst sie an
der Trave z. B. bei Traventhal und an der Warnow bei Rostock.
Im Wesergebiete wächst sie im Allergebiete bei Gifhorn, Celle
und Verden, an der Weser, und zwar wahrscheinlich nur von der
Gegend der Allermündung [5]) ab bis Vegesack, dann rechts im Gebiete
der Geeste bei Ringstedt sowie links von der Weser in den Gebieten
der Ochtum und der Ollen sowie an der unteren Eyter. Im Gebiete
der Ems scheint sie zu fehlen. Im Rheingebiete ist sie in der Nähe
des Oberrheines weit verbreitet, am Maine geht sie aufwärts bis Schwein-

---

[1]) A. Lehmann, Progr. d. Gymnasiums zu Torgau 1869, S. 7.
[2]) Bei Wernigerode ist sie wohl nur angepflanzt.
[3]) Nach Ilse a. a. O., S. 259 sowie Erfurth a. a. O., S. 257.
[4]) Nach Reichenbach a. a. O., S. 420 und Schoenheit a. a. O., S. 392
auch bei Eckartsberge: wohl ein Irrtum.
[5]) Nach Buchenaus Angabe in seiner Flora der nordwestdeutschen Tiefebene (1894), S. 334 könnte man vermuten, dass diese Wolfsmilch an der Weser
längs ihres ganzen Verlaufes im Flachlande, also ungefähr von der westfälischen
Nordgrenze ab, vorkäme; dies scheint aber nicht der Fall zu sein, ich vermag
wenigstens ausser der ganz unzuverlässigen Angabe Meyers (Chloris Hanoverana
[1836], S. 72) eines Vorkommens bei Aerzen unweit Hameln, welche von keinem späteren
Floristen bestätigt wird — vgl. z. B. L. Mejer, Flora von Hannover (1875), S. 142
und Brandes, Flora d. Prov. Hannover (1897), S. 255 —, keine Angabe eines Vorkommens in der Weserniederung oberhalb der Allermündung aufzufinden (vgl. auch
Nöldeke, Verzeichniss d. in d. Grafschaften Hoya u. Diepholz beob. Gefässpflanzen, 14. Jahrb. d. naturh. Gesellsch. zu Hannover [1865], S. 13—41 [33] und
Brandes a. a. O.).

furt; von Bingen ab kommt sie am Rheine bis zu seinen Mündungen vor, fehlt aber auf weiten Strecken an ihm vollständig [1]). Rechts des Rheines geht sie an der Lahn bis Ems aufwärts [2]) und wächst sie im Ijsselgebiete; nach Westen scheint sie sich vom Thale des Rheines nicht zu entfernen. Im Oberdonaugebiete wächst sie an der Donau aufwärts bis Dillingen und ausserdem im Isargebiete bei Landshut und Freising, sowie im Wörnitzgebiete bei Dinkelsbühl.

Aus der Verbreitung des *Tithymalus paluster* wie aus derjenigen der meisten anderen zu dieser Hauptgruppe gehörenden nasse Oertlichkeiten, vorzüglich Ufer bewohnenden Formen kann man nicht wie aus derjenigen der trockene unbeschattete Orte oder den trockenen Waldboden bewohnenden und nicht mit Kletteinrichtungen oder Einrichtungen für den Windtransport versehenen, sichere Schlüsse auf das Klima der Zeit ihrer Einwanderung und Ausbreitung machen. Diese Formen können sich wahrscheinlich sämtlich ihr heutiges Gebiet bei dem Klima der Jetztzeit erworben haben, ihre Gebietslücken können ursprüngliche, durch Verschwemmung von Samen, Früchten oder entwicklungsfähigen vegetativen Teilen von ihnen oder durch Verschleppung derselben durch Vögel, weniger durch Säugetiere, entstandene, also der Ausdruck einer unvollendeten Ausbreitung sein. Das sind sie nun in der That bei *Tithymalus paluster* [3]) zu einem — vielleicht aber nur kleinen — Teile. Zum wahrscheinlich grösseren Teile sind die Lücken aber nicht ursprüngliche, sondern erst nach der Ausbreitung der Form, und zwar während des heissesten Abschnittes der heissen Periode und während der ersten kühlen Periode entstanden. Diese lassen sich aber nicht von den ursprünglichen unterscheiden. *Tithymalus paluster* ist nach Mitteleuropa sowohl aus Ungarn als auch aus Russland eingewandert. Von Ungarn aus sind wohl hauptsächlich das Gebiet der Donau sowie das des Rheines — in dieses ist die Pflanze wohl auch aus dem Südwesten und Westen eingewandert —, von Russland aus sind die übrigen Stromgebiete besiedelt worden. Wahrscheinlich wanderte diese Wolfsmilch, wie die meisten nasse Orte bewohnenden Formen dieser Hauptgruppe, in den grossen, ungefähr in ostwestlicher Richtung von der Weichsel bis zur Elbe verlaufenden Thälern und breitete sich in den in diese einmündenden Thälern aufwärts und abwärts aus. Im Odergebiete ist ihr eine Aufwärtswanderung an der Oder über Ohlau hinaus und eine bedeutendere Aufwärtswanderung an den oberen Nebenflüssen oberhalb der Bartsch und des Bobers entweder überhaupt noch nicht möglich

---

[1]) So z. B. zwischen Koblenz und Bonn nach Melsheimer, Mittelrheinische Flora (1884), Hildebrand giebt sie jedoch (Verh. d. naturh. Vereines d. preuss. Rheinlande u. Westphalens, 23. Jahrg. [1866], S. 106) als auf Sumpfwiesen an der Ahrmündung vorkommend an.

[2]) Die Angabe eines Vorkommens bei Attendorn (Clauss bei Beckhaus a. a. O., S. 784) ist ganz unwahrscheinlich.

[3]) Seine recht grossen, ellipsoidischen Samen entbehren zwar jeder besonderen Einrichtung für einen Transport durch Tiere, können aber doch wohl mittels Schlammbodens — auf welchem oder in dessen Nähe die Pflanze in der Regel wächst —, in den sie eingebettet wird, an den Körper von Wasser- und Sumpfvögeln angeheftet, durch diese recht weit verschleppt werden; auch einen längeren Wassertransport ertragen die Samen wahrscheinlich ohne Schaden.

gewesen, da in den Odergegenden in der heissen Zeit die Bedingungen
für ihre Ausbreitung wohl recht ungünstige waren, oder, was mir wahrscheinlicher erscheint, sie hat im oberen Teile des Odergebietes sowohl
vor wie nach dem heissesten Abschnitte der heissen Periode in recht
weiter Verbreitung gelebt, ist aber dort in der kühlen Periode bis auf
das Oderthal, etwa bis zur Gegend von Glogau aufwärts, ausgestorben
und hat sich neuerdings im oberen Teile des Gebietes noch nicht weit
auszubreiten vermocht. Merkwürdig ist das Fehlen der Wolfsmilch im
Ukergebiete, während sie im unteren Peenegebiete vorkommt. Von der
Oder gelangte sie in das Havelgebiet und aus diesem nach der Elbe,
aber, wie es scheint, nicht in das Spreegebiet; doch ist es auch möglich,
dass sie in diesem in der ersten kühlen Periode ausgestorben ist. An
der Elbe ist sie vielleicht aufwärts bis Böhmen vorgedrungen und
später, wohl, wie manche andere Formen, in der ersten kühlen Periode,
im sächsischen Elbegebiete ausgestorben. Es scheint mir diese Annahme fast ebenso wahrscheinlich zu sein wie die, dass sie gar nicht
aufwärts bis nach dem sächsischen Elbethale vorgedrungen, dass sie nach
Böhmen vielmehr aus dem Odergebiete längs der Neisse oder durch
sprungweise Wanderung aus dem unteren Donaugebiete gelangt ist.
Für letztere Annahme könnte man geltend machen, dass sie im Norden
Böhmens, mit Ausnahme von Liebenau, bis Melnik fehlt, von da ab
aber an der Elbe aufwärts bis Pardubic, also bis recht nahe an das
Stromgebiet der March heran, wächst. Für diese Annahme und gegen
die eines so weiten Aussterbens im Elbegebiete könnte auch ihr Vorkommen im klimatisch ungünstigeren Wesergebiete sprechen, wenn sich
mit Sicherheit nachweisen liesse, dass dies aus der ersten heissen Periode
stammt. Es kann dies auch aus der zweiten heissen Periode stammen:
die Samen können durch Vögel aus dem Elbegebiete in die mittleren
Teile des Allergebietes verschleppt sein, von wo die Pflanze sich dann
stromabwärts ausgebreitet hat, oder sie könnten von einer Oertlichkeit
im obersten Teile des Allergebietes hinabgeschwemmt sein; das letztere
ist aber viel weniger wahrscheinlich, denn es wäre in diesem Falle
merkwürdig, dass die Pflanze später, in der zweiten kühlen Periode,
im oberen Teile des Allergebietes — auch im Drömlinge —, und selbst
an der Oker und Ohre zu Grunde gegangen sei. Wahrscheinlicher als
die Annahme einer Einwanderung in der zweiten heissen Periode scheint
mir aber doch die einer Einwanderung in der ersten heissen Periode
zu sein; wahrscheinlich hat sich die Pflanze an der mittleren Aller erhalten und von hier später allerabwärts und an der Weser ausgebreitet.
Mit dieser Annahme würde sich, wie gesagt, allerdings wohl diejenige
eines weiten Aussterbens an der mittleren Elbe nicht ganz leicht vereinigen lassen — beide Annahmen widersprechen sich freilich durchaus
nicht —; besser lässt sich mit dieser Annahme diejenige vereinigen,
dass die Einwanderung nach Böhmen von der Oder her durch das
Neissegebiet vor sich ging, in welchem die Pflanze später ausstarb.
Das Vorkommen bei Liebenau südlich von Reichenberg könnte darauf
hinweisen. Dass *Tithymalus paluster* an der Saale aufwärts nur bis
zur Gegend der Unstrutmündung, an der Unstrut aber bis Gross-Vargula
geht, ist wohl darauf zurückzuführen, dass am Saaleufer weiter auf-

wärts ziemlich wenige günstige Oertlichkeiten vorhanden sind und auch in den heissen Perioden vorhanden waren, während die Unstrutniederungen recht zahlreiche geeignete Wohnstätten darbieten und darboten; ausserdem fand wahrscheinlich zwischen den sumpfigen Saaleauen unterhalb von Naumburg und dem auch in den heissen Perioden wenigstens stellenweise mit grösseren und kleineren Wasserbecken und Sümpfen bedeckten Unstrutbecken ein reger Verkehr von Sumpf- und Wasservögeln statt, durch welche die Samen verschleppt werden konnten, während ein solcher Verkehr zwischen den unteren Saalegegenden und dem Becken einerseits, den Saalegegenden oberhalb von Naumburg andererseits wohl nur in unbedeutendem Masse stattfand. Vielleicht blieb *Tithymalus* im ganzen südlicheren Teile des Saalegebietes während des heissesten Abschnittes der heissen Periode nur in den Sümpfen des Unstrutbeckens erhalten und hat sich erst nach Ausgang dieses Zeitabschnittes wieder nach der mittleren Saalegegend ausgebreitet. Wenn sich somit auch nicht feststellen lässt, welchen Anteil an der Entstehung des Gebietes von *Tithymalus paluster* unvollendete Ausbreitung, welchen ungleichmässiges Aussterben hat, so viel lässt sich aber sofort erkennen, dass dessen Gestalt den Anforderungen der Form an Klima und Boden und ihrem Verhältnisse zu der Organismenwelt weder in der Jetztzeit entspricht, noch in einer der früheren seit ihrer Einwanderung nach Mitteleuropa verflossenen klimatischen Perioden entsprochen hat.

Cnidium venosum (Hoffm.) wächst im Donaugebiete, wie es scheint, nur im südlichen Mähren und in Niederösterreich. Im Rheingebiete wächst es am Oberrheine: im nördlichen Baden zwischen Schwetzingen und Mannheim, im nördlichen Teile der Pfalz und im Grossherzogtume Hessen; ausserdem kommt es im Maingebiete bei Grettstadt vor. Im Wesergebiete wurde es wohl nur bei Davenstedt unweit Hannover sowie im Allergebiete bei Helmstedt (im Gross-Bartenslebener Forste und Bischofswalde, unmittelbar an der Grenze des Ohregebietes oder vielleicht, wenigstens teilweise, schon in diesem) und Calvörde (im Böddensell und Niebelhagen, unmittelbar an der Grenze des Ohregebietes) beobachtet. Im Elbegebiete wächst es in Böhmen, und zwar vorzüglich in der östlichen Elbeniederung, z. B. bei Poděbrad, Königstadtl, Chlumec und Elbeteinitz, sowie am Fusse des Erzgebirges; es fehlt dann, wie es scheint, dem Königreiche Sachsen, tritt an der Elbe erst wieder bei Wittenberg auf und wächst an ihr von hier ab an zahlreichen Stellen rechts bis Hamburg, links bis Bleckede. Rechts von der Elbe wächst es in grösserer Entfernung von dieser an einer Anzahl Stellen im Havel-Spreegebiete — in letzterem aber nicht mehr in Schlesien und im Königreiche Sachsen —; nördlich vom Havelgebiete kommt es im Stepenitzgebiete bei Pritzwalk, an der Elde bis oberhalb Grabow, im Sudegebiete bei Ludwigslust und im Stecknitzgebiete vor. Links von der Elbe wächst es in weiterer Entfernung von der Elbe im Saalegebiete in der Nähe der Saale bei Merseburg und Halle, im Gebiete der Weissen Elster von ihrer Mündung aufwärts bis Zwenkau[1]), im Unstrutgebiete bei Cölleda (an zwei Stellen)

---

[1]) Sitzungsber. der naturf. Gesellsch. zu Leipzig, 22. u. 23. Jahrg. (1895/96) S. 133.

und Erfurt (Alperstedt) [1]), im Salzkegebiete bei Lieskau sowie im Bodegebiete bei Stassfurt und Hadmersleben. Nördlich des Saalegebietes wächst es vielleicht im Ohregebiete [2]) und ausserdem bestimmt im Gebiete der Jeetze bis oberhalb Dannenberg. Nördlich vom Elbegebiete kommt es in Jütland, auf Fünen, Seeland und Bornholm vor. Im Gebiete der Oder wächst es in der Nähe der Oder von Brieg bis Pommern, ausserdem in den Gebieten der meisten unteren Nebenflüsse, vorzüglich in dem der Warte-Netze; in den Gebieten der schlesischen Nebenflüsse besitzt es dagegen nur eine unbedeutende Verbreitung. Im Weichselgebiete wächst es in Galizien, Polen sowie in den Provinzen Posen, West- und Ostpreussen. Zwischen Oder- und Weichselgebiet wächst es mehrfach im Gebiete der Küstenflüsse. Ausserdem wächst es nördlich dieser Gebiete noch im südlichen Schweden, z. B. in Smaland sowie auf Oeland und Gotland.

Auch diese Form kann sich nicht nur schrittweise, sondern auch sprungweise durch Verschleppung ihrer Teilfrüchte durch Sumpf- und Wasservögel, oder durch Verschwemmung derselben durch strömendes Wasser ausbreiten. Doch glaube ich, dass die Teilfrüchte wegen ihrer Gestalt, Grösse und Schwere den Vögeln wohl nicht allzu fest anhaften und wohl nicht über sehr grosse Strecken und auch über kleinere nicht allzu häufig hinweggetragen worden sind. So grosse Lücken, wie diejenige zwischen dem nördlichen Teile der oberrheinischen Tiefebene einerseits, Niederösterreich, Böhmen, dem Unstrutbecken und Hannover andererseits können meines Erachtens nicht durch Verschleppung entstanden sein, und können somit, da sie auch nicht auf Verschwemmung zurückgeführt werden können, keine ursprünglichen sein. Wahrscheinlich ist die Art wie die soeben behandelte schrittweise und in kleinen Sprüngen aus Ungarn aufwärts an der Donau nach Bayern und Württemberg und von dort zum Teil wohl durch das Maingebiet, in welchem sie noch heute bei Schweinfurt wächst, nach dem Oberrheine gewandert, später aber, wahrscheinlich hauptsächlich in der ersten kühlen Periode, aus den Gebieten der oberen Donau und der Zuflüsse des Oberrheines, mit Ausnahme des mittleren Maines, vollständig verschwunden. Auch am Oberrheine wuchs sie während des kühlsten Abschnittes der ersten kühlen Periode wahrscheinlich nur an einer Stelle und von dieser aus hat sie sich später ausgebreitet; ihre Ausbreitung blieb in dieser Gegend weit hinter ihren Grenzen zurück. *Cnidium venosum* wurde wie der gleich an Klima und Boden angepasste *Lathyrus paluster L.* im Leinegebiete gefunden, sonst aber im Allergebiete nur an der Grenze des Ohregebietes, wo es an mehreren Orten auftritt. Vielleicht ist es wie *Lathyrus paluster* und *Tithymalus paluster* aus dem Gebiete der Ohre oder dem der Bode oder aus beiden in das Allergebiet eingewandert, in diesem weit vorgedrungen und später, vorzüglich in der ersten kühlen Periode, wie jene in ihm bis auf wenige Oertlichkeiten ausgestorben, von denen es sich, ungleich

---

[1]) Mitt. d. geogr. Gesellsch. (f. Thüringen) z. Jena, VII. Bd. (1889), S. 12 und Mitth. d. thüringischen bot. Vereins, N. F., XI. Heft (1897), S. 21.
[2]) Vgl. S. 405 [177].

den beiden anderen Arten, nur im obersten Teile etwas weiter ausbreiten vermochte. Vielleicht ist es nach Böhmen elbeaufwärts oder an der Oder her durch das Neissegebiet eingewandert und später im sächsischen Elbegebiete — und vielleicht noch über dieses hinaus nach Norden bis zur Saalemündung — sowie im Gebiete der Neisse ausgestorben; in der zweiten heissen Periode vermochte es das sächsische Elbethal nicht wieder zu erreichen, doch konnte es sich damals an der unteren Elbe weiter ausbreiten. Auch an der Neisse vermochte es sich noch nicht wieder auszubreiten. Wahrscheinlich besass *Cnidium* wie *Lathyrus* und *Tithymalus* im heissesten Abschnitte der ersten heissen Periode im Elbegebiete nur eine unbedeutende Verbreitung. Es lebte vielleicht vorzüglich im Havelbruche; in der Umgebung von Halle war es vielleicht nicht vorhanden, sondern es kam im südlicheren Teile des Saalegebietes nur in tiefen Sümpfen des zentralen Keuperbeckens vor. Von hier aus hat es sich im letzten Abschnitte der ersten heissen Periode wieder recht weit ausgebreitet, hat aber in der ersten kühlen Periode den grössten Teil seines Gebietes verloren. Im nördlichen Teile des Saalegebietes hat es sich wohl auch während des heissesten Zeitabschnittes erhalten. In das nördlichere Elbegebiet war es, vielleicht ausschliesslich, aus dem Odergebiete gelangt, in welches es wohl hauptsächlich, vielleicht sogar ausschliesslich, aus dem Weichselgebiete eingewandert war. Auch im Odergebiete besass es im heissesten Abschnitte der heissen Periode wohl keine sehr bedeutende Verbreitung, einen grossen Teil des Gebietes, welches es sich im letzten Abschnitte der Periode wieder erworben hatte, verlor es in der ersten kühlen Periode. In Schlesien wurde es damals wahrscheinlich ganz auf das untere Oderthal sowie vielleicht das Bartschthal beschränkt, von wo aus es in späterer Zeit im Oderthale noch nicht über Brieg hinaus aufwärts und auch noch nicht weit an den Nebenflüssen hinauf — am weitesten wohl im Katzbachgebiete bis Striegau [1]) — vorzudringen vermochte. Dass weder das Klima noch der Boden oder die Organismenwelt auch in der Jetztzeit *Cnidium* am, wenn auch langsamen Aufwärtswandern an der Oder und ihren Nebenflüssen, an der Elbe, der Saale, der Bode und am Oberrheine hindern, bedarf wohl keines eingehenden Beweises.

Die übrigen, in gleicher Weise an Klima, Boden und Organismenwelt angepassten Formen sind meist dieselben Wege wie die behandelten gewandert, und teilweise weiter, teilweise nicht so weit wie jene vorgedrungen. Da ihre Gebietslücken wie diejenigen der behandelten ursprünglich sein können und zum Teil zweifellos auch sind, und da nicht nur die kühlen Perioden, vorzüglich die erste kühle Periode, sondern auch der heisseste Abschnitt der ersten heissen Periode — ob auch der heisseste Abschnitt der zweiten heissen Periode? — ihnen verderblich wurden und Lücken in ihre Gebiete rissen, so lässt sich aus ihrer Verbreitung wenig Sicheres zur Beantwortung der Frage nach den Aenderungen des Klimas seit der vierten kalten Periode entnehmen.

---

[1]) Die Angaben eines Vorkommens in der Nähe des Riesengebirges scheinen keine Bestätigung gefunden zu haben.

2. Die Formen der dritten Hauptgruppe.

Auch die Formen dieser Hauptgruppe lassen sich nach ihrer Anpassung an den Boden und die sie umgebende Pflanzenwelt in drei Gruppen zusammenfassen: in die Bewohner des trockenen unbeschatteten oder wenig beschatteten Bodens, diejenigen des Waldes oder des Gebüsches und diejenigen des dauernd oder periodisch durch Grundwasser nassen, zum Teil auch periodisch überschwemmten Bodens oder des Wassers selbst. Die Formen aller drei Gruppen besitzen eine recht ungleiche Anpassung an das Klima.

Ophrys aranifera Huds. gehört wie eine Anzahl anderer Orchidaceen zu dieser Hauptgruppe. Sie wächst im **unteren Donaugebiete** in Nieder- und Oberösterreich in weiter Verbreitung; im **oberen Donaugebiete** kommt sie in der Nähe der Donau bei Deggendorf, im Isargebiete bei Landshut, Freising, in der Umgebung von München an mehreren Stellen bis Schäftlarn und Maisach, am Würmsee und bei Tölz sowie im Lechgebiete auf dem Lechfelde und bei Kaufbeuern vor. Nördlich von der Donau wächst sie in Württemberg bei Neresheim und im Blautale. Im **Rheingebiete** wächst sie in der Nähe des Oberrheines vom Bodensee ab an zahlreichen Stellen in Baden, im Elsass, in der bayerischen Pfalz und im Grossherzogtume Hessen bis zur Nahe; links des Oberrheines tritt sie in grösserer Entfernung vom Hauptthale im Nahegebiete, z. B. bei Kreuznach[1]), und in der Pfalz, z. B. bei Zweibrücken, auf; rechts des Oberrheines wächst sie im Neckargebiete bei Oberndorf und Maulbronn und im Maingebiete in der Nähe des Maines ausser im unteren Teile bei Hochstadt und Hanau, bei Wertheim, Markt-Heidenfeld, Karlstadt, Retzbach und Würzburg sowie im Taubergebiete bei Mergentheim. Unterhalb von Bingen scheint sie im Rheingebiete nur im Moselgebiete an einigen Stellen in der Umgebung von Trier, ausserdem in Luxemburg, Deutsch-Lothringen und in Frankreich vorzukommen. Im **Maasgebiete** wächst sie wohl nur in Frankreich. Im **Wesergebiete** wächst sie nur an der Werra bei Kreuzburg[2]) sowie im Hörselgebiete bei Eisenach (am Petersberge)[3]) und Waltershausen (am Burgberge)[4]) beobachtet zu sein[5]). Im **Elbegebiete** wurde sie nur im Saalegebiete gefunden, und zwar in der Nähe der Saale bei Rudolstadt, Kahla, Jena, Dornburg (Tautenburg) und Pforta, im Unstrutgebiete bei Freiburg[6]) sowie vielleicht

---

[1]) Nach F. W. Schultz a. a. O., S. 141, vgl. aber Geisenheyner Flora v. Kreuznach (1881), S. 75.
[2]) Nach Irmischia, III. Jahrg. (1883), S. 4.
[3]) Nach Senft a. a. O., S. 66, ob sicher?
[4]) Nach Schoenheit a. a. O., S. 436, dazu aber ders., Linnaea, 33. Bd. (1864/65), S. 334, sowie auch Deutsch. bot. Monatsschr., XV. Jahrg. (1897), S. 125.
[5]) Die Angabe ihres Vorkommens bei Alverdissen im Fürstent. Lippe-Detmold (noch in O. Wessel, Grundriss zur Lippischen Flora [1874], S. 83) hat keine Bestätigung gefunden, vgl. Beckhaus a. a. O., S. 847.
[6]) Nach M. Schulze, Die Orchidaceen Deutschlands u. s. w. (1894) Nr. 28.

Kiffhäusergebirge¹) und bei Bleicherode²). In den Gebieten der Oder und der Weichsel scheint sie nicht vorzukommen.

Diese Form bewohnt vorzüglich ganz baum- und strauchfreie, nur mit wenig dichter Decke aus niederen Kräutern, Halbgräsern und Gräsern — ausserdem meist mehr oder weniger mit Moosen und Flechten — bedeckte Stellen, oder lichte Kiefernwälder, lichte Wacholdergebüsche und lichte Laubwaldränder, viel seltener niedere lichte Laubgebüsche und wohl nur ausnahmsweise lichte Laubwälder, und zwar auf trockenem kalkreichem Fels-, Mergel- und Lehmboden; nur an wenigen Orten wächst sie auf mehr oder weniger feuchtem Alluvialboden. Ohne Zweifel ist sie als Bewohnerin des trockenen wenig oder nicht beschatteten Bodens eingewandert und hat sich erst später an einigen Stellen an den Alluvialboden angepasst. Sie besitzt staubfeine, äusserst leichte Samen, welche sehr bequem vom Winde fortgeführt werden können und zweifellos auch Tieren, hauptsächlich Vögeln, selbst ohne Bindemittel, vorzüglich aber in nassem Zustande, leicht anhaften. Ich glaube aber, dass *Ophrys aranifera* trotzdem nur schrittweise und in kleinen Sprüngen nach Mitteleuropa eingewandert ist und sich in diesem ausgebreitet hat, dass ihre grösseren Gebietslücken also keine ursprünglichen sind, sondern dass sie ehemals auf deren Raume gelebt hat. Ihre Einwanderung und Hauptausbreitung kann in diesem Falle nur in einer Periode stattgefunden haben, welche wesentlich heissere und trockenere Sommer als die Jetztzeit besass, in welcher die Wälder sich sehr lichteten und strichweise vollständig schwanden, die Strauch- und Krautvegetation der vorausgehenden Periode sehr geschwächt und strichweise fast vollständig vernichtet wurde, die Niederungen in vielen Gegenden vollständig austrockneten und auch das Klima der Gebirge ein wesentlich wärmeres als in der Jetztzeit war. Sie wanderte in jener heissen Periode wahrscheinlich sowohl aus Ungarn, als auch, und zwar wohl hauptsächlich, aus dem Südwesten, aus dem Rhonegebiete, in welchem sie weit verbreitet ist, nach Mitteleuropa ein. Es ist auffällig, dass sie weder in Mähren und Böhmen, noch in den Gebieten der Weichsel und der Oder vorkommt. Wahrscheinlich ist sie nach den beiden letzteren sowie nach Böhmen gar nicht vorgedrungen. Sie scheint unter einem Klima, wie es gegenwärtig in Mitteleuropa herrscht, nur stark kalkhaltigen Boden bewohnen zu können, und wahrscheinlich war auch zur Zeit ihrer Einwanderung und Hauptausbreitung ihr Kalkbedürfnis nicht, wie bei zahlreichen Formen der zweiten Hauptgruppe und auch bei manchen anderen der dritten Hauptgruppe, vermindert, so dass sie also auch damals die meist nur recht kalkarmen Boden darbietenden Striche zwischen dem Innern Böhmens sowie den niederen Gegenden des oberen Oder- und Weichselgebietes einerseits und dem unteren Donaugebiete andererseits nicht zu durchwandern vermochte. Vielleicht ist sie auch nicht nach Mähren gewandert. Aus Ungarn ist *Ophrys aranifera* wahrscheinlich durch Nieder- und Oberösterreich

---

¹) Nach Ekart, Flora, 26. Jahrg., 1. Bd. (1843), S. 179.
²) Nach Vocke u. Angelrodt, Flora v. Nordhausen (1886), S. 248.

nach dem oberen Donaugebiete vorgedrungen. Ohne Zweifel ist sie aber auch vom Rhonegebiete in dieses Gebiet eingewandert. Ihr fast vollständiges Fehlen an der Donau in Bayern kann auf ein Aussterben sowohl in der ersten kühlen Periode als auch in dem heissesten Abschnitte der ersten heissen Periode zurückgeführt werden. Für letzteres spricht die weite Verbreitung an der Isar von Landshut aufwärts bis Tölz, das Vorkommen im Lechgebiete bis Kaufbeuern, dasjenige bei Deggendorf sowie dasjenige bei Neresheim und im Blauthale. Sie hat sich zwar die beiden zuerst genannten lokalen Gebiete ohne Zweifel erst in der zweiten heissen Periode durch Ausbreitung von je einer Stelle aus erworben; ich glaube aber doch, dass, wenn ihr ein Ueberleben in diesen und bei Deggendorf sowie in den württembergischen Donaugegenden während der ersten kühlen Periode überhaupt möglich war, ihr dies auch in den klimatisch mehr begünstigten, durch günstige Boden- und Oberflächenverhältnisse ausgezeichneten bayerischen Donaugegenden von der Gegend von Regensburg ab aufwärts möglich gewesen wäre, falls sie in diesen bei Beginn der kühlen Periode gelebt hätte. Ganz unmöglich ist freilich die Annahme, dass *Ophrys* erst in der ersten kühlen Periode aus den Donaugegenden verschwunden ist, durchaus nicht, denn auch gegen Sommerkühle und Feuchtigkeit wohl recht empfindliche Formen der zweiten Hauptgruppe, wie *Scorzonera purpurea* L.[1]) und wohl auch *Adonis vernalis* L.[2]), sind damals in den Gegenden südlich der Donau erhalten geblieben, in der Nähe der Donau, in welcher sie gelebt haben, aber ausgestorben. Doch sind diese beiden Arten noch jetzt auf wenige, besonders günstige Stellen beschränkt, während *Ophrys aranifera* sich in der zweiten heissen Periode bis nach klimatisch recht wenig günstigen Strichen auszubreiten vermochte und in diesen während der zweiten kühlen Periode erhalten blieb, also doch wohl viel weniger empfindlich gegen niedere Sommertemperaturen und hohe sommerliche Feuchtigkeit als jene ist und also wohl kaum so ungleichmässig und gerade an den günstigsten Oertlichkeiten ausgestorben sein würde. Es ist somit wahrscheinlicher, dass das Aussterben in den Donaugegenden oberhalb der Gegend von Regensburg in dem heissesten Abschnitte der ersten heissen Periode stattfand. Wahrscheinlich hat sich *Ophrys aranifera* in diesem Abschnitte der heissen Periode vorzüglich in den Voralpen und im oberen Teile der bayerischen Hochebene erhalten und sich von hier im letzten Abschnitte dieser Periode wieder ausgebreitet. Wahrscheinlich gelangte sie in diesem Zeitabschnitte längs der Isar wieder bis zur Donau (Deggendorf). Dann verlor sie in der ersten kühlen Periode wohl wieder den grössten Teil ihres Gebietes und erhielt sich wahrscheinlich nur auf dem Lechfelde, der Garchingerheide und wohl bei Deggendorf. Von den beiden zuerst genannten Orten hat sie sich dann in der zweiten heissen Periode, während deren ganzer Dauer sie zu wandern vermochte, wieder ausgebreitet und sich dadurch ihr heutiges Gebiet im Donaugebiete im

---

[1]) Sie wächst auf der Garchingerheide bei München und auf dem Lechfelde.
[2]) Er wächst auf der Garchingerheide; die Angaben eines Vorkommens an der Donau scheinen sich nicht bestätigt zu haben, vgl. S. 343 [115].

wesentlichen erworben. Aus dem Donaugebiete ist *Ophrys aranifera* in der ersten heissen Periode wahrscheinlich in das Oberrheingebiet eingewandert; die Haupteinwanderung in dieses Gebiet fand aber wohl aus dem Rhonegebiete statt. Es erscheint mir nicht unmöglich, dass *Ophrys* in dem heissesten Zeitabschnitte in ihrer Verbreitung auf recht wenige Stellen der höheren Hügel- und der Berggegenden, welche die oberrheinische Tiefebene einschliessen, beschränkt wurde und sich von diesen aus im letzten Abschnitte der heissen Periode bis nach dem Neckar, der Tauber sowie dem Maine bei Karlstadt, Retzbach und Würzburg (oder darüber hinaus) ausgebreitet hat. Durch die erste kühle Periode wurde dieses Gebiet teilweise wieder zerstört. Die grösseren Lücken des Gebietes der *Ophrys* im Gebiete des Oberrheines sind somit zum Teil durch die erste heisse, zum Teil durch die erste kühle Periode geschaffen worden. Nach dem Moselgebiete ist *Ophrys* wahrscheinlich nicht oder doch nicht ausschliesslich vom Oberrheine, sondern aus den Gebieten der Maas, der Seine und der Saône gelangt. Ob sie über Trier hinaus abwärts im Moselgebiete vorgedrungen ist, lässt sich nicht feststellen. Vielleicht verhinderten hier ungünstige Bodenverhältnisse — die grosse Kalkarmut des Thonschiefers und der Grauwacke — ein weiteres Vordringen. Nach dem Saalegebiete ist sie ohne Zweifel, wie die meisten Formen der dritten Hauptgruppe [1]), aus dem Wesergebiete gewandert, in welches sie sowohl aus dem Rhein-Donaugebiete als auch aus dem Rhein-Rhonegebiete gelangt war. In allen diesen Gegenden fehlt kalkreicher Boden fast nirgends auf weiteren Strecken. Im Wesergebiete ist sie später, wahrscheinlich in der ersten kühlen Periode, fast vollständig zu Grunde gegangen. Wohl nur an einer Stelle hat sie sich erhalten und von dieser später ein wenig ausgebreitet. Wie weit sie sich im ersten Abschnitte der ersten heissen Periode im Saalegebiete ausgebreitet hatte, lässt sich nicht feststellen; vielleicht war sie damals nach Norden über die Helme und die untere Unstrut hinaus in die vorliegenden niederen und höheren Striche vorgedrungen, denen sie heute fehlt. Während des heissesten Zeitabschnittes blieb sie wohl nur an wenigen Orten der Gebirgsgegenden des Südens und Südwestens mit kalkreichem Boden sowie vielleicht auch im Harze erhalten. Von diesen Oertlichkeiten aus breitete sie sich nach Ausgang des heissesten Abschnittes mehr oder weniger weit in den vorliegenden niederen Gegenden aus. Nur vom Harze, falls sie wirklich in diesem lebte, gelang es ihr nicht, sich auszubreiten. Hätte sie sich von diesem oder von Süden her nach den vorliegenden niederen Strichen der Gebiete der Bode, Harzwipper und Salzke ausgebreitet, so würde sie sich während der ersten kühlen Periode, welche den grössten Teil ihres Gebietes vernichtete — auch aus dem Harze verschwand sie, falls sie dort wirklich vorkam, ebenso wahrscheinlich von den Oertlichkeiten im Süden, an denen sie sich während des heissesten Abschnittes der heissen Periode erhalten hatte —, in diesen wohl eher gehalten haben,

---

[1]) Auch von denjenigen, welche vom Donaugebiete nach Böhmen vordrangen, sind wohl viele nicht durch das sächsische Elbegebiet nach dem Saalegebiete gewandert.

als in den Gegenden südlich der Unstrut. In diesen letzteren blieb sie wahrscheinlich nur an wenigen Stellen, an der Saale und vielleicht im Kiffhäusergebirge, erhalten. Von den ersteren [1]) hat sie sich in der zweiten heissen Periode wieder ausgebreitet, vermochte von ihnen aber nicht über die untere Unstrut nach Norden vorzudringen. Sie gleicht hierin manchen anderen Formen derselben Hauptgruppe, sowie manchen solchen Formen der ersten Hauptgruppe, welche sich an höhere Wärme und Trockenheit angepasst haben und in dieser Hinsicht den Formen der dritten Hauptgruppe ähnlich geworden sind. Die meisten ihrer kleineren Gebietslücken sind wohl in der zweiten kühlen Periode entstanden.

Coronilla montana Scop. wächst im unteren Donaugebiete in Niederösterreich vorzüglich „in der Kalkzone südlich der Donau, namentlich in der Bergregion häufig und bis in die Voralpen ansteigend" sowie nicht selten in Oberösterreich. Im oberen Donaugebiete tritt sie in Bayern in der Nähe der Donau bei Regensburg, Weltenburg, Neuburg und Monheim sowie nördlich von dieser im Altmühlgebiete bei Beilngries, Eichstätt (hier ist sie sehr häufig), Pappenheim und Treuchtlingen, im Wörnitzgebiete bei Wemding, Nördlingen — und in Württemberg bei Bopfingen — auf. Von hier ab wächst sie an einer Anzahl Stellen in der Rauhen Alb bis Tuttlingen und ausserdem tritt sie noch in Baden bei Geisingen auf. Südlich von der Donau wächst sie nur am Alpenrande im Isar-Loisachgebiete bei Eschenlohe. Im Rheingebiete wächst *Coronilla* in der Nähe des Oberrheines im Juragebiete Badens (z. B. bei Engen, im Wutachthale) und der Schweiz (in den Kantonen Schaffhausen und Basel), im Neckargebiete in der Schwäbischen Alb und im Maingebiete in der Nähe des Maines bei Wertheim, Dertingen und Würzburg, südlich des Maines im Taubergebiete bei Mergentheim und Boxberg sowie im Regnitzgebiete bei Erlangen und nördlich des Maines bei Hammelburg, Langendorf und in der Rhön, z. B. bei Bischofsheim und Brückenau (Römershag). Weiter nördlich scheint sie im Rheingebiete nicht vorzukommen. Im Wesergebiete wächst sie im Werragebiete in der Nähe der Werra bei Bibra, Meiningen — an zahlreichen Stellen —, Wasungen, Herleshausen, Kreuzburg, im Ringgaue an mehreren Orten, bei Eschwege, Allendorf und Witzenhausen — bei allen drei Orten an mehreren Stellen —; in weiterer Entfernung von der Werra tritt sie im Westen bei Sontra, im Osten im Hörselgebiete bei Eisenach, Thal und Waltershausen auf. Im Fuldagebiete wächst sie wohl nur im Edergebiete bei Wildungen [2]). In der Nähe der Weser kommt sie bei Beverungen [3]) und Höxter vor, links von dieser wächst sie im Diemelgebiete bei Zierenberg, rechts von ihr im Leinegebiete bei Heiligenstadt, Göttingen, Nörten und Alfeld — Sieben-

---

[1]) Vielleicht steht das Vorkommen im Kiffhäusergebirge zu dem in den Bleicheröder Bergen in Beziehung; beide scheinen aber sehr der Bestätigung bedürftig zu sein.

[2]) Ob bei Kassel? vgl. Pfeiffer, Flora v. Niederhessen u. Münden, 1. Bd. (1847), S. 115.

[3]) Nach G. F. W. Meyer, Flora hanoverana excursoria (1849), S. 150; von den westfälischen Floristen von dort nicht angeführt.

berge —. Im Elbegebiete wächst sie ausschliesslich im Saalegebiete, und zwar in der Nähe der Saale bei Saalfeld, Blankenburg, Rudolstadt — bis Remda und Teichel —, Orlamünde, Kahla, Jena — hier recht weit verbreitet —, Dornburg, Kösen und Pforta, im Ilmgebiete bei Sulza, Weimar, Berka und Stadtilm sowie im Unstrutgebiete in der Nähe der unteren Unstrut bei Freiburg, Laucha [1]), Bibra und Nebra [1]), am südlichen Harzrande bei Nordhausen, au mehreren Stellen im Kiffhäusergebirge, in der Hainleite — nach Süden bis zur Helbe —, der Schmücke und Finne, sowie im Geragebiete bei Erfurt (Klettbach) und in recht weiter Verbreitung von Arnstadt bis Martinrode und Stadtilm. Ausserdem wächst *Coronilla* im Saalegebiete noch im oberen Bodegebiete bei Halberstadt (Hoppelnberg), Heimburg, Blankenburg und Gernrode. In den Gebieten der Oder und der Weichsel scheint sie vollständig zu fehlen.

Coronilla montana bewohnt vorzüglich lichte Gebüsche, Waldränder oder lichte, trockene — hauptsächlich Laub- — Wälder, seltener ganz baum- oder strauchfreie, mehr oder weniger stark besonnte Stellen, und zwar in Mitteleuropa wohl fast ausschliesslich auf stark kalkhaltigem Felsboden. Nach ihrer Verbreitung zu urteilen, war sie nicht im stande, während des kältesten Abschnittes der vierten kalten Periode in Mitteleuropa zu leben. Sie kann also erst nach dem Ausgange dieses Zeitabschnittes eingewandert sein. Sie vermag ohne Zweifel nur schrittweise zu wandern, weil die Glieder, in welche die Hülse bei der Reife zerfällt, deren jedes einen länglich-ellipsoidischen, mehr oder weniger plattgedrückten, durchschnittlich $3\frac{1}{2}$ mm langen Samen wahrscheinlich bis zur Keimung einschliesst, keine besonderen Einrichtungen für einen Transport durch Wind oder Tiere [2]) besitzen und sich wohl auch durch nasse, zähe Bodenmasse nur sehr selten so fest an den Körper von Tieren, vorzüglich von Vögeln, anheften, dass sie von diesen über etwas weitere Strecken verschleppt werden können [3]). Ihre Einwanderung nach Mitteleuropa und Hauptausbreitung in diesem kann also selbst noch nicht am Schlusse der kalten Periode, als das Klima wieder den Charakter des der Jetztzeit angenommen hatte, stattgefunden haben, da damals ohne Zweifel zwischen den heutigen Wohnstätten der Form noch ausgedehnte dichte, schattige Wälder und zahlreiche weite nasse Niederungen vorhanden waren, welche diese nicht bewohnen konnte, sondern erst in einem Zeitabschnitte, dessen Sommer wärmer und trockener waren als die der Jetztzeit, in welchem die Wälder sich lichteten und die Niederungen austrockneten. Da *Coronilla* ohne Zweifel ein sehr heisses und trockenes Sommerklima, vorzüglich bei fehlendem Baum- oder Strauchschatten, nicht ertragen kann, so wurde ihre Ausbreitung sicher schon recht bald, als die sommerliche Trockenheit und Hitze einen höheren Grad erreichten, in den niederen Strichen des Südens und Ostens sehr verlangsamt und kam

---

[1]) Nach C. Sprengel, Florae halensis tentamen novum (1806), S. 212.
[2]) Transport durch strömendes Wasser kommt bei der Ausbreitung nicht in Frage.
[3]) Ausserdem halten sich an den Wohnstätten der *Coronilla* nur sehr wenige Vögel auf, welche grössere Strecken ohne Unterbrechung durchfliegen.

hier in der Folge nicht nur zum Stillstande, sondern es ging die Pflanze in diesen Gegenden sogar weithin wieder vollständig zu Grunde; wohl nur an besonders günstigen kühlen und schattigen Oertlichkeiten vermochte sie sich zu erhalten. Ihre Einwanderung nach Mitteleuropa ging wahrscheinlich sowohl von Ungarn, wo sie ziemlich weit verbreitet ist, als auch vom Rhonegebiete aus, in welchem ihre Verbreitung keine sehr bedeutende zu sein scheint. Von letzterer Gegend her ist *Coronilla* ohne grössere Unterbrechung bis zum Altmühlgebiete verbreitet; es ist deshalb sehr wahrscheinlich, dass sie bis nach diesem vom Rhonegebiete vorgedrungen ist. Auch nach der Loisach ist sie von dort vielleicht gewandert. Aus Ungarn ist sie zweifellos nach Nieder- und Oberösterreich vorgedrungen. In Mähren sowie in seinen Nachbarländern im Westen (in Böhmen) und Norden (im Oder- und Weichselgebiete) fehlt sie gegenwärtig; es lässt sich nicht entscheiden, ob sie in jenen Gegenden ehemals gelebt hat und später ausgestorben ist oder ob sie in ihnen gar nicht gelebt hat. Das letztere ist nicht unwahrscheinlich, denn sie bewohnt, wie bereits gesagt wurde, in Mitteleuropa fast ausschliesslich sehr kalkreichen Felsboden, und wahrscheinlich war ihr Kalkbedürfnis auch in der heissen Periode kein geringeres oder doch kein wesentlich geringeres als gegenwärtig, so dass ihr also eine Ausbreitung vom Donaugebiete durch Mähren nach dem Inneren Böhmens und den Gebieten der Oder und Weichsel wegen der Kalkarmut weiter Strecken dieser Gegenden unmöglich war. Wäre sie nach Böhmen gelangt, so würde sie in diesem doch wohl erhalten geblieben sein. Ob sie aus dem unteren Donaugebiete in das obere gelangt ist, lässt sich nicht feststellen. Es ist nicht unwahrscheinlich, dass die ungünstigen Bodenverhältnisse an der unteren bayerischen Donau ihr ein Vordringen von Osten unmöglich machten, dass sie nach den bayerischen Donaugegenden bis Regensburg nach Osten ausschliesslich vom Rhonegebiete vorgedrungen ist, von welchem her ein Vordringen bis zur Altmühl schon vorhin als sehr wahrscheinlich hingestellt wurde. Von dem Gebiete der Donau wanderte *Coronilla* nach demjenigen des Maines und aus diesem durch die Gebiete der Werra und Fulda nach den Wesergegenden und dem Saalegebiete, in welchem sie sich weit ausbreitete. Wahrscheinlich setzte sich ihre Ausbreitung von der Weser und der unteren Diemel weiter nach Westen, nach dem Busen von Münster fort, wo überall recht kalkreicher Boden vorhanden ist; wahrscheinlich ist sie aus diesen Gegenden erst später, in der ersten kühlen Periode, wieder verschwunden. Die unbedeutende Verbreitung der *Coronilla* zwischen dem Donaugebiete und dem Maine ist wahrscheinlich teilweise auf Aussterben in dem heissesten Abschnitte der ersten heissen Periode, teilweise auf Aussterben in der ersten kühlen Periode zurückzuführen. Wahrscheinlich war *Coronilla* in dem heissesten Zeitabschnitte in den bayerischen Donaugegenden auf wenige Stellen, welche wahrscheinlich im Altmühlgebiete lagen, beschränkt und hat sich von diesen, an welchen sie später vielleicht zu Grunde ging, erst wieder nach Ausgang des heissesten Abschnittes, im letzten Teile der Periode, ausgebreitet. Dass ihre recht geringe Verbreitung in der Nähe des Maines wohl hauptsächlich durch Aussterben im heissesten Zeitabschnitte verursacht worden

ist, darauf weist ihr Vorkommen an einer Anzahl Oertlichkeiten in der
viel kühleren und feuchteren Rhön hin; aus dieser ist sie wahrscheinlich nach Ausgang des heissesten Zeitabschnittes nach der Maingegend
gewandert. Im Saalegebiete fehlt sie den niederen Gegenden des Nordens. Vielleicht ist sie gar nicht in diese eingedrungen, da sich in
diesen nicht, wie in den höheren Gegenden des Südens, fast ununterbrochen sehr kalkreicher Felsboden ausdehnt, sondern in ihnen nur
einzelne kalkreiche Felspartieen vorhanden sind, welche durch recht
weite Striche mit kalkarmem Felsboden und vorzüglich mit Diluvialboden voneinander getrennt sind. Vielleicht war sie aber doch in diese
Striche eingewandert, ist aus ihnen aber während des heissesten Zeitabschnittes wieder verschwunden. Während dieses besass sie auch in den
südlicheren Gegenden des Saalegebietes wohl keine sehr bedeutende Verbreitung, sondern war in ihnen wahrscheinlich auf die höheren Gegenden
der Saale, Ilm und Gera, auf das Eichsfeld, die höheren Gegenden der
Hainleite, den südlichen Harzrand und den nordöstlichen Unterharz beschränkt. Von diesen Gegenden aus hat sie sich nach Ausgang des
heissesten Zeitabschnittes wieder ausgebreitet. Die erste kühle Periode
hat das damals erworbene Gebiet wieder verkleinert und zerstückelt[1]),
worauf in der zweiten heissen Periode, während deren ganzer Dauer
oder wenigstens grösstem Teile *Coronilla* in jenen Gegenden sich auszubreiten vermochte, eine neue Gebietsausdehnung erfolgte; die lokalen
Gebiete, z. B. im Geragebiete oberhalb Arnstadts und im Bodegebiete,
haben sich wohl in jener Zeit gebildet. Auch die lokalen Gebiete des
Werragebietes, z. B. das der Gegend von Meiningen und das der
Gegend zwischen Herleshausen und Witzenhausen, stammen wohl aus
jener Periode.

Orchis purpureus Huds. wächst im unteren Donaugebiete in
Nieder- und Oberösterreich sowie im südlichen und mittleren Mähren —
im benachbarten ungarischen Waaggebiete nach Norden bis zur Javorina —. Im oberen Donaugebiete wächst diese Orchidee in der
Nähe der Donau bei Regensburg sowie in Württemberg bei Riedlingen
und Tuttlingen; südlich von der Donau wächst sie bei Memmingen[2]) —
sowie am Alpenrande bei Kreuth —, nördlich von dieser im Altmühlgebiete bei Eichstätt (sehr selten) und Greding (Auerberg) sowie im
Wörnitzgebiete bei Wemding. Im Rheingebiete wächst sie in der
Nähe des Oberrheines an einer Anzahl Stellen im Bodensee- und Juragebiete Badens (auch auf dem württembergischen Hohentwiel) und der
Schweiz, weiter abwärts rechts des Rheines an den Schwarzwaldvorbergen,
auf dem Kaiserstuhle, an einer Anzahl Stellen von Rastatt bis Weinheim sowie in Hessen und ausserdem bei Wiesbaden; links des Rheines
wächst sie an zahlreichen Orten im Elsasse, an einer Anzahl Stellen
in der bayerischen Pfalz, im Grossherzogtume Hessen und an der Nahe.
In grösserer Entfernung vom Oberrheine wächst sie im Neckargebiete

---

[1]) Damals ist sie wahrscheinlich aus dem östlichen Eichsfelde, dem Ohmgebirge, dem Düne und dem Hainiche verschwunden, denen sie zu fehlen
scheint.

[2]) Vgl. dazu über Berichte d. bayer. bot. Gesellsch., 1. Bd. (1891). S. 41.

an mehreren Stellen in Baden, z. B. bei Bödigheim, Mosbach, Pforzheim und Neckarbischofsheim, und an zahlreichen Stellen in Württemberg — auch in der Rauhen Alb bei Reutlingen —, sowie im Maingebiete in der Nähe des Maines bei Frankfurt, Hochstadt, Umstadt, Obernburg, Wertheim, Karlstadt, Retzbach, Würzburg, Volkach, Schweinfurt und Bamberg, südlich des Maines im Taubergebiete z. B. bei Hardheim, Gerlachsheim und Mergentheim sowie im Regnitzgebiete bei Forchheim, Erlangen (Hezles)[1], Fürth, Hersbruck und Windsheim, und dann des Maines im Niddagebiete bei Vilbel und Windecken, im Kinzigebiete bei Meerholz, Salmünster und Schlüchtern (Ramholz) sowie im Gebiete der fränkischen Saale bei Hammelburg, Mellrichstadt, Römhild und in den Hassbergen. Links des Oberrheines wächst sie in grösserer Entfernung vom Rheine im Nahegebiete aufwärts bis Birkenfeld und Meisenheim. Unterhalb von Bingen wächst sie in der Nähe des Rheines an einer Anzahl Stellen bis zur Gegend von Linz und dann noch in der Gegend von Köln (bei Bornheim); rechts des Rheines kommt sie in weiterer Entfernung von diesem im Lahngebiete in der Nähe der Lahn bei Ober- und Niederlahnstein, Diez, Weilburg und Braunfels, im Lippegebiete in der Nähe der Lippe bei Hamm und Lippstadt, und im obersten Almegebiete bei Büren[2], sowie im obersten Vechtegebiete bei Billerbeck und Horstmar vor. Links des Rheines wächst sie im Moselgebiete in der Nähe der unteren Mosel, dann an zahlreichen Stellen in der Umgebung von Trier, in Luxemburg, in Deutsch-Lothringen und in Frankreich, rechts von der Mosel in grösserer Entfernung von dieser im Saar- und Bliesgebiete, links von ihr in der Rheinprovinz an einer Anzahl Stellen im Sauergebiete aufwärts bis Prüm sowie im Kyllgebiete bis Kyllburg, bei Gerolstein, Oos, Büdesheim und Stadtkyll (Dahlem). Nördlich der Mosel wächst sie im Gebiete der Nette und in dem der Erft bei Bergheim und Münstereifel. Im Maasgebiete wächst sie in Frankreich, Belgien — bis zur Gegend von Aachen, hier auch auf preussischem Gebiete — und den Niederlanden, z. B. bei Valkenburg und in der Gegend von Aachen bei Orsbach und Vaels, zum Teil wohl auf preussischem Gebiete, entfernter von der Maas tritt sie noch in der Rheinprovinz im Wesergebiete, z. B. bei Eupen, und im Roergebiete bei Steinfeld im Kreise Schleiden auf. Im Wesergebiete tritt sie im Werragebiete an einer Anzahl Stellen im Herzogtume Meiningen von der Gegend von Römbild und Bibra bis Bad Liebenstein, im angrenzenden Kreise Schleusingen, bei Herleshausen, Kreuzburg, im Ringgaue, bei Eschwege, an mehreren Stellen bei Allendorf, Witzenhausen und Hedemünden auf; in grösserer Entfernung von der Werra wächst sie rechts im Hörselgebiete bei Eisenach und Waltershausen, links von ihr im Ulstergebiete bei Geisa sowie in den Gebieten der Wehre und Sonter bei Sontra — an zahlreichen Stellen — und Waldkappel. Im Fuldagebiete wächst sie bei Fulda, Rotenburg und Kassel, im Haungebiete bei Hünfeld, im Solzgebiete

---

[1] Ob die beiden vorausgehenden Angaben identisch sind?
[2] Nach Karsch, Phanerogamen-Flora d. Prov. Westfalen (1853), S. 549, anscheinend aber zweifelhaft.

bei Friedewald und Schenklengsfeld. In der Nähe der Weser wächst
sie bei Beverungen, Höxter, Holzminden, Stadtoldendorf, Bodenwerder
und Hameln, bei den meisten dieser Orte an einer grösseren Anzahl
Stellen; rechts von der Weser kommt sie in weiterer Entfernung von
dieser vor im Allergebiete in der Nähe der oberen Aller bei Fallersleben
und Walbeck, im Okergebiete an zahlreichen Stellen ungefähr von
Braunschweig, Königslutter und Helmstedt ab nach Süden — noch bei
Goslar (Grauhof) und Vienenburg (Wöltingerode) sowie am Fallsteine —
im Auegebiete bei Hannover, im Leinegebiete bei Hildesheim, Salz-
hemmendorf, Alfeld (Siebenberge, Duingen), Einbeck, Dassel, Hardegsen,
Göttingen, Barlissen (nördlich von Hedemünden) und Osterode sowie
im Innerstegebiete bei Hildesheim, Heersum, Salzdettfurth, im Heber und
im Kreise Goslar (z. B. bei Lutter); links der Weser kommt sie im
Diemelgebiete bei Hofgeismar, Grebenstein und Zierenberg sowie im
Werregebiete bei Lage und Detmold in Lippe vor. Im Emsgebiete
wächst sie an recht zahlreichen Stellen abwärts bis zur Gegend von
Münster, z. B. bei Gütersloh, Oelde, Beckum, Warendorf, Sendenhorst,
Münster und Altenberge. Im Elbegebiete wächst sie im nördlichen
Böhmen, z. B. bei Aussig, Leitmeritz, Lobositz, Ročov, Muncifay
(Smečno), Karlstein, bei Jičín, Roždalovic, Křinec und Poděbrad; im
Elbegebiete des Königreichs Sachsen tritt sie wohl nur bei Meissen
auf; im Saalegebiete ist sie aber, vorzüglich im Süden, weit verbreitet,
sie wächst hier in der Nähe der Saale bei Lobenstein, Saalfeld, Blanken-
burg, Rudolstadt (bis Teichel und Remda), Jena — verbreitet —,
Dornburg, Kamburg, Kösen, Pforta, Naumburg, Stössen (Gröbitz) und
Weissenfels, im Ilmgebiete bei Sulza, Weimar, Berka, Kranichfeld,
Blankenhain und Stadtilm, im Gebiete der Unstrut an einer Anzahl
Stellen in der Nähe der unteren Unstrut, am südlichen Harzrande bei
Sangerhausen, Questenberg und Nordhausen, an einer grösseren Anzahl
Stellen im Kiffhäusergebirge, in der Wind- und Hainleite, Schmücke
und Finne, ausserdem bei Schlotheim, an mehreren Stellen des Hainichs
und im Geragebiete bei Grüfentonna und Erfurt sowie von Arnstadt bis
Martinrode und Stadtilm, im Salzkegebiete bei Eisleben, im Wipper-
gebiete bei Aschersleben, im Bodegebiete bei Egeln, Seehausen und
Oschersleben, im Huy, bei Halberstadt, Wernigerode, Heimburg, Blankenburg und Gernrode sowie rechts von der Saale im Elstergebiete bei
Zeitz — an zahlreichen Stellen —, Crossen und Gera. Ausserdem wurde
sie im Elbegebiete nur noch im Havelgebiete bei Templin beobachtet.
Nördlich vom Elbegebiete wächst sie in Jütland bei Fredericia. Im
Odergebiete wächst sie nur in der Nähe der Oder bei Bellinchen nördlich
von Zehden, in der Ukermark bei Gramzow und [1]) Strasburg (Wolfs-
hagen) sowie im Peenegebiete bei Friedland [2]) und Malchin. Ausser-

---

[1]) Nach Grantzow, Flora d. Uckermark (1880), S. 276, von Ascherson
u. Graebner, Flora d. nordostdeutschen Flachlandes (1898), S. 207—208 wird
diese Oertlichkeit aber nicht erwähnt.

[2]) Nach F. H. L. Krause, Mecklenburgische Flora (1893), S. 55 und Ascherson u. Graebner a. a. O. Nach E. Boll, Flora v. Meklenburg (1860), S. 306
soll die Pflanze hier auf „kleinen Feldwiesen" vorkommen — nach Krause sowie
Ascherson u. Graebner freilich im Laubwalde —, ob also wirklich *O. purpureus*

dem kommt sie nördlich vom Peenegebiete mehrfach auf Rügen und auf der Insel Möen vor. Im Weichselgebiete scheint sie nicht zu wachsen.

Diese Form wächst in manchen Gegenden, wie es scheint, ausschliesslich oder fast ausschliesslich in zum Teil recht schattigen Wäldern (meist in Laub-, seltener in Nadelwäldern) oder in schattigen Gebüschen, in anderen kommt sie häufig auch im lichten Gebüsche oder sogar an baum- und strauchlosen, zum Teil recht stark besonnten Stellen vor. Offenbar ist sie als Bewohnerin des schattigen Waldbodens nach Ausgang des kältesten Abschnittes der kalten Periode nach Mitteleuropa eingewandert, und zwar wie *Ophrys aranifera* schrittweise und in kleinen Sprüngen. Wahrscheinlich begann ihre Einwanderung bereits vor derjenigen der *Ophrys aranifera*, als das Klima am Ende der kalten Periode ungefähr den Charakter des der Gegenwart angenommen hatte, doch erreichte ihre Ausbreitung wohl erst einen grösseren Umfang, als bei weiterer Zunahme der Sommerwärme und Trockenheit sich die Wälder mehr lichteten, die Gebirge wärmer und die nassen Niederungen trockener wurden. Aber lange bevor die Hitze und die Trockenheit ihren höchsten Stand erreicht hatten, hatte ihre Ausbreitung in den meisten Gegenden ein Ende erreicht; von weiten Strecken der niederen Gegenden des Ostens und Südens verschwand während des heissesten Zeitabschnittes die Art zusammen mit dem Walde, in welchem sie lebte. Wahrscheinlich war sie vor dem heissesten Zeitabschnitte bis in die nördlichen Teile der Gebiete der Weichsel, der Oder und der Elbe vorgedrungen und hatte sich in ihnen recht weit ausgebreitet, verschwand aber aus diesen Gegenden während des heissesten Zeitabschnittes fast vollständig. Ohne Zweifel erfolgte nach Ausgang dieses Zeitabschnittes von den wenigen Orten, an denen sie erhalten geblieben war[1]), eine Neuausbreitung, welche aber wegen der Kürze der Zeit keine sehr bedeutende Ausdehnung erreichte. Von diesem Gebiete, wie von dem weiter im Norden befindlichen, ging wohl in der kühlen Periode wieder der grösste Teil verloren, nur an wenigen Stellen blieb die Art erhalten; von diesen hat sie sich später zum Teil wieder ein wenig ausgebreitet, so dass mehrere kleine lokale Gebiete entstanden sind, in der Ukermark[2]), auf der Insel Rügen und auf der Insel Möen[3]). Auch weiter im Westen und Süden hatte *Orchis*

---

und nicht vielleicht *O. Rivini Gouan?* Boll vereinigt beide unter der Bezeichnung „*militaris L.*".

[1]) Vielleicht blieb sie in ihrem heutigen Gebiete zwischen Rügen, Templin und Zehden nur an einer Stelle erhalten, vielleicht ist sie in diese sogar erst von Möen im letzten Abschnitte der Periode eingewandert; es ist nicht undenkbar, dass sie in diesem Abschnitte nach sämtlichen Wohnstätten zwischen Fredericia, Möen, Templin und Zehden von einer Stelle aus gelangt ist, doch ist es wahrscheinlicher, dass sie im heissesten Zeitabschnitte im Norden in weiterer Verbreitung wuchs.

[2]) Aus der Ukermark ist sie vielleicht nach Friedland gelangt, falls sie dort wirklich vorkommt.

[3]) Dass die einzelnen Wohnstätten der lokalen Gebiete durch so weite Zwischenräume getrennt sind, ist ohne Zweifel zum grössten Teile eine Folge der Eingriffe des Menschen, welcher die meisten Waldungen dieser Gegenden vollständig

purpureus während des heissesten Zeitabschnittes viel zu leiden; er starb damals auch dort in den niederen Strichen weithin aus und breitete sich im letzten Abschnitte in ihnen wieder mehr oder weniger aus oder wanderte in sie aus benachbarten höheren Gegenden ein. So verschwand er wahrscheinlich fast vollständig oder vollständig aus den niederen Gegenden des Saalegebietes nördlich von der unteren Unstrut; vielleicht ist er in diese erst im letzten Abschnitte der Periode aus den höheren Gegenden des Südens oder aus dem Unterharze eingewandert. Auch aus dem bayerischen Donaugebiete war er im heissesten Abschnitte vielleicht vollständig verschwunden; vielleicht ist er in dieses erst später, hauptsächlich von der Rauhen Alb, eingewandert. Von dieser hat er sich im letzten Abschnitte der heissen Periode wohl auch über die vorliegenden niederen Gegenden des Neckargebietes, vielleicht sogar über die benachbarten Teile des Maingebietes ausgebreitet. In die niederen Maingegenden ist er aber wohl vorzüglich von der Rhön her eingewandert. Zwischen Main und Donau hat er sich vielleicht an einigen Stellen des Juragebietes erhalten [1]).

Wie aus der vorstehenden Darlegung hervorgeht, ergiebt sich aus der Verbreitung der Formen der dritten Hauptgruppe, vorzüglich aus derjenigen der waldbewohnenden, viel weniger Sicheres für die Beantwortung der Frage nach den Aenderungen des Klimas seit dem Ausgange des kältesten Abschnittes der kalten Periode bis zur Gegenwart und der Entwicklung der heutigen Pflanzendecke als aus der Verbreitung der Formen der zweiten Hauptgruppe. Nur das Vorhandensein eines Zeitabschnittes, dessen Sommer heisser und trockener, dessen Winter kälter und trockener als diejenigen der Jetztzeit waren, lässt sich auch aus ihrer Verbreitung sehr deutlich erkennen. Dieser Zeitabschnitt ermöglichte den unbeschatteten oder schwach beschatteten Boden bewohnenden Formen erst eine schnellere Ausbreitung, ohne diese Aenderung des Klimas würden sie zum Teil ihre heutigen Grenzen wohl nie, zum Teil wenigstens erst in einem sehr langen Zeitraume erreicht haben. Die Zunahme des extremen Charakters des Klimas setzte aber nicht nur bald der Ausbreitung der anderen, Wald oder nasse Orte bewohnenden Formen, und im weiteren Verlaufe auch der ihrigen ein Ende, sondern vernichtete endlich auch die Gebiete beider Formengruppen in den niederen, heisseren Gegenden weithin vollständig. Es entstanden also damals mehr oder weniger grosse Gebietslücken, welche nach Ausgang des heissesten Abschnittes im letzten Abschnitte der heissen Periode meist nur unvollständig durch Neuausbreitung ausgefüllt

---

vernichtet und den Zustand derjenigen, welche erhalten blieben, sehr bedeutend verändert hat. Den mit Knollen versehenen Orchidaceen wurden vorzüglich die Schweine, welche zur Mast in die Eichen- und Buchenwälder getrieben wurden, sehr verderblich, da diese den Boden aufwühlen und die Knollen fressen.

[1]) Manche Formen haben wahrscheinlich noch früher als *Orchis purpureus* ihre Einwanderung nach Mitteleuropa begonnen, so die meist im schattigen Walde lebende *Epipactis microphylla (Ehrh.)*. Deren Einwanderung und Ausbreitung machten wahrscheinlich schon bedeutende Fortschritte, als das Klima ungefähr den Charakter des der Jetztzeit angenommen hatte, als aber Mitteleuropa noch abweichend von dem Zustande der Gegenwart zum grössten Teile mit dichten Wäldern bedeckt war.

wurden. Diese Neuausbreitung war wohl hauptsächlich deshalb eine verhältnismässig unbedeutende, weil die Dauer des Zeitabschnittes nur eine kurze war; bei manchen Formen hatte die unbedeutende Ausbreitung aber wahrscheinlich ihre Ursache vorzüglich darin, dass die Individuen während des heissesten Zeitabschnittes die Fähigkeit, sich bei günstigem Klima schnell auszubreiten, verloren hatten. Zu diesen während des heissesten Zeitabschnittes entstandenen Lücken kamen nun während der ersten kühlen Periode bei allen Formen neue hinzu, welche sich fast bei keiner Form scharf von den ersteren unterscheiden lassen. Viel weniger deutlich als bei den Formen der zweiten Hauptgruppe hebt sich bei denjenigen der dritten Hauptgruppe die Ausbreitung während der zweiten heissen Periode von derjenigen ab, welche im Verlaufe der ersten heissen Periode stattfand, da die Gebiete der Formen schon während des heissesten Abschnittes der ersten heissen Periode in einzelne Stücke zersprengt wurden, von denen aus sich die Formen im letzten Abschnitte der Periode von neuem, und zwar verhältnismässig nicht sehr weit ausbreiteten, also schon damals mehr oder weniger weit voneinander entfernte lokale Gebiete entstanden, welche leicht als in der zweiten heissen Periode entstanden angesehen werden können.

Viel schwerer als die Wanderungen der Formen der zweiten Hauptgruppe lassen sich diejenigen der Formen der dritten Hauptgruppe beurteilen. Es entzieht sich vollständig einer sicheren Feststellung, ob die Ausbreitung der einzelnen Formen in der Periode der Einwanderung eine vollendete, bis zu den ihnen durch Klima, Boden und Organismenwelt gesetzten Grenzen fortgeschrittene war. Dagegen lässt sich meist sehr deutlich erkennen, dass die Ausbreitung in den Perioden der Neuausbreitung, also im letzten Abschnitte der ersten heissen Periode und in der zweiten heissen Periode, mehr oder weniger hinter diesen Grenzen zurückblieb und sehr ungleichmässig war. Dieselbe Ungleichmässigkeit wie in der Ausbreitung lässt sich überall bezüglich des Aussterbens sowohl im heissesten Abschnitte der heissen Periode wie in den kühlen Perioden feststellen.

C. Die Formen der vierten Hauptgruppe.

Während, wie im vorstehenden dargelegt wurde, die meisten Formen der zweiten und der dritten Hauptgruppe nur durch schrittweise Wanderung nach ihren Wohnplätzen in Mitteleuropa gelangt sein können, ihre Gebietslücken, soweit sie natürliche, nicht erst durch den Menschen geschaffene sind, also keine ursprünglichen, sondern nur durch streckenweises Aussterben der Formen entstanden sein können, können die Gebietslücken der meisten Formen der vierten Hauptgruppe ursprüngliche sein, da diese Formen nicht nur schrittweise, sondern auch sprungweise durch Vermittelung von Tieren, vorzüglich von Vögeln, zu wandern im stande sind[1]). Während die Gebietslücken der Formen

---

[1]) Die Formen der vierten Hauptgruppe sind fast ausschliesslich Bewohner nasser Oertlichkeiten, nur recht wenige bewohnen trockenen Boden, vorzüglich den

zweiten und dritten Hauptgruppe mit mehr oder weniger Deutlichkeit auf eine mehrmalige Aenderung des Klimas seit der Einwanderung dieser Formen hinweisen, können die Lücken fast sämtlicher Formen der vierten Hauptgruppe als Ausdruck einer unvollendeten Ausbreitung angesehen werden und müssen auch grossenteils dafür angesehen werden, da sich für sie keine in den Anforderungen der Formen an Klima und Boden sowie in deren Verhältnisse zu den übrigen Organismen liegenden Ursachen auffinden lassen. Unvollendet blieb die Ausbreitung dieser Formen vorzüglich deswegen, weil zu keiner Zeit für sie geeignete Standorte ununterbrochen von den Ausgangsländern ihrer Einwanderung bis nach ihren heutigen äussersten Wohnplätzen im Osten und Südosten und darüber hinaus vorhanden waren, sondern diese stets durch grössere oder kleinere Zwischenräume voneinander getrennt waren, auf welchen sie nicht zu leben und über welche sie nur durch Vermittelung von Tieren zu gelangen vermochten. das Einsetzen dieser Vermittelung aber sehr vom Zufalle abhängig ist. Lässt sich also aus den Gebietslücken dieser Formen kein Schluss auf Aenderungen des Klimas seit deren Einwanderung machen, so lässt sich aber doch wohl aus dem Vorkommen der Formen zum Teil weit im Osten Mitteleuropas schliessen, dass auf die erste heisse Periode, in welcher Formen dieser Hauptgruppe höchstens im nordwestlichsten Teile Mitteleuropas zu leben vermochten, eine Periode gefolgt ist, deren Sommer wesentlich kühler und feuchter, deren Winter wesentlich milder waren als diejenigen der Jetztzeit. Denn wohl nur bei der Herrschaft eines solchen Klimas können an den Wohnplätzen im Osten die doch selbst bei sehr regem Vogelverkehre dorthin wohl nur in sehr geringer Anzahl verschleppten Früchte, Samen oder entwicklungsfähigen vegetativen Teile im stande gewesen sein, sich zu normalen Pflanzen zu entwickeln, welche sich fortpflanzten und vermehrten.

Auch die Gebiete derjenigen wenigen waldbewohnenden Formen dieser Hauptgruppe, welche sich nur oder hauptsächlich schrittweise ausgebreitet haben, besitzen Lücken. Aus dem Vorhandensein dieser lässt sich schliessen, dass auf die Periode der Einwanderung dieser Formen, welche ohne Zweifel mit derjenigen der Formen der ersten Gruppe zusammenfällt, ein Zeitabschnitt mit heisseren und trockeneren Sommern sowie kälteren und trockeneren Wintern, als sie die Jetztzeit besitzt, folgte, in welchem diese Formen strichweise zu Grunde gingen. In dieser Periode haben selbstverständlich auch die an nassen Oertlich-

---

Wald. Früchte oder Samen, seltener entwicklungsfähige vegetative Teile der ersteren können leicht mittels Schlammes oder Fadenalgen, leichtere schon allein mittels Wassers so fest am Körper grösserer Tiere, vorzüglich von Schwimm- und Sumpfvögeln, anhaften, dass sie durch diese über weite Strecken hinweggetragen werden können. Manche von diesen Formen werden von Wasser- und Sumpfvögeln gefressen, und es werden vielleicht entwicklungsfähige Teile von ihnen von den Vögeln mit dem Kote abgesetzt oder aus dem Kropfe ausgestossen. Einige der übrigen Formen werden sicher auf diese Weise ausgebreitet. Formen, welche nur schrittweise zu wandern und nur unbeschatteten oder wenig beschatteten trockenen Boden zu bewohnen vermögen, waren in den Perioden der Einwanderung der Formen der vierten Hauptgruppe nach Mitteleuropa von einer Einwanderung in dieses Land ausgeschlossen.

keiten lebenden Formen sowie diejenigen Formen des Waldes, welche vorzüglich sprungweise wandern, eine weitgehende Gebietsverkleinerung erfahren, die je weiter nach Osten und Südosten desto bedeutender war.

Wir haben bei der Betrachtung der Einwanderung der Formen der zweiten und der dritten Hauptgruppe erkannt, dass auf die erste heisse Periode, während welcher Formen der vierten Hauptgruppe nur im nordwestlichsten Teile Mitteleuropas zu leben vermochten, zwei durch eine zweite heisse Periode getrennte kühle Perioden gefolgt sind, deren letzte durch Zunahme der Sommerwärme und Abnahme der Feuchtigkeit in die Jetztzeit überging. Wahrscheinlich fand die Haupteinwanderung der Formen der vierten Hauptgruppe in der ersten, der bedeutendsten der beiden kühlen Perioden statt[1]). Wahrscheinlich breiteten sich in dieser die Formen auch im östlichen Mitteleuropa recht bedeutend aus, sie verloren aber in der folgenden zweiten heissen Periode den grössten Teil ihres dortigen Gebietes oder schwanden ganz aus jenem Teile Mitteleuropas; auch im westlichen Teile Mitteleuropas büssten die meisten Formen damals einen grossen oder den grössten Teil ihres Gebietes ein. In der zweiten kühlen Periode erfolgte von neuem eine Ausbreitung, doch stand diese weit hinter derjenigen der ersten kühlen Periode zurück. Es fand in ihr wohl hauptsächlich eine lokale Ausbreitung von den Stellen aus statt, an denen sich die Formen während der zweiten heissen Periode erhalten hatten. Im einzelnen lässt es sich nicht entscheiden, welche Wanderungen in der ersten, welche in der zweiten kühlen Periode vor sich gegangen sind. Ebensowenig wie man aus dem ganz isolierten Auftreten einer Form der zweiten Hauptgruppe in einer Gegend schliessen darf, dass diese dorthin erst in der zweiten heissen Periode gelangt ist, darf man aus dem isolierten Vorkommen einer Form der vierten Hauptgruppe schliessen, dass deren Einwanderung nach der betreffenden Stelle erst in der zweiten kühlen Periode erfolgt ist.

*

Wir wollen zunächst die Gebiete einer Anzahl Formen betrachten, welche sämtlich nasse Oertlichkeiten, zum Teil das Wasser selbst, bewohnen, sprungweise zu wandern im stande sind und fast alle im östlichen Mitteleuropa in wenigen ganz isolierten Strichen oder in einem einzigen auftreten.

Echinodorus ranunculoides (L.) wächst im Rheingebiete nicht

---

[1]) In die zweite kühle Periode kann die Haupteinwanderung und Hauptausbreitung der Formen der vierten Hauptgruppe nicht fallen; hiergegen sprechen vor allem die Lücken der waldbewohnenden Formen, welche nicht in der Jetztzeit, sondern nur in einer Periode mit kontinentalerem Klima, in der zweiten heissen Periode, entstanden sein können. Allerdings scheinen diese waldbewohnenden Formen meist weniger empfindlich gegen hohe Sommerwärme, hohe Winterkälte und grosse Trockenheit als die meisten übrigen Formen dieser Hauptgruppe zu sein und den Formen der dritten Hauptgruppe zum Teil nahe zu stehen, doch auch die übrigen Formen der vierten Hauptgruppe waren ohne Zweifel im stande, das Klima der zweiten heissen Periode selbst in den östlichen Gegenden ihrer heutigen mitteleuropäischen Wohngebiete zu ertragen.

lich von Krefeld¹); von dort ab tritt er in der Nähe des Rheines
Dinslaken, Wesel und in den Niederlanden auf. Links des Rheines
chst er in grösserer Entfernung vom Flusse im Moselgebiete bei
ouard und Ramonchamp; rechts vom Rheine wächst er an einer An-
hl Stellen in den niederen Gegenden des Lippegebietes aufwärts bis
ppstadt und Salzkotten, und ausserdem an zahlreichen Stellen im
sel- und Vechtegebiete in der Rheinprovinz und vorzüglich in den
rovinzen Westfalen und Hannover sowie in den Niederlanden. Im
ebiete der Maas wächst er in Frankreich, z. B. bei Commercy, in
elgien, in den Niederlanden sowie in der Rheinprovinz, z. B. bei
ngelt, Düren, Viersen (Neersen), Hüls, Geldern, Kevelaer und Goch.
n Emsgebiete kommt er an zahlreichen Stellen im Busen von
ünster aufwärts bis zur Senne vor; nördlich der Randgebirge des
usens — in diesen wächst er bei Osnabrück, Tecklenburg und Ibben-
üren — ist er bis Ostfriesland, wo er selten zu sein scheint, recht
eit verbreitet. In den Niederlanden wächst er noch an einer grösseren
Anzahl Oertlichkeiten der Küstengegenden zwischen dem Gebiete
des Rheines und dem der Ems sowie auf den westfriesischen
Inseln. Im Wesergebiete liegen seine südlichsten Wohnstätten in
der Nähe der Weser bei Hille unweit Minden und bei Petershagen;
weiter abwärts scheint er in der Nähe des Flusses wenig verbreitet zu
sein²); in weiterer Entfernung von der Weser, vorzüglich im Huntegebiete, ist er dagegen häufiger. Ebenso ist er östlich von der
Weser bis zum Allergebiete und nördlich der Allermündung bis zum
Elbegebiete weiter als in der Nähe der Weser verbreitet. Im Allergebiete wächst er in der Nähe der Aller bei Verden, Celle, Gifhorn
und Vorsfelde, links von ihr bei Neustadt bis zum Steinhuder Meere,
an mehreren Stellen in der Nähe von Hannover, bei Langenhagen,
Bissendorf, Mellendorf, Elze und Lehrte. Auch in den Küstengegenden
zwischen Ems- und Wesergebiet — auch auf Borkum — und
in denjenigen zwischen Weser- und Elbegebiet tritt *Echinodorus*
auf. Im Elbegebiete wächst er in der Nähe der Elbe bei Hamburg
und Cuxhaven, links von ihr im Gebiete der Jeetze und in seiner Nähe
bei Dannenberg, Lüchow, Wustrow und Salzwedel sowie im Ilmenaugebiete bei Uelzen. Weiter abwärts scheint er nur eine sehr unbedeutende
Verbreitung zu besitzen³). Rechts der Elbe wächst er im Havelgebiete

---

¹) In der Nähe dieses Ortes wächst er vielleicht gar nicht im Rhein-, sondern nur im Maasgebiete.
²) Nöldeke führt in seinem Verzeichnisse der in den Grafschaften Hoya und Diepholz beob. Gefässpflanzen (14. Jahresb. d. naturh. Gesellsch. in Hannover [1865], S. 35) aus seinem Gebiete nur den im Huntegebiete liegenden Ort Barnstorf nach Meyer (Chl. han.) als Fundort auf; Buchenau (Flora v. Bremen u. Oldenburg, 4. Aufl. [1894], S. 229) kennt nur wenige Fundorte aus dem Bremer Gebiete und seiner nächsten Umgebung.
³) Er fehlt in v. Papes Verzeichniss der in der Umgegend von Stade beob. Gefässpfl. (Abhandlgn. herausg. v. naturw. Ver. zu Bremen, 1. Bd. [1867], S. 85—120 [112]), in Alpers Beiträgen z. Flora d. Herzogthümer Bremen und Verden (ebendas. IV. Bd. [1875], S. 337—381 [368]) sowie in Eilkers Flora von Geestemünde (1881), S. 62 und in desselben Neuen Beiträgen (1888); auch Brandes (a. a. O., S. 374) führt keinen Fundort aus dem Elbeanteil des Rgbez. Stade an.

bei Rhinow, Pritzerbe und Potsdam, im Eldegebiete bei Lübz und in Störgebiete am Einfelder See in Holstein [1]). Nördlich vom Elbegebiete wächst er in Jütland und Schleswig an einer grösseren Anzahl Stellen, an wenigen Stellen in Holstein, und ist weiter im Osten im Travegebiete bei Travemünde, bei Schwerin, Rostock, Laage und Stralsund sowie auf Hiddensee und Rügen beobachtet worden. Ausserdem wächst er auf den dänischen Inseln (einschliesslich Bornholms, sowie in einigen südschwedischen Provinzen (z. B. in Schonen, Halland und Smaland) und auf Oeland und Gotland. Im Odergebiete wächst er nur an den Mündungen bei Wolgast, auf Usedom und Wollin. Weiter im Osten soll er im Weichselgebiete bei Warschau beobachtet sein [2]).

Heleocharis multicaulis (Sm.) wächst im Rheingebiete in der Nähe des Rheines bei Siegburg, Berg-Gladbach (Schlebusch), Düsseldorf, Dinslaken, Wesel und in den Niederlanden. Links des Rheines wächst sie im Moselgebiete bei Luneville und Gerbéviller (Côte d'Essey) in Lothringen; rechts des Rheines kommt sie im Lahngebiete bei Marburg [3]) und im Vechtegebiete bei Burgsteinfurt, Metelen, Ochtrup, Gronau, Gildehaus, Bentheim, Schüttorf und Nordhorn sowie in den Niederlanden vor; in diesen tritt sie auch im Ijsselgebiete auf. Im Maasgebiete wächst sie an einer Anzahl Stellen in Belgien und den Niederlanden sowie in der Rheinprovinz bei Gangelt, Krefeld, Geldern und Gennep. Im Emsgebiete kommt sie an mehreren Stellen des Busens von Münster, z. B. bei Bielefeld (Brackwede, Steinhagen), Münster, Kattenvenne, Emsdetten, Rheine und Bevergern vor; weiter abwärts wächst sie im Haasegebiete bei Engter, Vörden, Neuenkirchen und Menslage, in der Nähe der Ems bei Meppen, im Ledagebiete bei Zwischenahn sowie im Kreise Leer (bei Logabirum). Zwischen Ems- und Rheingebiet wächst sie in den niederländischen Küstengegenden sowie auf einigen der westfriesischen Inseln. Zwischen Ems- und Wesergebiet wächst sie bei Aurich und Jever. Im Wesergebiete kommt sie in der Nähe der Weser bei Vegesack (Farge), links der Weser bei Siedenburg und Bassum, rechts von dieser im Allergebiete bei Celle, Gifhorn — hier häufig — und Munster (Trauen) vor. Im Elbegebiete wächst sie in der Nähe der Elbe bei Hamburg; rechts von der Elbe wächst sie in den Gebieten der Schwarzen Elster und der Spree sowie im benachbarten zum Gebiete der Oder gehörigen Neissegebiete bei Finsterwalde, Senftenberg, Ruhland, Hohenbocka (bis Gross-Grabe), Hoyerswerda, Niesky, im Kreise Rothenburg, bei Forst und Sommerfeld. Nördlich des Elbegebietes

---

[1]) Nach Hampe (Flora hercynica [1873], S. 254) wächst er auch im Saale-Helmegebiete bei Sachsa-Walkenried, doch liegt hier zweifellos Verwechslung mit dem dort vorkommenden *Elisma natans (L.)* vor, vgl. Vocke u. Angelrodt, Flora v. Nordhausen (1886), S. 240. Hierauf bezieht sich wohl auch die Angabe Graebners (Engl. Jahrb., XX. Bd. [1895], S. 574),. dass *Ech. ranunculoides* in „Sachsen" vorkomme.

[2]) Vgl. Rostafiński a. a. O., S. 11 sowie Ascherson u. Graebner, Synopsis d. mitteleuropäischen Flora, 1. Bd. (1896—1898), S. 391.

[3]) Zuerst bei Wenderoth, Flora hassiaca (1846), S. 11, noch bei Wigand-Meigen a. a. O., S. 454, ob wirklich?

wächst sie auf der cimbrischen Halbinsel bei Schönburg in der Probstei, in Schleswig, vorzüglich im westlichen Teile (auch auf den Inseln) und an einigen Stellen in Jütland sowie auf Läsoe und Bornholm und ausserdem im südlichen Norwegen sowie im südlichen Schweden in Upland.

Myrica Gale L. wächst im Rheingebiete in der Nähe des Rheines bei Siegburg, Troisdorf, Berg-Gladbach, Schlebusch, Hilden, Düsseldorf, Dinslaken, Wesel, Kleve sowie in den Niederlanden; rechts vom Rheine tritt der Strauch im Lippegebiete an einer Anzahl Stellen in den niederen Gegenden bis zur Senne aufwärts (in dieser noch bei Neuhaus unweit Paderborn, Lippspringe, Schlangen und Haustenbeck), sowie an zahlreichen Stellen nördlich des Gebietes der Lippe in der Rheinprovinz, den Provinzen Westfalen und Hannover sowie in den Niederlanden auf. Im Gebiete der Maas wächst er an einer Anzahl Oertlichkeiten in Belgien — nach Osten bis Arlon und bis Willerzie in den Ardennen —, in grösserer Verbreitung in den Niederlanden und an einigen Stellen in der Rheinprovinz, z. B. bei Gangelt, bei Kevelaer, Goch und Gennep. Im Emsgebiete ist er von der Senne an (in dieser bei Augustdorf in Lippe sowie bei Brackwede unweit Bielefeld) durch den Busen von Münster zerstreut; nördlich der Randgebirge, in denen er z. B. bei Osnabrück und Ibbenbüren wächst, ist er im Gebiete weit verbreitet. Auch in den Küstengegenden zwischen Rhein- und Emsgebiet tritt *Myrica* vielerorts auf; auch auf Terschelling kommt sie vor. Im Gebiete der Weser wächst sie westlich von der Weser in grösserer Entfernung von dieser schon im Werregebiete bei Salzuflen, in der Nähe der Weser tritt sie erst bei Hille unweit Minden und bei Petershagen auf. Weiter nördlich ist sie von der Weser bis zum Emsgebiete recht bedeutend, wenn auch nicht gleichmässig[1]), verbreitet; östlich von der Weser ist sie bis zum Allergebiete und nördlich der Allermündung bis zum Elbegebiete verbreitet. Im Allergebiete geht sie aufwärts bis Gifhorn[2]), Vorsfelde[3]) und Wittingen, südlich von der Aller wächst sie noch bei Hagenburg, Bissendorf und Burgwedel[4]). Auch in den Küstenstrichen zwischen Ems- und Wesergebiet sowie zwischen Weser- und Elbegebiet wächst *Myrica* an zahlreichen Stellen. Im Elbegebiete wächst sie in der Nähe der Elbe erst von Lauenburg und Artlenburg ab; westlich von der Elbe kommt sie im obersten Teile des Ohregebietes in der Gegend von Wittingen vor, fehlt dann, wie es scheint, bis zur Nordgrenze des Wendlandes, ist aber jenseits dieser in den Regierungsbezirken Lüneburg — im Ilmenaugebiete geht sie aufwärts bis Bodenteich — und Stade weit verbreitet. Rechts von der Elbe wächst sie in der Umgebung von Luckau an einer grösseren Anzahl Stellen und dann erst wieder in Mecklenburg bei

---

[1]) Vgl. z. B. Nöldeke a. a. O., S. 34.
[2]) „Angeblich", nach Bertram, Exkursionsflora d. Herzogt. Braunschweig, 4. Aufl. (1894), S. 275.
[3]) Nach Bertram, Flora v. Braunschweig, 3. Aufl. (1885), S. 203, in der 4. Aufl. wird sie nicht von dort erwähnt.
[4]) Aber nicht bei Lobmachtersen südlich von Braunschweig, wie in Bertram a. a. O., 3. Aufl., Nachtrag, S. 345 angegeben wurde, vgl. 4. Aufl., Vorwort S. VII, Anm. *.

Wittenburg. Westlich dieses Ortes ist sie weiter verbreitet. Im Odergebiete wächst sie nur auf Wollin und Usedom sowie im Peenegebiet bei Wolgast, Lassan und Anklam. Nördlich des Elbe-, Oder und Weichselgebietes ist *Myrica* auf der cimbrischen Halbinsel verbreitet, wächst bei Lübeck und an einer grösseren Anzahl Stellen vom Warnowgebiete (Brüel und Rostock) bis zum Kreise Danzig — auch auf der Insel Rügen —, und ausserdem auf Läsoe, Fünen. Seeland, Lolland, Falster und Bornholm sowie in Schweden nach Norden bis Jemtland und Westerbotten sowie auf Oeland und Gotland — ausserdem in Norwegen bis Tromsoe Amt.

Tillaea muscosa L. wächst im Rheingebiete in der Nähe des Rheines bei Moers, Xanten, an einer Anzahl Stellen in der Umgebung von Kleve bis Calcar und Cranenburg[1]) und in den Niederlanden. Ausserdem tritt sie rechts des Rheines in weiterer Entfernung von diesem an recht zahlreichen Oertlichkeiten in der Nähe der unteren Lippe zwischen Dorsten, Haltern und Recklinghausen, sowie im Berkelgebiete bei Coesfeld auf. Im Maasgebiete scheint sie nur eine unbedeutende Verbreitung zu besitzen, sie wächst in ihm z. B. bei Genck in der limburgischen Campine. Ausserdem kommt *Tillaea* in Mitteleuropa nur noch im Elbegebiete, und zwar östlich von der Elbe bei Jüterbog, vor.

Hypericum helodes L. wächst im Rheingebiete in der Nähe des Oberrheines bei Mossau im Odenwalde sowie zwischen Messel, Offenthal und Ober-Rode nordöstlich von Darmstadt[2]). Weiter abwärts tritt es in der Nähe des Rheines an einer Reihe von Orten von Siegburg abwärts auf, z. B. bei Siegburg, Troisdorf, Schlebusch, Leichlingen, Hilden, Düsseldorf, Krefeld, Oberhausen, Dinslaken, Wesel, Cleve, Emmerich sowie an einer Anzahl Oertlichkeiten in den Niederlanden. Links des Rheines wächst es im Moselgebiete in den lothringischen Vogesenthälern, und zwar im Gebiete der Mosel selbst, in dem der Vologne und dem der Meurthe. Rechts des Rheines wächst es im Maingebiete in der Nähe des Maines bei Hanau, Aschaffenburg (Waldaschaff) und Lohr (bei Neuhütten und Krommenthal im Gebiete der Lohr)[3]) sowie weiter nördlich des Maines im Büdingerwalde und bei Wächtersbach[4]). Dann fehlt es bis zum Ruhrgebiete, in welchem es bei Hagen vorkommen soll. Nördlich der Ruhr wächst es im Lippegebiete bei Dülmen und Lüdinghausen, sowie an zahlreichen Stellen in den Gebieten der Ijssel und Vechte in der Rheinprovinz, in den Provinzen Westfalen — z. B. bei Bocholt, Burgsteinfurt und Ochtrup — und Hannover — z. B. bei Bentheim, Schüttorf, Nordhorn und Neuenhaus — sowie in den Niederlanden. Im Maasgebiete wächst *Hy-*

---

[1]) Vgl. Herrenkohl, Verh. d. naturh. Vereins d. preuss. Rheinlande u. Westfalens, XXVIII. Jahrg. (1871), S. 151.

[2]) Nach Wohlfarth (Kochs Synopsis der Deutschen u. Schweizer Flora, 3. Aufl., 1. Bd. [1891], S. 437) auch bei Dieburg, doch ist diese Angabe wohl mit der obigen identisch.

[3]) Vgl. freilich Prantl, Exkursionsflora f. d. Kgr. Bayern (1884), S. 245, der diese Angaben bezweifelt. Die Angabe „Spessart" in den Berichten d. bayerischen bot. Gesellsch., II. Bd. (1892), S. 7 ist wohl mit den obigen Angaben identisch.

[4]) Vielleicht bezieht sich diese Angabe auf dieselbe Oertlichkeit wie die vorausgehende.

ricum helodes L. in Frankreich, in Belgien, vorzüglich in der Campine — in dieser auch im Scheldegebiete —, seltener in den Ardennen, in den Niederlanden, sowie in der Rheinprovinz in den Gebieten der Roer und Tiers, z. B. bei Gangelt, Geilenkirchen, Randerath, Heinsberg, bei Hüls, bei Geldern, Goch und Gennep. Im Emsgebiete wächst es im Busen von Münster an zahlreichen Stellen von Rheda, Sassenberg, Warendorf und Drensteinfurt ab, z. B. ausser bei diesen Orten in der Umgebung von Münster, bei Kattenvenne, Ladbergen, Saerbeck, Emsdetten und Rheine — hier ist es sehr verbreitet —; nördlich der Randgebirge, in denen es bei Tecklenburg und Ibbenbüren wächst, ist es bis zum Ledagebiete, in welchem es bei Edewecht, Zwischenahn und Westerstede vorkommt, wenigstens strichweise — im Osten wächst es noch bei Neuenkirchen, Quakenbrück und Vechta — recht verbreitet; in Ostfriesland scheint es aber zu fehlen[1]. Zwischen Rhein- und Emsgebiet wächst es an einer Anzahl Stellen in den Küstengegenden. Im Wesergebiete tritt es im Süden zuerst bei Hille und Petershagen auf; weiter abwärts wächst es an einer Anzahl Stellen links der Weser, z. B. bei Hunteburg, Lemförde, am Dümmer und bei Diepholz, sowie bei Hude östlich von Oldenburg; rechts der Weser wächst es im Allergebiete bei Hannover und Celle[2]. Zwischen Ems- und Wesergebiet kommt es bei Aurich und Jever vor. Im Elbegebiete wurde es nur rechts der Elbe im Gebiete der Schwarzen Elster bei Hoyerswerda an einer Anzahl Stellen beobachtet[3].

Helosciadium inundatum (L.) wächst im Rheingebiete in der Nähe des Rheines bei Mülheim, Duisburg und Kleve sowie in den Niederlanden. Westlich des Rheines wächst es im Moselgebiete bei Remich[4]; östlich des Rheines kommt es in den niederen Gegenden des Lippegebietes bis Lippstadt und Delbrück aufwärts, sowie an einer grösseren Anzahl Stellen in den Gebieten der Ijssel und Vechte in der Rheinprovinz, den Provinzen Westfalen und Hannover und in den Niederlanden vor. Im Gebiete der Maas wächst es in nicht sehr bedeutender Verbreitung in Belgien, in den Niederlanden, sowie in der Rheinprovinz, z. B. bei Krefeld (St. Tönis und Hüls), bei Geldern, Goch und Gennep. Im Emsgebiete wächst es im Busen von Münster von der Senne und Gütersloh (Isselhorst und Harsewinkel) ab an einer grösseren Anzahl von Orten bis Rheine — hier ist es sehr verbreitet —; nördlich von den Randgebirgen, in welchen es z. B. bei Osnabrück wächst, besitzt es eine recht weite Verbreitung. Auch in den Küstengegenden zwischen dem Gebiete des Rheines und dem der Ems kommt es vor, ebenso auf mehreren der westfriesischen Inseln. Im Wesergebiete ist es zwi-

---

[1] Vgl. Buchenau, Flora d. nordwestdeutschen Tiefebene (1894), S. 348.

[2] Nach L. Mejer, Schulbotanik f. Hannover (1886), S. 26 auch bei Hildesheim; wohl nur ein Schreibfehler, von Brandes a. a. O., S. 75 wird *Hypericum* von dort nicht erwähnt.

[3] Ausserdem soll es in Oberösterreich bei Neuhaus im Mühlkreise früher beobachtet worden sein, vgl. Brittinger, Verh. d. zool.-bot. Gesellsch. in Wien, XII. Bd. (1862), S. 1111; auch von Fritsch, Excursionsflora für Oesterreich (1897), S. 375 wird dieses Vorkommen noch erwähnt.

[4] Vgl. Koltz, Prodrome de la flore du Grand-Duché de Luxembourg, I (1873), S. 73.

schen der Werra und der Fulda, und zwar zwischen Almerode und Wickenrode, beobachtet worden[1]). Weiter im Norden wächst es im Werragebiete bei Herford, Bielefeld (Schildesche und Heepen), Lage und Detmold sowie in der Nähe der Weser bei Hille und Petershagen: von dort ab ist es in der Nähe der Weser und im Westen von ihr bis zum Emsgebiete, sowie im Osten von ihr bis zum Allergebiete und unterhalb der Allermündung bis zum Elbegebiete recht weit verbreitet; auch in einem grossen Teile des Allergebietes, nach Osten bis Vorsfelde, nach Süden bis zur Gegend von Braunschweig[2]) und Hannover, tritt es auf. Auch in den Küstengegenden zwischen Ems- und Wesergebiet — auch auf Langeoog — und in denjenigen zwischen Weser- und Elbegebiet kommt es an einer Anzahl Oertlichkeiten vor. Im Gebiete der Elbe scheint es nördlich des Wendlandes, in welchem es anscheinend fehlt[3]), im Regierungsbezirke Lüneburg ziemlich verbreitet zu sein, dagegen im Regierungsbezirke Stade nur eine unbedeutende Verbreitung zu besitzen. Rechts der Elbe wächst es nur im Gebiete der Schwarzen Elster an einer Anzahl Stellen bei Ruhland und Hoyerswerda, sodann weiter im Norden bei Grabow, Ludwigslust, Neustadt und Hagenow in Mecklenburg, sowie an einigen Orten in Holstein. Im Odergebiete wächst *Helosciadium* in der Nähe der Oder bei Stettin, auf Usedom und bei Wolgast sowie im Ukergebiete bei Penkun und Löcknitz. Nördlich vom Elbe- und Odergebiete ist es ziemlich verbreitet auf der cimbrischen Halbinsel, mit Ausnahme ihres Ostens, in dem es selten ist — es wächst auch auf einigen der nordfriesischen Inseln —, es wächst weiter im Osten im Travegebiete bei Ratzeburg und Lübeck, auf Hiddensee, Rügen und bei Kolberg, sowie nördlich davon auf den dänischen Inseln und im südlichen Schweden nach Norden bis Dalsland sowie auf der Insel Oeland.

Anagallis tenella L. wächst im Rheingebiete in der Nähe des Oberrheines bei Klein-Laufenburg, bei Willaringen im Schwarzwalde sowie in der Rheinebene im St. Leoner Bruche und bei Waghäusel; weiter im Norden kommt sie am Niederrheine bei Krefeld, im Lippegebiete bei Schermbeck, Dorsten[4]) und an mehreren Stellen bei Salz-

---

[1]) Von Moench, vgl. Pfeiffer, Flora von Niederhessen und Münden. I. Bd. (1847), S. 183; in Pfeiffers und Cassebeers Uebersicht der bisher in Kurhessen beobachteten Pflanzen u. a. O., S. 224 werden als Fundstätte aber, ebenfalls nach Moench, „Wiesengräben zwischen Kaufungen und Helsa" angegeben: ob dieselbe Oertlichkeit und ob wirklich dort gefunden?

[2]) Bertram a. a. O., 4. Aufl., S. 132 sagt: Verbreitet in der Heidegegend nach Celle zu.

[3]) Nach Nöldeke, Flora des Fürstentums Lüneburg u. s. w. (1890), S. 214, nach Ascherson u. Graebner, Flora d. nordostdeutschen Flachlandes (1898), S. 520, jedoch: zerstreut im Wendland.

[4]) Nach v. Bönninghausen, Prodromus florae monasteriensis Westphalorum (1824), S. 58; die Art ist zwar, wie es scheint, später hier nicht wieder beobachtet worden, die Angabe verdient aber doch wohl Glauben. Dagegen scheint die Angabe eines Vorkommens bei Wesel — vgl. Karsch, Phanerogamen-Flora d. Prov. Westfalen (1853), S. 450 und daraus z. B. auch in Garckes Flora von Deutschland (noch in der 18. Aufl. [1898], S. 409) — sehr zweifelhaft zu sein, vgl. dazu Wirtgen, Flora d. preuss. Rheinprovinz (1857), S. 376 u. W. Meigen, Flora v. Wesel, Beilage z. Jahresb. d. Gymnasiums zu Wesel, Ostern 1886 (1886), S. 30.

kotten und ausserdem in den Niederlanden vor. Westlich des Rheines wächst sie im Moselgebiete bei Rambervillers und ausserdem in der Nähe im Kreise Giromagny im Saônegebiete. Im **Maas - gebiete** wächst sie in der belgischen Campine, in den Niederlanden, sowie in der Rheinprovinz bei Gangelt, bei Hüls und Senden. Im **Emsgebiete** kommt sie bei Ibbenbüren vor[1]). **Zwischen Rhein - und Emsgebiet** wächst sie an mehreren Stellen, auch auf einigen der westfriesischen Inseln. Ausserdem soll *Anagallis tenella* im Elster-Pleissegebiete bei Geithain — im Pfaffenbusche, einem feuchten Walde[2]) — sowie im Weichselgebiete bei Warschau[3]) beobachtet worden sein.

Ich glaube, dass schon die Betrachtung jedes einzelnen der im vorstehenden behandelten Gebiete, vorzüglich aber der Vergleich der Gebiete untereinander erkennen lässt, dass deren Gestalt ihre Ursache nur zum Teil in den Anforderungen, welche die sieben Formen an das Klima und den Boden stellen sowie in deren Verhältnisse zu den übrigen Organismen haben kann. *Echinodorus ranunculoides* scheint in der Nähe des Rheines nicht südlich von Krefeld vorzukommen; seine Süd-, Südost- und Ostgrenze verläuft von hier durch das Lippegebiet bis zur Gegend von Lippstadt und Salzkotten, wendet sich von hier fast direkt nach Norden, nach Hille unweit Minden und nach Petershagen an der Weser, und verläuft von dort über Hannover, Lehrte, Gifhorn, Vorsfelde, Salzwedel, Rhinow, Pritzerbe und Potsdam nach Wollin und von hier über Bornholm und Oeland nach Gotland. Dass diese Grenze ihre Ursache nicht in den Anforderungen, welche die Form an den Boden stellt und ebenso nicht in deren Verhältnisse zu den übrigen Gewächsen und der Tierwelt besitzen kann, bedarf keines eingehenden Beweises. Die Pflanze ist wenig wählerisch hinsichtlich ihres Wohnplatzes: sie wächst an und in Teichen, Tümpeln und Gräben sowie an dauernd nassen, wenn auch nicht überschwemmten Stellen, und zwar sowohl auf nacktem, nicht torfigem, festem oder schlammigem, wie auf torfigem Sand-, Lehm- und Thonboden[4]); sie scheint bedeutende Veränderungen im Feuchtigkeitsgehalte ihrer Wohnstätte recht gut zu ertragen und vermag sich selbst in dichtem Bestande niederer Sumpfpflanzen gut zu erhalten[5]). Oertlichkeiten von dieser Beschaffenheit sind in den meisten Gegenden, denen *Echinodorus* fehlt, in grosser Anzahl vorhanden. Dass auch die Anforderungen, welche *Echinodorus* an das Klima stellt, nicht die Ursache der Gestalt seines Gebietes sein können, zeigt sofort der Vergleich seines Gebietes mit denjenigen der anderen im vorstehenden behandelten Formen, etwa mit denjenigen von *Myrica Gale* L., *Hypericum helodes* L. und *Helosciadium inun-*

---

[1]) Nach G. F. W. Meyer, Chloris hanoverana (1836), S. 344 soll sie auch bei Aurich wachsen, doch wurde sie später dort nicht wieder beobachtet, vgl. Buchenau, Flora d. nordwestdeutschen Tiefebene (1894), S. 393.
[2]) Nach Reichenbach, Flora saxonica (1842), S. 244.
[3]) Rostafiński a. a. O., S. 38.
[4]) Sehr gern und meist recht schnell siedelt sie sich an den Rändern und auf dem Boden von Lehm- und Thonausstichen an.
[5]) Im dichten Bestande von *Alisma Plantago* L., *Carex-* und *Scirpus-*Arten, *Typha latifolia* L. und *angustifolia* L., *Phragmites* u. s. w. geht sie freilich zu Grunde. Ueber ihr Verhältnis zur Tierwelt scheint nichts bekannt zu sein.

datum (L.). *Hypericum* ist bezüglich seines Wohnplatzes viel wählerischer als *Echinodorus*. Ich beobachtete es [1]) vorzüglich am Rande von Teichen, Tümpeln und Gräben mit mehr oder weniger schlammigem oder torfigem Sand-, selten Lehm- oder Thonboden, hauptsächlich im flachen Wasser selbst [2]). Bei länger anhaltender Austrocknung der Wohnstätte pflegt es zu Grunde zu gehen [3]), dagegen kann es eine kurz dauernde Ueberschwemmung gut ertragen. Kräftigen Konkurrenten vermag es wenig Widerstand zu leisten, es wird meist sehr bald durch diese vollständig vernichtet. Oertlichkeiten, welche seinen soeben geschilderten Bedürfnissen in jeder Beziehung genügen, finden sich zahlreich nordöstlich, östlich, südöstlich und südlich von seiner Grenze, welche an zwei Stellen weit über diejenige von *Echinodorus* nach Süden und Südosten hinübergreift, sonst aber meist recht weit hinter dieser zurückbleibt. Sie verläuft, wenn wir zunächst von den vorgeschobenen Wohnstätten absehen, von Siegburg am Rheine ab längs des Gebirgsrandes bis Hilden, von hier über Hagen nach Lüdinghausen, oder, falls *Hypericum* bei Hagen nicht vorkommt, von Hilden weiter längs des Rheines über Oberhausen bis Dinslaken und Wesel und von hier über Lüdinghausen, Drensteinfurt, Rheda, Sassenberg, Hille unweit Minden, Petershagen, Hannover, Celle, Hude östlich von Oldenburg, Zwischenahn und Westerstede nach Jever. Ausserdem wächst *Hypericum* nun aber noch südlich von dieser Grenze im Moselgebiete Lothringens in den Vogesen, in der hessischen Provinz Starkenburg und im unteren Maingebiete nach Osten bis zur Gegend von Lohr und Wächtersbach sowie in der Oberlausitz bei Hoyerswerda. *Helosciadium inundatum (L.)* ist hinsichtlich seiner Wohnstätte weniger wählerisch. Es wächst vorzüglich an nicht allzu tiefen Stellen stehender oder langsam fliessender Gewässer mit festem sandigem, selten thonigem und lehmigem, oder mit schlammigem oder torfigem Untergrunde, seltener auf dem schlammigen Boden ausgetrockneter Gewässer oder an dauernd nassen Stellen. Es wird leicht durch andere, grössere Wasser- und Sumpfgewächse überwuchert und vernichtet. Die Anforderungen, welche *Helosciadium* an den Wohnplatz stellt, können also nicht die Ursache sein, dass es vom grössten Teile Mitteleuropas ausgeschlossen ist, denn Oertlichkeiten, welche seinen Anforderungen genügen, sind in vielen Strichen jenseits seiner Grenze gegen Süden, Südosten und Osten in grosser Zahl und beträchtlicher Ausdehnung vorhanden. Diese Grenze verläuft vom Rheine bei Mülheim unweit Köln nach Duisburg, von hier durch die niederen Gegenden des Lippegebietes bis Lippstadt und Delbrück, von dort durch die Senne nach Detmold, von hier über Lage und Herford nach Hille und Petershagen an der Weser, von dort über Hannover bis zur Gegend

---

[1]) Vgl. auch Barber, Abhandlgn. d. naturf. Gesellsch. zu Görlitz, 20. Bd. (1893), S. 163. Es scheint freilich auch an anders beschaffenen Oertlichkeiten zu wachsen.
[2]) Es wächst aber stellenweise auch in recht tiefem Wasser, sogar in schwach fliessenden Gräben.
[3]) Die Samen bleiben im Boden lange keimfähig und können später, wenn der Standort wieder nass wird, zur Entwicklung gelangen.

nördlich von Braunschweig, von dieser über Vorsfelde, durch die östlichen Gegenden des Regierungsbezirkes Lüneburg — aber westlich des Wendlandes — bis zur Elbe, über Grabow, Ludwigslust, Neustadt, Penkun, Löcknitz, Stettin, Kolberg und Bornholm nach Oeland. Ausserdem kommt *Helosciadium* wie *Hypericum helodes* in der Lausitz, und zwar bei Hoyerswerda und Ruhland, vor und ist vielleicht in der Gegend von Kassel (bei Gross-Almerode) beobachtet worden. Die Grenze seines Hauptgebietes verläuft also meist wesentlich weiter im Süden und Osten als diejenige des Hauptgebietes von *Hypericum* und auch zum Teil weiter im Süden und Osten als diejenige von *Echinodorus*, doch bleibt sie stellenweise hinter dieser zurück. *Myrica Gale L.* wächst meist auf nassen oder sogar bültigen Heidemooren, an Ufern von Heideteichen und -tümpeln sowie an seichten Stellen in ihnen, seltener am Ufer von Heidebächen und -flüssen und in Quellsümpfen im Heidegebiete, noch seltener auf trockenerem, mehr oder weniger torfigem, doch auch ganz torffreiem Boden in Gesellschaft niederer Heidesträucher und -stauden, sowie viel seltener in Weiden- oder Birkengebüschen und in, zum Teil recht schattigen, bruchigen Erlenwäldern[1]). Die Grenze des Hauptgebietes dieses Heidestrauches gegen Süden, Südosten und Osten verläuft von Siegburg längs des Randes der Rheinebene über Troisdorf, Berg-Gladbach, Schlebusch u. s. w. bis zur Gegend von Dinslaken, von hier durch die niederen Gegenden des Lippegebietes bis zur Senne bei Neuhaus, Lippspringe, Schlangen und Haustenbeck, von hier über Salzuflen nach Hille und Petershagen an der Weser, von hier über Hagenburg, Bissendorf, Burgwedel, Gifhorn — vielleicht auch Vorsfelde —, Wittingen, Bodenteich, Artlenburg, Lauenburg, Wittenburg, Brüel, Rostock, durch das untere Recknitzgebiet, über Anklam, Usedom, Wollin, durch Hinterpommern und den westlichsten Teil Westpreussens bis zur Gegend von Danzig — und von dort nach Heidekrug und Memel —. Ausserdem tritt der Strauch noch südöstlich von dieser Grenze in der Lausitz bei Luckau auf. Nicht nur in der Umgebung dieses Ortes, sondern auch in zahlreichen anderen Strichen jenseits der Grenze des Hauptgebietes sind Oertlichkeiten vorhanden, deren Untergrund und Pflanzendecke durchaus den Anforderungen, welche *Myrica* in dieser Hinsicht stellt, entsprechen. Diese können also nicht die Ursache bilden, dass *Myrica* dem grössten Teile Mitteleuropas vollständig fehlt.

Echinodorus, *Hypericum* und *Helosciadium* besitzen ihre Hauptverbreitung im westlichen und nordwestlichen Europa und überschreiten vielleicht ihre soeben dargestellten Grenzen im Binnenlande nicht nach Südosten und Osten. *Echinodorus* wächst auf den britischen Inseln — z. B. viel in Irland —, in Frankreich, auf der iberischen Halbinsel, in Italien, im österreichischen und kroatischen Küstenlande, auf Veglia, in Dalmatien, in Griechenland, in der Schweiz sowie angeblich im Dnjestrgebiete

---

[1]) Ueber die Art ihres Auftretens vgl. auch Focke, Pflanzenbiologische Skizzen, VI. Die Heide. Abhdlgn. herausg. v. naturw. Verein zu Bremen, XIII. Bd. (1896), S. 253—268 (263).

Galiziens bei Tarnopol¹) und in Ungarn im Graner Komitate²). Ausserhalb Europas kommt er auf den kanarischen Inseln und in Nordwestafrika vor³). *Hypericum* wächst ausser in Mitteleuropa auf den britischen Inseln — z. B. strichweise häufig in Irland —, in Frankreich, in Nordspanien von Catalonien bis Galicien, in Nordportugal, auf den Balearen, in der Schweiz⁴) und an wenigen Orten im nördlichen Italien. *Helosciadium* wächst ausser in Mitteleuropa auf den britischen Inseln — z. B. viel in Irland —, in Frankreich — in unbedeutender Verbreitung —, an einigen Stellen in Spanien, auf Sicilien, an wenigen Stellen der Apenninhalbinsel sowie in Mittelrussland⁵). *Myrica* allein kommt nördlich von Mitteleuropa und östlich der dargestellten Grenze vor. Sie wächst ausser in Mitteleuropa, Ostpreussen und auf der skandinavischen Halbinsel, auf den britischen Inseln — weit verbreitet in Irland —, in Westfrankreich, in Nordwestspanien und Nordportugal. Ausserdem kommt der Strauch in Russland, und zwar im Gouv. Kowno, in den Ostseeprovinzen — in Kurland, Livland, auf Oesel und in Estland⁶) —, in Ingermanland, in Finnland bis Nordosterbotten⁷), im Gouv. Archangel sowie im Gouv. Pensa vor. Ausserhalb Europas wächst er in Asien in manchen nördlichen Küstengegenden des Stillen Ozeans, z. B. auf Kamtschatka, sowie in einem grossen Teile Nordamerikas, nach Süden bis Virginien. Alle Arten vermögen somit gut in Gegenden mit kühleren und niederschlagsreicheren Sommern, als sie die niederen Teile des westlichen Mitteleuropas besitzen, zu leben, dagegen ist es sehr wahrscheinlich, dass die drei ersteren höhere, wenn auch nur kurz dauernde, Winterkälte sowie wohl auch bedeutendere sommerliche Hitze und Dürre nicht ertragen können. *Myrica* ist jedoch im stande, längere kältere Winter zu überstehen, wie ihr Vorkommen im westlichen Russland, in den Gouv. Pensa und Archangel, im nördlichen Teile Schwedens sowie in Asien und Nordamerika beweist. Es ist allerdings sehr wahrscheinlich, dass die im nördlichen Schweden, in Russland und in Ostpreussen⁸) vorkommenden Individuen zu einer Form oder einer Individuengruppe gehören, welche sich von der weiter im Westen vorkommenden durch ihre klimatische Anpassung wesentlich unterscheidet⁹).

Bei einem Vergleiche der Gebiete der vier Formen fällt zunächst

---

¹) An seichten Stellen des Tarnopoler Teiches auf der Seite von Kurkowce, vgl. Verh. d. zool.-bot. Gesellsch. in Wien, XVIII. Jahrg. (1868), S. 485.
²) Nach Ascherson u. Graebner, Synopsis d. mitteleuropäischen Flora, I. Bd. (1896—1898), S. 391.
³) Nach Ascherson u. Graebner a. a. O.
⁴) Nach Nyman, Conspectus florae europaeae (1878—1882), S. 134, vgl. dazu aber Gremli, Excursionsflora f. d. Schweiz, 5. Aufl. (1885), S. 479.
⁵) Nach Nyman a. a. O., S. 310, von v. Herder wird *Helosciadium* nicht von dort aufgeführt.
⁶) Lehmann a. a. O., S. 341.
⁷) Nach Saelan, Kihlman, Hjelt, Herbarium musei fennici, Ed. II., I (1889), S. 37; nach Ledebour, Flora rossica III (1846—1851), S. 661 auch in Finnisch-Lappland.
⁸) Die asiatischen und amerikanischen Individuen besitzen wohl noch andere Anpassungen; sie zerfallen wahrscheinlich in dieser Beziehung in mehrere Individuenkreise.
⁹) Aehnlich verhält sich z. B. *Lobelia Dortmanna L.*

auf, das *Echinodorus* in der Gegend des Niederrheines nicht südlich von Krefeld vorkommt, während die drei anderen Formen viel weiter im Süden, bei Mülheim und Siegburg, wachsen. Die Bodenverhältnisse und die Pflanzendecke entsprechen bis zu diesen Orten durchaus den Anforderungen von *Echinodorus*, wie schon das Auftreten der übrigen drei — und noch mancher anderer — Formen, welche in dieser Hinsicht die gleichen — oder höhere — Ansprüche machen als jener, deutlich erkennen lässt. Das Klima Kölns ist für *Echinodorus* in mancher Beziehung vielleicht ein wenig ungünstiger, in anderer dagegen ohne Zweifel günstiger als das von Krefeld [1]). Die Wärmemittel der Wintermonate sind in Köln höher als in Krefeld; extreme Kälte und Spätfröste treten wohl nicht häufiger als in letzterem Orte ein. Die Niederschläge der Wintermonate sind in Köln unbedeutender als in Krefeld, doch dürfte dies ohne Bedeutung für die Pflanze sein. Es würde also für sie das Winterklima von Köln günstiger als das von Krefeld sein. Umgekehrt ist aber in letzterem Orte vielleicht das Klima während der Vegetationsperiode des *Echinodorus* für diesen günstiger. Die Monate dieser Periode sind in Krefeld meist wesentlich kühler und auch, wenn auch

---

[1]) Wärmemittel:

	Januar	Februar	März	April	Mai	Juni	Juli	August	September	Oktober	November	Dezember	Zahl der Beobachtungsjahre	
Krefeld	1,1	2,7	4,4	9,1	13,3	16,8	18,4	17,5	14,6	9,9	4,5	2,1	32	
Köln	1,8	3,6	5,3	9,7	13,2	17,1	18,7	18,1	15,3	10,6	5,5	2,7	38	
Hannover . .	1,0	2,4	4,0	8,4	12,4	16,5	18,1	17,4	14,5	9,5	4,3	1,9	30	n. Thiele a. a. O., S. 48—135.
Salzwedel . . .	-0,7	1,3	2,8	7,8	12,8	16,9	18,0	17,3	13,4	9,6	2,7	1,0	22	
Potsdam	-1,2	0,8	2,3	7,2	11,8	15,9	17,5	16,5	13,9	7,9	3,5	0,0	10	
Hanau	-0,3	1,6	4,5	10,1	14,8	18,4	19,8	18,8	16,0	9,8	4,0	0,6	29	
Darmstadt . . .	0,9	2,8	5,1	10,0	13,9	17,4	19,3	18,2	15,1	9,7	5,0	2,3	22	
Schwerin	-0,2	0,5	2,2	7,0	11,6	15,9	17,6	16,9	13,7	8,8	3,3	0,6	40	
Rostock	-0,4	0,3	2,8	7,4	11,7	16,3	18,3	17,5	14,5	8,9	3,5	0,6	30	
Braunschweig .	0,1	1,4	3,7	8,0	12,0	16,1	17,7	17,1	14,0	9,5	4,1	1,5	40	
Münster	0,0	2,0	3,0	8,0	12,6	16,3	17,2	16,6	12,8	9,2	3,7	0,9	33	
Paderborn . . .	0,7	1,8	3,6	8,1	12,5	16,3	17,2	16,8	13,9	10,4	4,1	1,8	19	

Niederschlagshöhen:

	Jan	Feb	Mär	Apr	Mai	Jun	Jul	Aug	Sep	Okt	Nov	Dez	Jahre	
Krefeld	55	52	44	49	55	63	71	74	53	61	60	61	32	
Köln	44	41	39	44	52	62	67	64	46	48	52	47	38	
Hannover	34	34	40	34	46	68	68	66	45	45	47	51	30	
Salzwedel . . .	39	41	42	39	47	75	65	65	45	39	42	45	22	
Potsdam	34	29	35	32	35	62	81	60	38	54	40	46	10	vgl. oben.
Hanau	—	—	—	—	—	—	—	—	—	—	—	—	—	
Darmstadt . . .	46	44	51	44	64	71	81	73	50	59	56	54	22	
Schwerin	43	49	45	39	44	62	63	50	46	52	56	40	40	
Rostock	42	40	36	32	43	53	68	70	64	47	44	51	30	
Braunschweig .	33	38	56	33	48	64	66	62	44	61	43	56	40	
Münster	56	42	48	40	54	68	68	70	57	61	60	69	38	
Paderborn . . .	45	50	42	42	57	77	80	82	53	49	49	52	19	

meist nur unbedeutend, niederschlagsreicher als in Köln; doch sind in letzterem Orte wohl keine bedeutenderen sommerlichen Dürreperioden vorhanden als in Krefeld. Es dürfte dieser sehr geringfügige Unterschied wohl nicht ausreichen, um das Fehlen von *Echinodorus* bei Köln oder Mülheim zu erklären. Das Sommerklima der Unter-Havelgegenden oder Schwedens, deren Winterklima seinen Anforderungen viel weniger entspricht als das von Köln, ist ohne Zweifel für ihn, nach seiner Verbreitung zu urteilen, ungünstiger als das von Köln, und doch gedeiht er dort recht üppig. Noch besser als aus dem Vergleiche der klimatischen Werte lässt sich aus dem Vorkommen von *Hypericum helodes* und *Helosciadium inundatum* bei Köln, des ersteren sogar bei Troisdorf und Siegburg, schliessen, dass das Klima der Gegend von Köln — und Siegburg — für *Echinodorus* durchaus geeignet ist. Denn beide Formen, vorzüglich *Hypericum*, sind, nach ihrer Verbreitung zu urteilen, gegen höhere Sommerwärme und Trockenheit mindestens ebenso empfindlich als *Echinodorus*. Ohne Zweifel ist für diesen auch das Klima der Gegend von Darmstadt und des Untermaines geeignet. Der Winter von Hanau und Darmstadt ist für ihn bestimmt günstiger als der von Salzwedel und Potsdam[1]). Der Sommer freilich ist in den beiden ersteren Städten wesentlich wärmer, aber in den meisten Monaten ebenso reich an Niederschlägen oder sogar — bei Büdingen und Wächtersbach wohl recht bedeutend — reicher als in Salzwedel und Potsdam: er dürfte für *Echinodorus* somit kaum als ungünstiger als derjenige letzterer Städte angesehen werden. Dass er den Anforderungen von *Echinodorus* vollständig entspricht, lehrt auch das Vorkommen des gegen Hitze und Trockenheit offenbar mindestens ebenso empfindlichen *Hypericum helodes*. *Echinodorus* fehlt bei Braunschweig, dessen Winter wesentlich günstiger ist als derjenige von Potsdam, Schwerin und Rostock, wo er vorkommt[1]). Die Niederschläge Braunschweigs sind im Mai, Juni und Oktober höher als die der beiden mecklenburgischen Städte, in den anderen Monaten der Vegetationsperiode ganz unbedeutend — im Juli und August nur um 1—8 mm — geringer als diejenigen dieser. Im Juli, August und September bleibt aber die Wärme Braunschweigs hinter derjenigen Rostocks zurück und übertrifft diejenige Schwerins, der trockeneren der beiden Städte, nur ganz unbedeutend. Das Klima Braunschweigs muss somit meines Erachtens als durchaus für *Echinodorus*, welcher dort sehr günstige Wohnstätten fände, geeignet angesehen werden. Sehr auffällig ist das Fehlen dieser Pflanze in der Lausitz, in welcher die drei übrigen und ausserdem noch manche andere, ebenso angepasste Gewächse[2]) vorkommen. Dass sie dort ebensogut wie diese, vorzüglich *Hypericum*, zu wachsen vermag, kann wohl keinem Zweifel unterliegen. Meines Erachtens ist *Echinodorus* im stande, noch weit jenseits der Grenzen seines heutigen Wohngebietes zu wachsen; ich halte es durchaus nicht für unwahrscheinlich, dass er bei Warschau, bei Tarnopol und im ungarischen Komitate Gran vorgekommen ist

---

[1]) Vgl. Tab. S. 433 [205]. Anm. 1.
[2]) Z. B. *Heleocharis multicaulis (Sm.)*, *Scirpus fluitans L.* und *Aira discolor Thuill.*

oder noch vorkommt. Auch die drei anderen Formen vermögen zweifellos weit jenseits ihrer Grenzen zu leben. *Hypericum helodes* wächst bei Darmstadt, bei Mossau im Odenwalde sowie in den unteren Maingegenden nach Osten bis Lohr und Wächtersbach, fehlt aber im Gebiete des Oberrheines weiter aufwärts. Es kann keinem Zweifel unterliegen, dass das Klima an zahlreichen Stellen oberhalb von Darmstadt und Mossau, vorzüglich in den niederen Gegenden der Vogesen — auf deren Westseite Hypericum wächst — und des Schwarzwaldes, sowie in manchen Strichen seiner Vorberge, durchaus für die Form geeignet, sogar günstiger als das von Hanau [1]), und vorzüglich das von Hannover [2]) und das der Lausitz ist. An geeigneten Standorten ist in jenen oberrheinischen Gegenden auch kein Mangel vorhanden. *Hypericum* wächst in der Nähe von Köln, Münster — hier an mehreren Stellen — und Hannover — nur an einer Stelle —, aber nicht bei Paderborn, obwohl dessen Klima durchaus seinen Anforderungen entspricht [3]). Der Winter Paderborns ist, mit Ausnahme des Februar, welcher um $0{,}2^0$ kühler ist, wärmer als derjenige Münsters, und fast ebenso warm — der Dezember ist nur um $0{,}1^0$ kühler — als derjenige Hannovers. Dass diese geringen Unterschiede ohne Bedeutung sind, zeigt ein Vergleich Paderborns mit dem viel kälteren Hanau. Die Monate der Vegetationsperiode sind in Paderborn ebenso warm oder, mit Ausnahme des Oktober, dessen Wärmemittel ungewöhnlich hoch (10,4 : 9,2) und dessen Niederschlagsmenge sehr gering ist und des September, unbedeutend wärmer als in Münster, aber meist beträchtlich kühler als in Hannover; nur Mai — um $0{,}1^0$ — und Oktober sind wärmer. Die Vegetationsmonate sind in Pader-

---

[1]) Im folgenden sind zum Vergleiche die Wärmemittel und Niederschlagshöhen von Hanau, Darmstadt, Karlsruhe, Heidelberg und Freiburg zusammengestellt:

Wärmemittel:

	Januar	Februar	März	April	Mai	Juni	Juli	August	September	Oktober	November	Dezember	Zahl d. Beob. Jahre	
Hanau......	-0,3	1,6	4,5	10,1	14,8	18,4	19,8	18,8	16,0	9,8	4,0	0,6	29	n.Thiele a. a. O., S. 132–13.
Darmstadt...	0,9	2,8	5,1	10,0	13,9	17,4	19,3	18,2	15,1	9,7	5,0	2,3	22	
Karlsruhe...	0,8	2,6	5,6	10,6	14,5	18,2	19,8	19,1	15,6	10,4	5,0	1,5	?	
Heidelberg...	1,3	2,3	5,1	10,2	13,8	17,6	18,9	18,3	15,1	10,2	4,9	1,4	30	
Freiburg...	0,3	2,6	5,3	10,0	13,7	17,6	19,5	18,9	15,3	10,0	4,5	0,6	30	

Niederschlagshöhen:

	Januar	Februar	März	April	Mai	Juni	Juli	August	September	Oktober	November	Dezember	Zahl d. Beob. Jahre	
Hanau......	—	—	—	—	—	—	—	—	—	—	—	—	—	nach Thiele a. a. O.
Darmstadt...	46	44	51	44	64	71	81	73	50	59	56	54	22	
Karlsruhe...	61	63	71	95	93	136	112	124	89	98	92	81	?	
Heidelberg...	48	61	63	70	70	104	114	89	101	80	88	75	30	
Freiburg...	46	67	76	123	133	145	132	132	118	116	116	70	30	

[2]) Vgl. Tab. S. 433 [205], Anm. 1.
[3]) Vgl. Tab. S. 433 [205], Anm. 1.

born meist wesentlich niederschlagsreicher als in Münster und vorzüglich in Hannover. Sie besitzen bedeutendere oder sehr wenig — um 1—10 mm — geringere Niederschlagshöhen als in Darmstadt, dessen Wärmemittel viel grösser sind. Durch das Klima wird *Hypericum* also nicht von der Umgegend von Paderborn, welche strichweise viele sehr geeignete Standorte bietet, ferngehalten. Viel auffälliger noch als das Fehlen des *Hypericum* am Oberrheine, bei Paderborn und bei Braunschweig. ist sein Fehlen nordöstlich von der Linie Jever-Hude-Celle, welche Orte fast in einer geraden von Nordwest nach Südost verlaufenden Linie liegen, die verlängert nur wenig westlich von der Lausitz, der äussersten Wohnstätte der Pflanze gegen Südost, verläuft. Diese Grenze des Hauptgebietes von *Hypericum* im nordwestlichen Mitteleuropa weicht durch ihre Richtung durchaus von denjenigen der Mehrzahl der Phanerogamen mit ähnlicher Anpassung an Klima, Boden und Organismenwelt ab; diese verlaufen von Südwesten nach Nordosten. Ebensowenig wie sie ihre Ursache in den Anforderungen, welche *Hypericum* an den Boden stellt und in seinem Verhältnisse zu der Organismenwelt haben kann, entspricht sie seinen Ansprüchen an das Klima. Es lässt dies ein Vergleich der klimatischen Werte von Bremen. Hamburg, Meldorf und Kiel [1] einerseits mit denjenigen von Hannover [2]. Gütersloh [3], Münster, Kleve [1] und Köln [2] andererseits erkennen. Der Januar besitzt in Bremen und Hamburg eine Mittelwärme von weniger als 0°, ist also kälter als derjenige der angeführten Orte westlich von der Grenzlinie; er ist aber in beiden Städten wärmer als in Aschaffenburg

[1] Wärmemittel:

	Januar	Februar	März	April	Mai	Juni	Juli	August	September	Oktober	November	Dezember	Zahl d. Beob. Jahre	
Bremen . . .	-0,1	1,5	3,5	8,0	12,8	16,0	17,5	17,1	14,0	9,4	4,2	1,4	71	n.Thielen,a.O. S. 32—136.
Hamburg	-0,4	1,8	2,9	7,4	11,1	15,6	17,2	16,4	13,5	8,5	3,7	0,8	10	
Meldorf .	0,7	1,7	3,0	7,2	10.9	15,1	17,3	16,5	13,7	8.6	3,8	1,1	20	
Kiel	0,6	1,2	2,6	6,8	11,0	14,9	16,6	16,2	13,3	9,0	4,0	1,6	40	
Aschaffenburg	-0,8	0,5	3,9	8,9	12,7	16,6	18,2	17,7	14,2	9,0	3,2	-0,4	30	
Gütersloh .	0,9	2,3	3,7	8,4	12,5	16,3	17,7	16,9	13,4	9,5	4,2	1,6	38	
Kleve	1,6	2,8	4,1	8,3	12,1	16,0	17,4	16,8	13,5	9,5	4,5	2,1	38	

Niederschlagshöhen:

	Jan	Feb	Mär	Apr	Mai	Jun	Jul	Aug	Sep	Okt	Nov	Dez	Jahr	
Bremen	51	45	49	38	55	72	84	73	55	61	55	60	71	vgl. oben.
Hamburg	45	54	54	33	50	78	92	75	72	79	60	73	10	
Meldorf	45	40	41	34	48	60	83	89	94	89	76	71	20	
Kiel	46	48	47	33	46	59	82	74	66	84	69	66	40	
Aschaffenburg .	—	—	—	—	—	—	—	—	—	—	—	—	—	
Gütersloh	59	53	54	47	57	75	80	76	56	59	61	61	38	
Kleve	66	58	57	50	64	66	84	82	60	69	68	71	38	

[2] Vgl. Tab. S. 433 [205]. Anm. 1.
[3] Es wächst, wie es scheint, zwar nicht in unmittelbarer Nähe von Gütersloh, wohl aber bei dem noch nicht 10 km entfernten Rheda, dessen Klima schwerlich bedeutend von demjenigen Güterslohs abweichen.

— —0,1° bezw. —0,4°: —0,8° — [1]) und in Bremen wärmer als in Hanau — —0,1°: —0,3° — [2]). Ohne Zweifel ist er in beiden Städten auch wärmer als in Hoyerswerda. In den beiden anderen Städten, Meldorf und Kiel, ist der Januar wesentlich wärmer als in Münster, in dessen Umgebung *Hypericum* an einer Anzahl Stellen üppig wächst. Auch der Dezember — desgleichen der November — ist in diesen Orten wärmer als in Münster, und in ihnen sowie in Bremen und Hamburg wesentlich wärmer als in Aschaffenburg, wo seine Mittelwärme weniger als 0° beträgt. Der Dezember ist in allen vier Städten auch wärmer als in Hanau; in Kiel ist er ebenso warm als in Gütersloh. Der Februar bleibt in allen östlich der Grenze gelegenen Städten hinter dem der westlich der Grenze gelegenen, selbst hinter dem von Münster, ein wenig zurück, ist aber in Hamburg und Meldorf wärmer als in Hanau, in allen Städten wärmer als in Aschaffenburg und in allen wohl wärmer als in Hoyerswerda. Die Monate der Hauptvegetationsperiode, Mai bis Oktober, sind in Hamburg, Meldorf und Kiel und mit Ausnahme des Mai auch in Bremen kühler als in Hannover, und in sämtlichen Städten kühler als in Köln und Krefeld, in denen fast sämtliche Monate auch wesentlich geringere Niederschläge besitzen als in den vier östlichen Städten. Auch Gütersloh, Münster und Kleve sind in den meisten Monaten wärmer als Hamburg, Meldorf und Kiel, aber zum Teil kühler als Bremen, und bleiben auch, vorzüglich Gütersloh und Münster, zum Teil in den Niederschlägen, vorzüglich in den wärmsten Monaten, Juli und August, hinter jenen Städten des Ostens zurück. In Hanau sind sämtliche Sommermonate wärmer als in den Städten östlich der Grenze; in Aschaffenburg sind sie wärmer als in den meisten jener Orte. Das Sommerklima jener Orte des Ostens dürfte somit für *Hypericum* mindestens ebenso günstig sein als dasjenige der erwähnten Orte des Westens sowie dasjenige von Hanau, Aschaffenburg, Lohr und Hoyerswerda. Da auch die Wintertemperatur der Orte des Ostens durchaus seinen Ansprüchen genügt, so kann das Klima nicht die Ursache seines Fehlens in der Umgebung dieser Orte sein. Sicher sind auch noch zahlreiche andere Gegenden, zum Teil in viel höherem Masse als die Umgebungen der vier Orte, für *Hypericum* geeignet, so z. B. das Havelgebiet aufwärts bis Potsdam, in dem *Echinodorus* auftritt, manche Striche der Niederlausitz, z. B. die Gegend von Luckau, wo *Myrica* wächst, und der Landstrich zwischen Senftenberg, Finsterwalde, Kottbus, Sommerfeld und Forst, in dem z. B. *Heleocharis multicaulis* vorkommt, sowie wohl auch die Gegend von Jüterbog, wo *Tillaea* wächst.

Neben *Hypericum helodes* kommt bei Hoyerswerda auch *Helosciadium inundatum* vor, welches in der Lausitz auch bei Ruhland wächst. Warum fehlt diese Form in den übrigen Strichen der Lausitz, z. B. in dem soeben erwähnten Striche, in dem *Heleocharis* vorkommt, welche, nach ihrer Verbreitung zu urteilen, mindestens ebenso empfindlich gegen niedere Wintertemperaturen, geringe sommerliche Niederschläge und hohe sommerliche Wärme wie *Helosciadium* ist? Sollte dies aber

---

[1]) Vgl. Tab. 436 [208], Anm. 1.
[2]) Auch in Büdingen, Wächtersbach und Lohr ist der Januar wohl kühler als in Bremen und Hamburg.

nicht der Fall sein, sollte *Heleocharis* weniger empfindlich als *Helosciadium* sein, warum geht sie dann nicht auch im Norden so weit wie jenes? Auch in den unteren Havelgegenden, in denen *Echinodorus* vorkommt, der strichweise hinter den Grenzen von *Helosciadium* zurückbleibt, kann dieses ohne Zweifel wachsen. Die Winterkälte hält es nicht von den Havelgegenden fern, denn es wächst in Schweden an Oertlichkeiten, welche wesentlich ungünstigere Winter besitzen; auch das Winterklima Stettins, bei dem es vorkommt, ist kaum günstiger als dasjenige der unteren Havelgegenden. Das Sommerklima ist an der Havel in jeder Beziehung für *Helosciadium* geeignet, wie ein Vergleich mit dem Sommerklima derjenigen Orte des Ostens ergiebt, in deren Nähe es vorkommt. Auch das Klima vieler Striche der Oberrheingegenden dürfte keine Eigenschaften besitzen, welche *Helosciadium*, das bei Remich an der Mosel wachsen soll, die Existenz unmöglich machen. Wahrscheinlich entspricht auch das Klima der Gegenden zwischen Bingen und Bonn strichweise durchaus seinen Ansprüchen.

Myrica Gale L. wächst in der Lausitz nur bei Luckau, hier aber in recht weiter Verbreitung, fehlt also gerade in den an Gewächsen mit ähnlicher Anpassung an Klima und Boden reichsten Strichen, vorzüglich in der Umgebung von Ruhland und Hoyerswerda. Auch ihre aus Westen eingewanderte Form oder Individuengruppe kann mindestens ebenso kalte Winter ertragen, wie *Hypericum helodes*, *Helosciadium inundatum*, *Heleocharis multicaulis*, *Aira discolor* u. s. w.— ihr Vorkommen[1] z. B. bei Lauenburg und bei Danzig lässt sich erkennen, keine von jenen kommt in Mitteleuropa in einer Gegend mit so kalten Wintern vor[2] —, und bedarf zum Leben keineswegs eines wärmeren und trockeneren oder eines kühleren und feuchteren Sommers als jene. Zweifellos vermag sie überall da in der Lausitz zu wachsen, wo eine jener Formengruppe vorkommt[3].

[1] Die dort vorkommenden Individuen gehören wohl sicher zu der westlichen Form oder Individuengruppe.
[2] Im folgenden sind die Wärmemittel der Wintermonate von Lauenburg i. P., Neufahrwasser und Danzig, sowie die mittleren Kälteextreme dieser Monate von Neufahrwasser zusammengestellt:

	Dezember	Januar	Februar	März	Zahl der Beobachtungsjahre	
Lauenburg	— 0,9	— 1,3	— 1,0	1,4	25	
Neufahrwasser	— 0,7	— 2,0	— 0,1	1,1	10	nach Thiele a. a. O., S. 66.
Neufahrwasser, mittlere Kälteextreme	— 13,7	— 14,3	— 11,7	— 9,0		
Danzig	— 1,1	— 2,9	— 1,6	0,2	81	

[3] Nach Rabenhorst, Flora lusatica, I. Bd. (1839), S. 283 soll sie allerdings auch bei Gassen unweit Sommerfeld beobachtet worden sein; es ist dies aber wenig wahrscheinlich, wenigstens gelang es später nicht, den Strauch dort wieder aufzufinden, vgl. Baenitz, Flora d. östl. Niederlausitz (1861), S. 114 und Ascherson, Flora d. Prov. Brandenburg, 1. Abt. (1864), S. 625.

Wir sehen also, dass die Verbreitung der behandelten vier Formen keineswegs deren Ansprüchen an das Klima und den Boden sowie deren Verhältnisse zu der Organismenwelt entspricht. Das Gleiche lässt sich von den drei übrigen Formen — und von allen anderen ähnlich angepassten — sagen, doch ist es möglich, dass diese noch an einer Anzahl Oertlichkeiten aufgefunden werden, da sie wegen ihrer Kleinheit oder wegen ihrer Aehnlichkeit mit anderen, weit verbreiteten Gewächsen leicht übersehen werden können. Die merkwürdigste Verbreitung von ihnen besitzen *Tillaea muscosa* L. und *Anagallis tenella* L. Ich sah die erste von beiden im nördlichen Teile des Rheingebietes vorzüglich auf mehr oder weniger feuchtem, weniger auf trockenem, spärlich bewachsenem Sandboden, hauptsächlich auf Triften und Wegen, an Rändern von Teichen, Tümpeln und Gräben, in ausgetrockneten Gräben und Tümpeln, auf Aeckern u. s. w., die andere in Westfalen auf nassen, etwas torfigen, moosigen Wiesen im nicht allzu dichten Bestande von *Juncus*-, *Scirpus*- und *Carex*-Arten, Gräsern und Kräutern, darunter *Lysimachia Nummularia* L. Beide scheinen jedoch auch an anders beschaffenen Oertlichkeiten vorzukommen. Oertlichkeiten wie die zuerst beschriebenen finden sich fast in allen den Strichen Mitteleuropas, denen beide Formen fehlen. Ihre Anforderungen an den Boden und dessen Pflanzendecke können also nicht die Ursache für das beschränkte Vorkommen der beiden Formen bilden. Auch im Klima darf diese Ursache nicht gesucht werden. Zwischen dem Klima von Kleve und dem von Jüterbog, welch letzteres wahrscheinlich ungefähr die Mitte hält[1]) zwischen dem von Potsdam und dem von Torgau, ist ein recht bedeutender Unterschied. Dasjenige von Münster, Paderborn und Hannover hält in vieler Hinsicht, vorzüglich hinsichtlich der Temperatur der Wintermonate, die Mitte zwischen demjenigen jener beiden Städte; in den Umgebungen der genannten drei Städte, in welchen die Bodenverhältnisse sehr günstige sind, vermag *Tillaea* ohne Zweifel zu wachsen[2]). Sie dürfte auch in zahlreichen Gegenden am Oberrheine zu wachsen im stande sein, die ein überaus günstiges Winterklima und freilich hohe Sommerwärme, aber auch hohe sommerliche Niederschläge besitzen. Das Klima vieler Striche des Oberrheines dürfte für *Tillaea* nicht ungünstiger sein als das des französischen Zentralplateaus, in welchem sie wächst. Das Klima von Kleve, in dessen Umgebung *Tillaea* an recht zahlreichen Stellen wächst, *Anagallis* aber fehlt, ist für letzteres Gewächs nicht ungünstiger als das von Salzkotten, wo *Anagallis* vorkommt, *Tillaea* aber fehlt; das Klima Salzkottens dürfte ungefähr die Mitte halten zwischen demjenigen von Paderborn und dem von Gütersloh[3]). Bei Kleve kann *Anagallis* somit ohne Zweifel wachsen; ebenso wohl auch bei Köln sowie wahrscheinlich auch an einzelnen Orten der Rheingegenden

---

[1]) Vielleicht ist es aber doch kälter und niederschlagsreicher als dasjenige beider Orte.

[2]) Die Winter dieser Städte — vgl. Tab. S. 433 [205], Anm. 1 — müssen für diese Pflanze des Westens viel günstiger sein als diejenigen Jüterbogs, in welchem Orte die mittlere Januartemperatur wohl ebenso wie in Torgau und Potsdam unter 0° sinkt.

[3]) Vgl. Tab. S. 436 [208], Anm. 1.

zwischen Köln und Bingen und an zahlreichen Orten der Oberrheingegenden, nicht nur an den wenigen oben aufgeführten. Auch bei Münster und bei anderen Orten des Busens von Münster vermag sie wohl zu wachsen; doch dürfte ihr weiter im Osten, wo die Winter viel kälter sind und sich bedeutende Kälteextreme, wenn auch nur in längeren Abständen und von kurzer Dauer, einstellen, eine Existenz nur an besonders günstigen, geschützten Oertlichkeiten, vom Odergebiete ab eine solche vielleicht überhaupt nicht mehr möglich sein, denn nach Beobachtungen Beckers[1]) erfrieren schon bei Hüls unweit Krefeld bei längerem Froste, welcher im allgemeinen wohl nicht sehr bedeutend ist[2]), die jungen Triebe, und es unterbleibt dann im folgenden Sommer das Blühen vollständig. Es lässt sich deshalb wohl an der Richtigkeit der Angaben des — ehemaligen — Vorkommens der Art bei Geithain in Sachsen und bei Warschau zweifeln.

Ebensowenig wie den Ansprüchen der Formen an das Klima der Jetztzeit entspricht die Gestalt der Gebiete der behandelten Formen den Ansprüchen, welche diese in einer früheren Periode mit abweichendem Klima an letzteres gestellt haben. Es lässt sich nicht annehmen, dass in der ersten oder in der zweiten kühlen Periode z. B. das Klima der unteren Havelgegenden für *Echinodorus*, das der Lausitz für *Helcocharis*, *Myrica*, *Hypericum*, *Helosciadium* und andere Formen günstiger gewesen sei als das vieler weiter westlich und nordwestlich gelegener Striche, in denen diese heute fehlen, und dass sich infolgedessen in den ersteren Gegenden diese Formen, von denen entwicklungsfähige Teile durch Vögel eingeschleppt wurden, anzusiedeln vermochten, während ihnen eine Ansiedelung in den letzteren Gegenden, trotzdem ebenfalls in diese entwicklungsfähige Teile von ihnen gelangten, nicht möglich war. Ebensowenig vermag man sich vorzustellen, dass in der zweiten heissen Periode[3]) die Lausitz ein für Formen wie *Helcocharis*, *Myrica*, *Hypericum* und *Helosciadium* wesentlich günstigeres Klima besass, als die weiter im Nordwesten gelegenen Gegenden — für *Hypericum* bis zur Linie Westerstede-Hude-Celle-Hannover —, dass damals das Klima von Jüterbog für *Tillaea* günstiger war als das aller Gegenden von hier bis zum westlichsten Teile Westfalens, dass das Klima der unteren Havelgegenden für *Echinodorus* günstiger war als das der Lausitz, dass das Klima der hessischen Provinz Starkenburg und das der unteren Maingegenden für *Hypericum* günstiger war als das der weiter südlich gelegenen Oberrheingegenden, u. s. w. Das Sommerklima der Havelgegenden war in jener Periode so heiss und trocken — und dementsprechend war das Winterklima sehr kalt —, dass eine ausgedehnte Neuausbreitung derjenigen in der ersten heissen Periode eingewanderten Formen, welche dort an wenigen Stellen[4]) während der ersten kühlen Periode gelebt hatten, vor

---

[1]) Verhandlgn. d. naturh. Vereins d. preuss. Rheinlde. u. Westfalens, 31. Jahrg. (1874). S. 148.
[2]) Becker macht keine bestimmten Angaben.
[3]) In der ersten heissen Periode blieben Formen dieser Hauptgruppe wohl nur in äussersten Nordwesten erhalten.
[4]) Eine Anzahl von ihnen z. B. bei Potsdam, wie dies an dem Vorkommen von solchen ersichtlich ist, welche sich später nicht weiter ausgebreitet haben, z. B. von *Poa badensis Haenke*, *Oxytropis pilosa (L.)* und *Inula germanica L.*

sich gehen konnte; das der Lausitz war für die Einwanderer jener ersten heissen Periode so günstig, dass eine Anzahl von diesen, welche heute zum Teil in der Lausitz ihre westliche Grenze besitzen, hauptsächlich wohl aus dem Oderthale, in sie einwandern und sich in ihr mehr oder weniger weit ausbreiten konnte; zu diesen Formen gehören z. B. *Silene chlorantha (Willd.), Gypsophila fastigiata L., Dianthus arenarius L., Astragalus arenarius L., Eryngium campestre L.* u. m. a. Auch im Mainzer Becken und am unteren Maine haben damals sehr ausgedehnte Wanderungen von Einwanderern der ersten heissen Periode stattgefunden, welche auf ein heisses, trockenes Sommerklima und ein kaltes Winterklima schliessen lassen. Das Klima aller dieser Gegenden war also damals schwerlich sehr günstig für die behandelten und ähnliche Formen, sicher nicht günstiger als das zahlreicher der weiter im Westen, Nordwesten und Süden gelegenen Striche, denen diese heute fehlen.

Ich glaube somit, dass die heutigen Gebietslücken der behandelten Formen zum grossen Teile als ursprüngliche angesehen werden müssen. Wahrscheinlich sind die Formen in die gegen Süden und Südosten so weit vor die Hauptgebiete vorgeschobenen isolierten Lokalgebiete wie auch an zahlreiche der Wohnstätten der Hauptgebiete bereits während der ersten kühlen Periode gelangt. Wahrscheinlich gingen in dieser, in welcher wohl die Verhältnisse des höheren Nordens für das Vogelleben wenig günstig waren, zahlreiche Vögel, vorzüglich Schwimm- und Sumpfvögel, die heute im Sommer den höheren Norden aufsuchen, nicht über die Küsten der Nord- und Ostsee hinaus und unternahmen häufig Streifzüge längs der Küsten und von diesen nach den Gewässern des Binnenlandes. Wahrscheinlich zogen sie im Herbste von den Küsten der Nordsee vorzüglich in südöstlicher Richtung, weniger in südlicher Richtung längs des Rheines nach dem Süden. Die in südöstlicher Richtung wandernden liessen sich zuerst wohl hauptsächlich in der Lausitz, welche damals noch viel wasserreicher als gegenwärtig war, nieder und verloren hier den grössten Teil der ihnen anhaftenden [1]) entwicklungsfähigen Keime. Zahlreiche von diesen gingen auf und entwickelten sich zu normalen Pflanzen, welche sich fortpflanzten. Diese Arten wurden später in dieser Gegend, in welcher für die meisten von ihnen günstige Standorte in bedeutender Verbreitung vorhanden waren, durch Vögel weiter ausgebreitet. Manche der Samen und Früchte wurden aber noch über die Lausitz hinweg weiter nach Südosten getragen und gelangten erst dann auf den Boden. So gelangten manche nach Oberschlesien, in dessen wasserreichen Strichen sich wohl auch zahlreiche Vögel niederliessen, andere wurden bis Polen verschleppt, so die von *Erica Tetralix L.* bis Częstochowa [2]) — und vielleicht die von *Echinodorus* nach Polen, Galizien und Ungarn, die von *Scirpus fluitans L.* nach Galizien, die von *Anagallis* nach Polen —. Manche gelangten aber schon westlich

---

[1]) Manche harte Früchte und Samen wurden von ihnen wohl auch im keimfähigen Zustande ausgestossen oder mit dem Kote abgesetzt.
[2]) Auch der halophile *Blysmus rufus (Huds.)* wurde wohl damals auf diese Weise nach Częstochowa verschleppt.

von der Lausitz auf den Boden[1]). In der zweiten heissen Periode gingen die meisten Einwanderer der vorausgehenden kühlen Zeit in den östlichen Teilen Mitteleuropas wieder zu Grunde. Auch in der Lausitz und in den angrenzenden Havelgegenden wurde ihre Anzahl sehr vermindert; manche Formen, welche erhalten blieben, wurden auf eine Stelle beschränkt, ihr Aussterben ging sehr ungleichmässig vor sich. Die meisten Formen würden wohl auch in der Lausitz vernichtet worden sein, wenn sie in ihr nicht eine recht weite Verbreitung besessen hätten. Von den Oertlichkeiten, an denen die Formen die ungünstige Periode in der Lausitz überlebt hatten — die meisten erhielten sich wohl ausschliesslich in der Umgebung von Hoyerswerda —, haben sie sich dann später in der zweiten kühlen Periode weiter ausgebreitet; diese Ausbreitung schreitet wohl noch gegenwärtig fort. Die Ausbreitung von einer Stelle lässt sich sehr deutlich bei *Myrica*, *Hypericum* und *Helosciadium* — sowie bei *Echinodorus* in der Havelgegend — erkennen; auch *Heleocharis* hat sich wahrscheinlich von einer Stelle ausgebreitet. Auch im westlichen Mitteleuropa wurden in der zweiten heissen Periode die Gebiete der Formen dieser Anpassungsgruppe sehr verkleinert; manche Formen wurden damals auf sehr wenige Oertlichkeiten beschränkt, von denen aus sie sich später mehr oder weniger weit ausgebreitet haben. So erhielt sich *Tillaea* wahrscheinlich sowohl in der Nähe des Niederrheines wie an der unteren Lippe nur an je einer Stelle, und so erhielt sich *Anagallis* wahrscheinlich in den Gegenden des Niederrheines — bis Hüls und bis zur unteren Lippe — und ebenso bei Salzkotten nur an je einer Stelle; auch *Hypericum* ist an seine Wohnstätten in Starkenburg und in den unteren Maingegenden wohl von einer Stelle aus gelangt. Da auch im Nordwesten die für die Formen dieser Anpassungsgruppe geeigneten Standorte nicht ununterbrochen zusammenhängen, sondern durch für diese ungeeignete Landstriche getrennt sind und auch in der zweiten kühlen Periode getrennt waren, so vermochten sich die Formen auch hier fast nur durch Vermittelung der Vögel weiter auszubreiten, und es blieb deshalb auch hier die Ausbreitung der meisten eine durchaus unvollendete und ganz ungleichmässige. Auch im Nordwesten wechseln Striche, in denen eine Form in sehr grosser Individuenanzahl auftritt, mit solchen ab, denen diese vollständig oder fast vollständig fehlt, obwohl sie sich in keiner Beziehung von den anderen unterscheiden. Im Westen Mitteleuropas etwa bis zur Grenze des Elbegebietes sind gegenwärtig wahrscheinlich sämtliche Formen vollkommen an das herrschende Klima angepasst und im stande, sich auszubreiten; auch weiter im Osten — vorzüglich in der Lausitz — lässt sich dies wohl, wie gesagt, bezüglich der Mehrzahl behaupten. Dass sich trotzdem die Gebiete aller Formen immer mehr verkleinern, ist eine Folge der Kultureingriffe des Menschen.

Das reichliche Auftreten mancher Formen dieser Anpassungs-

---

[1]) Auf diese Weise und in gleicher Zeit sind wohl auch die meisten Halophyten in das mitteleuropäische Binnenland gelangt, vgl. Entw. d. ph. Pflzdecke d. Saalebez., S. 183—185 [80—82].

gruppe in engbegrenzten, mehr oder weniger, zum Teil sehr weit vor das Hauptgebiet vorgeschobenen Lokalgebieten, welches deutlich erkennen lässt, dass es auf von keiner klimatisch ungünstigen Periode unterbrochene Ausbreitung von je einer Stelle oder von sehr wenigen aus zurückgeführt werden muss, kann leicht zu der Annahme verführen, dass die Formen nach diesen Lokalgebieten erst während einer Periode eingewandert seien, auf welche eine für sie ungünstige, d. h. heisse Periode, nicht mehr gefolgt sei, also während der zweiten kühlen Periode. Ich glaube jedoch, dass die oben vorgetragene Ansicht, nach der die Einwanderung in die lokalen Gebiete bereits in die erste kühle Periode fiel, die Formen in diesen in der folgenden zweiten heissen Periode bis auf eine oder wenige Stellen ausstarben und sich von dieser oder diesen in der zweiten kühlen Periode und, wenigstens teilweise, auch in der Jetztzeit von neuem ausgebreitet haben und noch ausbreiten, viel mehr Wahrscheinlichkeit besitzt.

* *

Wie oben angegeben wurde, gehören der vierten Hauptgruppe auch Formen an, welche weitere Strecken schrittweise zu durchwandern vermögen, wahrscheinlich hauptsächlich schrittweise nach Mitteleuropa eingewandert sind und sich in gleicher Weise in diesem ausgebreitet haben. Es sind dies Pflanzen, welche im zum Teil recht schattigen Walde, aber, vorzüglich im Nordwesten, auch sehr gut in lichten Gebüschen und an baum- und strauchlosen Stellen zu wachsen im stande sind. Zu diesen Formen gehört z. B. *Hypericum pulchrum L.* Diese Form wächst nicht nur im Walde — vielfach im recht schattigen Buchenwalde —, oder an Waldrändern und in Gebüschen, sondern auch, doch, wie es scheint, fast nur im westlichen Mitteleuropa, auf Heiden sowie an baum- und strauchlosen Abhängen. Nach ihrer Verbreitung ausserhalb Mitteleuropas zu urteilen, kann sie in dieses erst nach dem kältesten Abschnitte der kalten Periode eingewandert sein. Diese Einwanderung ging wohl hauptsächlich schrittweise und in kleinen Sprüngen vor sich. Die winzigen, durchschnittlich 1 mm langen, ungefähr cylindrischen, an den Enden abgerundeten oder kurz zugespitzten, geraden oder meist schwach gekrümmten Samen besitzen keine besonderen Einrichtungen für eine Ausbreitung durch Wind oder Tiere, doch können sie sich leicht durch ein Bindemittel — mittels nasser, zäher Bodenmasse, vielleicht sogar schon mittels Wassers allein — anheften und auf diese Weise verschleppt werden. Eine solche Verschleppung, wenigstens über weitere Strecken, hat aber wohl nur selten stattgefunden, da die Form an trockenen Oertlichkeiten lebt, an denen sich Vögel, welche weite Strecken ohne Unterbrechung durchfliegen, und deren Körper zur Anheftung geeignet ist, nur selten aufhalten. Es ist also sehr wahrscheinlich, dass *Hypericum pulchrum* nach den meisten seiner heutigen Wohnstätten durch schrittweise Wanderung und — doch in viel geringerem Masse — durch Wanderung in kleinen Sprüngen gelangt ist, dass es also auf dem Raume der meisten seiner Lücken, welche sein Gebiet vorzüglich östlich des Wesergebietes in grosser Zahl und Ausdehnung darbietet, ehemals gelebt und später von ihm verschwunden ist¹). Die Lücken kann nur ein durch heisse, trockene Sommer und kalte Winter ausgezeichneter Zeitabschnitt geschaffen haben. Denn, nach seiner Verbreitung zu urteilen²), vermag *Hypericum pulchrum* höhere Sommerhitze und Dürre sowie vorzüglich wohl bedeutendere Winterkälte nicht zu ertragen; wahrscheinlich wurde ihm das ungünstige Klima nicht nur direkt, sondern auch dadurch, dass unter dessen Herrschaft die Wälder sich lichteten oder strichweise vollständig schwanden, verderblich. Diese ungünstige Periode kann nur die zweite heisse Periode gewesen sein; in der ersten heissen Periode verschwand *Hypericum pulchrum* wahrscheinlich fast vollständig aus Mitteleuropa, in welchem es wohl im Ausgange der kalten Periode weit vorgedrungen war. Seine Neueinwanderung und Hauptausbreitung können also nur in die erste kühle Periode fallen. Wahrscheinlich drang es damals von Westen und Nordwesten bis in die östlichsten Gegenden Mitteleuropas, in das östliche Schweden, in das Weichselgebiet, bis Mähren und Niederösterreich vor. Aus dem Weichselgebiete scheint es später wieder vollständig verschwunden zu sein; auch in Schweden³), im Gebiete der Oder⁴) und in dem der unteren Donau⁵) scheint es sich nur an wenigen Oertlichkeiten erhalten zu haben. Auch im Elbegebiete besitzt es nur in wenigen Strichen des Westens, z. B. im Harze, im Eichsfelde und im Hainiche sowie im Thüringerwalde eine etwas weitere Verbreitung⁶). Es wächst in den zuletzt aufgeführten Gegenden vorzüglich an höheren, verhältnismässig kühlen und niederschlagsreichen Oertlichkeiten. Westlich vom Elbegebiete ist *Hypericum* weiter verbreitet. Sein Aussterben war vorzüglich im östlichen Mitteleuropa ein sehr ungleichmässiges; von den Oertlichkeiten, an denen es sich während der zweiten heissen Periode

¹) Ohne Zweifel hat auch der Mensch die Pflanze an zahlreichen Stellen vernichtet.
²) Es wächst ausser in Mitteleuropa auf den Färöern, im südlicheren Norwegen, auf den britischen Inseln — in weiter Verbreitung —, in Frankreich, in unbedeutender Verbreitung auf der iberischen Halbinsel, vorzüglich im Norden, in der Schweiz an einigen Oertlichkeiten und auf der Apenninenhalbinsel (ob auch weiter im Osten, in Steiermark, Krain — aus beiden noch von Fritsch a. a. O., S. 376 aufgeführt —, Kroatien, in den Karpaten und in Lithauen?).
³) In Schweden scheint es nur in Halland und in Wester-Gotland vorzukommen.
⁴) Es wächst in diesem bei Kotzenau unweit Lüben — unter Kiefern — (Jahresb. d. schles. Gesellsch. f. vaterl. Cultur 1895 [1896], II. zool.-bot. Abt., S. 91) und im Gebiete der Neisse bei Rengersdorf unweit Görlitz.
⁵) In diesem wächst es nur bei Czeitsch im südlichen Mähren, sowie bei Schmolln in Oberösterreich.
⁶) Ausserdem wächst es im Elbegebiete bei Fugau in Böhmen, bei Schandau a.E. (Schöna), Havelberg und Wittenberge sowie an einer Anzahl Oertlichkeiten weiter abwärts in der Nähe der Elbe, rechts von dieser in der Lausitz bei Luckau und Lübben — hier aber neuerdings nicht mehr beobachtet —, in Mecklenburg nach Osten bis zur Linie Ludwigslust-Schwerin, sowie in Holstein (in diesem auch in der Nähe der Ostsee nach Osten bis zur Gegend von Ratzeburg), links von ihr bei Hubertusburg und sonst unweit Oschatz, im Gebiete der Mulde bei Nossen sowie zwischen Brandis und Wurzen, an mehreren Stellen im Gebiete der Weissen Elster und weiter westlich im Saalegebiete bis zu den oben bezeichneten Grenzgegenden, in der nordwestlichen Altmark, im Wendlande und in weiterer Verbreitung unterhalb dieses. Nördlich vom Elbegebiete wächst es in Schleswig, in Jütland sowie auf den dänischen Inseln bis Bornholm nach Osten.

ielt, breitete es sich später, nach Ausgang des heissen Zeitabschnittes, der aus. Im Osten war diese Ausbreitung nur eine sehr unbedeude; bedeutender war sie jedoch schon im westlichen Teile des Saaleirkes, doch gelang es ihm auch hier nicht, aus den Berggegenden ter in die vorliegenden Striche hinein vorzudringen.

Gleichzeitig mit *Hypericum pulchrum* und in ähnlicher Weise aderten noch manche andere Formen nach Mitteleuropa ein, von en *Teucrium Scorodonia L.* ungefähr ebensoweit wie jenes vorlrungen ist. Leider lässt sich das spontane Wohngebiet dieser oiate mit Sicherheit nicht feststellen, da sie vielfach verschleppt rden ist.

* * *

Wenn auch, wie sich aus vorstehendem ergiebt, die Verbreitung · Formen der vierten Hauptgruppe keine weitgehenden Schlüsse auf nderungen des Klimas während des jüngsten Abschnittes der Erdschichte und damit auf die Entwicklung der heutigen Pflanzendecke tteleuropas gestattet, so widerspricht sie doch auch in keiner Weise 1 Anschauungen, welche wir durch Untersuchung der Verbreitung · Formen der anderen Hauptgruppen gewonnen haben. Es hat sich : Entwicklung der mitteleuropäischen phanerogamen Pflanzendecke o in sechs klimatisch voneinander abweichenden Perioden vollzen: in einer zweifellos recht lange dauernden sehr kalten Periode, zwei durch heisse, trockene Sommer sowie kalte, trockene Winter, d in zwei durch kühle, niederschlagsreiche Sommer sowie gemässigte, ederschlagsreiche Winter ausgezeichneten Perioden und ausserdem in r Jetztzeit. Die erste der heissen Perioden, welche die zweite sohl durch ihre Dauer als auch durch Sommerhitze und Trockenheit wie Winterkälte übertraf, folgte der kalten Periode, an sie schloss h die erste, die bedeutendste, kühle Periode an; auf letztere folgte : zweite heisse Periode, an welche sich die zweite kühle Periode schloss, die durch Zunahme der Sommerwärme und Winterkälte, wie Abnahme der Feuchtigkeit in die Jetztzeit überging, in welcher ides noch fortdauert. In der kalten Periode sowie in der ersten issen und in der ersten kühlen Periode erfolgte die Einwanderung t sämtlicher Formen der Phanerogamenflora, welche **spontan**, h. ganz unabhängig vom Menschen und seiner Kultur, nach Mittelropa gelangt sind. In den beiden anderen Perioden und in der tztzeit fanden nur wenige Neueinwanderungen statt, in den beiden steren erfolgte aber eine bedeutende Neuausbreitung der in der ersten issen und der in der ersten kühlen Periode eingewanderten Elemente, :lche während der ersten kühlen bezw. der zweiten heissen Periode ne grosse Beschränkung ihrer ursprünglichen Verbreitung erfahren tten. In der Jetztzeit dauert diese Neuausbreitung noch fort.

Wenn auch in den beiden letzten Perioden und in der Jetztzeit ontan nur wenige neue Formen nach Mitteleuropa gelangt sind, · sind in diesen, vorzüglich in der Jetztzeit, um so mehr **durch den enschen teils absichtlich, teils unabsichtlich eingeführt** orden. Der Ackerbau und Viehzucht treibende Kulturmensch war **viel-**

leicht schon in der ersten heissen Periode aus Süden nach Mitteleuropa vorgedrungen [1]) — manches spricht hierfür [2]) —; während des heissesten Abschnittes der ersten heissen Periode und vorzüglich während des kühlsten Abschnittes der ersten kühlen Periode war aber ein Ackerbau in Mitteleuropa bei dem damaligen niedrigen Stande der Kultur wohl nicht oder nur in ganz beschränktem Umfange möglich. Falls er bereits im Beginne der ersten heissen oder der ersten kühlen Periode ausgeübt wurde, so ging er in jenen extremsten Zeitabschnitten wahrscheinlich wieder zu Grunde, und ebenso gingen damals, namentlich in der kühlen Periode, die durch ihn sowie überhaupt durch den Kulturmenschen nach Mitteleuropa eingeführten Gewächse wieder zu Grunde. Wahrscheinlich ist der Ackerbau und Viehzucht treibende Mensch aber wenigstens seit der zweiten heissen Periode dauernd in Mitteleuropa ansässig und hat seit jener Zeit ununterbrochen Ackerbau und Viehzucht ausgeübt. Gleich bei seiner Einwanderung brachte er ausser seinen Kulturgewächsen noch zahlreiche andere Gewächse — Unkräuter — nach Mitteleuropa mit. Sowohl die Anzahl der ersteren als auch diejenige der letzteren ist im Laufe der Zeit immer grösser geworden, beider Anzahl übertrifft jetzt die der spontan eingewanderten Formen bereits um ein Vielfaches.

Hand in Hand mit der Neueinführung von Mitteleuropa bisher fremden Gewächsen ging eine Verkleinerung des Gebietes der spontan eingewanderten Formen. Auf dem grössten Teile der Oberfläche Mitteleuropas wachsen heute nur noch ganz vereinzelte spontan eingewanderte Arten. Ein Teil von deren Individuen stammt zudem gar nicht von spontan eingewanderten, sondern von eingeführten Individuen ab und besitzt teilweise eine ganz andere Anpassung an Klima, Boden und Organismenwelt als jene. Auch an denjenigen Oertlichkeiten, an denen die Nachkommen spontaner Einwanderer noch vorherrschen, ist die spontan entstandene Pflanzendecke meist bereits durch den Menschen vollständig vernichtet oder doch so stark beeinflusst worden, dass ein Teil ihrer Formen seltener geworden oder ganz aus ihr verschwunden ist. An anderen, meist allerdings engbegrenzten Oertlichkeiten, deren Pflanzendecke noch hauptsächlich aus Nachkommen spontan eingewanderter Formen besteht, ist sogar der Vegetationsboden erst durch den Menschen geschaffen worden.

Diese Eingriffe des Menschen in die Pflanzendecke haben zwar wohl erst in der Jetztzeit, in der grössere spontane Veränderungen der Pflanzendecke nicht mehr stattfanden und stattfinden, einen beträchtlicheren Umfang angenommen, sie begannen aber, wie bereits gesagt wurde, höchst wahrscheinlich schon in der zweiten heissen Periode. Es ist somit nicht unwahrscheinlich, dass der Mensch sowohl in der

---

[1]) Ich werde auf diese Frage an anderer Stelle näher eingehen.
[2]) Menschen lebten bereits im Ausgange der vierten kalten Periode, vielleicht sogar während der ganzen Dauer dieser Periode, in Mitteleuropa, gegen Ausgang der Periode vorzüglich auf der skandinavischen Halbinsel und in Dänemark, doch standen sie auf wenig höherer Kulturstufe als diejenigen, deren Spuren wir zuerst in Ablagerungen treffen, welche wahrscheinlich aus dem Ausgange der zweiten, der grössten, kalten Periode oder sogar aus noch früherer Zeit stammen.

zweiten heissen als auch in der zweiten kühlen Periode die Neuausbreitung mancher Formen mehr oder weniger beeinflusst hat. Wenn er bereits in der ersten heissen Periode anwesend war, so kann doch nur die **Einwanderung und Ausbreitung der Formen der dritten Hauptgruppe** sowie der den Wald oder nasse Oertlichkeiten bewohnenden Formen der zweiten Hauptgruppe durch ihn stärker beeinflusst worden sein, denn zur Zeit der Hauptausbreitung der trockenen unbeschatteten Boden bewohnenden Formen der zweiten Hauptgruppe war bei dem primitiven Kulturzustande damaliger Zeit Ackerbau in Mitteleuropa nicht mehr oder höchstens noch im äussersten Norden und in den höchsten Gebirgsgegenden möglich. Ebensowenig konnte ein solcher in dem kühlsten Abschnitte der ersten kühlen Periode bestehen; es ist also auch die **Einwanderung und Hauptausbreitung der Formen der vierten Hauptgruppe** durch den Kulturmenschen, falls er bereits vor Beginn der ersten kühlen Periode in Mitteleuropa anwesend war, nicht oder doch nur wenig beeinflusst worden.

FORSCHUNGEN

ZUR DEUTSCHEN

LANDES- UND VOLKSKUNDE

IM AUFTRAGE DER

CENTRALKOMMISSION FÜR WISSENSCHAFTLICHE
LANDESKUNDE VON DEUTSCHLAND

HERAUSGEGEBEN VON

Dr. A. KIRCHHOFF,
PROFESSOR DER ERDKUNDE AN DER UNIVERSITÄT ZU HALLE.

ELFTER BAND.
MIT 4 KARTEN UND 6 TAFELN.

STUTTGART.
VERLAG VON J. ENGELHORN.
1899.

Druck der Union Deutsche Verlagsgesellschaft in Stuttgart

Inhalt.

1. Magnetische Untersuchungen im Harz. Von Professor Dr. M. Eschenhagen in Potsdam. Mit 2 Tafeln . . . . . 1—20
2. Beitrag zur physikalischen Erforschung der baltischen Seeen. Von Professor Dr. Willi Ule in Halle a. S. Mit 4 Tafeln . . . . 21—72
3. Zur Kenntnis des Hunsrücks. Von Dr. Fritz Meyer in Gernsheim a. Rh. Mit 1 Karte . . . . 73—106
4. Die Veränderungen der Volksdichte im nördlichen Baden 1852—1895. Von Dr. Karl Uhlig in Heidelberg. Mit 3 Karten 107—228
5. Entwicklungsgeschichte der phanerogamen Pflanzendecke Mitteleuropas nördlich der Alpen. Von Privatdozent Dr. August Schulz in Halle a. S. . . . . 229—447

Geographischer Verlag von J. ENGELHORN in Stuttgart.

Anleitung
zur
Deutschen Landes- und Volksforschung.

Bearbeitet von
A. Penck, G. Becker, M. Eschenhagen, R. Assmann,
O. Drude, W. Marshall, O. Zacharias, J. Ranke, F. Kauffmann,
U. Jahn, A. Meitzen, W. Götz.

Im Auftrag der
Centralkommission für wissenschaftliche Landeskunde von Deutschland
herausgegeben von
Alfred Kirchhoff.
Mit einer Karte und 58 Abbildungen im Text.
Preis M. 16.—

Handbücher
zur
Deutschen Landes- und Volkskunde.

Herausgegeben von der
Centralkommission für wissenschaftliche Landeskunde von Deutschland.

Band I.
Geologie von Deutschland und den angrenzenden Gebieten
von Dr. Richard Lepsius,
Professor an der technischen Hochschule, Direktor der geologischen Landesanstalt zu Darmstadt.

I. Band: **Das südliche und westliche Deutschland.**
1. Lief. Preis M. 11.50. — 2. Lief. Preis M. 7. — 3. Lief. Preis M. 14. —

Band III.
Die Gletscher der Ostalpen.
Von Dr. Eduard Richter,
ord. Professor der Geographie an der Universität Graz.
Preis M. 12. —

Band IV, 1.
Deutschlands Pflanzengeographie.
Von Dr. Oscar Drude,
Professor an der technischen Hochschule, Direktor des botanischen Gartens zu Dresden.
Erster Teil.
Preis M. 16. —

Geographischer Verlag von J. ENGELHORN in Stuttgart.

Bibliothek geographischer Handbücher.

Herausgegeben von
Prof. Dr. Friedrich Ratzel in Leipzig.

Anthropogeographie.
Erster Teil.
Grundzüge der Anwendung der Erdkunde auf die Geschichte
von Dr. Friedrich Ratzel,
Professor der Geographie an der Universität Leipzig.
2. Auflage. Preis M. 14.—

Anthropogeographie.
Zweiter Teil.
Die geographische Verbreitung des Menschen
von Dr. Friedrich Ratzel.
Preis Mark 18.—

Handbuch der Klimatologie
von Dr. Julius Hann,
Direktor der meteorol. Centralanstalt und Professor an der Universität in Wien.
2. Auflage. 3 Bände. Preis Mark 36.—

Handbuch der Ozeanographie
von
Prof. Dr. G. von Boguslawski, und Dr. Otto Krümmel,
ehem. Sektionsvorstand im Hydrographischen Amt der Kais. Professor an der Universität und Lehrer an der Marine-
deutschen Admiralität in Berlin. Akademie in Kiel.

Band I. Räumliche, physikalische und chemische Beschaffenheit der Ozeane.
Von Dr. Georg von Boguslawski. Preis M. 8.50.
Band II. Die Bewegungsformen des Meeres. Von Dr. Otto Krümmel. Preis M. 15.—

Handbuch der Gletscherkunde
von Dr. Albert Heim,
Professor der Geologie am Schweizerischen Polytechnikum und der Universität in Zürich.
Preis Mark 13.50.

Allgemeine Geologie
von Dr. Karl von Fritsch,
Professor an der Universität in Halle.
Preis Mark 14.—

Handbuch der mathematischen Geographie
von Dr. Siegmund Günther,
Professor an der technischen Hochschule in München.
Preis Mark 16.—

Handbuch der Pflanzengeographie
von Dr. Oscar Drude,
Professor an der techn. Hochschule und Direktor des Kgl. Botan. Gartens zu Dresden.
Preis Mark 14.—

Morphologie der Erdoberfläche
von Dr. Albrecht Penck,
Professor der Geographie an der Universität Wien.
2 Bände. Preis Mark 32.—

Band III.

Die Verbreitung und wirtschaftliche Bedeutung der wichtigeren Waldbaumarten innerhalb Deutschlands, von Prof. Dr. B. Borggreve. Preis M. 1.—
Das Meissnerland, von Dr. M. Jäschke. Preis M. 1.90.
Das Erzgebirge. Eine orometrisch-anthropogeographische Studie von Oberlehrer Dr. Johannes Burgkhardt. Preis M. 5.60.
Die Kurische Nehrung und ihre Bewohner, von Prof. Dr. A. Bezzenberger. Preis M. 7.50.
Die deutsche Besiedlung der östlichen Alpenländer, insbesondere Steiermarks, Kärntens und Krains, nach ihren geschichtlichen und örtlichen Verhältnissen, von Prof. Dr. F. von Krones. Preis M. 5.60.

Band IV.

Haus, Hof, Mark und Gemeinde Nordwestfalens im historischen Ueberblicke, von Prof. J. B. Nordhoff. Preis M. 1.20.
Der Rhein in den Niederlanden, von Dr. H. Blink. Preis M. 4.20.
Die Schneedecke, besonders in deutschen Gebirgen, von Prof. Dr. Friedrich Ratzel. Preis M. 8.—
Rechtsrheinisches Alamannien; Grenze, Sprache, Eigenart, von Prof. Dr. A. Birlinger. Preis M. 4.80.
Zur Kenntnis der niederen Tierwelt des Riesengebirges nebst vergleichenden Ausblicken, von Dr. Otto Zacharias. Preis M. 1.50.

Band V.

Nährpflanzen Mitteleuropas, ihre Heimat, Einführung in das Gebiet und Verbreitung innerhalb desselben, von Dr. F. Höck. Preis M. 2.20.
Ueber die geographische Verbreitung der Süsswasserfische von Mitteleuropa, von Dr. E. Schulze. Preis 50 Pfennig.
Der Seifenbergbau im Erzgebirge und die Walensagen, von Dr. H. Schurtz. Preis M. 2.60.
Die deutschen Buntsandsteingebiete. Ihre Oberflächengestaltung und anthropogeographischen Verhältnisse, von Dr. Emil Küster. Preis M. 3.20.
Zur Kenntnis des Taunus, von Dr. W. Sievers. Preis M. 3.60.
Der Thüringer Wald und seine nächste Umgebung, von Dr. H. Pröscholdt. Preis M. 1.70.
Die Ansiedelungen am Bodensee in ihren natürlichen Voraussetzungen. Eine anthropogeographische Untersuchung, von Dr. A. Schlatterer. Preis M. 3.60.

Band VI.

Die Ursachen der Oberflächengestaltung des norddeutschen Flachlandes, von Dr. F. Wahnschaffe. Preis M. 7.20.
Die Volksdichte der Thüringischen Triasmulde, von Dr. C. Kaesemacher. Preis M. 3.20.
Die Halligen der Nordsee, von Dr. E. Traeger. Preis M. 7.50.
Urkunden über die Ausbrüche des Vernagt- und Gurglergletschers im 17. und 18. Jahrhundert, von Prof. Dr. E. Richter. Preis M. 7.—

Band VII.

1. Die Volksdichte im Grossherzogtum Baden. Eine anthropogeographische Untersuchung, von Prof. Dr. Ludwig Neumann. Preis M. 9.40.
2. Die Verkehrsstrassen in Sachsen und ihr Einfluss auf die Städteentwickelung bis zum Jahre 1500, von Dr. A. Simon. Preis M. 4.—
3. Beiträge zur Siedelungskunde Nordalbingiens, von Dr. A. Gloy. Preis M. 3.40.
4. Nadelwaldflora Norddeutschlands. Eine pflanzengeographische Studie, von Dr. F. Höck. Preis M. 3.—
5. Rügen. Eine Inselstudie, von Prof. Dr. Rudolf Credner. Preis M. 9.—

Band VIII.

Heft 1. Klimatographie des Königreichs Sachsen. Erste Mitteilung von Prof. Schreiber. Preis M. 4.—

Heft 2. Die Vergletscherung des Riesengebirges zur Eiszeit. Nach eige[nen Unter]suchungen dargestellt von Prof. Dr. Joseph Partsch. Preis M. 6.—

Heft 3. Die Eifel. Von Dr. Otto Follmann. Preis M. 3.20.

Heft 4. Die landeskundliche Erforschung Altbayerns im 16., 17. und [18. Jahr]hundert von Dr. Christian Gruber. Preis M. 3.—

Heft 5. Verbreitung und Bewegung der Deutschen in der französischen [Schweiz.] Von Dr. J. Zemmrich. Preis M. 3.80.

Heft 6. Das deutsche Sprachgebiet Lothringens und seine Wandelunge[n. Eine] Feststellung der Sprachgrenze bis zum Ausgang des 16. Jahrhunderts, von Dr. Ha[ns Witte.] Preis M. 6.50.

Band IX.

Heft 1. Die Art der Ansiedelung der Siebenbürger Sachsen. Von Dir[ektor Dr.] Friedrich Teutsch. — Volksstatistik der Siebenbürger Sachsen. [Von Dr.] Fr. Schuller. Preis M. 4.80.

Heft 2. Volkstümliches der Siebenbürger Sachsen. Von Gymnasiallehrer O. Witt[ing. —] Die Mundart der Siebenbürger Sachsen. Von Direktor Dr. A. Scheiner. Pre[is M...]

Heft 3. Die Regenkarte Schlesiens und der Nachbargebiete. Entw[orfen und] erläutert von Professor Dr. Joseph Partsch. Preis M. 4.70.

Heft 4. Laubwaldflora Norddeutschlands. Von Dr. F. Höck. Preis M. 2.7[0.]

Heft 5. Die geographische Verteilung der Niederschläge im nordwe[stlichen] Deutschland. Von Dr. Paul Moldenhauer. Preis M. 4.—

Heft 6. Der Hesselberg am Frankenjura und seine südlichen Vorhöh[en. Von] Dr. Christian Gruber. Preis M. 5.20.

Band X.

Heft 1. Zur Hydrographie der Saale. Von Professor Dr. Willi Ule. Preis M. [...]

Heft 2. Der Pinzgau. Physikalisches Bild eines Alpengaues. Von Oberlehrer Dr. W[ilhelm] Schjerning. Preis M. 8.80.

Heft 3. Die Pinzgauer. Von Oberlehrer Dr. Wilhelm Schjerning. Preis M. 5.[—]

Heft 4. Zur Geschichte des Deutschtums im Elsass und im Vogesengebi[et. Von] Dr. Hans Witte. Preis M. 7.60.

Band XI.

Heft 1. Magnetische Untersuchungen im Harz. Von Professor Dr. M. Esche[nhagen] in Potsdam. Mit 2 Tafeln. 1898. 20 Seiten. Preis M. 1.60.

Heft 2. Beitrag zur physikalischen Erforschung der baltischen See. [Von] Professor Dr. Willi Ule in Halle a. S. Mit 4 Tafeln. 1898. 52 Seiten. Pr[eis...]

Heft 3. Zur Kenntnis des Hunsrücks. Von Dr. Fritz Meyer in Gernsheim. Mit einer Karte. 1898. 34 Seiten. Preis M. 4.—.

Heft 4. Die Veränderungen der Volksdichte im nördlichen Baden 1852[—...] Von Dr. Carl Uhlig. Mit 3 Karten. 1899. 122 Seiten. Preis M. 10.—

Heft 5. Entwicklungsgeschichte der phanerogamen Pflanzendecke Mittel[europas] nördlich der Alpen. Von Dr. August Schulz in Halle a. S. 1899. 21[... Preis] M. 8.40.

Neu eintretende Abonnenten, die alle bisher erschienenen Heft[e] beziehen, erhalten Band 1—5 zum halben Preis.

www.ingramcontent.com/pod-product-compliance
Lightning Source LLC
Chambersburg PA
CBHW021833230426
43669CB00008B/952